中国国家标准汇编

492

GB 26084～26121

（2010年制定）

中国标准出版社　编

中国质检出版社
中国标准出版社
北　京

图书在版编目（CIP）数据

中国国家标准汇编：2010 年制定．492：GB 26084～26121/
中国标准出版社编．—北京：中国标准出版社，2012
ISBN 978-7-5066-6532-2

Ⅰ．①中…　Ⅱ．①中…　Ⅲ．①国家标准-汇编-中国-2010
Ⅳ．①T-652.1

中国版本图书馆 CIP 数据核字(2011)第 187789 号

中国质检出版社
中国标准出版社 出版发行
北京市朝阳区和平里西街甲 2 号(100013)
北京市西城区三里河北街 16 号(100045)

网址：www. spc. net. cn
总编室：(010)64275323　发行中心：(010)51780235
读者服务部：(010)68523946

中国标准出版社秦皇岛印刷厂印刷
各地新华书店经销

*

开本 880×1230　1/16　印张 34.25　字数 882　千字
2012 年 1 月第一版　2012 年 1 月第一次印刷

*

定价 220.00 元

出 版 说 明

1.《中国国家标准汇编》是一部大型综合性国家标准全集。自1983年起，按国家标准顺序号以精装本、平装本两种装帧形式陆续分册汇编出版。它在一定程度上反映了我国建国以来标准化事业发展的基本情况和主要成就，是各级标准化管理机构，工矿企事业单位，农林牧副渔系统，科研、设计、教学等部门必不可少的工具书。

2.《中国国家标准汇编》收入我国每年正式发布的全部国家标准，分为“制定”卷和“修订”卷两种编辑版本。

“制定”卷收入上一年度我国发布的、新制定的国家标准，顺延前年度标准编号分成若干分册，封面和书脊上注明“20××年制定”字样及分册号，分册号一直连续。各分册中的标准是按照标准编号顺序连续排列的，如有标准顺序号缺号的，除特殊情况注明外，暂为空号。

“修订”卷收入上一年度我国发布的、修订的国家标准，视篇幅分设若干分册，但与“制定”卷分册号无关联，仅在封面和书脊上注明“20××年修订-1,-2,-3,……”字样。“修订”卷各分册中的标准，仍按标准编号顺序排列(但不连续)；如有遗漏的，均在当年最后一分册中补齐。需提请读者注意的是，个别非顺延前年度标准编号的新制定的国家标准没有收入在“制定”卷中，而是收入在“修订”卷中。

读者配套购买《中国国家标准汇编》“制定”卷和“修订”卷则可收齐上一年度我国制定和修订的全部国家标准。

3.由于读者需求的变化，自1996年起，《中国国家标准汇编》仅出版精装本。

4.2010年我国制修订国家标准共2846项。本分册为“2010年制定”卷第492分册，收入国家标准GB 26084～26121的最新版本。

中国标准出版社

2011年8月

目　录

ICS 47.020.05
U 05

中华人民共和国国家标准

GB/T 26084—2010

船舶电气橡胶制品通用技术条件

General specification for electric rubber products of ship

2011-01-10 发布　　2011-07-01 实施

中华人民共和国国家质量监督检验检疫总局
中国国家标准化管理委员会　发布

前　言

本标准由中国船舶工业集团公司提出。

本标准由全国海洋船标准化技术委员会船用材料应用工艺分技术委员会(SAC/TC 12/SC 4)归口。

本标准起草单位:中国船舶工业综合技术经济研究院、海星海事电气集团有限公司、广州广船国际股份有限公司。

本标准主要起草人:宋艳媛、傅文隆、陈晓芳、洪和平。

船舶电气橡胶制品通用技术条件

1 范围

本标准规定了船舶电气橡胶制品(包括密封件和绝缘件,简称橡胶件)的应用环境条件、要求、试验方法和检验规则等。

本标准适用于船舶电气设备用橡胶制品的生产与验收。

2 规范性引用文件

下列文件中的条款通过本标准的引用而成为本标准的条款。凡是注日期的引用文件,其随后所有的修改单(不包括勘误的内容)或修订版均不适用于本标准,然而,鼓励根据本标准达成协议的各方研究是否可使用这些文件的最新版本。凡是不注日期的引用文件,其最新版本适用于本标准。

GB/T 528　硫化橡胶或热塑性橡胶　拉伸应力应变性能的测定(GB/T 528—2009,ISO 37:2005,IDT)

GB/T 529　硫化橡胶或热塑性橡胶撕裂强度的测定(裤形、直角形和新月形试样)(GB/T 529—2008,ISO 34-1:2004,MOD)

GB/T 531.1　硫化橡胶或热塑性橡胶　压入硬度试验方法　第1部分:邵氏硬度计法(邵尔硬度)(GB/T 531.1—2008,ISO 7619-1:2004,IDT)

GB/T 1681　硫化橡胶回弹性的测定(GB/T 1681—2009,ISO 4662:1986,IDT)

GB/T 1682　硫化橡胶低温脆性的测定　单试样法

GB/T 1692　硫化橡胶　绝缘电阻率的测定

GB/T 1804—2000　一般公差　未注公差的线性和角度尺寸的公差(eqv ISO 2768-1:1989)

GB/T 2423.16—2008　电工电子产品环境试验　第2部分:试验方法　试验J及导则:长霉(IEC 60068-2-10:2005,IDT)

GB/T 3512　硫化橡胶或热塑性橡胶　热空气加速老化和耐热试验(GB/T 3512—2001,ISO 188:1998,EQV)

GB/T 7759　硫化橡胶、热塑性橡胶　常温、高温和低温下压缩永久变形测定(GB/T 7759—1996,ISO 815:1991,EQV)

GB/T 10707　橡胶燃烧性能的测定

CB 1171.7　船舶设备环境测量方法　霉菌

IMO/MSC.81(70)　国际海事组织海安会决议《救生设备试验》 2007年10月15日修订

3 环境条件

橡胶件应用的环境条件为:

a) 环境温度:－30 ℃～60 ℃;

b) 环境湿度:当环境温度不超过40 ℃时,相对湿度可达90%～100%;当环境温度超过40 ℃时,相对湿度不超过70%。

4 要求

4.1 外观质量

橡胶件的表面应平整光滑,颜色均匀,无飞边、裂纹、气泡、杂质等缺陷。

4.2 尺寸公差

橡胶件的尺寸公差应符合 GB/T 1804—2000 中 m 级的要求,特殊要求由供需双方商定。

4.3 性能

橡胶件的性能应根据具体电气设备产品的要求按表 1 选取,需要时,可增加。

表 1 性能指标

序号	项目		指标
1	拉伸强度/MPa		≥6
2	扯断伸长率/%		≥300
3	定伸应力/MPa		≥1
4	回弹率/%		50~80
5	硬度(邵尔 A 型)/度		40~90
6	撕裂强度/(kN/m)		≥5
7	恒定压缩永久变形/% (70 ℃×22 h,压缩 25%)		≤35
8	脆性温度/℃		≤−40
9	热空气老化性能 (100 ℃×70 h)	拉伸强度变化率/%	≤20
		扯断伸长率变化率/%	≤35
		硬度变化/度	−5~5
10	体积电阻率/(Ω·cm)		$\geq 10^{12}$
11	氧指数/%		≥28
12	耐油 (18 ℃~20 ℃,ASTM No. 1,ASTM No. 5,ISO No. 1,3 h)		无收缩、裂缝、膨胀、溶解或机械性能变化等现象
13	耐海水浸泡 (常温下,以质量分数为 5%的 NaCl 溶液喷雾 2 h,然后放入温度为 40 ℃±2 ℃、相对湿度为 90%~95%的空间 7 天为一个周期,进行 4 个周期的试验)		无腐蚀或任何变化
14	耐霉菌	一般用橡胶件 (29 ℃±1 ℃,相对湿度大于 90%,28 天)	GB/T 2423.16—2008 中 2 级
		救生照明用橡胶件 (29 ℃±1 ℃,相对湿度大于 95%,28 天)	GB/T 2423.16—2008 中 1 级

5 试验方法

5.1 外观质量

橡胶件外观质量采用目视检查。结果应符合 4.1 的要求。

5.2 尺寸公差

橡胶件规格尺寸公差采用游标卡尺或专用量具检查。结果应符合 4.2 的要求。

5.3 拉伸强度

橡胶件的拉伸强度测定按 GB/T 528 的规定进行。结果应符合 4.3 的要求。

5.4 扯断伸长率

橡胶件的扯断伸长率测定按 GB/T 528 的规定进行。结果应符合 4.3 的要求。

5.5 定伸应力

橡胶件的定伸应力测定按 GB/T 528 的规定进行。结果应符合 4.3 的要求。

5.6 回弹率

橡胶件的回弹率测定按 GB/T 1681 的规定进行。结果应符合 4.3 的要求。

5.7 硬度

橡胶件的硬度(邵尔 A 型)测定按 GB/T 531.1 的规定进行。结果应符合 4.3 的要求。

5.8 撕裂强度

橡胶件的撕裂强度测定按 GB/T 529 的规定进行。结果应符合 4.3 的要求。

5.9 恒定压缩永久变形

橡胶件的恒定压缩永久变形测定按 GB/T 7759 的规定进行。结果应符合 4.3 的要求。

5.10 脆性温度

橡胶件的脆性温度测定按 GB/T 1682 的规定进行。结果应符合 4.3 的要求。

5.11 热空气老化

橡胶件的热空气老化性能测定按 GB/T 3512 的规定进行。结果应符合 4.3 的要求。

5.12 体积电阻率

橡胶件的体积电阻率测定按 GB/T 1692 的规定进行。结果应符合 4.3 的要求。

5.13 氧指数

橡胶件的氧指数测定按 GB/T 10707 规定进行。结果应符合 4.3 的要求。

5.14 耐油

橡胶件的耐油性能测定按 IMO/MSC.81(70)中 11.2 条 5.3 的规定进行。结果应符合 4.3 的要求。

5.15 耐海水浸泡

橡胶件的耐海水浸泡性能测定按 IMO/MSC.81(70)中 11.2 条 5.4 的规定进行。结果应符合 4.3 的要求。

5.16 耐霉菌

船舶电气设备用一般橡胶件的耐霉菌性能测定按 CB 1171.7 的规定进行;船舶救生照明用橡胶件的耐霉菌性能测定按 IMO/MSC.81(70)中 10.4.2 的规定进行。结果应符合 4.3 的要求。

6 检验规则

6.1 检验分类

橡胶件的检验分为型式检验和出厂检验。

6.2 型式检验

6.2.1 检验条件

有下列情况之一时,橡胶件应进行型式检验:

a) 新产品试制定型鉴定或老产品转厂生产；

b) 设备、材料、工艺有较大改变，足以影响产品性能；

c) 正常生产时，每4年进行一次。

6.2.2 检验项目

橡胶件型式检验的检验项目，应根据电气设备产品要求按表2选取。

表2 橡胶件的检验项目

序号	项目	型式检验	出厂检验	要求的章条号	试验方法的章条号
1	外观质量	●	●	4.1	5.1
2	尺寸公差	●	●	4.2	5.2
3	拉伸强度	●	●	4.3	5.3
4	扯断伸长率	●	●		5.4
5	定伸应力	●	—		5.5
6	回弹率	●	—		5.6
7	硬度(邵尔A型)	●	●		5.7
8	撕裂强度	●	—		5.8
9	恒定压缩永久变形	●	—		5.9
10	脆性温度	●	—		5.10
11	热空气老化	●	—		5.11
12	体积电阻率	●	—		5.12
13	氧指数	●	—		5.13
14	耐油	●	—		5.14
15	耐海水浸泡	●	—		5.15
16	耐霉菌	●	—		5.16

注：●为必检项目；—为不检项目。

6.2.3 检验样品数

按检验要求对橡胶件进行随机抽样检验，当橡胶件尺寸不能满足试验要求时，应在同批次材料上制备试样。橡胶件型式检验的样品数应不少于3件。

6.2.4 判定规则

橡胶件全部检验项目符合要求，判定型式检验合格。若有不符合要求的项目，允许重新取样复验。若复验符合要求，仍判定橡胶件型式检验合格。若仍有不符合要求的项目，则判为型式检验不合格。

6.3 出厂检验

6.3.1 检验项目

橡胶件出厂检验的检验项目见表2。

6.3.2 组批与抽样

以同一混配料、设备和工艺连续生产的同一规格的橡胶件500 kg为一批，不足500 kg视为一批，每批橡胶件出厂前应进行随机抽样检验，抽样量为每批总质量的1%。

6.3.3 判定规则

当橡胶件全部出厂检验项目合格时，判定橡胶件出厂检验合格。若有不符合要求的项目，经消除试样缺陷后，允许加倍取样再度进行复验。若复验合格，则判定该批橡胶件出厂检验合格。若仍不符合要求时，则判定该批橡胶件出厂检验不合格。

ICS 47.020.05
U 05

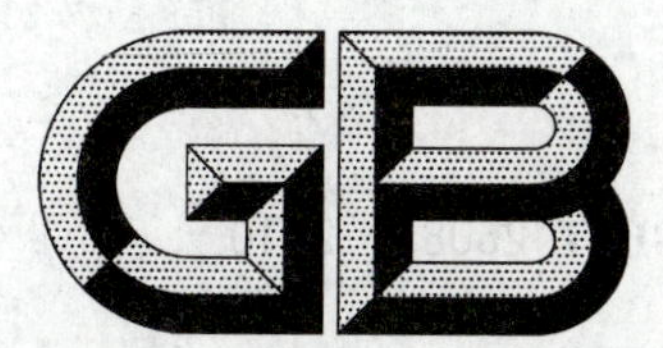

中华人民共和国国家标准

GB/T 26085—2010

船舶防污漆锡总量的测试及判定

Test method and determination of total tin in antifouling paints for ship

2011-01-10 发布　　　　2011-07-01 实施

中华人民共和国国家质量监督检验检疫总局
中国国家标准化管理委员会　发布

前　言

本标准的附录A为资料性附录。

本标准由中国船舶重工集团公司提出。

本标准由全国海洋船标准化技术委员会船用材料应用工艺分技术委员会(SAC/TC 12/SC 4)归口。

本标准主要起草单位:中国船舶重工集团公司第七二五研究所。

本标准主要起草人:姚敬华、彭毛来、黄宏刚、叶章基、任润桃。

船舶防污漆锡总量的测试及判定

1 范围

本标准规定了采用石墨炉原子吸收光谱法(GFAAS)测定船舶防污漆中锡总量的试剂、仪器设备、取样、试验步骤、结果计算和结果判定等。

本标准适用于船舶防污漆中锡总量的测定,亦适用于识别以有机锡化合物作为杀生物剂的船舶防污漆。

2 规范性引用文件

下列文件中的条款通过本标准的引用而成为本标准的条款。凡是注日期的引用文件,其随后所有的修改单(不包括勘误的内容)或修订版均不适用于本标准,然而,鼓励根据本标准达成协议的各方研究是否可使用这些文件的最新版本。凡是不注日期的引用文件,其最新版本适用于本标准。

GB/T 1725—2007 色漆、清漆和塑料 不挥发物含量的测定(ISO 3251:2003,IDT)

GB/T 3186 色漆、清漆和色漆与清漆用原材料 取样(GB/T 3186—2006,ISO 15528:2000,IDT)

GB/T 6682—2008 分析实验室用水规格和试验方法(ISO 3696:1987,MOD)

GB/T 6822—2007 船体防污防锈漆体系

JJG 694 原子吸收分光光度计

3 基本原理

将防污漆干膜样品用适宜的酸溶液进行密闭微波消解,经赶酸、定容处理后,加入抗坏血酸作为基体改进剂,采用石墨炉原子吸收光谱法(GFAAS)或能满足精度的现行有效方法[如电感耦合等离子体发射光谱/质谱法(ICP/MS),X荧光光谱法(XRF)和电感耦合等离子体发射光谱法(ICP-AES)等]测定样品中锡的浓度。然后,依据简单的公式即可算出样品中锡含量。

4 试剂

4.1 盐酸($\rho\approx1.19$ g/mL)。

4.2 硝酸($\rho\approx1.42$ g/mL)。

4.3 硫酸($\rho\approx1.98$ g/mL)。

4.4 测试用水为GB/T 6682—2008规定的二级水或蒸馏水。

4.5 体积分数为10%盐酸溶液:用盐酸(4.1)和蒸馏水以体积比1∶9的配比制备体积分数为10%的盐酸溶液。

4.6 100 g/L抗坏血酸:称取10 g(精确到0.01 g)抗坏血酸于100 mL烧杯中,加入20 mL水,搅拌至完全溶解,将溶液转移至100 mL容量瓶中,定容,混匀。

4.7 锡标准溶液,其配置如下:

a) 1 mg/mL锡标准储备液:可选用符合要求的市售标准溶液或按以下方法制备:称取1.000 0 g金属锡(纯度不低于99.9%),放入200 mL烧杯中,加入10 mL水,15 mL盐酸(4.1),采取密封措施防止溶液挥发,恒温(50±2)℃加热至金属锡完全溶解,冷却,将溶液移入1 000 mL容量瓶中,用体积分数为10%盐酸溶液定容,混匀。

b) 锡标准溶液 A:移取 10.0 mL 锡标准储备液[4.7 a)]于 100 mL 容量瓶中,用体积分数为 10% 盐酸溶液稀释至刻度,混匀。此标准溶液浓度为 0.1 mg/mL。

c) 锡标准溶液 B:移取 1.0 mL 锡标准溶液 A[4.7 b)]于 100 mL 容量瓶中,用体积分数为 10% 盐酸溶液稀释至刻度,混匀。此标准溶液浓度为 10 μg/mL,此溶液现配现用。

5 仪器设备

5.1 密闭微波消解仪

密闭微波消解仪配有聚四氟乙烯(PTFE)样品消解罐。

5.2 智能控温电加热器

智能控温电加热器温度设定范围:室温至 200 ℃,精度为±2 ℃。

5.3 石墨炉原子吸收光谱仪

5.3.1 石墨炉原子吸收光谱仪应配有自动进样器(5 μL~200 μL)或微量进样器,背景校正系统及联机读取装置。该仪器可使用单元素空心阴极灯或无极放射灯,灯电流按照灯或仪器制造商的推荐电流选取。配有热解涂层石墨管或平台石墨管。

5.3.2 配有纯度不小于 99.99%的氩气。

5.3.3 仪器应符合 JJG 694 规定的要求,并能满足锡元素的测量要求,锡元素的主要分析特性见表 1。

表 1 锡元素的主要分析特性

波长/ nm	线性范围/ (μg/mL)	特征质量/ pg
224.6	0.06~0.20	40

5.3.4 标准曲线的线性拟合度应不小于 0.995。

5.4 鼓风烘箱

鼓风烘箱控温精度为±2 ℃。

5.5 精密天平

精密天平称量精度应达到 0.000 1 g。

5.6 pH 计

pH 计测量范围为 0~14,精度为±0.1。

6 取样

6.1 一般要求

6.1.1 测试样品既可从产品容器内的湿油漆样品中采取,也可从船底的干油漆层上采取。

6.1.2 试验人员进行现场船底取样时,应遵循相关安全操作规范。

6.2 湿油漆样品取样

6.2.1 湿油漆样品的取样按 GB/T 3186 的相关规定进行。

6.2.2 湿油漆干膜试样的制备:将防污漆样品均匀涂抹于载玻片上,按 GB/T 1725—2007 中表 1 及表 2 的规定烘干样品或在温度(23±2)℃、相对湿度(50±5)%条件下干燥 7 天。

6.3 现场船底取样

6.3.1 对船底干油漆层进行取样前,应用水和海绵清除涂层表面积垢;若取样在船坞内进行,则应先对船底用自来水进行冲洗。

6.3.2 船底干油漆层的取样点应选择在覆盖完整的防污漆涂层代表区域,避免在有明显破损的防污涂层处或船舶平底设有标志的地方取样;根据船舶大小和船底部位的可达性,以沿船底长度方向均匀分布为原则,至少应设定4个取样点。若取样在船坞内进行,除船底旁垂直取样外,还应对船舶平底区域进行取样。

6.3.3 现场船底取样时,应注意区分防污漆、中间漆和防锈底漆,避免引入其他类型的涂料污染样品。

7 试验步骤

7.1 试样溶液的制备

7.1.1 干膜样品的预消解

将按6.2.2制备的干膜样品用工具刀从载玻片表面刮下,或将按6.3现场船底取样制备的样品混合后,放入陶瓷研臼中研磨均匀,称取0.1 g(精确到0.000 1 g)的干膜样品放入消解罐中,加入3 mL硝酸(4.2)和9 mL盐酸(4.1)混合均匀,必要时可加入适量硫酸(4.3),室温放置30 min或至无剧烈反应后,盖上密封塞和罐盖。

在将研磨后的干膜样品放入消解罐中时,应避免样品粉末粘附在罐体内壁。若有粘附,则在加入酸溶液时可将酸液沿罐壁加入,将样品冲洗到消解罐底部,并浸泡于酸溶液中。此项操作应在通风橱内进行。

7.1.2 试样溶液的微波消解

将装有样品酸液的消解罐按要求装入微波消解仪内腔,根据样品特性、酸液体积和样品数量等相关条件设定消解参数,参见附录A中表A.1,开始进行微波消解。微波消解停止后,取出消解罐,在通风橱内打开罐盖,观察罐内防污漆样品是否完全溶解,若仍有涂料固体样品存在,则按7.1.1和7.1.2的步骤再次进行消解。若二次消解仍有不溶物,则按7.1.1重新取样,并换用其他适宜的酸溶液体系重新进行消解。

消解程序应确保防污漆干膜样品完全溶解于酸溶液中。

7.1.3 赶酸

确认防污漆干膜样品完全消解后,用蒸馏水少量多次冲洗罐壁,将消解罐放入智能控温电加热器的消解罐插槽内,恒温(120±2)℃,加热至罐内留有约5 mL溶液为止。在赶酸过程中,应随时注意样品溶液状况,避免出现干烧现象。

7.1.4 定容

沿消解罐内壁旋转加入约20 mL蒸馏水稀释罐内溶液,振荡均匀后,将稀释溶液转移至1 000 mL容量瓶中,然后应用蒸馏水清洗消解罐至少3次,清洗液也应一并转移到容量瓶中,向容量瓶中加入100 g/L抗坏血酸溶液1 mL,用蒸馏水定容至刻度线。

7.1.5 pH值调节

用pH试纸或pH计对定容后的试样溶液进行测试,若溶液的pH值不小于2,则可进行仪器分析;若溶液的pH值小于2,则应用蒸馏水进行进一步的定量稀释至溶液pH值大于2为止。

7.2 空白试验

在不加入防污漆干膜样品的情况下,按7.1.1~7.1.5的步骤与测试样品同步进行试样溶液的制备,得到试样空白溶液。

7.3 标准溶液的配制

采用[4.7 c)]锡标准溶液B和体积分数为10%盐酸溶液,按表2配制标准溶液。

表 2 锡标准溶液的配制

溶液名称	加入锡标准溶液 B 的体积/mL	加入体积分数为 10%盐酸溶液的体积/mL	用蒸馏水稀释至最终体积/mL	锡标准溶液浓度/(μg/mL)
S0	0	20		0.00
S1	5	15		0.05
S2	10	10	100	0.10
S3	15	5		0.15
S4	20	0		0.20
注：由于待测样品各有不同，测试时可根据实际情况配制适宜浓度的标准溶液。				

7.4 测定

7.4.1 对石墨炉原子吸收光谱仪进行调节，按照仪器使用说明书或参照附录 A 中表 A.2 设置仪器参数，确保仪器处于优化状态。

7.4.2 对原子吸收光谱仪进行清零并设置基线。

7.4.3 按照仪器使用说明书或参照附录 A 中表 A.3 空烧原子化器，运行升温程序以检查零点稳定性。重复操作，确保基线稳定。通过注入试样溶液确定光谱干扰和非光谱干扰，确定背景校正方式，并进一步优化原子化器的升温程序。

7.4.4 使用新涂层石墨管测定之前，应先按测定所用的升温程序空烧 10 次，再进行样品溶液的测定。

7.4.5 测量按以下顺序进行：

a) 注入原子化器中的溶液体积根据线性范围，设定在 10 μL～50 μL；

b) 将试验空白、标准和试样溶液依次注入原子化器，进行溶液中锡含量的测量；

c) 每份溶液测量 3 次，使用背景校正方式，用峰面积方式记录吸光度读数，即为溶液中锡浓度。

在测量完高含量样品溶液后，应运行空烧程序，检查仪器是否有记忆效应。若有必要，应重新设置调零。

8 结果计算

锡总量按公式(1)计算：

$$\omega_{Sn} = \frac{\rho_{Sn} \times V \times 10^{-3}}{m} \quad \cdots\cdots(1)$$

式中：

ω_{Sn}——锡总量的数值，单位为毫克每千克(mg/kg)；

ρ_{Sn}——样品溶液中锡的浓度平均值的数值，单位为微克每升(μg/L)；

V——防污漆干膜样品消解定容的溶液体积的数值，单位为升(L)；

m——称取的防污漆干膜样品质量的数值，单位为千克(kg)。

计算结果保留 4 位有效数字。

9 精密度

同一操作者采用相同的仪器设备，在相同操作条件下，在短的时间间隔内，对同一试验样品测试所得到的 3 个结果之间的相对误差，在置信水平为 95%时应不超过 10%。

10 结果判定

按 GB/T 6822—2007 附录 D 中 D.1.3 规定，若防污漆中锡总量不大于 2 500 mg/kg，判定防污漆中不含有机锡防污剂；若防污漆中锡总量大于3 000 mg/kg，判定防污漆中含有机锡防污剂；若防污漆中锡总量大于2 500 mg/kg但不超过3 000 mg/kg时，则按GB/T 6822—2007附录D中D.2.4规定对结果进行判定。

11 试验报告

试验报告至少应包括以下内容：

a) 被测试产品的型号、名称和送检单位；

b) 注明采用的本标准号和使用的仪器及型号；

c) 注明参照在本标准中涉及到的国家标准和其他文件；

d) 记录校准程序及与本试验规定程序的任何不同之处；

e) 试验结果；

f) 试验日期。

附　录　A
（资料性附录）
供参考的仪器参数

A.1　微波消解仪参数设定

以温度控制型微波消解仪为例，参数设定参见表 A.1。

表 A.1　供参考的微波消解参数设定

<table>
<tr><th>消解罐/
个</th><th>功率/
W</th><th>功率输出</th><th>升温时间/
min</th><th>消解温度/
℃</th><th>消解时间/
min</th><th>风冷时间/
min</th></tr>
<tr><td><8</td><td>400</td><td rowspan="3">100%</td><td rowspan="3">15</td><td rowspan="3">180</td><td rowspan="3">20</td><td rowspan="3">15</td></tr>
<tr><td>8～16</td><td>800</td></tr>
<tr><td>>16</td><td>1 600</td></tr>
</table>

A.2　原子吸收光谱仪的调节

原子吸收光谱仪相关参数的设定见表 A.2 和表 A.3。

表 A.2　供参考的原子吸收光谱仪设置参数

参　数	设　置
测定元素	Sn
灯的种类	锡无极放电灯或空心阴极灯
波长	224.6 nm
灯电流	按厂商推荐值
通带宽度	0.5 nm 或按厂商推荐值
背景校正方式	使用四线氘灯或塞曼效应校正
信号采集方式	峰高或峰面积

表 A.3　供参考的原子化器升温程序

<table>
<tr><th>参数</th><th>温度</th><th>时间/
s</th><th>加热模式</th><th>氩气流量/
(L/min)</th></tr>
<tr><td>干燥温度</td><td>100 ℃或按厂商推荐值</td><td>20(进样体积 20 μL)</td><td rowspan="4">横向</td><td rowspan="2">0.2</td></tr>
<tr><td>灰化温度</td><td>900 ℃或按厂商推荐值</td><td>30</td></tr>
<tr><td>原子化温度</td><td>2 500 ℃或按厂商推荐值</td><td rowspan="2">3</td><td>0</td></tr>
<tr><td>净化温度</td><td>2 700 ℃或按厂商推荐值</td><td>0.2</td></tr>
</table>

ICS 47.020.50
U 27

中华人民共和国国家标准

GB/T 26086—2010

救生设备用反光膜

Retro-reflective sheeting for use on life-saving appliances

2011-01-10 发布 2011-07-01 实施

中华人民共和国国家质量监督检验检疫总局
中国国家标准化管理委员会 发布

前　言

本标准按照 GB/T 1.1—2009 给出的规则起草。

本标准是根据国际救生设备(LSA)规则、IMO A.658(16)附件 2《救生设备逆向反光材料技术规范》的相关要求制定的。

请注意本文件的某些内容可能涉及专利。本文件的发布机构不承担识别这些专利的责任。

本标准由中国船舶工业集团公司提出。

本标准由全国船舶舾装标准化技术委员会救生设备分技术委员会(SAC/TC 129/SC 1)归口。

本标准起草单位:常州市武进江南安全装备有限公司、中国船舶工业综合技术经济研究院。

本标准主要起草人:蒋敏、赵华、俞建伟、高学峰、王志巍。

救生设备用反光膜

1 范围

本标准规定了船舶及海上设施救生设备用反光膜(简称反光膜)的术语和定义、分类与标记、要求、试验方法、检验规则、标志、包装、运输和贮存。

本标准适用于反光膜的设计、制造与验收。

2 规范性引用文件

下列文件对于本文件的应用是必不可少的。凡是注日期的引用文件,仅注日期的版本适用于本文件。凡是不注日期的引用文件,其最新版本(包括所有的修改单)适用于本文件。

GB/T 191 包装储运图示标志

CIE 54 逆反射定义和测量

3 术语和定义

GB/T 18833—2002 界定的术语和定义适用于本文件。为了便于使用,以下重复列出了GB/T 18833—2002 中的某些术语和定义。

3.1

逆反射 retroreflection

反射光线从靠近入射光线的反方向,向光源返回的反射。

[GB/T 18833—2002,定义 3.1]

3.2

参考中心 reference centre

在确定逆反射材料特性时,在试样的中心或接近中心所给定的一个点(见图 1)。

[GB/T 18833—2002,定义 3.2]

3.3

参考轴 reference axis

起始于参考中心,垂直于被测试样反射面的直线(见图 1)。

[GB/T 18833—2002,定义 3.3]

3.4

照明轴 illumination axis

连接参考中心和光源中心的直线(见图 1)。

[GB/T 18833—2002,定义 3.4]

3.5

观测轴 observation axis

连接参考中心和光探测器中心的直线(见图 1)。

[GB/T 18833—2002,定义 3.5]

3.6

入射角　entrance angle

β

照明轴与参考轴之间的夹角(此处 β 指一般光学几何条件的 β_1,$\beta_2=0$,见图 2)。

[GB/T 18833—2002,定义 3.6]

3.7

观测角　observation angle

α

照明轴与观测轴之间的夹角(见图 1)。

[GB/T 18833—2002,定义 3.7]

3.8

发光强度系数　coefficient of luminous intensity

R

逆反射在观测方向的发光强度除以投向逆反射体且落在垂直于入射光方向的平面内的光照度的商。

[GB/T 18833—2002,定义 3.8]

3.9

逆反射系数　coefficient of retroreflection

R'

平面逆反射表面上的发光强度系数 R 除以它的表面面积的商。

[GB/T 18833—2002,定义 3.9]

3.10

视场角　field angle

入射窗直径对入射光瞳中心的张角。

[GB/T 18833—2002,定义 3.10]

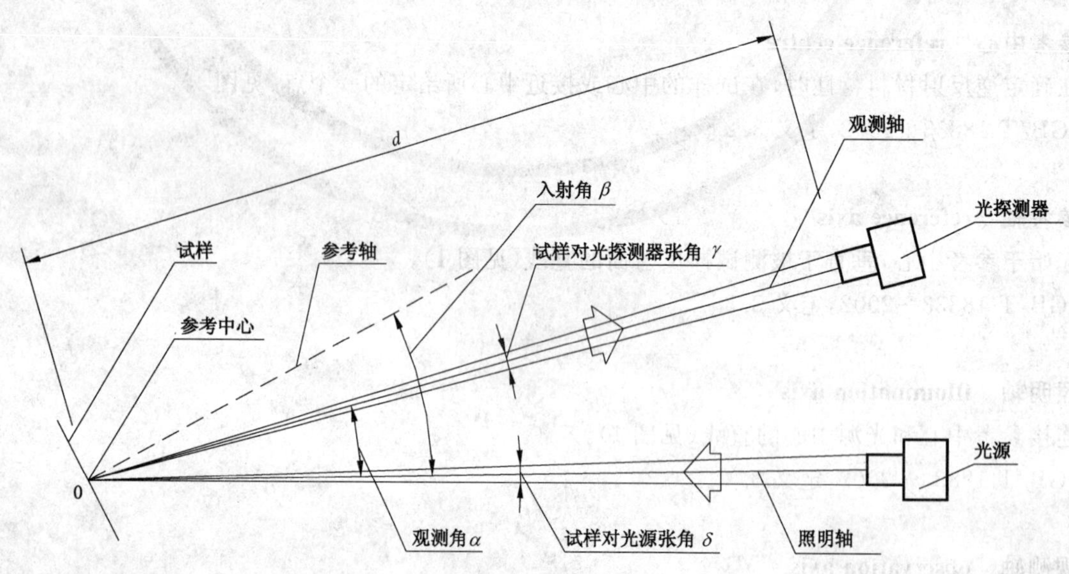

图 1　逆反射系统术语及光学测试原理

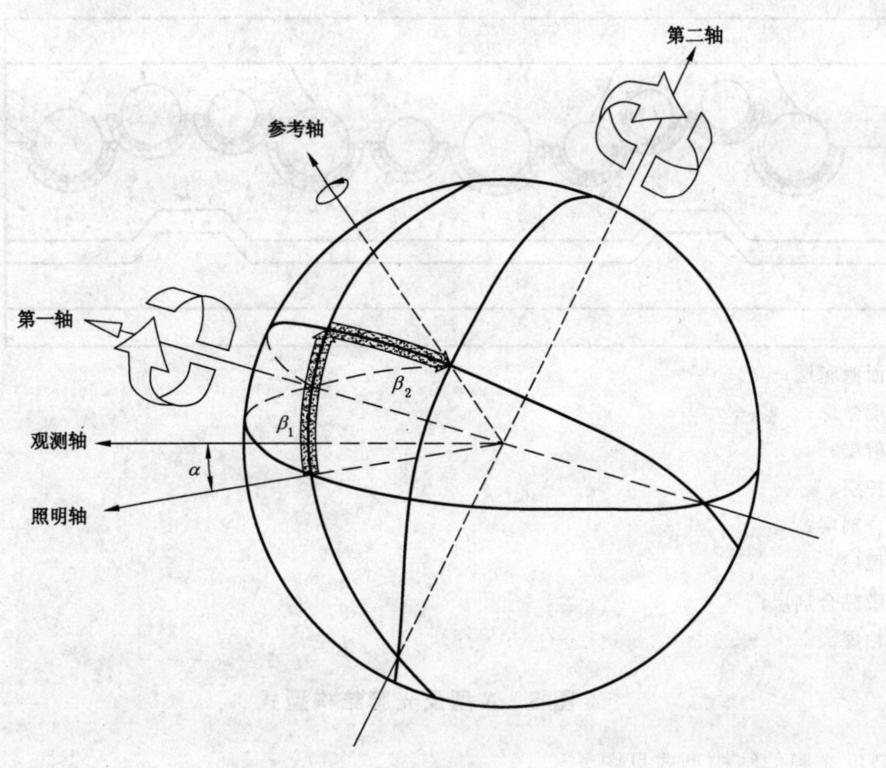

图 2 逆反射测试的角度参考系统

4 分类与标记

4.1 分类

4.1.1 反光膜按材料与结构型式分为：

a) A 型——底衬材料为防粘材料的粘贴型反光膜；

b) B 型——底衬材料为布基的缝制型反光膜。

4.1.2 反光膜按适用环境状态分为：

a) Ⅰ型——不适于长期暴露户外的反光膜；

b) Ⅱ型——适用于长期暴露户外的反光膜。

4.1.3 A 型反光膜按贴敷对象分为：

a) A-1——金属用反光膜；

b) A-2——橡胶用反光膜；

c) A-3——玻璃纤维增强塑料用反光膜；

d) A-4——化纤织物用反光膜；

e) A-5——塑料用反光膜。

4.2 结构型式

4.2.1 A 型反光膜的结构型式见图 3。

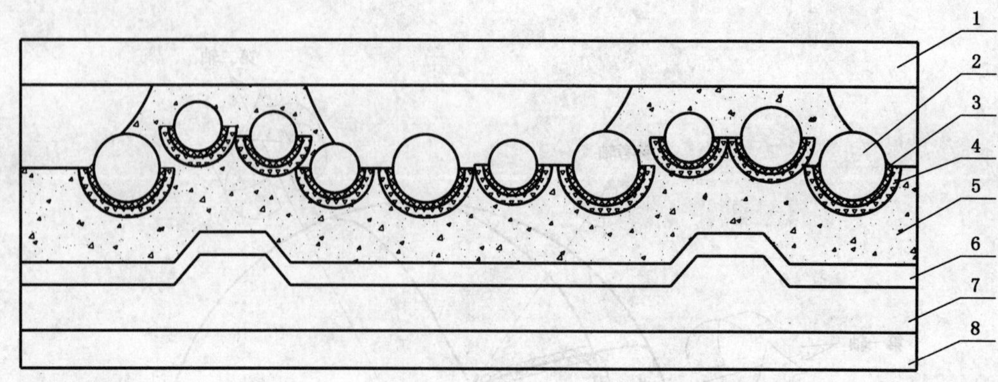

1——表面树脂层；

2——玻璃微珠；

3——反射层；

4——保护层；

5——黏合剂层；

6——支撑层；

7——压敏黏合剂层；

8——防粘层。

图 3　A 型反光膜结构型式

4.2.2　B 型反光膜的结构型式见图 4。

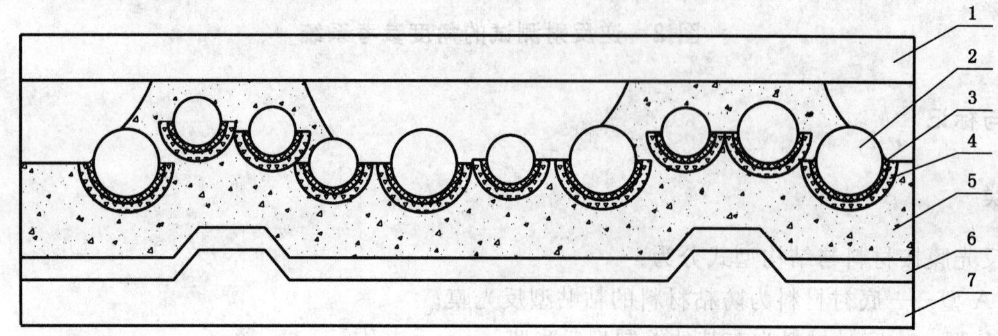

1——表面树脂层；

2——玻璃微珠；

3——反射层；

4——保护层；

5——黏合剂层；

6——支撑层；

7——纺织物衬垫。

图 4　B 型反光膜结构型式

4.3　标记示例

户外、粘贴型金属用反光膜标记为：

反光膜　GB/T 26086—2010　ⅡA-1

户内、缝制型反光膜标记为：

反光膜　GB/T 26086—2010　ⅠB

5 要求

5.1 外观

反光膜表面应平整、光洁、无色差，不应有气泡、条纹、划痕和其他机械损伤。

5.2 光学性能

5.2.1 干燥反光膜的最小逆反射系数应符合表1的规定。

表1 逆反射系数

单位为坎[德拉]每勒[克斯]平方米

观测角		0.1°	0.2°	0.5°	1°
入射角 β_1 ($\beta_2=0°$)	5°	180.0	175.0	72.0	14.0
	30°	140.0	135.0	70.0	12.0
	45°	85.0	85.0	48.0	9.4

5.2.2 潮湿反光膜的最小逆反射系数应不低于表1规定值的80%。

5.3 抗老化性

反光膜经使用氙灯的老化箱的人工气候加速老化后，不应有明显的褪色、开裂、起泡和尺寸变化，最小的逆反射系数应不低于表1规定值的80%。

5.4 耐海水性

反光膜经海水浸泡后，不应有明显的起泡、分层或海水浸蚀的现象，并不应有任何"白化"迹象，最小逆反射系数应不低于表1的规定值。

5.5 韧性

反光膜在－30 ℃温度下历时4 h后，将其缠绕在直径为3.2 mm的卷筒上，不应有任何龟裂。

5.6 抗拉强度

A型反光膜抗拉强度应不小于16 N/25 mm。B型反光膜抗拉强度纵向应不小于330 N/25 mm，横向应不小于200 N/25 mm。

5.7 黏结强度

A型反光膜背面黏结强度应不小于16 N/25 mm。

5.8 耐压粘性

反光膜的反射面相对叠放受压后，表面应无粘着或脱皮的迹象。

5.9 耐盐雾

反光膜在盐雾中放置120 h后，不应有腐蚀、退化的迹象，最小逆反射系数应不低于表1的规定值。

5.10 耐高温、低温

反光膜经65 ℃高温和－30 ℃低温后，不应有明显的开裂、变形，最小逆反射系数不低于表1的规定值。

5.11 耐霉菌

反光膜在规定的霉菌条件下埋置 2 周后，最小逆反射系数应不低于表 1 的规定值。A 型反光膜不应在没有损坏的情况下便能从铝板上取下。

5.12 耐磨性

反光膜经毛刷摩擦后，最小逆反射系数应不低于表 1 规定值的 50%。

5.13 耐污性

被污染反光膜经擦洗后，不应有可见的损坏或永久性污垢。

6 试验方法

6.1 试验条件、试样数量及制备

6.1.1 试验前，试样在温度为(23±1)℃，相对湿度为(50±5)%的环境中放置 24 h。

6.1.2 每项试验的试样数为三个。测得三个试样的算术平均值为试验的结果。

6.1.3 根据不同情况，按下列方法之一制备试样：

a) 随机抽取反光膜生产厂制造的整卷反光膜产品，作为试样；

b) 随机抽取整卷反光膜产品，从中随机截取相应尺寸的反光膜，作为试样；

c) 随机抽取整卷反光膜产品，从中随机截取相应尺寸的反光膜，把该反光膜按生产厂的使用说明，粘贴到厚度为 2 mm 的铝合金板上(铝合金板应经过严格的去油污清洗)，制成试样；

d) 按特殊试验(如韧性试验等)的要求，制成试样。

6.2 外观

按 6.1.3a)准备试样，用目测方法检查反光膜的外观质量。结果应符合 5.1 的要求。

6.3 干燥时的光学性能

6.3.1 绝对测量法

采用 CIE 54 的一般程序测定反光膜的逆反射系数。按 6.1.3b)准备试样，试样尺寸为 150 mm×150 mm。按表 1 规定的入射角和观测角进行测定。当观测角半平面环绕参考轴转动时，测光在不大于 30°增量情况下进行(即：转动角度为 0°、30°、60°、90°、120°、150°和 180°)。结果应符合 5.2.1 的要求。

6.3.2 相对测量法(仅用于出厂检验)

反光膜的逆反射系数也可用试样与标准样板对比的测量方法和仪器进行检验。结果应符合 5.2.1 的要求。

注：以 6.3.1 的方法为仲裁。

6.4 潮湿时的光学性能

测量装置见图 5。按 6.1.3b)准备试样，将 150 mm×75 mm 的试样安装在一垂直平板上，使 150 mm 的边处于横向位置。用喷嘴提供足够量的洁净水，在试样表面形成连续移动的水膜，按 6.3.1 的方法，测试观测角为 0.2°、入射角为 5°时试样的逆反射系数 R'。结果应符合 5.2.2 的要求。

单位为毫米

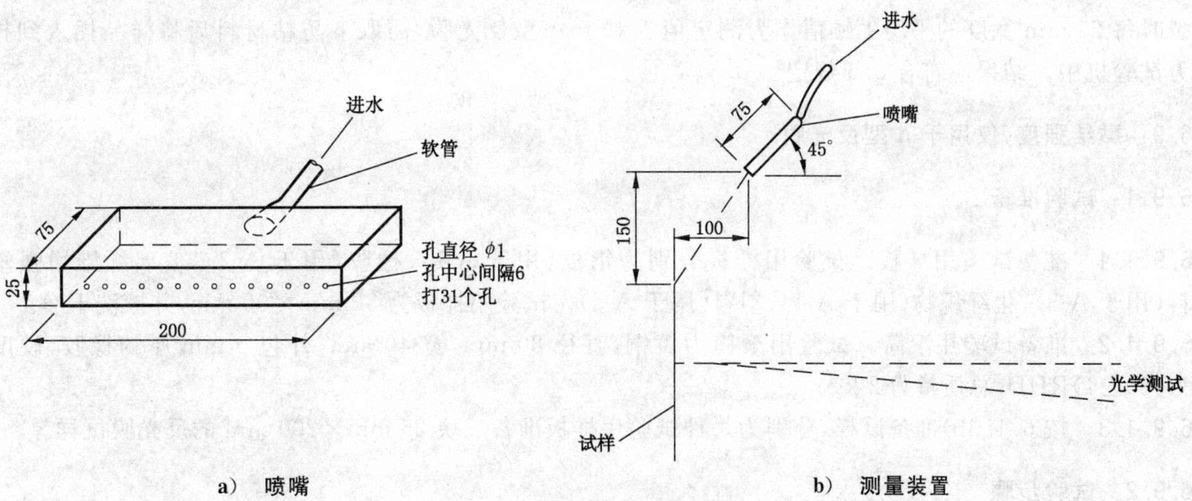

a） 喷嘴　　　　b） 测量装置

图 5 湿状态的逆反射系数测量装置

6.5 加速老化

6.5.1 按 6.1.3b)准备试样，试样的尺寸一般不小于 70 mm×120 mm。

6.5.2 老化箱采用氙灯作为光源，试样受到光谱波长为 300 nm～800 nm 光线的辐射，辐射强度为(550±50) W/m²。整个试样面积内，辐射强度的偏差应不大于±10%。黑板温度为(63±3)℃。

6.5.3 将试样置于老化箱内，采用连续光照，周期性喷水。每 120 min 为一喷水周期，其中 18 min 喷水、102 min 不喷水。试验时间Ⅰ型反光膜为 750 h，Ⅱ型反光膜为 1 500 h。

6.5.4 经辐射后的试样，用浓度为 5%的盐酸溶液清洗表面 45 s，然后用水彻底冲洗，最后用干净软布擦干，置于 6.1.1 的环境下，将试样贴到铝质板条上，用 4 倍放大镜检查表面，并进行逆反射系数检测。结果应符合 5.3 的要求。

6.6 耐海水性

6.6.1 试样制备

6.6.1.1 按 6.1.3c)制备 75 mm×150 mm 的试样。A 型反光膜：在取下防粘材料后，用手持滚筒将试样贴在清洁的铝板表面；B 型反光膜：用胶带将试样各边贴在清洁的铝板表面。

6.6.1.2 用刀将试样作对角斜线的切割，形成一个“×”形状的切线，切割时应切透试样抵达铝板。

6.6.2 试验步骤

将一个有玻璃盖板的玻璃量杯，注入温度为 25 ℃、浓度为 4%的盐水溶液(4 g NaCl 溶解到 96 mL 蒸馏水中)，将一半长度的试样浸入溶液中 16 h 后，从量杯中取出，冲洗掉试样上的盐沉积物，经 10 min 的回复期后，检查试样的外观；4 h 后切除切线每侧各 5 mm，检查逆反射系数。结果应符合 5.4 的要求。

6.7 韧性

按 6.1.3d)准备试样，将 25 mm×150 mm 的试样和直径为 3.2 mm 的圆棒同时置于－30 ℃温度下 4 h，在此温度下将试样缠绕在圆棒上，用戴着手套的手指轻轻地加压。对于 A 型反光膜，需取下防粘材料对粘合剂作滑石粉处理。结果应符合 5.5 规定。

6.8 抗拉强度

按 6.1.3b)准备试样，取 25 mm×150 mm 的试样，夹入到拉力试验机的夹具中，有效试样长度为

100 mm，使负荷均匀地分布在试样的整个宽度上，以 300 mm/min 的速度拉伸试样。取三个试样在断裂时每 25 mm 宽度的平均牛顿值作为测定值。对于 A 型反光膜，需取下防粘材料后将样品插入到拉力试验机中。结果应符合 5.6 规定。

6.9 黏结强度（仅用于 A 型反光膜）

6.9.1 试验准备

6.9.1.1 准备试验用样板。试验用样板分别为铝板（用于 A-1）、橡胶（用于 A-2）、玻璃纤维增强塑料（用于 A-3）、化纤织物（用于 A-4）、塑料（用于 A-5）。试验用样板为 50 mm×90 mm，并擦洗干净。

6.9.1.2 准备试验用滚筒。试验用滚筒为黄铜，直径 80 mm，宽 40 mm，外包 6 mm 厚的橡胶，硬度为（80±1）RHD，总质量为 2 kg。

6.9.1.3 按 6.1.3b）准备试样，分别为每种试验用样板准备三块 25 mm×200 mm 的反光膜试样。

6.9.2 试验步骤

针对每种样板按下列步骤进行试验：

a） 将试样的防粘材料取下 80 mm（其余 120 mm 带防粘材料部分用于插入试验仪器的夹具），分别粘贴在试验用样板上，用滚筒滚压 3 次；
b） 分别将两块试样浸没在有盖容器的蒸馏水和浓度为 4%的盐水中历时 16 h；
c） 将试样插入试验仪器的夹具中，以 300 mm/min 的速度在 180°角向后拉试样，测定每 25 mm 宽度上的牛顿（N）值；
d） 将第三块试样按照 6.5 进行老化试验后重复步骤 c）。

结果应符合 5.7 的要求。

6.10 耐压粘性

按 6.1.3b）制备试样，将两块 100 mm×100 mm 的试样，反光面对反光面叠在一起，并置于两块具有同样尺寸的 3 mm 厚玻璃板之间，放入 65 ℃的环境中，在玻璃板上面中央放置一个 18 kg 的重物，经 8 h 后取出试样，冷却 5 min，将两块试样分开，检查表面。结果应符合 5.8 的要求。

6.11 耐盐雾

6.11.1 按 6.6.1.1 制备试样。

6.11.2 将试样置于盐雾室中。将 5 份 NaCl 溶解于 95 份水中形成盐溶液，所含杂质不大于 0.2%，在（35±2）℃温度下进行雾化。

6.11.3 试验分 5 次进行，每次 22 h，间隔 2 h 让试样干燥。经 5 个循环后，用稀释的中性清洁剂清洗，目测试样表面，并测定逆反射系数。结果应符合 5.9 的要求。

6.12 耐高温、低温

按 6.1.3b）准备试样，将试样置于不低于 65 ℃的干燥空气中 24 h，然后在不高于－30 ℃的干燥空气中 24 h，恢复到常温后，检查试样并测定逆反射系数。结果应符合 5.10 的要求。

6.13 耐霉菌

6.13.1 试样制备

按 6.6.1.1 制备反光膜试样各三块，用无锈和无污染的夹具或钩扣固定试样。

6.13.2 土壤培植

将未经处理的 400 g/m² ~475 g/m² 棉纤维，在温度为 28 ℃、湿度为 85%～95%的土壤中埋置 5 天后，棉纤维抗拉强度的损失不少于原来的 50%，则此种土壤视为合格。

6.13.3 试验步骤

将试样水平放置在 100 mm 厚度的土层表面，试样间距 25 mm，在试样表面撒一层 25 mm 厚的土壤，在温度为 28 ℃、湿度为 85%～95%的环境中孵化 14 天后取出，轻轻洗掉表面土壤，用软布沾取浓度为 70%的酒精擦净，在 6.1.1 环境中放置 48 h 后，测定逆反射系数，并取下试样检查。结果应符合 5.11 的要求。

6.14 耐磨性

6.14.1 试样制备

按 6.6.1.1 制备 150 mm×425 mm 的试样。

6.14.2 试验装置

耐磨性试验装置由一个装在平金属板上的电动机和一个往复运动的毛刷组成。毛刷的刷板为长 90 mm、宽 40 mm 和厚 12.5 mm 铝质板。刷毛为坚硬、粗大的猪鬃。猪鬃伸出底板 20 mm，形成一个平整的摩擦面。毛刷总重(450±15) g。

6.14.3 试验步骤

开动马达后调整试验装置，使毛刷以每分钟(37±2)个往返(74±4)次的速度运行，刷 1 000 次后，用一块清洁柔软的布擦拭表面，检验试样。结果应符合 5.12 的要求。

6.15 耐污性

6.15.1 试样制备

按 6.6.1.1 制备 150 mm×150 mm 的试样。

6.15.2 试验步骤

在试样整个中部涂上一层长 150 mm、宽 90 mm、厚 0.075 mm 的充分混合的污染介质，把面板弄脏。污染介质由 8 g 碳黑、60 g 矿物油、32 g 无味矿物液体混合而成。用玻璃或类似的盖子将弄脏部分盖住。24 h 后取下盖子，用一块清洁干燥的柔软白布浸泡矿物液体擦拭试样，并在 1%(按质量)清洁剂的温水中漂洗，然后用一块清洁柔软的干布将试样擦干。结果应符合 5.13 的要求。

7 检验规则

7.1 检验分类

反光膜的检验分为型式检验和出厂检验。

7.2 型式检验

7.2.1 反光膜有下列情况之一时，应进行型式检验：

a) 新产品定型鉴定；

b) 结构、材料、工艺有较大改变，足以影响产品性能或质量；

c) 正常生产时，每 4 年进行一次；

d) 停产一年后，恢复生产；

e) 主管检查机构有要求。

7.2.2 反光膜型式检验项目及检验顺序见表 2。

表 2 反光膜检验项目及顺序

序号	检验项目	型式检验	出厂检验	要求的章条号	试验方法的章条号
1	外观	•	•	5.1	6.2
2	干燥时的光学性能	•	•	5.2.1	6.3
3	潮湿时的光学性能	•	—	5.2.2	6.4
4	抗老化性	•	—	5.3	6.5
5	耐海水性	•	—	5.4	6.6
6	韧性	•	—	5.5	6.7
7	抗拉强度	•	—	5.6	6.8
8	黏结强度	•	•	5.7	6.9
9	耐压粘性	•	—	5.8	6.10
10	耐盐雾	•	—	5.9	6.11
11	耐高温、低温	•	—	5.10	6.12
12	耐霉菌	•	—	5.11	6.13
13	耐磨性	•	—	5.12	6.14
14	耐污性	•	—	5.13	6.15
注：•为必检项目；—为不检项目。					

7.2.3 所有试样的全部检验项目符合要求时，判定反光膜型式检验合格，若有一项检验项目不合格，则判定反光膜型式检验不合格。

7.3 出厂检验

7.3.1 反光膜出厂检验项目及检验顺序见表 2。

7.3.2 反光膜外观为逐卷检验；其他项目进行抽样，以同一批原料，同一品种规格的反光膜为一批，每批不超过 3 000 m^2。每批随机抽取两卷。

7.3.3 所有反光膜的全部检验项目符合要求时，判定反光膜出厂检验合格。若外观不符合要求，则判定反光膜出厂检验不合格；其他项目中若有一项不符合要求，则应加倍取样进行复验。若复验都符合要求，则仍判定该批反光膜出厂检验合格；若复验仍有不符合要求的项目，则判定该批反光膜出厂检验不合格。

8 标志、包装、运输和贮存

8.1 标志

反光膜的包装上应有下列标志：

a) 制造厂名称、厂址；
b) 产品型号和名称；
c) 产品幅宽、数量；
d) 制造日期；
e) 出厂批号；
f) 标准编号；
g) 合格标识；
h) 贮存有效期；
i) 符合 GB/T 191 规定的“怕雨”、“防压”标志。

8.2 包装

反光膜成卷包装，包装材质为纸盒，外包装为纸箱。

8.3 运输

反光膜运输过程中应小心轻放，防止雨淋、暴晒，防止重压，远离火源、热源。

8.4 贮存

反光膜应该贮存在无腐蚀性气体、通风良好和阴凉干燥的室内。

参 考 文 献

[1] GB/T 18833—2002 公路交通标志反光膜

ICS 47.080
U 37

中华人民共和国国家标准

GB/T 26087—2010/ISO 15084:2003

小艇　锚泊、系泊和拖曳　强力点

Small craft—Anchoring, mooring and towing—Strong points

(ISO 15084:2003, IDT)

2011-01-10 发布　　　　2011-07-01 实施

中华人民共和国国家质量监督检验检疫总局
中国国家标准化管理委员会　发布

前　言

本标准按照 GB/T 1.1—2009 给出的规则起草。

本标准使用翻译法等同采用 ISO 15084:2003《小艇　锚泊、系泊和拖曳　强力点》。

本标准由中国船舶工业集团公司提出。

本标准由中国船舶工业综合技术经济研究院归口。

本标准起草单位：中国船舶工业综合技术经济研究院。

本标准主要起草人：王俊。

小艇 锚泊、系泊和拖曳 强力点

1 范围

本标准规定了用于锚泊、系泊和拖曳小艇的系泊链、索和缆绳的强力点的要求。

本标准不规定小艇拖带其他船舶的强力点的要求。

本标准适用于艇体长度不大于 24 m 的小艇。

本标准不规定锚的质量或者链和缆绳的长度。

2 规范性引用文件

下列文件对于本文件的应用是必不可少的。凡是注日期的引用文件,仅注日期的版本适用于本文件。凡是不注日期的引用文件,其最新版本(包括所有的修改单)适用于本文件。

GB/T 19916—2005 小艇 主要数据(ISO 8666:2002,IDT)

3 术语和定义

下列术语和定义适用于本文件。

3.1

强力点 strong point

艇上设计用于锚链、锚索、拖带缆绳和牵绳等配件的任何装置。

例如:带缆桩、羊角、吊杆柱、桅座、可拖曳艇上的艏部导缆孔、绞盘、起锚机、绞车和类似的设备。

3.2

设计类别 design category

艇评定的适合海况和风力条件。

3.2.1

设计类别 A design category A

远洋类别 category for "ocean" sailing

有义波高 4 m 以上,风速超过蒲氏 8 级,但不包括反常气候条件,例如飓风。

3.2.2

设计类别 B design category B

近海类别 category for "offshore" sailing

有义波高最大为 4 m,风速最大为蒲氏 8 级。

3.2.3

设计类别 C design category C

沿海类别 category for "inshore" sailing

有义波高最大为 2 m,风速最大为蒲氏 6 级。

3.2.4

设计类别 D　design category D

遮蔽水域类别　category for sailing in "sheltered" waters

有义波高最大为 0.3 m，船舶经过时偶尔可达 0.5 m，风速最大为蒲氏 4 级。

3.3

满载备用状态　fully loaded ready-for-use condition

排水量 m_{LDC} 符合 GB/T 19916—2005 中满载备用状态要求的艇。

3.4

破断强度　breaking strength

强力点的受力限值，其固定元件、支撑、周围结构开始出现永久变形或明显的结构失效，例如材料损坏。

4　符号

表 1 中的符号及其相关单位适用于本文件。

表 1　符号

符号	单位	意义	参考
L_C	m	计算长度	6.2
L_H	m	艇体长度	GB/T 19916—2005
L_{WL}	m	水线长	GB/T 19916—2005
P_n	kN	强力点上的水平载荷	6.2
f		设计类别系数	6.2
m_{LDC}	kg	艇的满载排水量	GB/T 19916—2005

5　一般要求

5.1　同一个强力点会有不同用途。锚泊或拖曳的强力点可用于系泊。

5.2　强力点的最少数量应符合下列要求：

——所有艇：艏部一个锚泊或拖曳点；

——L_H 超过 6 m 的艇：艉部至少设一个系泊点；

——L_H 超过 12 m 的艇：艏部和艉部均至少设一个附加系泊点；

——L_H 超过 18 m 的艇：左舷和右舷均至少设一个附加系泊点。

6　强度要求

6.1　说明

破断强度的评估应按 6.2、6.3 或 6.4 的规定。

6.2　水平载荷

每一强力点都应设计和安装为能承受水平载荷 P_n，单位为千牛(kN)，且强力点或其周围结构不能失效：

——艄部，用于锚泊和拖曳：

$$P_1 = f(4.3L_C - 5.4)$$

——艄部，用于系泊：

$$P_2 = f(3.5L_C - 4.3)$$

——艉部：

$$P_3 = f(3.0L_C - 3.8)$$

其中：

f=1.0(设计类别 A 和 B)；

f=0.9(设计类别 C)；

f=0.75(设计类别 D)。

L_C 为计算长度：

$$L_C = \frac{L_H + L_{WL}}{2}$$

应用于任何位置的强力点，其破断强度都无需高于满载备用状态的质量 m_{LDC}。

6.3 强力点的破断强度考虑到设计类别、艇体型式、受风面积和预计使用区域的波浪条件时，可以使用直接计算来评估。

6.4 强度匹配

当艇的制造厂指定或者提供的系泊链、索和缆绳超出了 6.2 的要求(例如：艇预计在极端气候条件下使用，或缆绳需要更容易操作时)，相关强力点的破断强度应不小于指定或提供的绳索或锚链的 125%。

7 详细要求

7.1 结构支撑

为承受 6.2～6.4 中计算出的载荷，应加强强力点附近的艇体结构。螺钉螺栓固定的强力点应使用复板或使用适当尺寸的衬垫。

7.2 耐腐蚀

强力点应使用耐腐蚀材料或经过防腐蚀处理的材料制造。

如果是非金属(塑料)强力点，材料应具备 UV 稳定性。并应更换已经有明显老化迹象的强力点。

7.3 标签

若强力点的预定用途不易确定为锚泊和/或拖曳时，应用标签显示。

8 艇主手册

艇主手册中应包含的内容见附录 A。

9 合成纤维绳索强度

合成纤维绳索强度要求参见附录 B。

附 录 A
（规范性附录）
艇主手册提供的信息

A.1 警告

艇的制造厂应提供强力点的破断强度。

链和缆绳的破断强度一般不应超过各自强力点的破断强度的 80%。

A.2 警告

当不能明确强力点的用途时，艇的制造厂应对强力点作标签（指定强力点用于锚泊和/或拖曳）并在艇主手册中提供适当信息。

A.3 警告

拖曳或被拖曳时应保持低速。被拖曳时不应超过其自身的设计速度。

A.4 警告

拖曳索应保持载荷下也能释放的紧固状态。

A.5 责任

艇主/操作者有责任确认系泊链、拖缆、锚链、锚缆和锚适合于艇的预计用途，例如：链和缆绳的破断强度不应超过各自强力点的破断强度的 80%。

A.6 非金属强力点

如果安装的是非金属强力点，应考虑其使用寿命。一旦其出现任何老化迹象、可见裂纹或永久性变形应予更换。

注：浅色配件比黑色配件更易 UV 老化。

附 录 B
（资料性附录）
合成纤维绳索材料强度/强力点尺寸

艇的制造者应使用绳索/链厂家公布的技术资料或适用的国际标准来确保绳索/链的最小破断强度，以便确定强力点的尺寸。表B.1列出了常见合成纤维绳索的使用指南。

表 B.1 三股合成纤维索机械性能

聚酰胺索		聚酯索		聚丙烯索	
公称直径/mm	最小破断强度(ISO 1140)/kN	公称直径/mm	最小破断强度(ISO 1141)/kN	公称直径/mm	最小破断强度(ISO 1346)/kN
6	7.35	6	5.8	6	5.9
8	13.2	8	10.5	8	10.4
10	20.4	10	16.8	10	15.3
12	29.4	12	24.0	12	21.7
14	40.2	14	33.7	14	29.9
16	52.0	16	43.4	16	37.0
18	65.7	18	54.8	18	47.2
20	81.4	20	68.2	20	56.9
22	98.0	22	82.0	22	68.2
24	118.0	24	98.5	24	79.7
26	137.0	26	115.5	26	92.2

参 考 文 献

[1] ISO 1140:2004 纤维绳索 聚酰胺 3股、4股和8股绞绳

[2] ISO 1141:2004 纤维绳索 聚酯 3股、4股和8股绞绳

[3] ISO 1346:2004 纤维绳索 聚丙烯裂膜、单丝和多丝(PP2)及聚丙烯高弹性多丝(PP3)绳索 3股、4股和8股绞绳

ICS 47.020.20
U 44

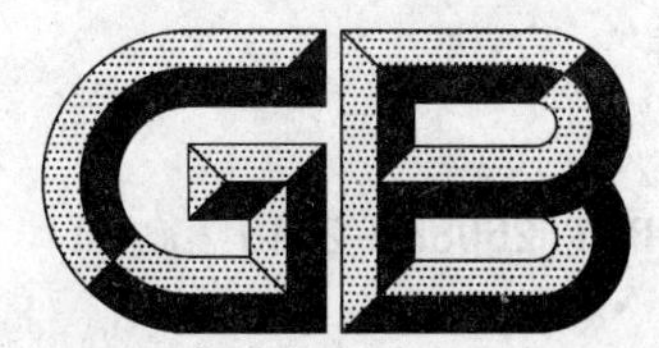

中华人民共和国国家标准

GB/T 26088—2010

造船 推进用水冷四冲程柴油机

Shipbuilding—Water-cooled four cycle diesel engines for propelling

2011-01-10 发布 2011-07-01 实施

中华人民共和国国家质量监督检验检疫总局
中国国家标准化管理委员会 发布

前　言

本标准按照 GB/T 1.1—2009 给出的规则起草。

本标准参考 JIS F 4301—2002《造船　推进用水冷四冲程柴油机》。

请注意本文件的某些内容可能涉及专利。本文件的发布机构不承担识别这些专利的责任。

本标准由中国船舶工业集团公司提出。

本标准由中国船舶工业综合技术经济研究院归口。

本标准起草单位：中国船舶工业综合技术经济研究院、淄博淄柴新能源有限公司、中国船舶重工集团第 711 研究所、哈尔滨工程大学、淄博柴油机总公司。

本标准主要起草人：祁超、陈志忠、宋恩哲、孙猛、王延瑞、李宗立。

造船　推进用水冷四冲程柴油机

1　范围

本标准规定了船舶推进用水冷四冲程柴油机(简称柴油机)的要求、试验方法、检验规则、标志及安全警示信息。

本标准适用于船舶推进用水冷四冲程柴油机的设计、制造和验收,也适用于电力推进系统中发电机组用水冷四冲程柴油机的设计、制造和验收。

2　规范性引用文件

下列文件对于本文件的应用是必不可少的。凡是注日期的引用文件,仅注日期的版本适用于本文件。凡是不注日期的引用文件,其最新版本(包括所有的修改单)适用于本文件。

GB/T 699—1999　优质碳素结构钢

GB/T 700—2006　碳素结构钢

GB/T 1149.1　内燃机　活塞环　第1部分:通用规则

GB/T 1149.2　内燃机　活塞环　第2部分:术语

GB/T 1149.4　内燃机　活塞环　第4部分:质量要求

GB/T 1149.5　内燃机　活塞环　第5部分:检验方法

GB/T 1149.6　内燃机　活塞环　第6部分:铸铁刮环

GB/T 1149.13　内燃机　活塞环　第13部分:油环

GB/T 1149.14　内燃机　活塞环　第14部分:螺旋撑簧油环

GB/T 1173—1995　铸造铝合金

GB/T 1221—2007　耐热钢棒

GB/T 1348—2009　球墨铸铁件

GB/T 3077—1999　合金结构钢

GB/T 3190—2008　变形铝及铝合金化学成分

GB/T 3475　船用柴油机调速系统技术要求和试验方法

GB/T 6072.1　往复式内燃机　性能　第1部分:功率、燃料消耗和机油消耗的标定及试验方法　通用发动机的附加要求

GB/T 9439—2010　灰铸铁件

CB/T 705　船用柴油机气阀弹簧

CB/T 3254.2—1994　船用柴油机台架试验　试验方法

JB/T 4403—1999　蠕墨铸铁件

3　要求

3.1　设计与结构

3.1.1　旋转方向

从输出端观察,柴油机曲轴的旋转方向一般为顺时针方向,带有减速齿轮箱的柴油机除外。

3.1.2 活塞环

活塞环应符合 GB/T 1149.1、GB/T 1149.2、GB/T 1149.4～GB/T 1149.6、GB/T 1149.13 和 GB/T 1149.14的要求。

3.1.3 气缸体和气缸套

气缸体和气缸套材料应能防腐蚀，水套结构应能确保完全排尽冷却水。

3.1.4 气缸盖

气缸直径大于 200 mm 的柴油机，每个气缸盖应装有示功阀。气缸直径大于 230 mm 的柴油机，每个气缸盖应装有安全阀，安全阀应在不超过 1.4 倍的最大燃烧压力时开启。排气口的位置应使排出的气体不至于造成危害。

3.1.5 曲轴箱和油底壳

3.1.5.1 曲轴箱应留有用于内部检查和维修的观察孔。曲轴箱应设有防爆阀以释放曲轴箱内部产生的过高油雾压力或曲轴箱内部发生爆炸时产生的压力并阻止火焰外泄。防爆阀的设定开启压力应不超过 20 kPa，防爆阀的通流面积和数量应与柴油机的尺寸和气缸数相匹配。缸径不大于 200 mm 并且曲轴箱容积不大于 0.6 m^3 的柴油机可不装防爆阀。

3.1.5.2 湿式油底壳应具有足够的容量和深度以防止因船体摇摆而导致机油泵吸入空气。油底壳应配有油标尺或其他油位测量装置。

3.1.6 排气阀和阀座

3.1.6.1 排气阀盘应具有足够的刚度以保证在承受缸内气体压力作用时变形最小；阀座应具有足够的耐磨性。

3.1.6.2 排气阀座的结构应能将传入的热量有效传递到气缸盖中。

3.1.7 燃油系统

3.1.7.1 燃油喷射泵的布置应便于检查和维修，其结构应保证柱塞和柱塞套之间的燃油泄漏量最小，并能防止泄漏燃油进入油底壳与润滑油混合。

3.1.7.2 燃油管系中的压力测量管等零部件应安装牢固，以减少由于振动而造成的管件磨损。

3.1.7.3 采用调速器自动调节供油量的燃油系统应具有独立的燃油供给切断装置。

3.1.8 调速器

调速器的调速功能应安全可靠，确保主机的转速不超过额定转速的 115%。

3.1.9 换向装置

应保证能一个人方便地进行换向操作，实现减速齿轮箱的接合和脱排。

3.1.10 起动装置

3.1.10.1 采用压缩空气起动的柴油机，最大压缩空气工作压力应不大于 3.0 MPa，缸径大于 230 mm 的柴油机起动空气系统，应安装阻火器、爆破片或其他等效装置。

3.1.10.2 电机起动的柴油机，起动电机的直流电压应为 12 V 或 24 V。

3.1.11 停车装置

3.1.11.1 停车装置应能切断柴油机的燃油供给并保持停车动作直到柴油机完全停止运转。

3.1.11.2 当柴油机由于安全系统的作用而停车时，停车装置应能手动复位。

3.1.12 燃油滤器和润滑油滤器

燃油滤器和润滑油滤器应易于清洗和更换。

3.1.13 高温部位

对于高温部位如排气总管，应提供防火、避免伤害操作人员的措施或方法：

a) 当表面温度超过 220 ℃时，应使用阻燃的隔热装置；

b) 当表面温度超过 60 ℃时，应采取隔热措施或设置警告标志。

3.1.14 进气总管

涡轮增压器或进气总管进口应采用能防止外界物质进入的结构。

3.1.15 盘车装置

盘车装置与起动装置之间应有安全联锁装置。盘车装置应便于单人操作。

3.1.16 润滑油预供泵

缸径超过 220 mm 的柴油机应安装润滑油预供泵。

3.1.17 测量装置

柴油机应配备以下测量装置。当柴油机缸径不大于 100 mm 时，可以只配备润滑油压力测量装置或其他替代的压力测量装置；当柴油机缸径大于 100 mm 且不大于 150 mm 时，至少应配备以下标有“※”的测量装置：

a) 转速表“※”。

b) 压力表：

——冷却水压力表；

——润滑油压力表“※”；

——进气压力表(采用废气涡轮增压时)；

——起动空气压力表(装在空气瓶上)。

c) 温度表：

——冷却水温度表(装在柴油机冷却水管出口处)“※”；

——润滑油温度表(装在润滑油冷却器出口处或柴油机润滑油入口处)；

——排气温度表(装在柴油机排气总管出口处)。

3.1.18 安全装置

3.1.18.1 持续功率不小于 220 kW 的柴油机应装有独立的超速保护装置，以保证柴油机转速不超过额定转速的 120%。电力推进系统柴油机的超速保护装置应保证柴油机的转速不超过额定转速的 115%。

3.1.18.2 持续功率超过 37 kW 的柴油机应装有报警系统，当润滑油压力降低至将影响柴油机正常运转时发出警报。持续功率超过 736 kW 的柴油机应装有低油压安全保护装置，在发现滑油压力过低时能发出警报并自动停车。

3.1.19 气阀弹簧

进气阀、排气阀弹簧应符合 CB/T 705 的要求。

3.2 外观

柴油机外观应无明显缺陷和油水泄漏,且涂漆完整。

3.3 材料

柴油机主要零部件的典型材料见表 1,也可采用性能不低于表 1 规定且已经证明同样适用的其他材料。

表 1 主要零部件材料

名称		材料牌号	标准号
气缸套		HT200、HT250	GB/T 9439—2010
气缸盖		R_UT300	JB/T 4403—1999
		HT250	GB/T 9439—2010
		QT400-18	GB/T 1348—2009
曲轴		QT600-3、QT700-2、QT800-2、QT900-2	GB/T 1348—2009
		45A	GB/T 699—1999
		42CrMoA、45	GB/T 3077—1999
推力轴		35、40、45	GB/T 699—1999
连杆		45	GB/T 699—1999
		35CrMo、42CrMo	GB/T 3077—1999
活塞(一体式)		HT250	GB/T 9439—2010
		QT500-7、QT600-3	GB/T 1348—2009
		ZL108、ZL109	GB/T 1173—1995
活塞(组合式)	活塞顶	40Cr、42CrMo	GB/T 3077—1999
	活塞裙	HT250	GB/T 9439—2010
		QT700-2、QT500-7、QT600-3	GB/T 1348—2009
		2A80	GB/T 3190—2008
		ZL108	GB/T 1173—1995
活塞环		HT250	GB/T 9439—2010
		QT500-7、QT600-3	GB/T 1348—2009
活塞销		20	GB/T 699—1999
		15CrMo、12CrNi2、15Cr、20CrMnTi、20Cr	GB/T 3077—1999
凸轮		15CrMo、12CrNi2、15Cr、20CrMnTi	GB/T 3077—1999
凸轮轴		20、45	GB/T 699—1999
		20Cr、40Cr、20CrMnMo、20CrMnTi、15CrMo、12CrNi2	GB/T 3077—1999
连杆螺栓		50A	GB/T 699—1999
		35CrMo、35CrMoA、42CrMo、40CrNi	GB/T 3077—1999
进气阀、排气阀		40Cr10Si2Mo、53Cr21Mn9Ni4N	GB/T 1221—2007

表 1(续)

名称	材料牌号	标准号
曲轴齿轮、中间轴齿轮、凸轮轴齿轮	40、45A 40CrNi、35CrMo、42CrMo、20CrMnTi	GB/T 699—1999 GB/T 3077—1999
机体、机座、油底壳	HT200、HT250、HT280 QT400-18 Q235A	GB/T 9439—2010 GB/T 1348—2009 GB/T 700—2006
减速倒车齿轮	40 15CrMo	GB/T 699—1999 GB/T 3077—1999

3.4 性能

3.4.1 功率

3.4.1.1 柴油机应具有在110%额定功率连续运转1 h的能力。

3.4.1.2 必要时,可以根据GB/T 6072.1的规定对不同环境条件下的柴油机功率进行修正。

3.4.2 起动

3.4.2.1 对使用压缩空气起动、可换向的柴油机,所储存的空气量应能保证起动12次以上,或具有相当的起动能力。对于不可换向但使用压缩空气起动的柴油机和驱动可调螺旋桨的柴油机,储存的空气量应能保证起动6次以上。

3.4.2.2 对于采用电起动的柴油机,其蓄电池的容量应保证能在不充电的情况下起动6次以上,或配置具有相同起动能力的其他电源。

3.4.2.3 柴油机起动时间应不大于10 s。

3.4.2.4 人力起动的柴油机应便于单人进行起动操作。

3.4.3 运行

柴油机在船舶横摇22.5°、纵摇7.5°、横倾15°、纵倾5°条件下应能连续平稳运行,无异常振动,烟气排放少。在全部运转范围内应没有异常发热和噪声。

注:根据设计图样等文件可以确认在船用条件下柴油机的运行状况时,可以取消相应的运行性能试验。

3.4.4 调速

柴油机在整个转速范围内应无过大的转速波动。柴油机的调速特性应符合GB/T 3475的要求。

3.4.5 最低稳定工作转速运行

柴油机在最低稳定工作转速工况下应能连续平稳运行,且转速应满足下列条件:

a) 额定转速不高于300 r/min时,最低稳定转速不高于30%额定转速;

b) 额定转速大于300 r/min、不高于1 000 r/min时,最低稳定转速不高于40%额定转速;

c) 额定转速大于1 000 r/min时,最低稳定转速不高于45%额定转速。

注:电力推进系统中发电机组用柴油机不适用本要求。

3.4.6 换向

对于可换向的柴油机，换向所需时间应在 15 s 以内。

注：电力推进系统中发电机组用柴油机不适用本要求。

3.4.7 停涡轮增压器运行

对于涡轮增压柴油机，当停止或关闭任意数量的涡轮增压器时，柴油机应能在不需要任何调节的情况下，以不小于 0.44 MPa 的平均有效压力连续平稳运行。

3.4.8 连续运转

柴油机在额定工况下连续平稳运转的时间应不少于 4 h。

4 试验方法

4.1 结构、外形和尺寸

检查柴油机的结构、外形和尺寸。结果应符合 3.1 的要求。

4.2 外观

目测检查柴油机外观。结果应符合 3.2 的要求。

4.3 材料

查验柴油机主要零部件的材质证明书及其工艺文件，包括化学成分、材料的主要力学性能、热处理工艺等。结果应符合 3.3 的要求。

4.4 起动

起动试验按 CB/T 3254.2—1994 中 6.1 规定的方法进行。结果应符合 3.4.2 的要求。

注：若使用起动机，柴油机可用这一设备进行试验。

4.5 推进特性和负荷特性

推进用柴油机的推进特性试验应按 CB/T 3254.2—1994 中 6.7 规定的方法进行；电力推进和调距桨用柴油机的负荷性能试验按 CB/T 3254.2—1994 中 6.4 规定的方法进行。结果应符合 3.4.3 的要求。

4.6 调速特性

调速特性试验按 GB/T 3475 规定的方法进行。结果应符合 3.4.4 的要求。

4.7 最低稳定工作转速运行

最低稳定转速运行试验按 CB/T 3254.2—1994 中 6.8 和 6.9 规定的方法进行。结果应符合 3.4.5 的要求。

4.8 换向

换向试验按 CB/T 3254.2—1994 中 6.10 规定的方法进行。结果应符合 3.4.6 的要求。

4.9 停涡轮增压器运行

运用专用工具或装置停止或关闭任意数量的涡轮增压器，柴油机运行 20 min。结果应符合 3.4.7 的要求。

4.10 连续运转

连续运转试验按 CB/T 3254.2—1994 中 6.14 规定的方法进行。结果应符合 3.4.8 的要求。

5 检验规则

5.1 检验分类

柴油机的检验分为型式检验和出厂检验。

5.2 型式检验

5.2.1 凡属下列情况之一者，应进行柴油机的型式检验：

a) 新产品试制、定型或鉴定；

b) 转厂生产的首制产品；

c) 国家质量监督部门或行业主管部门提出进行型式检验要求。

5.2.2 柴油机的型式检验项目和顺序见表 2。

5.2.3 柴油机的型式检验的样品数量为 1 台。

5.2.4 柴油机样品的全部检验项目符合要求，判为型式检验合格。若有不合格要求的项目，允许采取一次纠正措施后对所有项目重新检验，若重新检验合格，则仍判定柴油机型式检验合格；若重新检验仍有不符合要求的项目，则判柴油机型式检验不合格。

表 2 检验项目和顺序表

序号	项目名称	型式检验	出厂检验	检验方法章条号	要求章条号
1	结构、外形和尺寸	●	●	4.1	3.1
2	外观	●	●	4.2	3.2
3	材料	●	●	4.3	3.3
4	起动	●	●	4.4	3.4.2
5	推进特性	●	●	4.5	3.4.3
6	负荷特性	●	○	4.5	3.4.3
7	调速特性	●	○	4.6	3.4.4
8	最低稳定工作转速运行	●	○	4.7	3.4.5
9	换向	●	—	4.8	3.4.6
10	停涡轮增压器运行	●	—	4.9	3.4.7
11	连续运转	●	●	4.10	3.4.8
注：●为必检项目；○为订购方与承制方协商检验项目；—为不检项目。					

5.3 出厂检验

5.3.1 柴油机应逐台进行出厂检验。

5.3.2 柴油机的出厂检验项目和顺序见表 2。

5.3.3 柴油机的出厂检验全部项目符合要求，判定柴油机出厂检验合格。若有不符合要求的项目，允许采取一次纠正措施后对该项目进行复验，若重新检验合格，则仍判定柴油机出厂检验合格；若重新检验仍不符合要求，则判定该柴油机出厂检验不合格。

6 标志

在柴油机机身的醒目位置应标明下列产品标志：

a) 柴油机型号；

b) 持续功率(kW)；

c) 转速(曲轴输出端转速)；对有减速齿轮箱的柴油机来说，推进轴的转速也应描述；

d) 序列号；

e) 制造厂名或缩写；

f) 生产年份；

g) 净质量；

h) 检验标志。

7 安全警示

应在柴油机的明显位置标出下列安全警示信息，并在操作手册的相应部分加以陈述：

a) 安全警告标志：柴油机应有相应的警告标志和注意标志；

b) 操作手册中的安全警示信息：在操作手册中除了应含有 a)所包括的安全警告标志外，还应包括柴油机安全操作规程等内容。

ICS 47.020.20
U 44

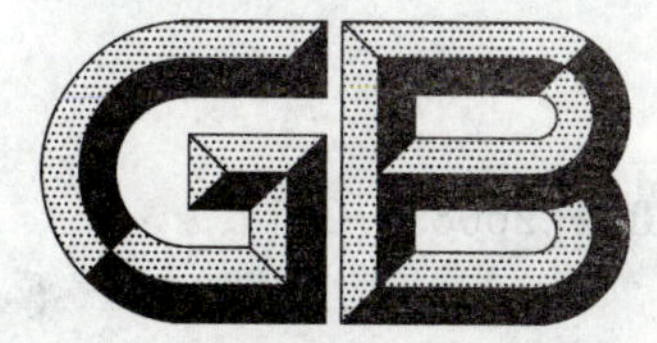

中华人民共和国国家标准

GB/T 26089—2010

船用柴油发动机使用手册编写要求

Guidelines for instruction of marine diesel engines

2011-01-10 发布　　　　2011-07-01 实施

中华人民共和国国家质量监督检验检疫总局
中国国家标准化管理委员会　发布

前　言

本标准按照 GB/T 1.1—2009 给出的规则起草。

本标准参考 JIS F 0406—1997《船用柴油发动机使用手册编写要求》。

请注意本文件的某些内容可能涉及专利。本文件的发布机构不承担识别这些专利的责任。

本标准由中国船舶工业集团公司提出。

本标准由中国船舶工业综合技术经济研究院归口。

本标准起草单位:中国船舶工业综合技术经济研究院、淄博淄柴新能源有限公司、中国船舶重工集团第 711 研究所、哈尔滨工程大学、淄博柴油机总公司。

本标准主要起草人:祁超、宋恩哲、陈志忠、张延亭、孙猛、王延瑞、李宗立。

船用柴油发动机使用手册编写要求

1 范围

本标准规定了编写船用柴油发动机使用手册(简称手册)的基本要求,包括手册的类型和版式要求、一般要求及内容要求等。

本标准适用于船用柴油发动机使用手册的编写。

2 规范性引用文件

下列文件对于本文件的应用是必不可少的。凡是注日期的引用文件,仅注日期的版本适用于本文件。凡是不注日期的引用文件,其最新版本(包括所有的修改单)适用于本文件。

GB/T 1883.1 往复式内燃机 词汇 第1部分:发动机设计和运行术语

GB/T 1883.2 往复式内燃机 词汇 第2部分:发动机维修术语

GB/T 2893.1 图形符号 安全色和安全标志 第1部分:工作场所和公共区域安全标志的设计原则

GB/T 6809.1 往复式内燃机 零部件和系统术语 第1部分:固定件及外部罩盖

GB/T 6809.2 往复式内燃机 零部件和系统术语 第2部分:气门、凸轮轴传动和驱动机构

GB/T 6809.3 往复式内燃机 零部件和系统术语 第3部分:主要运动件

GB/T 6809.4 往复式内燃机 零部件和系统术语 第4部分:增压及进排气管系统

GB/T 6809.5 往复式内燃机 零部件和系统术语 第5部分:冷却系统

GB/T 6809.6 往复式内燃机 零部件和系统术语 第6部分:润滑系统

GB/T 6809.7 往复式内燃机 零部件和系统术语 第7部分:调节系统

GB/T 6809.8 往复式内燃机 零部件和系统术语 第8部分:起动系统

GB/T 6809.9 往复式内燃机 零部件和系统术语 第9部分:监控系统

GB/T 9969 工业产品使用说明书 总则

GB/T 17804 往复式内燃机 图形符号

3 手册的类型和版式要求

3.1 语言

应采用中英文对照或中文与购买方语言文字对照。若使用多种文字且多种文字有矛盾时,应以中文为准。

3.2 术语和符号

手册中的术语、缩略语、符号、部件名称等应与相关国家标准保持一致。这些标准包括:GB/T 1883.1、GB/T 1883.2、GB/T 2893.1、GB/T 6809.1、GB/T 6809.2、GB/T 6809.3、GB/T 6809.4、GB/T 6809.5、GB/T 6809.6、GB/T 6809.7、GB/T 6809.8、GB/T 6809.9、GB/T 9969、GB/T 17804。

3.3 单位

手册中的单位应使用国际单位制。若使用其他单位制，应使用括弧“{ }”注明。

3.4 尺寸

手册的尺寸应采用 A4(210 mm×297 mm)或 A5(148.5 mm×210 mm)大小。

3.5 编写

手册一般应由三部分组成：操作卷、维修卷和零件清单。手册编写内容示例参见附录 A。

4 一般要求

4.1 说明

手册中的内容说明应清晰、具体和简洁，并符合下列要求：

a) 说明和解释应使用图表和照片等辅助手段，需要强调的部分应使用示意图来说明，宜使用投影图，为便于理解，可使用易于理解的符号标记和缩略语；
b) 需要强调的条目内容应使用方框、下划线、黑体或改变颜色来区别；
c) 操作和维护的说明应根据操作规程逐条列出。

4.2 警告和注意事项

手册中应着重强调安全警告和注意事项，将安全警告安排在手册的起始页，并在其他相关部分进行强调。

4.3 修订

如果因发动机零部件的改进和维护标准的提高而需要改动手册内容时，应及时修订手册。

5 内容要求

5.1 目录

目录应逐条列出，数字应清晰。

5.2 引言

5.2.1 一般注意事项

操作发动机需要了解的一般注意事项主要包括：

a) 遵守安全注意事项；
b) 使用操作手册了解发动机结构和操作的方法说明；
c) 使用正品零部件；
d) 保存好操作手册并移交给相关人员；
e) 应明确发动机的用途、适用的工作环境以及与手册规定内容相矛盾的应禁止的操作方法。

5.2.2 术语和符号

对手册中使用的术语和符号进行解释。

5.3 发动机概述

5.3.1 构成

手册中应对发动机的下列构成及附件设备进行说明：

a) 主要部件；

b) 附件设备的类型和型号。

5.3.2 剖面图和外形图

发动机主要部件及附件的结构布置应使用剖面图、外形图和照片来说明。

5.4 调整基准

应对发动机的下列运行参数和设定值进行说明：

a) 运行参数：发动机运行时可调节的流体压力和温度的基准值以及报警点的设定值。

b) 阀的设定值：进气阀、排气阀、起动阀开启/关闭曲轴转角的设定值，喷油器和安全阀的压力设定值。每一个设定值，应对其上限和下限或相对于基准值的允许调节范围作出说明。

5.5 结构概述

发动机的结构概述应符合下列要求：

a) 主要零部件的结构：发动机主要零部件的结构应采用发动机剖面图说明；

b) 附件布置：附件安装位置在总布置图上用引线和注释的形式标明；

c) 管路布置：发动机的管路布置(包括管系中使用的设备)应使用管路系统图表示；

d) 仪器仪表：仪器仪表的布置应使用列表和系统图来表示；

e) 发动机控制系统：包括系统设备在内的发动机控制系统应使用程序控制图或系统框图来表示；

f) 发动机操作、检查、维修时需要发动机和设备的结构说明，应采用剖面图等形式说明。

5.6 运行程序

运行程序和注意事项应从以下几个方面进行说明：

a) 运行前准备；

b) 起动；

c) 稳态运行；

d) 停车；

e) 特殊工况运行。

5.7 计划检查和维修

计划检查和维修要求应从以下几个方面进行说明：

a) 检查和维修注意事项：对按计划检查和维修过程中需要注意的地方进行说明。

b) 检查和维修项目表：以工时(工作人数×工作时间)和工作周期(天/周/月)或小时为单位列出检查和维修项目表。当手册分为操作卷和维修卷时，每一卷中说明相关工作项目的部位包含相应工作计划表。

c) 检查和维修程序：对每项工作的工作内容、工作程序和注意事项进行说明。对每项工作的解释性条目宜提供三维图进行说明。

5.8 燃油、润滑油和冷却水的管理

手册中应对下列介质的使用特性、零件更换限值等管理要求进行说明：

a) 燃油及其使用特性的管理；

b) 润滑油和推荐的润滑油的管理；

c) 冷却水和防腐剂的管理。

5.9 故障和异常情况的原因、措施和对策

故障和异常情况产生的原因和现象是相互关联的，应给出相应的对策和处理办法。如果难以确定故障原因或缺乏现场处理办法，应给出推荐的应急对策。

5.10 拆卸和重装

拆卸和重装应对以下条款进行说明：

a) 拆卸和重装的注意事项：说明拆卸和重装所要特别注意的事项。

b) 检查和维修项目清单：采用共有的检查和维修项目清单。

c) 更换零件的限值和更换要求：采用零件尺寸、间隙限值或工作时间限值等形式表述。

d) 拆卸和重装：每一工作项目所需准备的工具、测量仪器、易耗品、工作步骤以及注意事项都应进行说明。工作细节的解释性说明宜配有三维图等描述，且说明应与零件清单内容吻合，以防止误用。

5.11 零件清单

零件清单应同时附有零件图，零件图应为轴侧图。

零件清单应为单独一卷，与操作卷和维修卷分开编制。

5.12 售后服务通讯录

手册中应列出售后服务联系清单。

附　录　A
（资料性附录）
使用手册内容构成

使用手册所包含的内容参见表 A.1。

表 A.1　使用手册内容构成

章节号	项目	操作卷	维修卷
第 0 章	引言		
第 1 节	发动机运行前	○	○
第 2 节	术语和符号标志	○	○
第 3 节	安全注意事项	○	○
第 1 章	发动机概述		
第 1 节	发动机主要部件及附件设备类型	○	—
第 2 节	发动机剖面图	○	—
第 3 节	发动机及设备布置(外形)图	○	—
第 2 章	发动机调整基准		
第 1 节	发动机运行参数	○	—
第 2 节	阀门设定值	○	—
第 3 章	结构概述		
第 1 节	发动机主要部件	○	—
第 2 节	涡轮增压器、中冷器及进排气系统	○	—
第 3 节	起动空气系统及相关设备	○	—
第 4 节	燃油系统及相关设备	○	—
第 5 节	润滑油系统及相关设备	○	—
第 6 节	冷却水系统及相关设备	○	—
第 7 节	发动机控制系统及相关设备	○	—
第 4 章	运行程序		
第 1 节	首次起动或久置不用后再起动的准备工作	○	—
第 2 节	起动	○	—
第 3 节	磨合和暖机运行	○	—
第 4 节	稳定运行	○	—
第 5 节	停车	○	—
第 6 节	特殊工况运行	○	—
第 5 章	检查与维修		
第 1 节	检查与维修注意事项	○	—
第 2 节	检查与维修项目清单	○	○

表 A.1（续）

章节号	项目	操作卷	维修卷
第 3 节	按计划检查与维修	○	—
第 6 章	燃油、润滑油、冷却水的管理		
第 1 节	润滑油与冷却水的预供	○	—
第 2 节	燃油和使用特性的管理	○	—
第 3 节	润滑油管理及润滑油的推荐牌号	○	—
第 4 节	冷却水的管理及防腐	○	—
第 7 章	各类工具的使用	○	—
第 8 章	故障及异常情况的原因及措施		
第 1 节	排气温度异常	○	—
第 9 章	拆卸和重装		
第 1 节	拆卸、维修及重装注意事项	—	○
第 2 节	主要零部件的拆卸空间及重量	—	○
第 3 节	螺栓紧固力矩表	—	○
第 4 节	参考间隙及使用极限	—	○
第 5 节	拆卸、维修及重装	—	○

注 1：零件清单是独立的，不包含在操作卷和维修卷中。

注 2：○表示包含；—表示不包含。

ICS 17.040.30
J 42

中华人民共和国国家标准

GB/T 26090—2010

齿轮齿距测量仪

Gear circular pitch measuring instrument

2011-01-10 发布　　2011-10-01 实施

中华人民共和国国家质量监督检验检疫总局
中国国家标准化管理委员会　发布

前　言

本标准由中国机械工业联合会提出。

本标准由全国量具量仪标准化技术委员会(SAC/TC 132)归口。

本标准负责起草单位:哈尔滨量具刃具集团有限责任公司。

本标准参加起草单位:中国计量学院、北京中科恒业中自技术有限公司。

本标准主要起草人:刘庆胜、孙秀文、陈显民、赵军、陈洪安、霍炜。

齿轮齿距测量仪

1 范围

本标准规定了齿轮齿距测量仪的术语和定义、型式与基本参数、要求、安全性能、检验条件、检验方法、标志与包装等。

本标准适用于可测齿轮模数范围为 1 mm～20 mm，顶圆直径不大于 600 mm 的齿轮齿距测量仪（以下简称"齿距测量仪"）。

2 规范性引用文件

下列文件中的条款通过本标准的引用而成为本标准的条款。凡是注日期的引用文件，其随后所有的修改单（不包括勘误的内容）或修订版均不适用于本标准，然而，鼓励根据本标准达成协议的各方研究是否可使用这些文件的最新版本。凡是不注日期的引用文件，其最新版本适用于本标准。

GB/T 191—2008 包装储运图示标志(ISO 780:1997,MOD)

GB 4793.1—2007 测量、控制和实验室用电气设备的安全要求 第 1 部分:通用要求(IEC 61010-1:2001,IDT)

GB/T 4879—1999 防锈包装

GB/T 5048—1999 防潮包装

GB/T 6388—1986 运输包装收发货标志

GB/T 9969—2008 工业产品使用说明书 总则

GB/T 10095.1—2008 圆柱齿轮 精度制 第 1 部分:轮齿同侧齿面偏差的定义和允许值(ISO 1328-1:1995,IDT)

GB/T 14436—1993 工业产品保证文件 总则

GB/T 17163—2008 几何量测量器具术语 基本术语

3 术语和定义

GB/T 10095.1—2008、GB/T 17163—2008 中确立的以及下列术语和定义适用于本标准。

3.1

齿轮齿距测量仪 gear circular pitch measuring instrument

采用相对或绝对测量法，使用相应的传感器，用于测量单个齿距偏差、齿距累积偏差、齿距累积总偏差等参数项目的齿轮专用测量仪。

4 型式与基本参数

4.1 型式

齿距测量仪的型式与主要部分名称见图 1 所示。图示仅供图解说明，不表示具体结构。

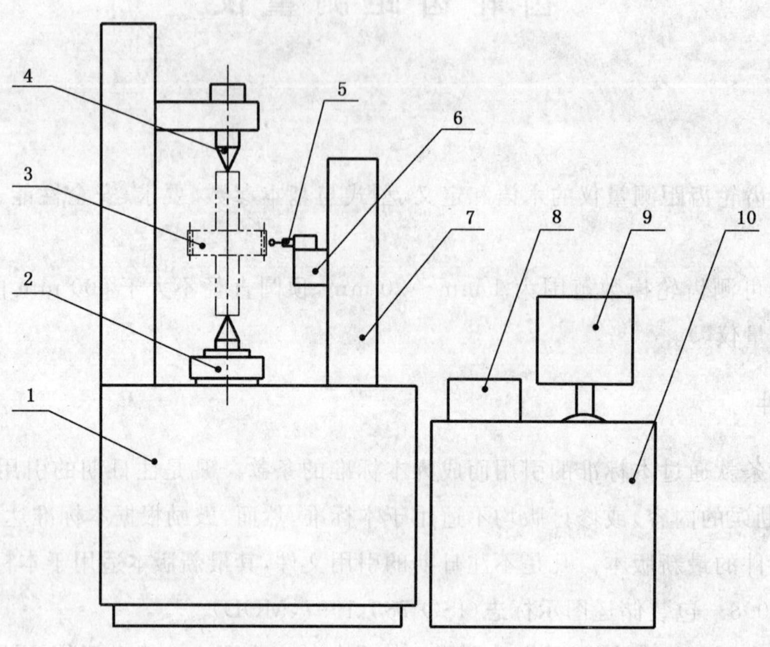

1——仪器基座；
2——下顶尖及主轴；
3——被测齿轮；
4——上顶尖；
5——测头；
6——测量滑座；
7——测量立柱；
8——打印机；
9——计算机；
10——电气柜。

图 1 齿距测量仪的型式与主要部分名称

4.2 基本参数

齿距测量仪的基本参数及其数值应符合表 1 的规定。

表 1

单位为毫米

基本参数	数 值
可测齿轮的模数	1～20
可测齿轮的最大顶圆直径	600
传感器分辨力	≤0.000 1

5 要求

5.1 外观

齿距测量仪各工作表面不应有锈蚀、碰伤、显著划痕等缺陷。非工作表面应有防护涂层、镀层或其他防护性处理。防护涂层、镀层应色泽均匀、平整光滑，无脱皮或凸凹不平等外观质量缺陷。

5.2 相互作用

齿距测量仪的运动部分应灵活、平稳，无卡滞现象，紧固部分应牢固可靠，不得有松动。

5.3 下顶尖斜向圆跳动

下顶尖斜向圆跳动不应大于表 2 中的规定值。

5.4　**上下顶尖连线对主轴回转中心的同轴度**

上下顶尖连线对主轴回转中心的同轴度(每200 mm范围内)不应大于表2中的规定值。

5.5　**测量滑座上下移动对上下顶尖连线的平行度**

测量滑座上下移动对上下顶尖连线的平行度(任意200 mm范围内)不应大于表2中的规定值。

5.6　**测微系统的示值误差**

测微系统的示值误差不应大于±0.5 μm。

5.7　**测量齿距累积总偏差的示值误差**

测量齿距累积总偏差的示值误差不应大于表2中的规定值。

5.8　**测量齿距累积总偏差的示值重复性**

测量齿距累积总偏差的示值重复性不应大于表2中的规定值。

表2

单位为微米

可测齿轮精度等级 GB/T 10095.1—2008	下顶尖斜向圆跳动	上下顶尖连线对主轴回转中心的同轴度	测量滑座上下移动对上下顶尖连线的平行度		测量齿距累积总偏差的示值误差	测量齿距累积总偏差的示值重复性
			正面	侧面		
2～3	1	2	6		±2	1
4～5	2	4	8		±3	2
6～8	3	6	10		±5	3
9～12	5	8	16		±8	4

6　安全性能

齿距测量仪在防爆、绝缘等方面的安全性能应符合GB 4793.1—2007的规定。

7　检验条件

7.1　检验时室内温度在(20±1)℃,温度变化不大于0.5℃/h,湿度≤70% RH。受检齿距测量仪在检验室内平衡温度时间不少于12 h,检验工具在室内平衡温度时间不少于6 h。

7.2　检验室内应无影响测量的灰尘、振动、噪音、气流、腐蚀性气体和较强磁场。电源电压、气源气压、流量等应符合齿距测量仪使用说明书中的要求。

8　检验方法

8.1　**外观**

目力观测。

8.2　**相互作用**

目测和手感检验。

8.3　**下顶尖斜向圆跳动**

将装有扭簧比较仪(或电感式测微仪)的磁力表座固定在仪器基座上,使扭簧比较仪(或电感式测微仪)的测头与下顶尖锥面垂直接触,转动主轴720°,扭簧比较仪(或电感式测微仪)示值的最大变化量为下顶尖斜向圆跳动。

8.4 上下顶尖连线对主轴回转中心的同轴度

在上、下顶尖间分别安装长度为 200 mm 和 400 mm 的精密心轴，将装有扭簧比较仪的磁力表座固定在下顶尖转盘上，使扭簧比较仪的测头与精密心轴上端外圆垂直接触，转动主轴 720°，根据精密心轴的长度，分别将 2 次扭簧比较仪示值的最大变化量按比例换算成每 200 mm 长度的检测值，其中的最大值为上下顶尖连线对主轴回转中心的同轴度。

8.5 测量滑座上下移动对上下顶尖连线的平行度

在上、下顶尖间安装精密心轴(圆柱度不应大于 1 μm)，将装有扭簧比较仪的磁力表座固定在测量滑座上，使扭簧比较仪的测头分别与心轴正面和侧面外圆垂直接触，上下移动测量滑座，扭簧比较仪示值的最大变化量为测量滑座上下移动对上下顶尖连线的平行度。

8.6 测微系统的示值误差

根据测微系统的量程，选用相应尺寸间隔的 6 块量块(3 等)进行检定。先用所选的最小尺寸量块对零，用其他各尺寸的量块按正向依次检定示值误差。再以最大尺寸量块对零，用其他各尺寸的量块按负向依次检定示值误差。各受检点的示值误差 δ_i 按下式计算，其中的最大值为测微系统的示值误差。

$$\delta_i = r_i - (L_i - L_0)$$

式中：

r_i——测微系统第 i 受检点的示值；

L_i——第 i 受检点所用量块的实际尺寸；

L_0——对零用量块的实际尺寸。

当不能使用量块直接检定时，可采用同等准确度的其他方法对测微系统的示值误差进行检定。

8.7 测量齿距累积总偏差的示值误差

将标准齿轮(2 级精度)安装在上、下顶尖之间，使测头与标准齿轮齿高中部的齿面接触，按齿距测量程序从标记齿进行测量，连续测量齿距累积总偏差 5 次，5 次测量中与标准齿轮齿距累积总偏差之差的最大值为测量齿距累积总偏差的示值误差。

8.8 测量齿距累积总偏差的示值重复性

用 8.7 同样的方法，在一次装夹中，从标记齿顺时针或逆时针连续测量 5 次，5 次测量中齿距累积总偏差的最大值与最小值之差为测量齿距累积总偏差的示值重复性。

8.9 安全性能

按 GB 4793.1—2007 规定的方法进行检验。

9 标志与包装

9.1 标志

9.1.1 齿距测量仪上应标志：

a) 制造厂厂名或注册商标；

b) 名称和型号；

c) 产品制造日期及产品序号。

9.1.2 齿距测量仪外包装的标志应符合 GB/T 191—2008 和 GB/T 6388—1986 的规定。

9.2 包装

9.2.1 齿距测量仪的包装应符合 GB/T 4879—1999 和 GB/T 5048—1999 的规定。

9.2.2 齿距测量仪经检验符合本标准要求的应具有符合 GB/T 14436—1993 规定的产品合格证。产品合格证上应标有本标准的标准号、产品序号和出厂日期，以及符合 GB/T 9969—2008 规定的使用说明书、装箱单。

ICS 17.040.30
J 42

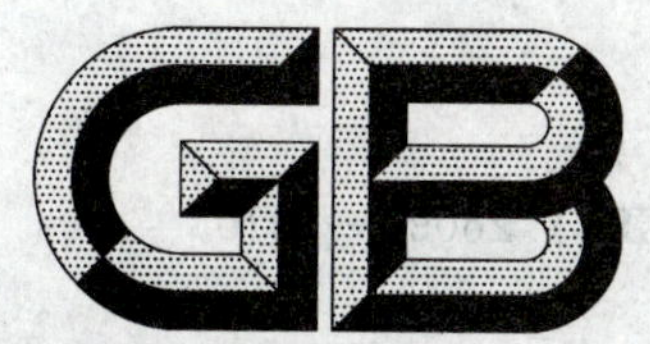

中华人民共和国国家标准

GB/T 26091—2010

齿轮单面啮合整体误差测量仪

Gear single-flank meshing integrated error measuring instrument

2011-01-10 发布　　2011-10-01 实施

中华人民共和国国家质量监督检验检疫总局
中国国家标准化管理委员会　发布

前　言

本标准的附录A为资料性附录。

本标准由中国机械工业联合会提出。

本标准由全国量具量仪标准化技术委员会(SAC/TC 132)归口。

本标准起草单位:成都工具研究所。

本标准主要起草人:孙文文、姜志刚、邓宁、梁军。

齿轮单面啮合整体误差测量仪

1 范围

本标准规定了齿轮单面啮合整体误差测量仪的术语和定义、型式与基本参数、要求、检验方法、检验规则、标志与包装等。

本标准适用于以标准啮合元件为基准的圆柱齿轮单面啮合整体误差测量仪(以下简称“整体误差测量仪”)。

2 规范性引用文件

下列文件中的条款通过本标准的引用而成为本标准的条款。凡是注日期的引用文件,其随后所有的修改单(不包括勘误的内容)或修订版均不适用于本标准,然而,鼓励根据本标准达成协议的各方研究是否可使用这些文件的最新版本。凡是不注日期的引用文件,其最新版本适用于本标准。

GB/T 191—2008 包装储运图示标志(ISO 780:1997,MOD)

GB/T 4879—1999 防锈包装

GB/T 5048—1999 防潮包装

GB/T 6388—1986 运输包装收发货标志

GB/T 9969—2008 工业产品使用说明书 总则

GB/T 10095.1—2008 圆柱齿轮 精度制 第1部分:轮齿同侧齿面偏差的定义和允许值(ISO 1328-1:1995,IDT)

GB/T 14436—1993 工业产品保证文件 总则

GB/T 17163—2008 几何量测量器具术语 基本术语

GB/T 17164—2008 几何量测量器具术语 产品术语

3 术语和定义

GB/T 10095.1—2008、GB/T 17163—2008、GB/T 17164—2008 中确立的以及下列术语和定义适用于本标准。

3.1

齿轮单面啮合整体误差测量仪 gear single-flank meshing integrated error measuring instrument

依据齿轮间齿啮合误差分离测量原理,以轴系、角位移传感器、齿轮同轴安装为基础,采用标准啮合元件与被测齿轮作单面啮合传动,融合现代电子信息技术,构成可测量圆柱齿轮的齿距偏差、切向综合偏差、齿廓偏差、基节偏差、螺旋线偏差等多类检验项目的测量仪器。

注:整体误差测量仪可检验齿轮误差项目说明见附录A。

3.2

齿轮整体误差曲线 gear integrated error curve

将一个齿轮任一工作截面齿廓上的各点误差值以同一零位测出,并按齿廓上各点的实际啮合展开角顺序分布绘成与齿距偏差相关联的齿廓偏差曲线组图。在此曲线图上可以分检齿轮的综合偏差和多个单项偏差。

4 型式与基本参数

4.1 型式

整体误差测量仪的型式及主要部分的名称见图1。型式图仅做图解说明,不表示详细结构。

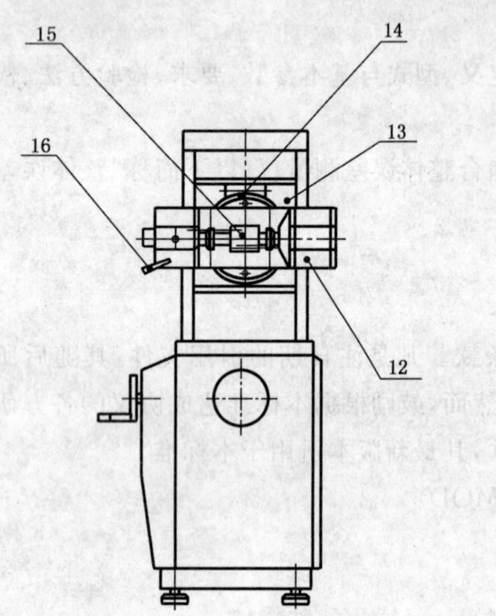

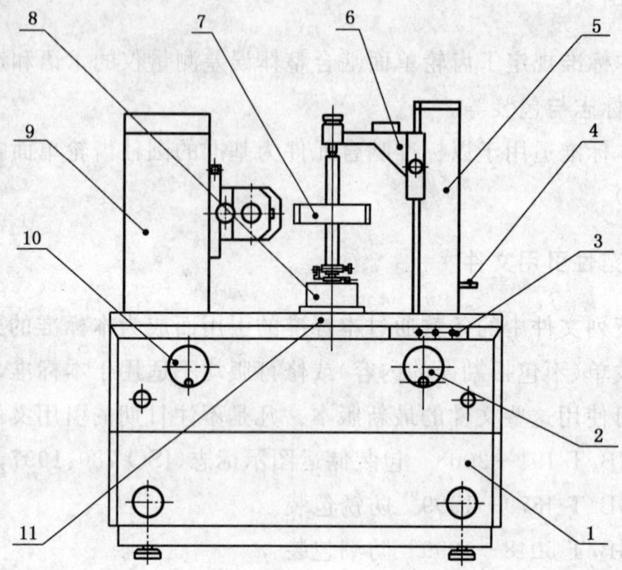

1——机座(或箱体);
2——左右移动手轮;
3——操作面板;
4——上、下移动手轮;
5——右立柱;
6——上顶尖座;
7——被测齿轮及芯轴;
8——齿轮光栅轴系;
9——左立柱;
10——蜗杆滑架上下移动手轮;
11——横向导轨;
12——蜗杆光栅轴系;
13——蜗杆滑架;
14——蜗杆架倾角圆标尺;
15——测量蜗杆;
16——蜗杆顶尖伸缩压杆。

图1 齿轮单面啮合整体误差测量仪

4.2 基本参数

整体误差测量仪的基本参数值参见表1。

表1 基本参数

可测齿轮						上下顶尖的最大距离/mm
顶圆直径≤	模数 m_n	最大齿宽	最多齿数/个 ≥	螺旋角/(°)	最大质量/kg ≥	
mm						
150	0.2～4	120	255	−40～40	10	200
320	0.5～6	160	255	−38～38	30	250
450	0.5～10	200	255	−43～43	150	400
560	0.5～10	200	255	−43～43	200	400

5 要求

5.1 环境条件

5.1.1 整体误差测量仪可在常温(5～28)℃范围内工作;工作期间2 h,温度波动不应超过±3 ℃。

5.1.2　整体误差测量仪应在 20 ℃±5 ℃，相对湿度不大于 65%的条件下检定；可测螺旋线偏差的该类整体误差测量仪应在 20 ℃±2 ℃，相对湿度不大于 60%的条件下检定。

5.1.3　整体误差测量仪应放置于防潮、抗振和清洁的环境中。

5.2　外观

5.2.1　整体误差测量仪电镀表面不应有毛刺和镀层脱落现象。

5.2.2　整体误差测量仪油漆面不应有脱漆、碰伤及颜色不均现象。

5.2.3　整体误差测量仪金属表面不应有影响测量精度的碰伤和划痕，工作面不应有锈蚀和斑痕。

5.3　相互作用

5.3.1　整体误差测量仪各运动部件保持灵活、平稳，不应有卡滞或突跳现象。

5.3.2　整体误差测量仪各紧固部件应可靠。

5.4　精度

5.4.1　单项几何精度

a)　纵向标尺的定位偏差绝对值不应大于 0.05 mm。

b)　蜗杆架升降对上、下顶尖连线的平行度不应大于表 2 的规定值。

表 2　蜗杆架升降对上、下顶尖连线的平行度

检验长度/mm	平行度/μm			
	正侧母线(纵向)		旁侧母线(横向)	
	不可测螺旋线	可测螺旋线	不可测螺旋线	可测螺旋线
100	20	4	20	2.0
160	25	5	25	2.5
200	27	6	25	2.8

c)　圆标尺的零位偏差绝对值不应大于 2′，其定位偏差绝对值不应大于 5′。

d)　蜗杆尾顶尖锥面相对于蜗杆轴系回转轴线的斜向圆跳动不应大于 0.02 mm。

e)　上、下顶尖轴线的同轴度误差：在顶尖距小于 150 mm 时，同轴度不应大于 ϕ0.01 mm；在顶尖距大于 150 mm 时，同轴度不应大于 ϕ0.02 mm。

f)　下顶尖锥面相对于齿轮轴系回转轴线的斜向圆跳动不应大于 0.001 5 mm。

5.4.2　综合几何精度

a)　齿轮轴系的转位误差不应大于表 3 的规定值。

表 3　切向综合偏差精度

分度圆直径 d	法向模数 m_n	齿轮轴系转位误差	示值误差	示值变动量
mm		μm		
5≤d≤125	0.2≤m_n≤3.5	1.5	±2.8	1.6
	3.5<m_n≤6.3	2.0	±3.3	1.8
125<d≤450	0.2≤m_n≤3.5	2.0	±3.5	1.8
	3.5<m_n≤10	3.0	±4.5	2.0
450<d≤560	3.5<m_n≤6.3	3.3	±4.8	2.3
	6.3<m_n≤10	4.8	±6.3	3.5

b)　蜗杆轴系的转位误差不应大于表 4 的规定值。

表 4　齿廓偏差精度

分度圆直径 d	法向模数 m_n	蜗杆轴系转位误差	示值误差	示值变动量
mm		μm		
$5 \leqslant d \leqslant 125$	$0.2 \leqslant m_n \leqslant 3.5$	1.0	±2.5	1.2
	$3.5 < m_n \leqslant 6.3$	2.0	±3.0	1.4
$125 < d \leqslant 450$	$0.2 \leqslant m_n \leqslant 3.5$	2.0	±3.0	1.4
	$3.5 < m_n \leqslant 10$	2.5	±3.5	1.6
$450 < d \leqslant 560$	$1.75 \leqslant m_n \leqslant 4.5$	3.0	±3.5	1.8
	$4.5 < m_n \leqslant 10$	3.5	±4.0	2.0

5.5　示值误差

5.5.1　测量齿距累积偏差时，其示值误差不应超过表 5 的规定范围。

表 5　齿距偏差精度

分度圆直径 d/mm	示 值 误 差	示值变动量
	μm	
$5 \leqslant d \leqslant 50$	±2.0	1.0
$50 < d \leqslant 125$	±2.5	1.2
$125 < d \leqslant 280$	±3.5	1.6
$280 < d \leqslant 450$	±4.5	2.0
$450 < d \leqslant 560$	±5.3	2.5

5.5.2　测量齿廓偏差时，其示值误差不应超过表 4 的规定范围。

5.5.3　测量螺旋线偏差时，其示值误差不应超过表 6 的规定范围。

表 6　螺旋线偏差精度

齿宽 b/mm	示值误差/μm			示值变动量/μm		
	顶圆直径/mm			顶圆直径/mm		
	150	320	450	150	320	450
$5 \leqslant b \leqslant 40$	±1.8	±2.0	±2.0	0.8	0.8	1.0
$40 < b \leqslant 100$	±2.5	±2.8	±3.0	1.1	1.2	1.4
$100 < b \leqslant 200$	±3.0	±3.2	±3.5	1.4	1.4	1.6

5.5.4　测量切向综合偏差时，其示值误差不应超过表 3 的规定范围。

5.6　示值变动量

5.6.1　测量齿距累积偏差时，其示值变动量不应大于表 5 的规定值。

5.6.2　测量齿廓偏差时，其示值变动量不应大于表 4 的规定值。

5.6.3　测量螺旋线偏差时，其示值变动量不应大于表 6 的规定值。

5.6.4　测量切向综合偏差时，其示值变动量不应大于表 3 的规定值。

5.7　电源

外电源交流电压在 198 V～242 V 范围，工作频率 50 Hz。

5.8　稳定度

整体误差测量仪示值稳定度不应大于表 3 中示值变动量的规定值。

6 检验方法

6.1 检验条件

6.1.1 整体误差测量仪在5.1规定的环境条件下进行检验。检验工具和被检验单啮仪在检验室内等温不应低于6 h。

6.1.2 电源电压应保证在198 V～242 V范围内。

6.2 检验项目、检验方法和检验工具

整体误差测量仪的检验项目、检验方法和检验工具见表7。

表7 检验项目、检验方法和检验工具

序号	检验项目	检验方法	检验工具
1	外观	目测	
2	相互作用	手感	
3	纵向标尺的定位偏差	在蜗杆顶尖间和上下顶尖间，分别装上精密芯轴并使两精密芯轴接触，取纵向标尺的读数值与两精密芯轴实际半径值之和的差值作为零位。然后在两芯轴中央夹持不同尺寸的量块进行检验	精密芯轴；5等量块
4	蜗杆架升降对上、下顶尖连线的平行度	将装有指示表的磁力表架固定在横架上，精密芯轴安装于上下顶尖间，使指示表测头分别按仪器纵横两个方向与精密芯轴的母线接触并使在沿其母线移动时，取指示表读数值的最大值与最小值之差。 该检验方法应在右立柱位于40 mm，80 mm，120 mm三个位置上进行	分辨力不低于0.001 mm的指示表类测量器具；磁力表架；长度分别为100 mm、250 mm精密芯轴（其母线直线度不大于0.003 mm，对可测螺旋线偏差的整体误差测量仪，芯轴母线直线度不大于0.001 mm）
5	圆标尺的零位偏差及定位偏差	将圆标尺调到零位，精密芯轴顶于蜗杆顶尖间，将装有指示表的万能表架置于与导轨平行的平面上，以横向导轨为基准，测量精密芯轴两端高度差；再将圆标尺调到20°±5°和40°±5°的位置，测量精密芯轴两端高度差。 量值转换：$\delta=\Delta hL/200$ 其中：δ为对应圆标尺的量值(s)； Δh为实检高差(μm)； L为测量芯轴长度(mm)	精密芯轴（不同截面内的直径相差不大于0.005 mm）、分辨力不低于0.001 mm的指示表类测量器具、万能表架
6	蜗杆尾顶尖锥面对蜗杆轴系回转轴线的斜向圆跳动	将装有指示表的专用表架固定在蜗杆轴系的回转轴套上，使指示表测头与蜗杆尾顶尖锥面接触，转动专用表架一周，取指示表读数值的最大值与最小值之差	分辨力不低于0.002 mm的指示表类测量器具、专用表架
7	上、下顶尖轴线的同轴度误差	将精密芯轴顶于上下顶尖间，装有指示表的专用表架固定在回转的下顶尖上，使指示表测头与靠近上顶尖的精密芯轴外圆接触，专用表架与芯轴同步转动一周，取指示表读数值的最大值与最小值之差	分辨力不低于0.002 mm的指示表类测量器具、专用表架、精密芯轴（长度分别为100 mm、200 mm，径向跳动不大于0.003 mm）
8	下顶尖锥面的斜向圆跳动	将装有指示表的磁力表架固定在导轨上，使指示表的测头与下顶尖锥面接触，并使齿轮轴系连续转动一周，取指示表读数值的最大值与最小值之差	分辨力不低于0.5 μm的指示表类测量器具；磁力表架

表 7（续）

序号	检验项目	检验方法	检验工具
9	蜗杆轴系的转位误差	将测量蜗杆和被测齿轮进行单面啮合测量，在测完一条曲线停机后，测量蜗杆相对蜗杆光栅传感器转位 90°再测下一次误差曲线，相继测 4 次，取其测量曲线中最大值与最小值之差的 1/2	不低于 5 级精度的直齿圆柱测量齿轮；测量蜗杆
10	齿轮轴系的转位误差	使测量蜗杆和被测齿轮单面啮合，测量并分检出切向综合偏差曲线。停机后，使齿轮光栅传感器相对于测量齿轮每 45°转位一次，分检出 8 条切向综合偏差，取其中最大值与最小值之差的 1/2	不低于 5 级精度的直齿圆柱测量齿轮；测量蜗杆
11	示值误差	用测量蜗杆（测头）对已检定齿轮做比较测量，取齿距累积偏差、齿廓偏差、切向综合偏差及螺旋线偏差的测得值与实际值之差	不低于 5 级精度的圆柱齿轮（其检定不确定度不大于 0.001 mm）；测量蜗杆（模数 m_n 在 0.5 mm～3.5 mm 内，其啮合线误差不大于 0.002 mm；模数 m_n 在 3.5 mm～6.3 mm 内，其啮合线误差不大于 0.002 8 mm；模数 m_n 在 6.3 mm～10 mm 内，其啮合线误差不大于 0.003 5 mm）
12	示值变动量	测量齿轮和测量蜗杆（测头）在同一次安装下，连续测量，画出 5 条误差曲线，分别取切向综合偏差、齿距偏差、齿廓偏差及螺旋线偏差的最大差异值	不低于 5 级精度的直齿圆柱测量齿轮；测量蜗杆
13	外电源电压变化	用调压器调外电压，分别在 198 V、220 V、242 V 时测得定标曲线（或误差曲线），取其最大变化量	调压器；220 V 交流电源
14	稳定度	仪器连续开机 4 h，被测齿轮和测量蜗杆在同一次安装下，每 0.5 h 测量一次切向综合偏差曲线，取其最大差异值	不低于 5 级精度的直齿圆柱测量齿轮；测量蜗杆

7 检验规则

整体误差测量仪的检验分出厂检验和型式检验两种。

7.1 出厂检验

7.1.1 出厂检验项目见表 7 中规定的全部内容，检验数量为 100%。

7.1.2 出厂检验有一项不合格时，则视产品为不合格。

7.2 型式检验

7.2.1 整体误差测量仪的型式检验项目应包括第 5 章中规定的全部内容。

7.2.2 整体误差测量仪在下述情况之一时，应进行型式检验：

a) 新产品定型鉴定或产品在转厂生产的试制定型鉴定时；

b) 定型产品在设计、工艺、材料有重大改变时；

c) 定型产品停产一年以上再生产时；

d) 定型产品连续生产 3 年以上时，每 3 年至少一次；

e) 国家质量监督部门提出要求时。

7.2.3 型式检验有一项不合格时，应加倍抽样，仍不合格时，型式检验不予通过。

8 标志与包装

8.1 标志

8.1.1 整体误差测量仪上应标志：

a) 制造商名或注册商标；

b) 产品名称和型号(或标记)；

c) 产品制造日期及产品序号。

8.1.2 整体误差测量仪外包装的标志应符合 GB/T 191—2008 和 GB/T 6388—1986 的规定。

8.2 包装

8.2.1 整体误差测量仪的包装应符合 GB/T 4879—1999 和 GB/T 5048—1999 的规定。

8.2.2 整体误差测量仪经检查符合本标准要求的应具有符合 GB/T 14436—1993 规定的产品合格证；产品合格证上应标有本标准的标准号、产品序号、出厂日期、符合 GB/T 9969—2008 规定的使用说明书以及装箱单。

附 录 A
（资料性附录）
整体误差测量仪可检验齿轮误差项目说明

A.1 总述

齿轮整体误差作为一个概念、理论在中国齿轮业界、学术界有着系统全面的研究和论述，其由此制造的整体误差测量仪在齿轮制造、质量监督、检验方面也有了长足的发展和广泛运用。

对齿轮采用啮合式测量检验，仅综合性检验这一点来讲它已是很早就有选用的一种方法，但自从引入啮合误差分离技术以来，该测量仪在中国有了全新的应用，尽管在一些检验项目上，基于标准啮合元件的原因和采用测量头点接触扫描的方式有某些区别，但仍不失为一对齿轮全面测量、质量评定的有效方法。

A.2 基本检验项目说明

A.2.1 基本检验项目

切向综合偏差、齿距偏差、齿廓偏差、螺旋线偏差、基节偏差。

A.2.2 检验项目说明

切向综合偏差是基于齿轮单截面意义下测量项目，它和齿轮标准列入的全齿宽意义下测量的有所不同。单截面切向综合偏差在齿轮制造系统的工艺特征较强，而全齿宽切向综合偏差在产品综合检验上要强于前者。同时，鉴于切向综合偏差仅在 GB/T 10095.1—2008 附录 A 中给予叙述，并说明其测量不是必须的。所以，作为啮合测量的基础项目本仪器在该项目上的差异，只要在供需双方同意时，必然可作为控制齿轮质量的一种手段应用。

齿距偏差的测量，由于实现方法是以标准啮合元件上的同一几何像点和一齿轮不同牙齿廓分度圆上点啮合产生的相对偏差来获得。因此它和标准啮合元件制造精度几乎没有关联，项目测量可以达到较高精度。

齿廓偏差的测量，依据 GB/T 10095.1—2008 可以用啮合法测得法面齿廓的量值除以 $\cos(\beta_b)$，将其换算到端面齿廓法线上。

螺旋线偏差的测量，在整体误差测量仪通常采用测头在齿螺旋面滑动扫描获得。其原理、测量结果与较普遍采用的测量螺旋线的方法相同。

基节偏差也是该啮合测量的一特色误差项目，尽管该项没列入 GB/T 10095.1—2008 齿轮偏差项目组，但作为全面反映齿轮相邻齿交替啮合传动特性，在很多情形下它所揭示的齿轮传动质量更真实。

A.3 扩展检验项目说明

整体误差测量仪除基本检验项目外，部分型号的整体误差测量仪，还提供了测量圆柱渐开线齿轮的径向跳动、齿厚变动量、公法线变动量及 K 齿距累积偏差等扩展项目，这些项目对于齿轮制造系统的工艺特征分析和齿轮质量控制是有效的，同样只要在供需双方同意时，使用者可经测量、比对依此建立用本扩展检验项目控制齿轮质量的评定方法。

ICS 17.040.30
J 42

中华人民共和国国家标准

GB/T 26092—2010

齿轮螺旋线测量仪

Gear helix measuring instrument

2011-01-10 发布　　2011-10-01 实施

中华人民共和国国家质量监督检验检疫总局
中国国家标准化管理委员会　发布

前　言

本标准由中国机械工业联合会提出。

本标准由全国量具量仪标准化技术委员会(SAC/TC 132)归口。

本标准负责起草单位:哈尔滨量具刃具集团有限责任公司。

本标准参加起草单位:中国计量学院、北京中科恒业中自技术有限公司。

本标准主要起草人:刘庆胜、孙秀文、陈显民、赵军、陈洪安、霍炜。

齿轮螺旋线测量仪

1 范围

本标准规定了齿轮螺旋线测量仪的术语和定义、型式与基本参数、要求、安全性能、检验条件、检验方法、标志与包装等。

本标准适用于可测量齿轮模数不小于 0.5 mm，顶圆直径不大于 600 mm 的齿轮螺旋线测量仪(以下简称“螺旋线测量仪”)。

2 规范性引用文件

下列文件中的条款通过本标准的引用而成为本标准的条款。凡是注日期的引用文件，其随后所有的修改单(不包括勘误的内容)或修订版均不适用于本标准，然而，鼓励根据本标准达成协议的各方研究是否可使用这些文件的最新版本。凡是不注日期的引用文件，其最新版本适用于本标准。

GB/T 191—2008 包装储运图示标志(ISO 780:1997,MOD)

GB 4793.1—2007 测量、控制和实验室用电气设备的安全要求 第1部分:通用要求(IEC 61010-1:2001,IDT)

GB/T 4879—1999 防锈包装

GB/T 5048—1999 防潮包装

GB/T 6388—1986 运输包装收发货标志

GB/T 6468—2010 齿轮螺旋线样板

GB/T 9969—2008 工业产品使用说明书 总则

GB/T 10095.1—2008 圆柱齿轮 精度制 第1部分:轮齿同侧齿面偏差的定义和允许值(ISO 1328-1:1995,IDT)

GB/T 14436—1993 工业产品保证文件 总则

GB/T 17163—2008 几何量测量器具术语 基本术语

3 术语和定义

GB/T 10095.1—2008、GB/T 17163—2008 中确立的以及下列术语和定义适用于本标准。

3.1

齿轮螺旋线测量仪 gear helix measuring instrument

采用展成法或坐标法，使用相应的传感器，具有测量数据输出系统，主要用于测量螺旋线形状偏差、螺旋线倾斜偏差、螺旋线总偏差等参数项目的齿轮专用测量仪。

4 型式与基本参数

4.1 型式

按控制方式，螺旋线测量仪可分为计算机数字控制(CNC)型和非计算机数字控制型。计算机数字控制型螺旋线测量仪的型式与主要部分名称见图1所示。图示仅供图解说明，不表示具体结构。

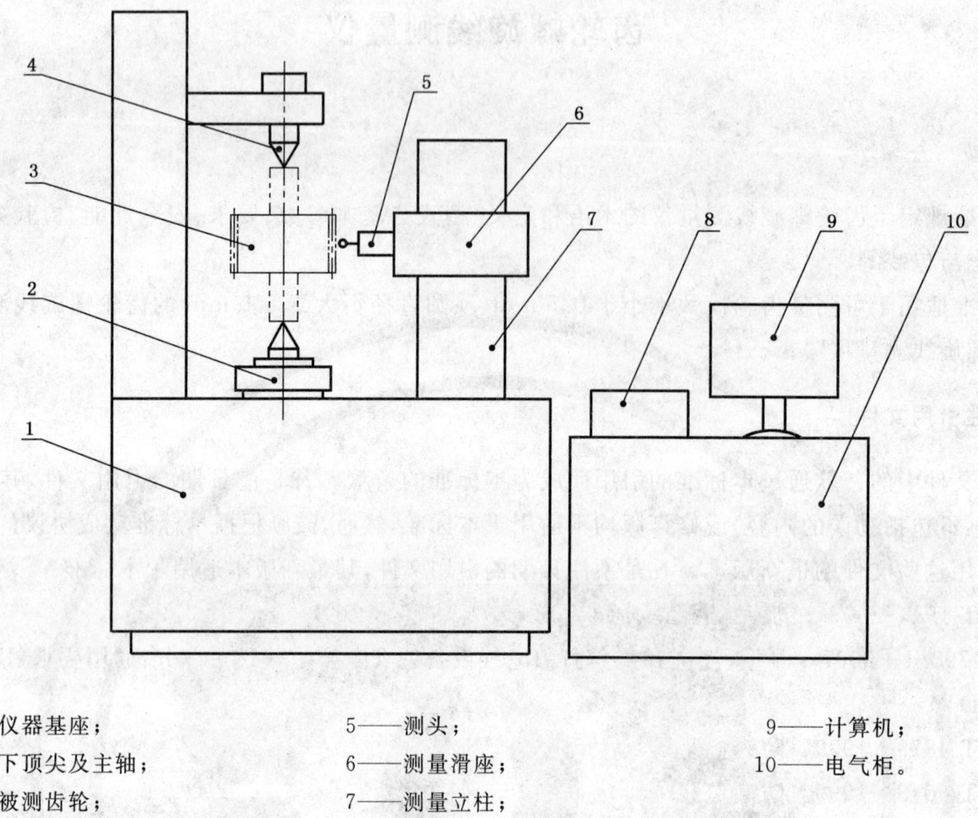

1——仪器基座；
2——下顶尖及主轴；
3——被测齿轮；
4——上顶尖；
5——测头；
6——测量滑座；
7——测量立柱；
8——打印机；
9——计算机；
10——电气柜。

图 1 螺旋线测量仪的型式与主要部分名称

4.2 基本参数

螺旋线测量仪的基本参数及其数值应符合表 1 的规定。

表 1

基 本 参 数	数 值
可测齿轮的模数	≥0.5 mm
可测齿轮的最大顶圆直径	600 mm
螺旋角测量范围	0°～90°
传感器分辨力	≤0.000 1 mm

5 要求

5.1 外观

螺旋线测量仪各工作表面不应有锈蚀、碰伤、显著划痕等缺陷。非工作表面应有防护涂层、镀层或其他防护性处理。防护涂层、镀层应色泽均匀、平整光滑，无脱皮或凸凹不平等外观质量缺陷。

5.2 相互作用

螺旋线测量仪的运动部分应灵活、平稳，无卡滞现象，紧固部分应牢固可靠，不得有松动。

5.3 下顶尖斜向圆跳动

下顶尖斜向圆跳动不应大于表 2 中的规定值。

5.4 测量滑座上下移动对上下顶尖连线的平行度

测量滑座上下移动对上下顶尖连线的平行度(任意 200 mm 范围内)不应大于表 2 中的规定值。

5.5 上下顶尖连线对主轴回转中心的同轴度

上下顶尖连线对主轴回转中心的同轴度(每 200 mm 范围内)不应大于表 2 中的规定值。

5.6 测微系统的示值误差

测微系统的示值误差不应大于±0.5 μm。

5.7 测量螺旋线总偏差的示值误差

测量螺旋线总偏差的示值误差不应大于表 2 中的规定值。

5.8 测量螺旋线倾斜偏差的示值误差

测量螺旋线倾斜偏差的示值误差不应大于表 2 中的规定值。

5.9 测量螺旋线形状偏差的示值误差

测量螺旋线形状偏差的示值误差不应大于表 2 中的规定值。

5.10 测量螺旋线总偏差的示值重复性

测量螺旋线总偏差的示值重复性不应大于表 2 中的规定值。

表 2

单位为微米

可测齿轮精度等级 GB/T 10095.1—2008	下顶尖斜向圆跳动	测量滑座上下移动对上下顶尖连线的平行度		上下顶尖连线对主轴回转中心的同轴度	测量螺旋线总偏差的示值误差	测量螺旋线倾斜偏差的示值误差	测量螺旋线形状偏差的示值误差	测量螺旋线总偏差的示值重复性
		正面	侧面					
2～3	1	1	2	2	±2	±0.5	±0.5	0.5
4～5	2	2	3	3	±3	±1	±1	1
6～8	3	5	6	6	±5	±2	±2	1.5
9～12	5	6	6	8	±8	±4	±3	2

6 安全性能

螺旋线测量仪在防爆、绝缘等方面的安全性能应符合 GB 4793.1—2007 的规定。

7 检验条件

7.1 检验时室内温度在(20±1)℃,温度变化不大于 0.5 ℃/h,湿度≤70%RH。受检螺旋线测量仪在检验室内平衡温度时间不少于 12 h,检验工具在室内平衡温度时间不少于 6 h。

7.2 检验室内应无影响测量的灰尘、振动、噪音、气流、腐蚀性气体和较强磁场。电源电压、气源气压、流量等应符合螺旋线测量仪使用说明书中的要求。

8 检验方法

8.1 外观

目力观测。

8.2 相互作用

目测和手感检验。

8.3 下顶尖斜向圆跳动

将装有扭簧比较仪(或电感式测微仪)的磁力表座固定在仪器基座上,使扭簧比较仪(或电感式测微仪)的测头与下顶尖锥面垂直接触,转动主轴 720°,扭簧比较仪(或电感式测微仪)示值的最大变化量为下顶尖斜向圆跳动。

8.4　测量滑座上下移动对上下顶尖连线的平行度

在上、下顶尖间安装精密心轴(圆柱度不应大于 1 μm),将装有扭簧比较仪的磁力表座固定在测量滑座上,使扭簧比较仪的测头分别与心轴正面和侧面外圆垂直接触,上下移动测量滑座,扭簧比较仪示值的最大变化量为测量滑座上下移动对上下顶尖连线的平行度。

8.5　上下顶尖连线对主轴回转中心的同轴度

在上、下顶尖间分别安装长度为 200 mm 和 400 mm 的精密心轴,将装有扭簧比较仪的磁力表座固定在下顶尖转盘上,使扭簧比较仪的测头与精密心轴上端外圆垂直接触,转动主轴 720°,根据精密心轴的长度,分别将 2 次扭簧比较仪示值的最大变化量按比例换算成每 200 mm 长度的检测值,其中的最大值为上下顶尖连线对主轴回转中心的同轴度。

8.6　测微系统的示值误差

根据测微系统的量程,选用相应尺寸间隔的 6 块量块(3 等)进行检定。先用所选的最小尺寸量块对零,用其他各尺寸的量块按正向依次检定示值误差。再以最大尺寸量块对零,用其他各尺寸的量块按负向依次检定示值误差。各受检点的示值误差 δ_i 按下式计算,其中的最大值为测微系统的示值误差。

$$\delta_i = r_i - (L_i - L_0)$$

式中:

r_i——测微系统的第 i 受检点的示值;

L_i——第 i 受检点所用量块的实际尺寸;

L_0——对零用量块的实际尺寸。

当不能使用量块直接检定时,可采用同等准确度的其他方法对测微系统的示值误差进行检定。

8.7　测量螺旋线总偏差的示值误差

将符合 GB/T 6468—2010 规定的标准螺旋线样板(螺旋角为 15°和 30°的左、右旋向样板,齿宽为 100 mm,分度圆半径不大于 100 mm)安装在上、下顶尖之间,使测头与样板齿面接触,按螺旋线总偏差测量程序进行测量,连续测量 5 次(相同旋向、螺旋角),共测量 20 次,20 次测量中螺旋线总偏差与标准螺旋样板螺旋线总偏差实际值之差的最大值为测量螺旋线总偏差的示值误差。

8.8　测量螺旋线倾斜偏差的示值误差

按 8.7 方法测量螺旋线总偏差的示值误差时,20 次测量中螺旋线倾斜偏差与标准螺旋样板螺旋线倾斜偏差实际值之差的最大值为测量螺旋线倾斜偏差的示值误差。

8.9　测量螺旋线形状偏差的示值误差

按 8.7 方法测量螺旋线总偏差的示值误差时,20 次测量中螺旋线形状偏差与标准螺旋样板螺旋线形状偏差实际值之差的最大值为测量螺旋线形状偏差的示值误差。

8.10　测量螺旋线总偏差的示值重复性

用 8.7 同样的方法,在一次装夹中,连续测量螺旋线样板 5 次,5 次测量中螺旋线总偏差的最大与最小值之差为测量螺旋线总偏差的示值重复性。

8.11　安全性能

按 GB 4793.1—2007 规定的方法进行检验。

9　标志与包装

9.1　标志

9.1.1　螺旋线测量仪上应标志:

a）制造厂厂名或注册商标;

b）名称和型号;

c) 产品制造日期及产品序号。

9.1.2 螺旋线测量仪外包装的标志应符合 GB/T 191—2008 和 GB/T 6388—1986 的规定。

9.2 包装

9.2.1 螺旋线测量仪的包装应符合 GB/T 4879—1999 和 GB/T 5048—1999 的规定。

9.2.2 螺旋线测量仪经检验符合本标准要求的应具有符合 GB/T 14436—1993 规定的产品合格证。产品合格证上应标有本标准的标准号、产品序号和出厂日期，以及符合 GB/T 9969—2008 规定的使用说明书、装箱单。

ICS 17.040.30
J 42

中华人民共和国国家标准

GB/T 26093—2010

齿轮双面啮合综合测量仪

Gear dual-flank meshing measuring instrument

2011-01-10 发布　　2011-10-01 实施

中华人民共和国国家质量监督检验检疫总局
中国国家标准化管理委员会　发布

前 言

本标准的附录A为资料性附录。

本标准由中国机械工业联合会提出。

本标准由全国量具量仪标准化技术委员会(SAC/TC 132)归口。

本标准负责起草单位:成都工具研究所。

本标准参加起草单位:哈尔滨量具刃具集团有限责任公司、哈尔滨精达测量仪器有限公司。

本标准主要起草人:叶勇、高玉明、魏天水、邓宁、姜志刚。

齿轮双面啮合综合测量仪

1 范围

本标准规定了齿轮双面啮合综合测量仪的术语和定义、型式与基本参数、要求、检验方法、检验规则、标志与包装等。

本标准适用于测量模数 1 mm～10 mm 的圆柱齿轮、锥齿轮和准双曲面齿轮、蜗轮蜗杆的双面啮合综合测量仪(以下简称"双啮仪")。

注：其他结构型式的双面啮合综合测量仪(包括 1 mm 以下的小模数齿轮双面啮合综合测量仪)可参照执行。

2 规范性引用文件

下列文件中的条款通过本标准的引用而成为本标准的条款。凡是注日期的引用文件，其随后所有的修改单(不包括勘误的内容)或修订版均不适用于本标准，然而，鼓励根据本标准达成协议的各方研究是否可使用这些文件的最新版本。凡是不注日期的引用文件，其最新版本适用于本标准。

GB/T 191—2008 包装储运图示标志(ISO 780:1997,MOD)

GB/T 4879—1999 防锈包装

GB/T 5048—1999 防潮包装

GB/T 6388—1986 运输包装收发货标志

GB/T 9969—2008 工业产品使用说明书 总则

GB/T 10089—1988 圆柱蜗杆、蜗轮精度

GB/T 10095.1—2008 圆柱齿轮 精度制 第1部分：轮齿同侧齿面偏差的定义和允许值(ISO 1328-1:1995,IDT)

GB/T 10095.2—2008 圆柱齿轮 精度制 第2部分：径向综合偏差与径向跳动的定义和允许值(ISO 1328-2:1997,IDT)

GB/T 11365—1989 锥齿轮和准双曲面齿轮 精度

GB/T 14436—1993 工业产品保证文件 总则

GB/T 17163—2008 几何量测量器具术语 基本术语

GB/T 17164—2008 几何量测量器具术语 产品术语

3 术语和定义

GB/T 10089—1988、GB/T 10095.1—2008、GB/T 10095.2—2008、GB/T 11365—1989、GB/T 17163—2008、GB/T 17164—2008 中确立的以及下列术语和定义适用于本标准。

3.1

齿轮双面啮合综合测量仪 gear dual-flank meshing measuring instrument

将被测齿轮与测量齿轮作无间隙的双面啮合，采用指示表类测量器具或位移传感器测量啮合中心距的变化量，实现对齿轮的径向综合误差、一齿径向综合误差、齿圈径向跳动等误差测量的测量仪器。使用相应的选配件还可实现对齿轮齿厚偏差，齿轮副侧隙和中心距偏差及蜗轮蜗杆径向综合误差，锥齿轮轴向间距变动量的测量。

4 型式与基本参数

4.1 型式

双啮仪的基本型式见图1,选配件见图2。图示仅做图解说明,不表示详细结构。

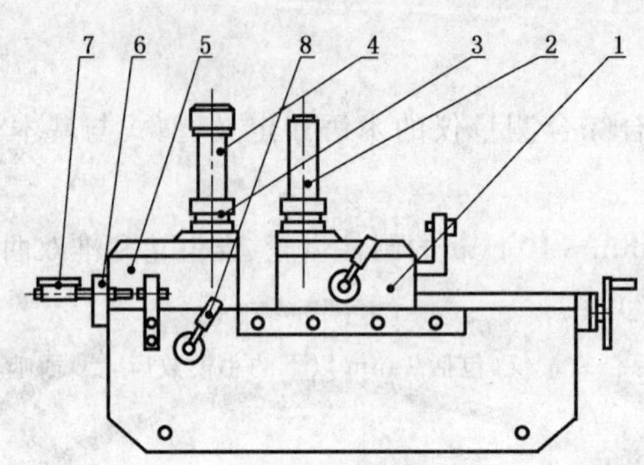

1——主滑架；
2——主滑架心轴；
3——测量滑架心轴；
4——转动套；
5——测量滑架；
6——测量表架；
7——百分表或千分表或位移传感器；
8——凸轮手柄。

图1 齿轮双面啮合综合测量仪

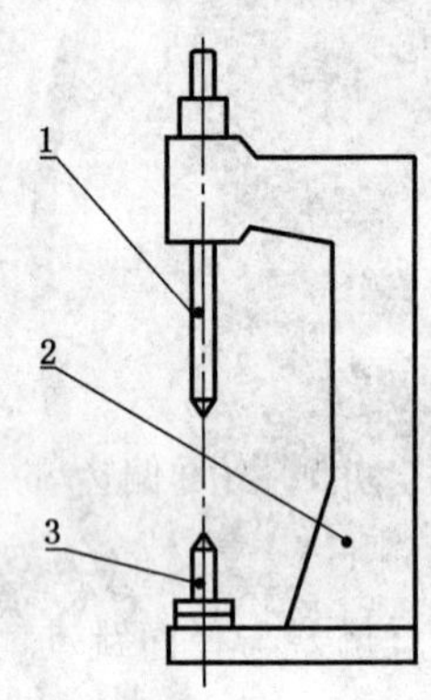

1——上顶尖；
2——顶尖立柱；
3——下顶尖。

a)

1——主顶尖；
2——固定顶尖；
3——横架；
4——锥孔。

b)

图2 选配件

4.2 基本参数

双啮仪的基本参数参见表1。

表1 基本参数

基本参数		数值/mm
被测齿轮模数		1～10
测量圆柱轴齿轮	测量圆柱齿轮时,两轴中心距离	50～320
	被测齿轮最大外圆直径	200
	被测齿轮轴长度	110～300
测量圆锥齿轮	横架锥孔轴线到测量滑架转动套端面距离	50～165
	横架端面到测量滑架心轴轴线距离	25～275

表 1（续）

基 本 参 数		数值/mm
测量蜗轮、蜗杆	蜗轮下端面与测量滑架转动套端面最大距离	135
	横架两顶尖连线与测量滑架心轴轴线距离	0～223
	被测蜗杆最大直径	100
	被测蜗杆轴长度	120～240
分辨力		0.01
		0.001

5 要求

5.1 外观

双啮仪及其测量用附件的工作面不应有碰伤、锈蚀、毛刺等缺陷。非工作面应有防护涂层、镀层或其他防护性处理。涂镀层表面应平整、均匀、色泽一致，不得有脱落现象。

5.2 相互作用

双啮仪各紧固部件牢固可靠，各移动部件灵活平稳，不允许有松动和卡滞现象。

5.3 横向间隙

测量滑架与导轨的横向间隙不应大于 5 μm。

5.4 直线度

主滑架运动的直线度不应大于 10″。

5.5 扭摆

主滑架运动的扭摆不应大于 15″。

5.6 平行度

5.6.1 主滑架心轴轴线和测量滑架心轴轴线，在纵横两个方向上的平行度在 50 mm 长度上均不应大于 5 μm。

5.6.2 立柱上下顶尖连线与测量滑架心轴轴线，在纵横两个方向上的平行度在 50 mm 长度上均不应大于 5 μm。

5.6.3 横架上下移动方向与测量滑架心轴轴线，在纵横两个方向上的平行度在 50 mm 长度上均不应大于 5 μm。

5.6.4 横架心轴轴线与测量滑架转动套端面平行度在 50 mm 长度上不应大于 5 μm。

5.6.5 横架上两顶尖连线对测量滑架转动套端面平行度在 50 mm 长度上不应大于 10 μm。

5.7 圆跳动

5.7.1 转动套径向圆跳动和端面圆跳动均不应大于 3 μm。

5.7.2 横架主顶尖斜向圆跳动不应大于 5 μm。

5.8 测量力

双啮仪的测量力不应大于 22 N。

5.9 示值变动性

双啮仪的示值变动性不应大于表 2 的规定。

5.10 示值误差

双啮仪的示值误差不应大于表 2 的规定。

表 2 双啮仪的示值变动性、示值误差

单位为毫米

分度值/分辨力	示值变动性	示 值 误 差
0.01	0.005	0.010
0.001	0.002	0.005

5.11 智能双啮仪的安全要求

5.11.1 绝缘电阻不应小于 2 MΩ。

5.11.2 接地装置到接地端子接地电阻不应大于 0.2 Ω。

6 检验方法

6.1 检验条件

6.1.1 在检验双啮仪时，双啮仪应放置在 1 级平板上，检定地点不应有影响检验工作的振动。

6.1.2 环境温度为 20 ℃±5 ℃，检验工具、工件、仪器及附件放在一起，等温的时间不少于 4 h。

6.1.3 智能双啮仪其电源要求(220±22)V，工作频率 50 Hz。

6.2 检验项目、检验方法和检验工具

双啮仪的检验项目、检验方法和检验工具见表 3。

表 3 检验项目、检验方法和检验工具

序号	检 验 项 目	检 验 方 法	检 验 工 具
1	外观	目测	
2	相互作用	手感	
3	测量滑架与导轨的横向间隙	将扭簧比较仪测头沿横向接触于测量滑架上，然后用手轻推或轻拉测量滑架，取扭簧比较仪示值的最大变化量	扭簧比较仪
4	主滑架运动直线度	先将测量滑架锁死，然后再将准直仪主体固定于测量滑架上，反射镜装在主滑架上，移动主滑架进行检测，分别在水平和垂直两个方向上，取准直仪的示值最大变化量	1″自准直仪
5	主滑架运动的扭摆	将合像水平仪置于主滑架上，水平仪的摆放要与主滑架运动方向垂直，移动主滑架取合像水平仪示值的最大变化量	2″合像水平仪
6	主滑架心轴轴线和测量滑架心轴轴线的平行度	纵向： 将指示表或位移传感器装于测量滑架的测量表架上，然后，在沿心轴轴向相距 50 mm 的 a、b 两处(见图 3)，先后在二轴间放入 70 mm 量块，取指示表或从仪器计算机上读取在 a、b 两处的示值之差。 横向： 将指示表架置于主滑架上，调整检定平尺与主滑架移动方向平行(见图 4)，然后取下指示表架置于检定平尺上，沿检定平尺移动表架，使指示表测头先后与两心轴一端接触，取两示值之差为该处的检验值；在沿心轴向上移动 50 mm 处，重复上述检验。取上下二处检验值之差	分度值为 0.001 mm 的指示表或位移传感器；1 级量块；检定平尺

表 3（续）

序号	检验项目	检验方法	检验工具
7	立柱上下顶尖连线和测量滑架心轴轴线的平行度	置顶尖立柱于主滑架上，在上下顶尖之间先后装上长 120 mm 和 300 mm 心轴，然后按序号 6 所述方法检验（120 mm 长度心轴取 a、b 两处距离为 50 mm；300 mm 长度心轴取 a、b 两处距离为 180 mm）	分度值为 0.001 mm 的指示表；1 级量块；检定平尺
8	横架上下移动方向与测量滑架心轴轴线的平行度	将扭簧比较仪固定在横架上，使测头先后与心轴 a、b 两个方向接触（见图 5），上下移动横架进行检验，分别读取两个方向上扭簧比较仪示值最大变化量	扭簧比较仪；磁力表架
9	转动套径向圆跳动和端面圆跳动	将扭簧比较仪测头分别与转动套外圆及端面接触，转动转动套，分别读取扭簧比较仪示值最大变化量	扭簧比较仪
10	横架锥孔轴线与测量滑架转动套端面的平行度	在横架锥孔中插入心轴，将装有杠杆指示表的磁性表架固定于测量滑架转动套上（见图 6），先与心轴 a 点接触读取示值，然后旋转转动套 180°，再与 b 点接触，读取示值，取两次示值之差	杠杆指示表；磁力表架
11	横架两顶尖连线对转动套端面的平行度	在横架两顶尖之间装上长 120 mm 的心轴，调整横架使心轴位于测量滑架心轴的上方，将装有扭簧比较仪的磁性表架固定于转动套上，按序号 10 所述方法进行检验	扭簧比较仪；磁力表架
12	横架主顶尖斜向圆跳动	将扭簧比较仪测头与顶尖锥面垂直接触，转动顶尖，取扭簧比较仪的示值最大变化量	扭簧比较仪
13	测量力	当测量滑架处于行程的中间位置时，用测力计进行检验	测力计
14	示值变动性	a) 将指示表或位移传感器装于测量滑架的测量表架上，在测量滑架转动套和主滑架芯轴之间放入 10 mm 量块，调整主滑架，使量块与芯轴接触并使指示表或位移传感器进入测量状态，固紧主滑架，然后转动凸轮手柄多次引入和退出测量滑架，重复进行测量（不得少于 10 次），并从指示表或仪器计算机上读数，取其读数的最大差值。然后置换 70 mm 量块，重复上述检验，取两次检验大值。 b) 置顶尖立柱于主滑架上，在上下顶尖之间装上带心轴的偏心圆盘（参见附录 A），转动凸轮手柄，引入测量滑架，并调整主滑架，使偏心圆盘与转动套接触并使指示表或位移传感器进入测量状态，固紧主滑架，转动偏心盘一转以上，从指示表或仪器计算机上读取示值的最大值和最小值，并取其差值作为该次的检验值，重复进行上述检验（不得少于 5 次），取上述检验值的最大值和最小值之差值	1 级量块；分度值为 0.001 mm 的指示表或位移传感器；偏心圆盘

表 3（续）

序号	检验项目	检验方法	检验工具
15	示值误差	a) 将 69.90 mm、70.10 mm 量块先后放入转动套和心轴之间，转动凸轮手柄，引入测量滑架，从指示表或仪器计算机上读数，取示值之差，再使转动套依次旋转 90°、180°、270°，重复上述测量，任意一次不得超过允许值。 b) 置顶尖立柱于主滑架上，在上下顶尖之间装上带心轴的偏心圆盘（参见附录 A），转动凸轮手柄，引入测量滑架，并调整主滑架，使偏心圆盘与转动套接触并使指示表或位移传感器进入测量状态，固紧主滑架，转动偏心盘一转以上，从指示表或仪器计算机上读取示值的最大值和最小值，并取其差值，其差值与偏心盘的实际差值的差不得超过允许值。 根据条件可任选方法 a）或 b）进行该项检验，如有顶尖立柱选配件，则推荐用方法 b）进行该项检验	1 级量块；分度值为 0.001 mm 的指示表或位移传感器；偏心圆盘
16	绝缘电阻	用相应精度等级的兆欧表，测量带电极和可接触及金属壳体间的绝缘电阻值	兆欧表
17	接地电阻	用电桥或毫欧表测量	电桥或毫欧表

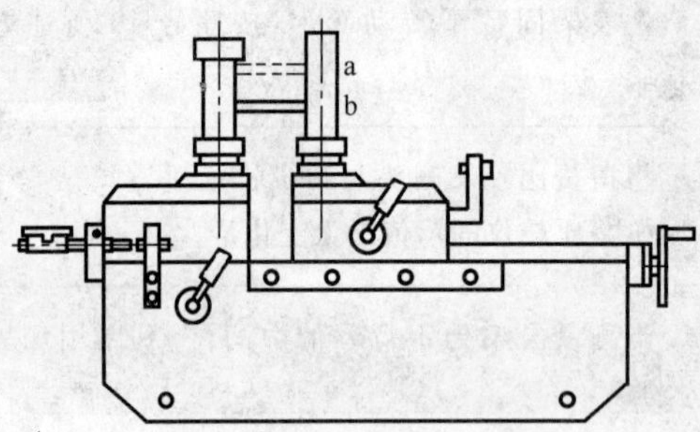

图 3　主滑架心轴轴线和测量滑架心轴轴线的平行度（纵向）

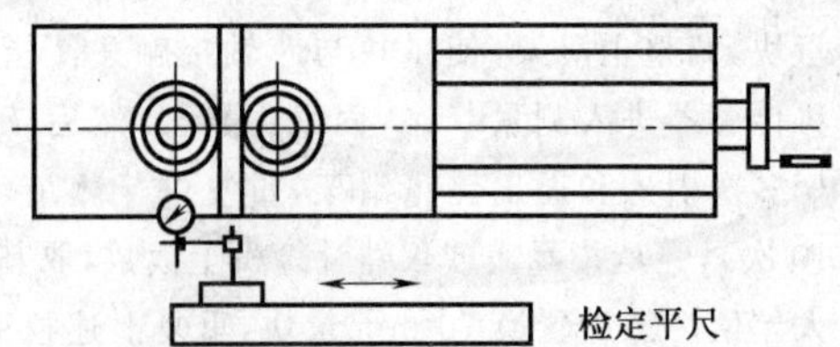

图 4　主滑架心轴轴线和测量滑架心轴轴线的平行度（横向）

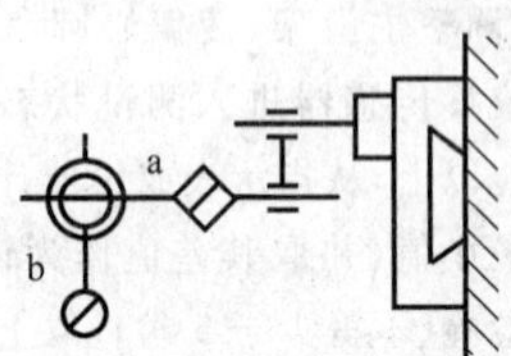

图 5　横架上下移动方向与测量滑架心轴轴线的平行度

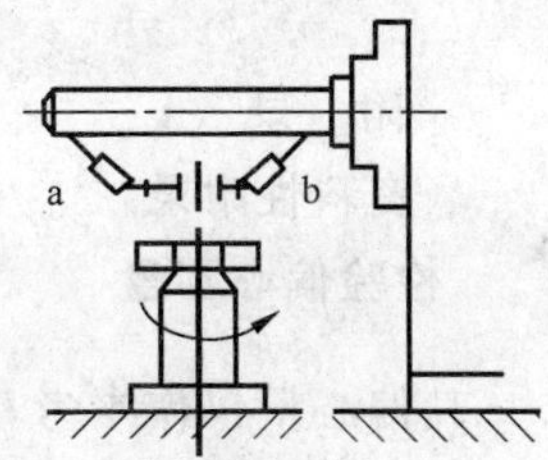

图 6 横架锥孔轴线与测量滑架转动套端面的平行度

7 检验规则

双喵仪的检验分出厂检验和型式检验两种。

7.1 出厂检验

7.1.1 出厂检验项目见表 3 中规定的全部内容，检验数量为 100%。

7.1.2 出厂检验有一项不合格时，则视产品为不合格。

7.2 型式检验

7.2.1 双喵仪的型式检验项目应包括第 5 章中规定的全部内容。

7.2.2 双喵仪在下述情况之一时，应进行型式检验：

a) 新产品定型鉴定或产品在转厂生产的试制定型鉴定时；

b) 定型产品在设计、工艺、材料有重大改变时；

c) 定型产品停产一年以上再生产时；

d) 定型产品连续生产 3 年以上时，每 3 年至少一次；

e) 国家质量监督部门提出要求时。

7.2.3 型式检验有一项不合格时，应加倍抽样，仍不合格时，型式检验不予通过。

8 标志与包装

8.1 标志

8.1.1 双喵仪上应标志：

a) 制造厂厂名或注册商标；

b) 产品名称和型号(或标记)；

c) 产品制造日期及产品序号。

8.1.2 双喵仪外包装的标志应符合 GB/T 191—2008 和 GB/T 6388—1986 的规定。

8.2 包装

8.2.1 双喵仪的包装应符合 GB/T 4879—1999 和 GB/T 5048—1999 的规定。

8.2.2 双喵仪经检查符合本标准要求的应具有符合 GB/T 14436—1993 规定的产品合格证；产品合格证上应标有本标准的标准号、产品序号和出厂日期，符合 GB/T 9969—2008 规定的使用说明书，以及装箱单。

附　录　A
（资料性附录）
检验偏心圆盘

偏心圆盘的型式及尺寸要求见图 A.1(其偏心量仅作参考，轴的长度及圆盘直径可自行设定，但应保证其具有足够的刚度)。型式图仅做图解说明，不表示详细结构。

单位为毫米

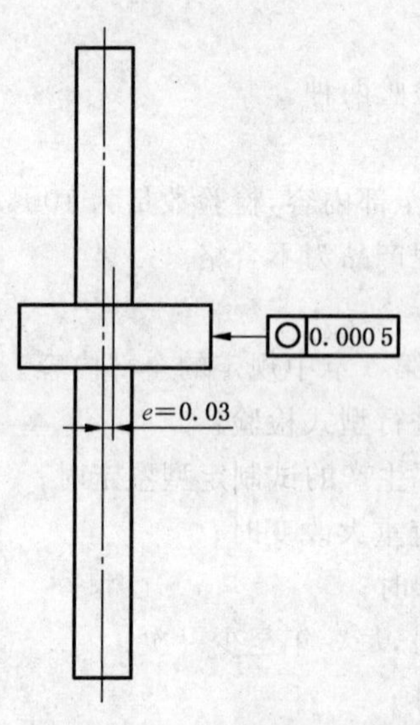

图 A.1　检验偏心圆盘

ICS 17.040.30
J 42

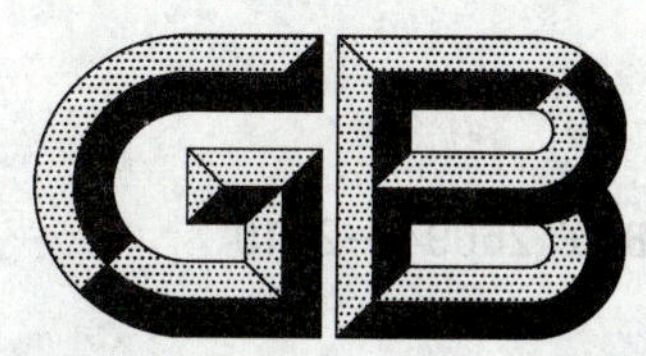

中华人民共和国国家标准

GB/T 26094—2010

电感测微仪

Inductive length measuring instrument

2011-01-10 发布　　　　2011-10-01 实施

中华人民共和国国家质量监督检验检疫总局
中国国家标准化管理委员会　发布

前　言

本标准由中国机械工业联合会提出。

本标准由全国量具量仪标准化技术委员会(SAC/TC 132)归口。

本标准负责起草单位:中原量仪股份有限公司。

本标准参加起草单位:中国计量学院、江苏麦克龙测量技术有限公司、广西壮族自治区计量检测研究院、河南省计量科学研究院。

本标准主要起草人:金国顺、赵军、黄晓宾、陆蕊、贾晓杰、张红飞。

电感测微仪

1 范围

本标准规定了电感测微仪的术语和定义、型式和基本参数、要求、检验方法、检验规则、标志与包装等。

本标准适用于分度值为0.1 μm、1 μm，量程不大于2 mm，以指针指示的电感测微仪(以下简称“测微仪”)。

2 规范性引用文件

下列文件中的条款通过本标准的引用而成为本标准的条款。凡是注日期的引用文件，其随后所有的修改单(不包括勘误的内容)或修订版均不适用于本标准，然而，鼓励根据本标准达成协议的各方研究是否可使用这些文件的最新版本。凡是不注日期的引用文件，其最新版本适用于本标准。

GB/T 191—2008 包装储运图示标志(ISO 780:1997,MOD)

GB 4208—2008 外壳防护等级(IP代码)(IEC 60529:2001,IDT)

GB/T 4879—1999 防锈包装

GB/T 5048—1999 防潮包装

GB/T 6388—1986 运输包装收发货标志

GB /T 9969—2008 工业产品使用说明书 总则

GB/T 14436—1993 工业产品保证文件 总则

GB/T 17163—2008 几何量测量器具术语 基本术语

GB/T 17164—2008 几何量测量器具术语 产品术语

GB/T 17626.2—2006 电磁兼容 试验和测量技术 静电放电抗扰度试验(IEC 61000-4-2:2001,IDT)

GB/T 17626.3—2006 电磁兼容 试验和测量技术 射频电磁场辐射抗扰度试验(IEC 61000-4-3:2002,IDT)

3 术语和定义

GB/T 17163—2008、GB/T 17164—2008中确立的术语和定义适用于本标准。

4 型式和基本参数

4.1 型式

测微仪由指示器和传感器组成，其型式及装夹尺寸见图1所示。图示仅供图解说明，不表示详细结构。

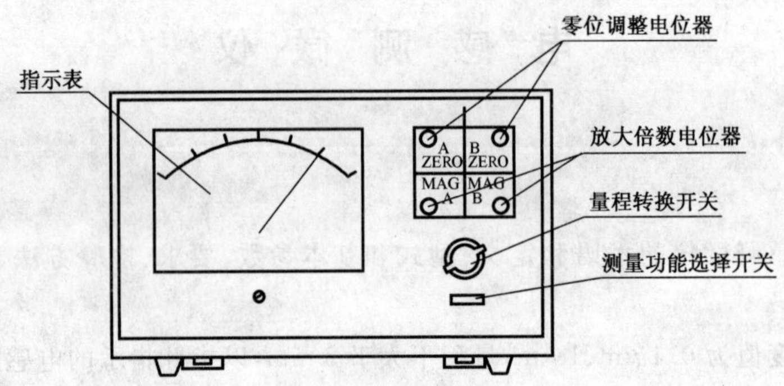

a）指示器

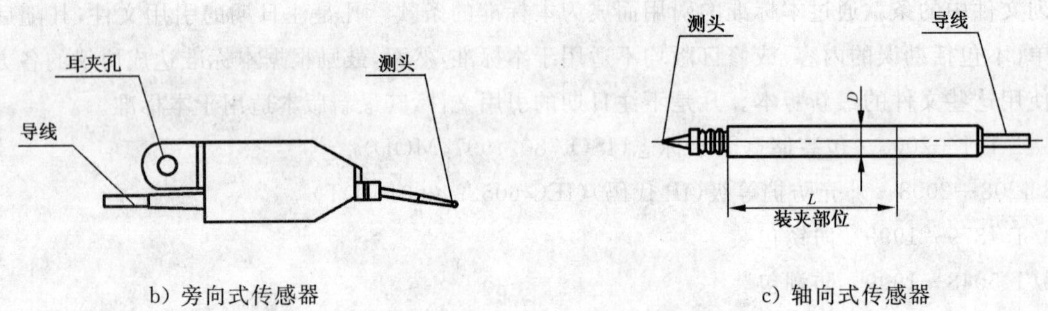

b）旁向式传感器　　　　c）轴向式传感器

图 1　电感测微仪的型式示意图

4.2　基本参数

4.2.1　旁向式传感器装夹部位的型式和尺寸见图 2 的规定。

单位为毫米

φ6.5　5　20　φ8f7

a）耳夹式　　　　b）支持杆式

图 2　旁向式传感器装夹部位的型式示意图

4.2.2　轴向式传感器的装夹尺寸及轴向式传感器测头的连接尺寸见表 1、图 3 的规定。

表 1

单位为毫米

D	L（参考尺寸）
ϕ28f7	≥40
ϕ16f7	≥20
ϕ8f7	≥12

尺寸单位为毫米

表面粗糙度单位为微米

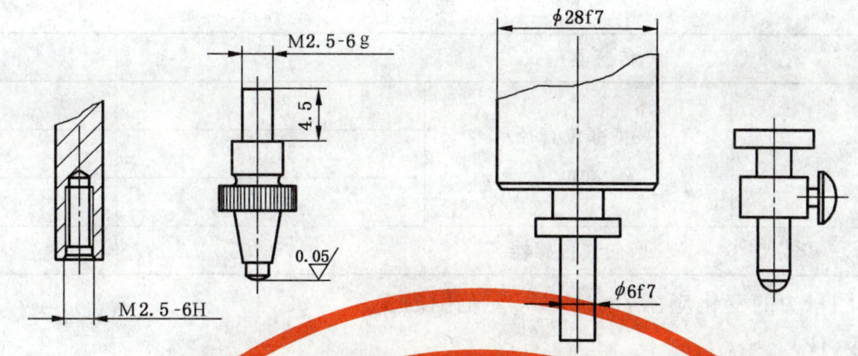

图 3 轴向式传感器测头的连接尺寸示意图

4.2.3 指示表上相邻两刻线间的距离不小于 1 mm。

5 要求

5.1 外观

测微仪表面不应有锈蚀、碰伤和镀层脱落等缺陷，各种标志、数字、刻线应正确清晰。

5.2 相互作用

测微仪各紧固部分牢固可靠，各转动部分应灵活，不应有卡滞和松动现象。

5.3 硬度和表面粗糙度

传感器测头应选用具有良好耐磨性的材料，其测量面的表面硬度不应低于 766 HV，表面粗糙度 Ra 不应大于 0.1 μm。

5.4 响应时间

测微仪响应时间应小于 1 s。

5.5 调零范围

测微仪调零范围应大于最小分度值档位的满量程。

5.6 零位平衡

测微仪零位平衡应小于最小刻线间距的 1/2。

5.7 误差

测微仪的重复性、方向误差、回程误差和最大允许误差见表 2 的规定。

表 2

分度值/μm	重复性		方向误差	回程误差	最大允许误差[a]/μm
	轴向式传感器	旁向式传感器			
0.1	1/2 个分度值	1 个分度值	1 个分度值	2 个分度值	$\pm(0.2+3\times L^3)$
1	1/3 个分度值	1/2 个分度值	1/2 个分度值	1 个分度值	$\pm(0.5+3\times L^3)$

[a] 最大允许误差的计算公式中 L 为校准零位至检测点的距离，单位为 mm。

5.8 稳定性

在规定时间内，测微仪示值随时间变化的稳定性不应大于表 3 的规定。

表 3

分度值/μm	规定时间/h	稳定性
0.1	0.5	2 个分度值
1	4	1 个分度值

5.9 测量力

5.9.1 传感器的测量力应符合表4的规定。

表4

传感器型式			测量力/N
轴向式传感器	夹持部位直径/mm	ϕ8f7	0.75
		ϕ16f7	1.5
		ϕ28f7	2.5
旁向式传感器			0.25

5.9.2 传感器测量力的变化应在75%～125%范围内。

5.10 防护等级(IP)

测微仪应具有防尘、防水能力,其防护等级不得低于IP40(见GB 4208—2008)。

5.11 抗静电干扰能力和抗电磁干扰能力

测微仪的抗静电干扰能力和抗电磁干扰能力均不应低于1级(见GB/T 17626.2—2006、GB/T 17626.3—2006)。

5.12 工作环境

测微仪应能在环境温度0 ℃～40 ℃、相对湿度不大于80%的条件下进行正常工作。

6 检验方法

6.1 检验条件

测微仪的检验应在温度为20 ℃±1 ℃,温度变化不应大于0.5 ℃/h的检验室内进行。受检前,测微仪和检验器具应在检验室内等温4 h以上。测微仪通电后应预热30 min,正式检验在放大倍数调好后进行。

6.2 检验项目、方法和检验器具

测微仪的检验项目、检验方法和检验器具见表5。

表5

序号	检验项目	检验方法	检验器具
1	响应时间	在最小分度值档位上,使测头与测量台架工作台上的量块相接触,然后迅速使测头移动,测出从给测头等于1/2示值范围的迅速变位起,到指针指示在一个最小分度值之内为止所需的时间	测量台架、量块、秒表
2	调零范围	在最小分度值档位上,将零位调整旋钮从一端旋到另一端时,读出指针移动的范围	测量台架、量块
3	零位平衡	在最小分度值档位上,使指针对准零位刻度线,依次向各档转动量程转换开关,观察各档指针对零位的偏移量	测量台架、量块
4	重复性	在最小分度值档位上,使测头与测量台架工作台上的量块相接触,将测微仪的指针对准任意一条刻度线,用提升机构把测头提起,再使其自由落下,其提升量应稍大于该档的示值范围,且每次提升量基本一致,重复10次取其各次示值中最大值与最小值的差值(见图4)	测量台架、量块、提升机构
5	方向误差	使测头的运动方向垂直于测量台架工作台台面,并与测量台架工作台台面上的半圆柱侧块圆柱面顶部相接触(见图5),调整测微仪的指针对准任意一个刻度线,以前、后、左、右四个方向推动半圆柱侧块,记下每次半圆柱侧块圆柱面顶部与测头接触时的读数值(示值拐点),计算指示表最大示值与最小示值之差,即为方向误差	测量台架、半圆柱侧块

表 5（续）

序号	检验项目	检验方法	检验器具
6	回程误差	使测头与测量台架工作台上的量块相接触，给传感器以正向位移，使指针对准指示表左侧任意一条刻度线后，用提升机构把测头提起，其提升量应稍大于该档的示值范围，再缓慢放下，求出提升前后指针指示的差值，重复3次，取最大值(见图4)，用同样方法对准指示表右侧任意一条刻度线，再检定一次	测量台架、量块、提升机构
7	示值误差	使测头与测量台架工作台上的量块相接触，将测微仪的指针对准零刻度线，然后根据示值范围的四等分(或六等分)置换相对应的量块，依次检定出这些受检位置的示值误差，取其最大值(见图4)	测量台架、量块[a]
8	稳定性	在最小分度值档位上，使测头与测量台架工作面相接触，并使指针与满刻度线相邻的刻度线重合，经一定的准备时间后在规定的时间内读出示值的最大变化量(见图4)	测量台架、量块、时钟
9	测量力	使装在测量台架上的传感器的测头处于自由悬垂状态，然后用测力计沿测头运动方向对测头向上加力，读出指针通过零位时的测力计读数，然后使测头向下移动，当指针通过零位时再次在测力计上读数，取两次读数的平均值，作为测量力(见图6)	测量台架、测力计

[a] 检验示值误差用的量块规定如下：
测微仪分度值为 0.1 μm 的选用二等量块；
测微仪分度值为 1 μm 的选用三等量块。

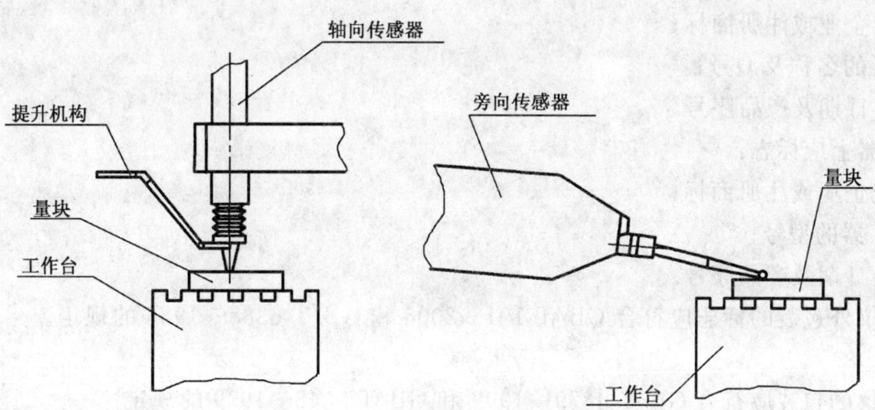

图 4　检验重复性、回程误差和示值误差的示意图

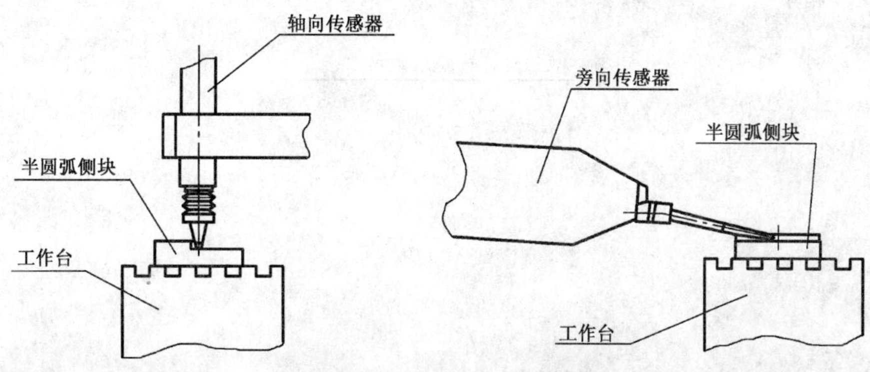

图 5　检验方向误差的示意图

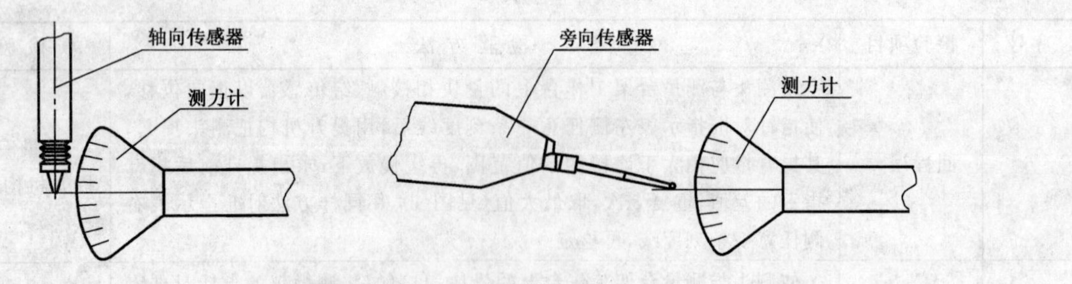

图 6 检验测量力的示意图

7 试验方法

7.1 防水、防尘试验

测微仪的防水、防尘试验应符合 GB 4208—2008 的规定。

7.2 抗静电干扰试验

测微仪的抗静电干扰试验应符合 GB/T 17626.2—2006 的规定。

7.3 抗电磁干扰试验

测微仪的抗电磁干扰试验应符合 GB/T 17626.3—2006 的规定。

8 标志与包装

8.1 标志

8.1.1 指示器的标牌或面板上应标志：

a) 制造企业或注册商标；

b) 仪器的名称及型号；

c) 制造日期及产品序号。

8.1.2 传感器上应标志：

a) 制造企业或注册商标；

b) 传感器的型号；

c) 制造日期及产品序号。

8.1.3 测微仪外包装的标志应符合 GB/T 191—2008 和 GB/T 6388—1986 的规定。

8.2 包装

8.2.1 测微仪的包装应符合 GB/T 4879—1999 和 GB/T 5048—1999 的规定。

8.2.2 测微仪应具有符合 GB/T 14436—1993 规定的产品合格证和符合 GB/T 9969—2008 规定的使用说明书，以及装箱单。

ICS 17.040.30
J 42

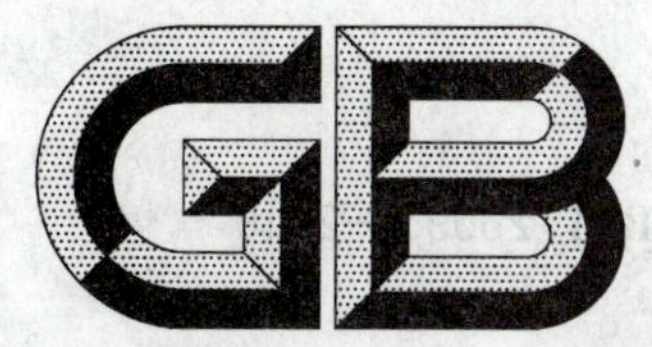

中华人民共和国国家标准

GB/T 26095—2010

电子柱电感测微仪

Electronic column micrometer

2011-01-10 发布　　2011-10-01 实施

中华人民共和国国家质量监督检验检疫总局
中国国家标准化管理委员会　发布

前言

本标准由中国机械工业联合会提出。

本标准由全国量具量仪标准化技术委员会(SAC/TC 132)归口。

本标准负责起草单位:中原量仪股份有限公司。

本标准参加起草单位:中国计量学院、江苏麦克龙测量技术有限公司、广西壮族自治区计量检测研究院、河南省计量科学研究院。

本标准主要起草人:金国顺、孔明、黄晓宾、蔡旭平、贾晓杰、皇甫真才。

电子柱电感测微仪

1 范围

本标准规定了电子柱电感测微仪的术语和定义、型式和基本参数、要求、检验方法、检验规则、标志与包装等。

本标准适用于分度值为0.1 μm、0.2 μm、1 μm，以电子柱（发光单元）显示的电子柱电感测微仪（以下简称“测微仪”）。

2 规范性引用文件

下列文件中的条款通过本标准的引用而成为本标准的条款。凡是注日期的引用文件，其随后所有的修改单（不包括勘误的内容）或修订版均不适用于本标准，然而，鼓励根据本标准达成协议的各方研究是否可使用这些文件的最新版本。凡是不注日期的引用文件，其最新版本适用于本标准。

GB/T 191—2008 包装储运图示标志（ISO 780:1997,MOD）

GB 4208—2008 外壳防护等级（IP 代码）（IEC 60529:2001,IDT）

GB/T 4879—1999 防锈包装

GB/T 5048—1999 防潮包装

GB/T 6388—1986 运输包装收发货标志

GB /T 9969—2008 工业产品使用说明书 总则

GB/T 14436—1993 工业产品保证文件 总则

GB/T 17163—2008 几何量测量器具术语 基本术语

GB/T 17164—2008 几何量测量器具术语 产品术语

GB/T 17626.2—2006 电磁兼容 试验和测量技术 静电放电抗扰度试验（IEC 61000-4-2:2001,IDT）

GB/T 17626.3—2006 电磁兼容 试验和测量技术 射频电磁场辐射抗扰度试验（IEC 61000-4-3:2002,IDT）

GB/T 17627.1—1998 低压电气设备的高电压试验技术 第一部分：定义和试验要求（eqv IEC 61180-1:1992）

3 术语和定义

GB/T 17163—2008、GB/T 17164—2008 中确立的术语和定义适用于本标准。

4 型式和基本参数

4.1 型式

测微仪由电子柱显示器和传感器组成，其型式见图1所示。图示仅供图解说明，不表示详细结构。

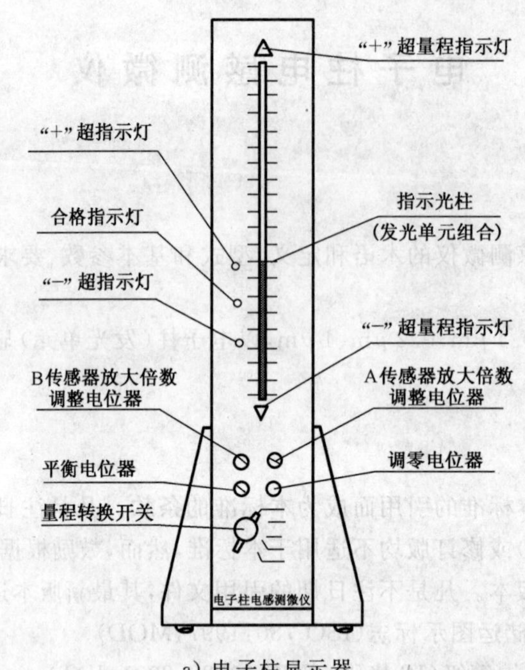

a) 电子柱显示器

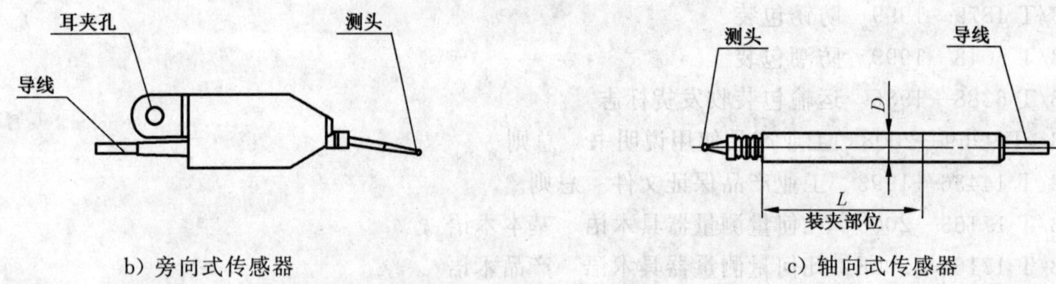

b) 旁向式传感器　　c) 轴向式传感器

图 1　电子柱电感测微仪的型式示意图

4.2　基本参数

4.2.1　旁向式传感器装夹部位的型式和尺寸见图 2 的规定。

单位为毫米

a) 耳夹式　　b) 支持杆式

图 2　旁向式传感器装夹部位的型式示意图

4.2.2　轴向式传感器的装夹尺寸及轴向式传感器测头的连接尺寸见表 1、图 3 的规定。

表 1

单位为毫米

D	L(参考尺寸)
ϕ28f7	≥40
ϕ16f7	≥20
ϕ8f7	≥12

尺寸单位为毫米
表面粗糙度单位为微米

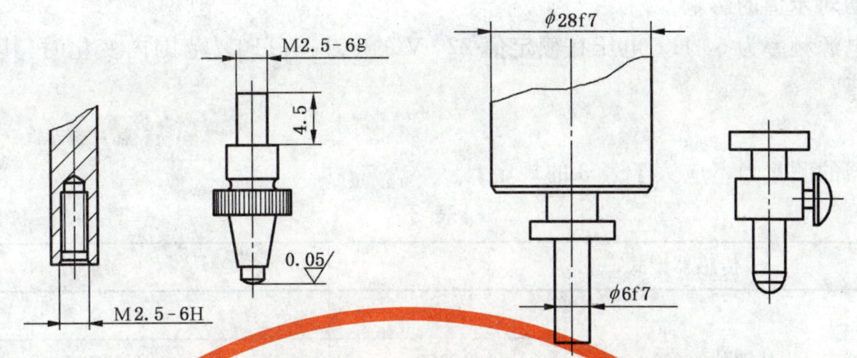

图 3 轴向式传感器测头的连接尺寸示意图

5 要求

5.1 外观

测微仪表面不应有锈蚀、碰伤和镀层脱落等缺陷，各种标志、数字、刻线应正确清晰。指示光柱应为一条直线，不应有明显歪曲现象，发光亮度应基本一致。

5.2 相互作用

测微仪各紧固部分牢固可靠，各转动部分应灵活，不应有卡滞和松动现象。

5.3 硬度和表面粗糙度

传感器测头应选用具有良好耐磨性的材料，其测量面的表面硬度不应低于 766 HV，表面粗糙度 Ra 不应大于 0.1 μm。

5.4 绝缘与耐压

当电压为 500 V 时，电源插座的一个带电部件与易触及部件之间的绝缘电阻不应小于 5 MΩ；按照 GB/T 17627.1—1998 的规定断开仪器电源后，仪器绝缘立即经受频率 50 Hz 或 60 Hz 的交流电压 1 000 V，历时 1 min，试验电压施加在带电部件和易触及部件之间，非金属部件用金属箔覆盖，在试验期间不应出现击穿。

5.5 响应时间

测微仪响应时间应小于 1 s。

5.6 调零范围

测微仪调零范围应大于最小分度值档位的满量程。

5.7 零位平衡

测微仪零位平衡应在±1 个分度值范围内。

5.8 误差

测微仪的重复性、方向误差、回程误差和最大允许误差见表 2 的规定。

表 2

分度值/μm	重复性		方向误差	回程误差	最大允许误差[a]/μm
	轴向式传感器	旁向式传感器			
0.1	1/2 个分度值	1 个分度值	1 个分度值	2 个分度值	$\pm(0.2+3\times L^3)$
0.2	1/2 个分度值	1 个分度值	1 个分度值	2 个分度值	$\pm(0.2+3\times L^3)$
1	1/3 个分度值	1/2 个分度值	1/2 个分度值	1 个分度值	$\pm(0.5+3\times L^3)$

[a] 最大允许误差的计算公式中 L 为校准零位至检测点的距离，单位为 mm。

5.9 稳定性

在规定时间内，测微仪示值随时间变化的稳定性不应大于2个分度值/4 h。

5.10 电压变动对示值的影响

测微仪在电源频率为50 Hz、电压在额定值220 V的90%～110%范围内变化时，其示值变化不应大于1个分度值。

5.11 测量力

5.11.1 传感器的测量力不应大于表3的规定。

表3

<table>
<tr><th colspan="3">传感器型式</th><th>测量力/N</th></tr>
<tr><td rowspan="3">轴向式传感器</td><td rowspan="3">夹持部位直径/mm</td><td>ϕ8f7</td><td>0.75</td></tr>
<tr><td>ϕ16f7</td><td>1.5</td></tr>
<tr><td>ϕ28f7</td><td>2.5</td></tr>
<tr><td colspan="3">旁向式传感器</td><td>0.25</td></tr>
</table>

5.11.2 传感器测量力的变化应在75%～125%范围内。

5.12 防护等级(IP)

测微仪应具有防尘、防水能力，其防护等级不得低于IP40(见GB 4208—2008)。

5.13 抗静电干扰能力和抗电磁干扰能力

测微仪的抗静电干扰能力和抗电磁干扰能力均不应低于1级(见GB/T 17626.2—2006、GB/T 17626.3—2006)。

5.14 工作环境

测微仪应能在环境温度0 ℃～40 ℃、相对湿度不大于80%的条件下进行正常工作。

6 检验方法

6.1 检验条件

测微仪的检验应在温度为20 ℃±1 ℃，温度变化不应大于0.5 ℃/h的检验室内进行。受检前，测微仪和检验器具应在检验室内等温4 h以上。测微仪通电后应预热30 min，正式检验在放大倍数调好后进行。

6.2 检验项目、方法和检验器具

测微仪的检验项目、检验方法和检验器具见表4。

表4

序号	检验项目	检验方法	检验器具
1	绝缘与耐压	用绝缘电阻计加500 V电压测量电源插座的一个接线端与机壳之间的绝缘电阻值，然后用自动击穿装置在电源插座的一个接线端与机壳之间加电源频率50 Hz，电压1 000 V，观察1 min，电子柱显示器不应有击穿现象	绝缘电阻计、自动击穿装置
2	响应时间	在最小分度值档位上，使测头与测量台架工作台上的量块相接触，然后迅速使测头移动，测出从给测头等于1/2示值范围的迅速变位起，到电子柱显示光柱指示在一个最小分度值之内为止的所需时间	测量台架、量块、秒表

表 4（续）

序号	检验项目	检 验 方 法	检验器具
3	调零范围	在最小分度值档位上，将零位调整旋钮从一端旋到另一端时，读出电子柱显示器变化的范围	测量台架、量块
4	零位平衡	在最小分度值档位上，使电子柱显示光柱对准零位刻度线，依次向各档转动量程转换开关，观察各档电子柱显示光柱对零位的偏移量	测量台架、量块
5	重复性	使测头与测量台架工作台上的量块相接触，将测微仪的显示光柱对准任意一条刻度线，用提升机构把测头提起，再使其自由落下，其提升量应稍大于该档的示值范围，且每次提升量基本一致，重复10次取其各次示值中最大值与最小值的差值(见图4)	测量台架、量块、提升机构
6	方向误差	使测头的运动方向垂直于测量台架工作台台面，并与测量台架工作台台面上的半圆柱侧块圆柱面顶部相接触(见图5)，调整测微仪的指示光柱对准任意一个刻度线，以前、后、左、右四个方向推动半圆柱侧块，记下每次半圆柱侧块圆柱面顶部与测头接触时的读数值(示值拐点)，计算指示表最大示值与最小示值之差，即为方向误差	测量台架、半圆柱侧块
7	回程误差	使测头与测量台架工作台上的量块相接触，给传感器以正向位移，使指示光柱对准指示光柱的下半部分任意一条刻度线后，用提升机构把测头提起，其提升量应稍大于该档的示值范围，再放下，求出提升前后光柱指示的差值，重复3次，取最大值(见图4)，用同样方法对准指示光柱的上半部分任意一条刻度线，再检定一次	测量台架、量块、提升机构
8	示值误差	使测头与测量台架工作台上的量块相接触，将测微仪的指示光柱对准零刻度线，然后根据示值范围的四等分(或六等分)置换相对应的量块，依次检定出这些受检位置的示值误差，取其最大值(见图4)	测量台架、量块[a]
9	稳定性	在最小分度值档位上，使测头与测量台架工作面相接触，并使指示光柱与满刻度线相邻的刻度线重合，经一定的准备时间后在规定的时间内读出示值的最大变化量(见图4)	测量台架、量块、时钟
10	测量力	使装在测量台架上的传感器的测头处于自由悬垂状态，然后用测力计沿测头运动方向对测头向上加力，读出指示光柱通过零位时的测力计读数，然后使测头向下移动，当指示光柱通过零位时再次在测力计上读数，取两次读数的平均值，作为测量力(见图6)	测量台架、测力计
11	电压变动对示值的影响	将量程转换开关置最小分度值档位上，使测头与台架工作台上的量块相接触，调整示值，使接近于满量程，从电源输入AC、220 V，50 Hz。使电压在额定值的90%～110%范围内变化，读出示值的最大变化量	调压器、测量台架、测头、电压表

[a] 检验示值误差用的量块规定如下：
测微仪分度值为0.1 μm的选用二等量块；
测微仪分度值为0.2 μm的选用二等量块；
测微仪分度值为1 μm的选用三等量块。

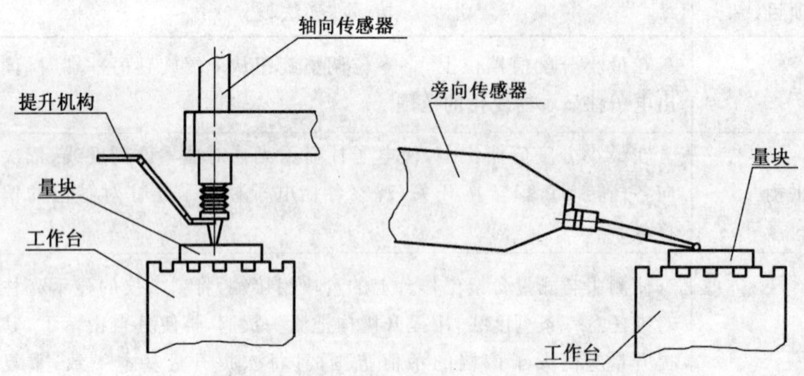

图 4　检验重复性、回程误差和示值误差的示意图

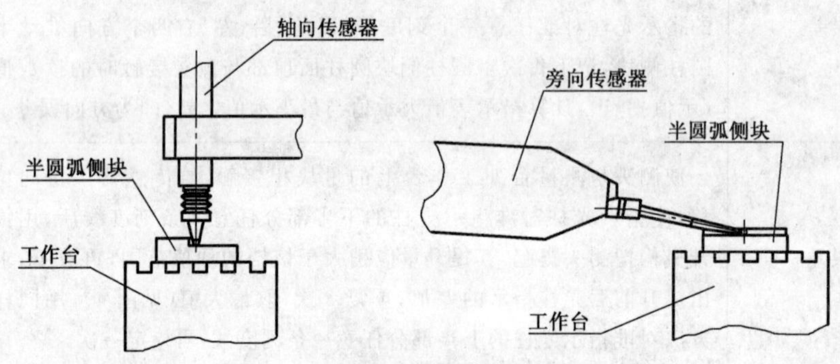

图 5　检验方向误差的示意图

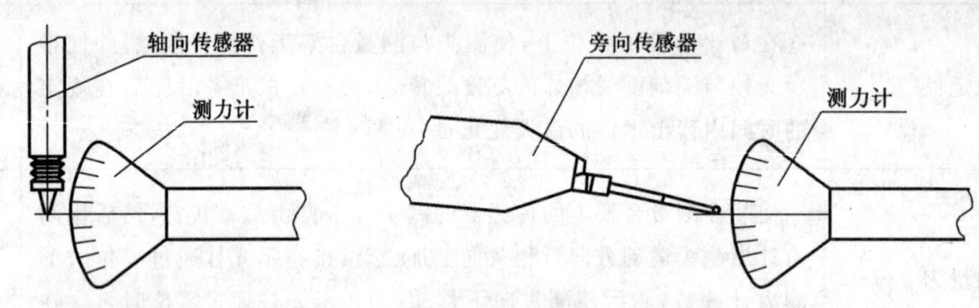

图 6　检验测量力的示意图

7　试验方法

7.1　防水、防尘试验

测微仪的防水、防尘试验应符合 GB 4208—2008 的规定。

7.2　抗静电干扰试验

测微仪的抗静电干扰试验应符合 GB/T 17626.2—2006 的规定。

7.3　抗电磁干扰试验

测微仪的抗电磁干扰试验应符合 GB/T 17626.3—2006 的规定。

8 标志与包装

8.1 标志

8.1.1 指示器的标牌或面板上应标志：

a) 制造企业或注册商标；

b) 仪器的名称及型号；

c) 制造日期及产品序号。

8.1.2 传感器上应标志：

a) 制造企业或注册商标；

b) 传感器的型号；

c) 制造日期及产品序号。

8.1.3 测微仪外包装的标志应符合 GB/T 191—2008 和 GB/T 6388—1986 的规定。

8.2 包装

8.2.1 测微仪的包装应符合 GB/T 4879—1999 和 GB/T 5048—1999 的规定。

8.2.2 测微仪应具有符合 GB/T 14436—1993 规定的产品合格证和符合 GB/T 9969—2008 规定的使用说明书，以及装箱单。

ICS 17.040.30
J 42

中华人民共和国国家标准

GB/T 26096—2010

峰值电感测微仪

Peak inductance micrometer

2011-01-10 发布　　　　2011-10-01 实施

中华人民共和国国家质量监督检验检疫总局
中国国家标准化管理委员会 发布

前　言

本标准由中国机械工业联合会提出。

本标准由全国量具量仪标准化技术委员会(SAC/TC 132)归口。

本标准负责起草单位:中原量仪股份有限公司。

本标准参加起草单位:中国计量学院、江苏麦克龙测量技术有限公司、桂林市计量测试研究所、河南省计量科学研究院。

本标准主要起草人:金国顺、孔明、黄晓宾、曾勇、贾晓杰。

峰值电感测微仪

1 范围

本标准规定了峰值电感测微仪的术语和定义、型式和基本参数、要求、检验方法、检验规则、标志与包装等。

本标准适用于分度值为 0.1 μm、1 μm，以指针指示的峰值电感测微仪(以下简称“测微仪”)。

2 规范性引用文件

下列文件中的条款通过本标准的引用而成为本标准的条款。凡是注日期的引用文件，其随后所有的修改单(不包括勘误的内容)或修订版均不适用于本标准，然而，鼓励根据本标准达成协议的各方研究是否可使用这些文件的最新版本。凡是不注日期的引用文件，其最新版本适用于本标准。

GB/T 191—2008 包装储运图示标志(ISO 780:1997，MOD)

GB 4208—2008 外壳防护等级(IP 代码)(IEC 60529:2001，IDT)

GB/T 4879—1999 防锈包装

GB/T 5048—1999 防潮包装

GB/T 6388—1986 运输包装收发货标志

GB /T 9969—2008 工业产品使用说明书 总则

GB/T 14436—1993 工业产品保证文件 总则

GB/T 17163—2008 几何量测量器具术语 基本术语

GB/T 17164—2008 几何量测量器具术语 产品术语

GB/T 17626.2—2006 电磁兼容 试验和测量技术 静电放电抗扰度试验(IEC 61000-4-2:2001，IDT)

GB/T 17626.3—2006 电磁兼容 试验和测量技术 射频电磁场辐射抗扰度试验(IEC 61000-4-3:2002，IDT)

3 术语和定义

GB/T 17163—2008、GB/T 17164—2008 中确立的术语和定义适用于本标准。

4 型式和基本参数

4.1 型式

测微仪由指示器和传感器组成，其型式及装夹尺寸见图 1 所示。图示仅供图解说明，不表示详细结构。

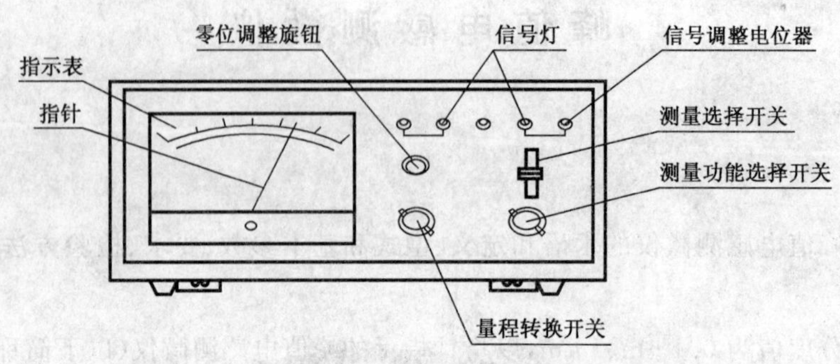

a) 指示器

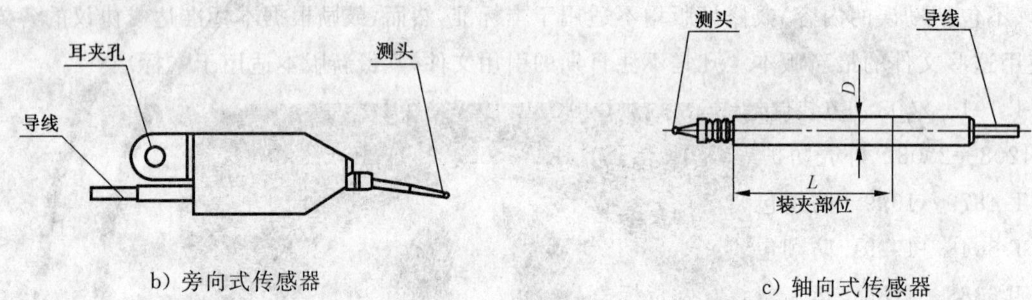

b) 旁向式传感器　　c) 轴向式传感器

图 1　峰值电感测微仪的型式示意图

4.2　基本参数

4.2.1　旁向式传感器装夹部位的型式和尺寸见图 2 的规定。

单位为毫米

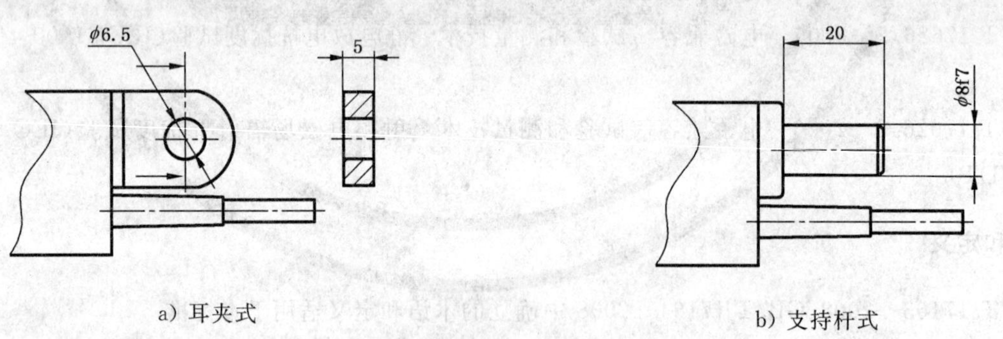

a) 耳夹式　　b) 支持杆式

图 2　旁向式传感器装夹部位的型式示意图

4.2.2　轴向式传感器的装夹尺寸及轴向式传感器测头的连接尺寸见表 1、图 3 的规定。

表 1

单位为毫米

D	L(参考尺寸)
ϕ28f7	≥40
ϕ16f7	≥20
ϕ8f7	≥12

尺寸单位为毫米
表面粗糙度单位为微米

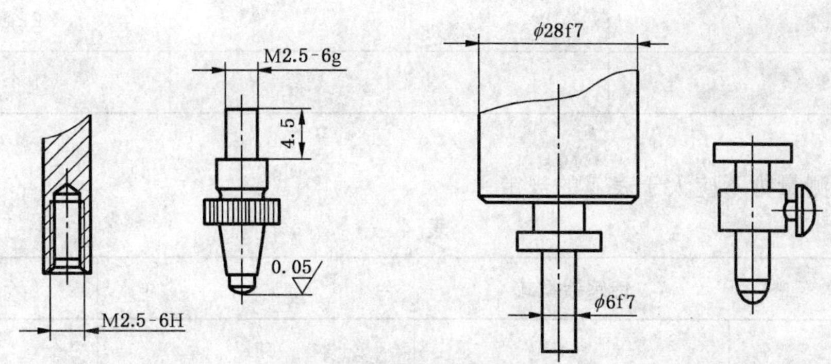

图 3　轴向式传感器测头的连接尺寸示意图

4.2.3　指示表上相邻两刻线间的距离不小于 1 mm。

5　要求

5.1　外观

测微仪表面不应有锈蚀、碰伤和镀层脱落等缺陷，各种标志、数字、刻线应正确清晰。

5.2　相互作用

测微仪各紧固部分牢固可靠，各转动部分应灵活，不应有卡滞和松动现象。

5.3　硬度和表面粗糙度

传感器测头应选用具有良好耐磨性的材料，其测量面的表面硬度不应低于 766 HV，表面粗糙度 *Ra* 不应大于 0.1 μm。

5.4　响应时间

测微仪响应时间应小于 1 s。

5.5　调零范围

测微仪调零范围应大于最小分度值档位的满量程。

5.6　零位平衡

测微仪零位平衡应小于最小刻线间距的 1/2。

5.7　误差

测微仪的重复性、方向误差、回程误差和最大允许误差见表 2 的规定。

表 2

分度值/μm	重复性		方向误差	回程误差	最大允许误差				
	轴向式传感器	旁向式传感器			电感测量档	最大值	最小值	最大值与最小值之差	最大值与最小值平均值
0.1	1/2 分度值	1 个分度值	1 个分度值	2 个分度值	±1 个分度值	±1.2 个分度值	±1.2 个分度值	±1.2 个分度值	±2.4 个分度值
1	1/3 分度值	1/2 个分度值	1/2 个分度值	1 个分度值		±0.6 个分度值	±0.6 个分度值	±0.6 个分度值	±1.2 个分度值

5.8　稳定性

在规定时间内，测微仪示值随时间变化的稳定性不应大于表 3 的规定。

表 3

分度值/μm	规定时间/h	稳　定　性
0.1	0.5	2 个分度值
1	4	1 个分度值

5.9　测量力

5.9.1　传感器的测量力不应大于表 4 的规定。

表 4

<table>
<tr><td colspan="3">传感器型式</td><td>测量力/N</td></tr>
<tr><td rowspan="3">轴向式传感器</td><td rowspan="3">夹持部位直径/mm</td><td>ϕ8f7</td><td>0.75</td></tr>
<tr><td>ϕ16f7</td><td>1.5</td></tr>
<tr><td>ϕ28f7</td><td>2.5</td></tr>
<tr><td colspan="3">旁向式传感器</td><td>0.25</td></tr>
</table>

5.9.2　传感器测量力的变化应在 75%～125%范围内。

5.10　信号稳定性

在规定的工作条件内，在“电感测量档”档位上，测微仪信号稳定性不应大于 2 个分度值/4 h。

5.11　峰值稳定性

在各峰值记忆档位上，测微仪的稳定性不应大于 1 个分度值/5 min。

5.12　信号重复性

在“电感测量档”档位上，测微仪信号触发点的示值变化不应大于 1 个分度值/15 次。

5.13　电压变动对示值的影响

测微仪在电源频率为 50 Hz、电压在额定值 220 V 的 90%～110%范围内变化时，其示值变化应在 ±1/5 个分度值内。

5.14　防护等级(IP)

测微仪应具有防尘、防水能力，其防护等级不得低于 IP40(见 GB 4208—2008)。

5.15　抗静电干扰能力和抗电磁干扰能力

测微仪的抗静电干扰能力和抗电磁干扰能力均不应低于 1 级(见 GB/T 17626.2—2006、GB/T 17626.3—2006)。

5.16　工作环境

测微仪应能在环境温度 0 ℃～40 ℃、相对湿度不大于 80%的条件下进行正常工作。

6　检验方法

6.1　检验条件

测微仪的检验应在温度为 20 ℃±1 ℃，温度变化不应大于 0.5 ℃/h 的检验室内进行。受检前，测微仪和检验器具应在检验室内等温 4 h 以上。测微仪通电后应预热 30 min，正式检验在放大倍数调好后进行。

6.2　检验项目、方法和检验器具

测微仪的检验项目、检验方法和检验器具见表 5。

表5

序号	检验项目	检验方法	检验器具
1	响应时间	在最小分度值档位上，使测头与测量台架工作台上的量块相接触，然后迅速使测头移动，测出从给测头等于1/2示值范围的迅速变位起，到指针指示在一个最小分度值之内为止所需的时间	测量台架、量块、秒表
2	调零范围	在最小分度值档位上，将零位调整旋钮从一端旋到另一端时，读出指针移动的范围	测量台架、量块
3	零位平衡	在最小分度值档位上，使指针对准零位刻度线，依次向各档转动量程转换开关，观察各档指针对零位的偏移量	测量台架、量块
4	重复性	使测头与测量台架工作台上的量块相接触，将测微仪的指针对准任意一条刻度线，用提升机构把测头提起，再使其自由落下，其提升量应稍大于该档的示值范围，且每次提升量基本一致，重复10次取其各次示值中最大值与最小值的差值(见图4)	测量台架、量块、提升机构
5	方向误差	使测头的运动方向垂直于测量台架工作台台面，并与测量台架工作台台面上的半圆柱侧块圆柱面顶部相接触(见图5)，调整测微仪的指针对准任意一个刻度线，以前、后、左、右四个方向推动半圆柱侧块，记下每次半圆柱侧块圆柱面顶部与测头接触时的读数值(示值拐点)，计算指示表最大示值与最小示值之差，即为方向误差	测量台架、半圆柱侧块
6	回程误差	使测头与测量台架工作台上的量块相接触，给传感器以正向位移，使指针对准指示表左侧任意一条刻度线后，用提升机构把测头提起，其提升量应稍大于该档的示值范围，再放下，求出提升前后指针指示的差值，重复3次，取最大值(见图4)，用同样方法对准指示表右侧任意一条刻度线，再检定一次	测量台架、量块、提升机构
7	示值误差	使测头与测量台架工作台上的量块相接触，将测微仪的指针对准零刻度线，然后根据示值范围的四等分(或六等分)置换相对应的量块，依次检定出这些受检位置的示值误差，取其最大值(见图4)	测量台架、量块[a]
8	稳定性	在最小分度值档位上，使测头与测量台架工作面相接触，并使指针与满刻度线相邻的刻度线重合，经一定的准备时间后在规定的时间内读出示值的最大变化量(见图4)	测量台架、量块、时钟
9	测量力	使装在测量台架上的传感器的测头处于自由悬垂状态，然后用测力计沿测头运动方向对测头向上加力，读出指针通过零位时的测力计读数，然后使测头向下移动，当指针通过零位时再次在测力计上读数，取两次读数的平均值，作为测量力(见图6)	测量台架、测力计
10	信号稳定性	在"电感测量档"档位，量程置最小分度值档位，用调零电位器将指针分别正向、负向移动，在规定时间内，取点亮信号灯的示值的变化量	测量台架、时钟
11	峰值稳定性	在各峰值记忆档位，量程置最小分度值档的1/2(或1/3)刻度线相重合，将测量选择开关分别置于测量及保持档位，观察规定的时间内示值最大的变化量	测量台架、量块、时钟

表 5（续）

序号	检验项目	检验方法	检验器具
12	信号重复性	在“电感测量档”档位，量程置最小分度值档位，转动调零电位器，使指针移动到相应的刻度线上，调整信号灯调整旋钮，使指示灯在相应的刻度线准确点亮，再重复 15 次，取 15 次点亮信号灯的示值的变化量	
13	电压变动对示值的影响	在“电感测量档”档位，使传感器与台架工作面相接触，并使指针与满刻度线相重合，然后输入交流 50 Hz、220 V，将电压在额定值的 ±10% 的范围内变化，读出测微仪示值的最大变化量	测量台架、调压器、电压表
[a] 检验示值误差用的量块规定如下： 测微仪分度值为 0.1 μm 的选用二等量块； 测微仪分度值为 1 μm 的选用三等量块。			

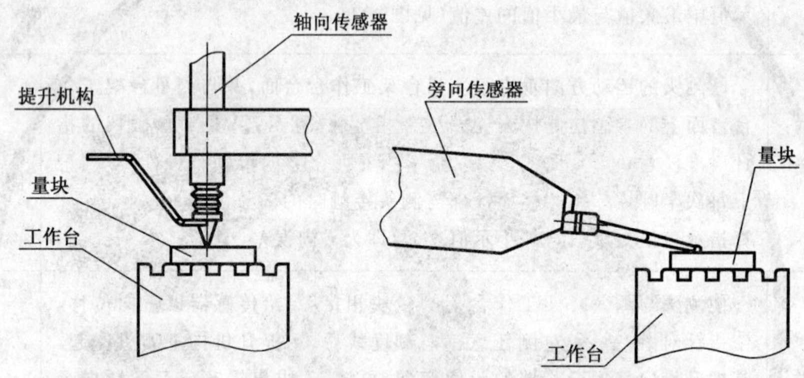

图 4　检验重复性、回程误差和示值误差的示意图

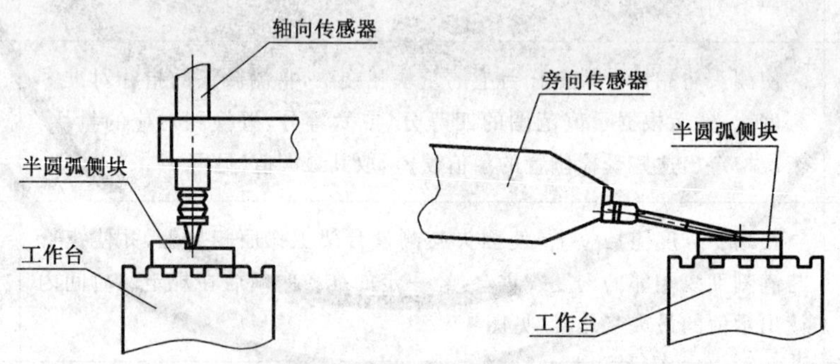

图 5　检验方向误差的示意图

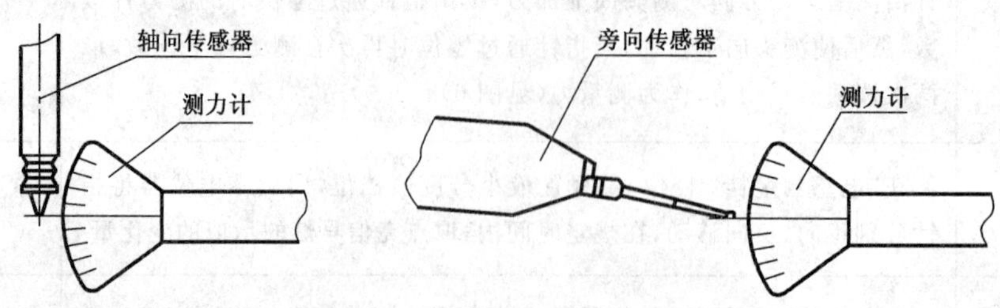

图 6　检验测量力的示意图

7 试验方法

7.1 防水、防尘试验

测微仪的防水、防尘试验应符合 GB 4208—2008 的规定。

7.2 抗静电干扰试验

测微仪的抗静电干扰试验应符合 GB/T 17626.2—2006 的规定。

7.3 抗电磁干扰试验

测微仪的抗电磁干扰试验应符合 GB/T 17626.3—2006 的规定。

8 标志与包装

8.1 标志

8.1.1 指示器的标牌或面板上应标志：

a) 制造企业名称或注册商标；

b) 仪器的名称及型号；

c) 制造日期及产品序号。

8.1.2 传感器上应标志：

a) 制造企业名称或注册商标；

b) 传感器的型号；

c) 制造日期及产品序号。

8.1.3 测微仪外包装的标志应符合 GB/T 191—2008 和 GB/T 6388—1986 的规定。

8.2 包装

8.2.1 测微仪的包装应符合 GB/T 4879—1999 和 GB/T 5048—1999 的规定。

8.2.2 测微仪应具有符合 GB/T 14436—1993 规定的产品合格证和符合 GB/T 9969—2008 规定的使用说明书，以及装箱单。

ICS 17.040.30
J 42

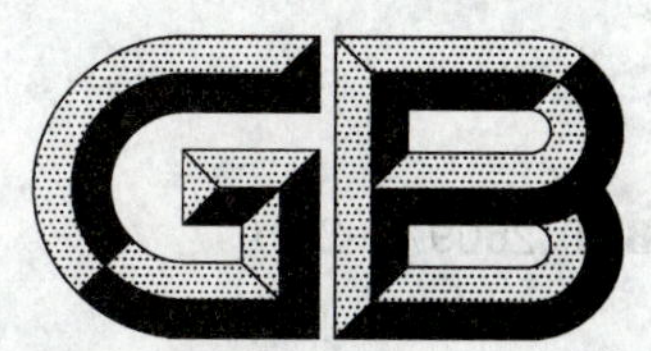

中华人民共和国国家标准

GB/T 26097—2010

数显电感测微仪

Inductive length measuring instrument with digital display

2011-01-10 发布　　2011-10-01 实施

中华人民共和国国家质量监督检验检疫总局
中国国家标准化管理委员会
发布

前　言

本标准的附录 A 为资料性附录。

本标准由中国机械工业联合会提出。

本标准由全国量具量仪标准化技术委员会(SAC/TC 132)归口。

本标准负责起草单位:中原量仪股份有限公司。

本标准参加起草单位:中国计量学院、江苏麦克龙测量技术有限公司、广西壮族自治区计量检测研究院、河南省计量科学研究院。

本标准主要起草人:金国顺、赵军、黄晓宾、刘俏君、黄玉珠、贾晓杰。

数显电感测微仪

1 范围

本标准规定了数显电感测微仪的术语和定义、型式和基本参数、要求、检验方法、检验规则、标志与包装等。

本标准适用于分辨力为 0.01 μm、0.1 μm、1 μm，量程不大于 2 mm 的数显电感测微仪(以下简称“测微仪”)。

2 规范性引用文件

下列文件中的条款通过本标准的引用而成为本标准的条款。凡是注日期的引用文件，其随后所有的修改单(不包括勘误的内容)或修订版均不适用于本标准，然而，鼓励根据本标准达成协议的各方研究是否可使用这些文件的最新版本。凡是不注日期的引用文件，其最新版本适用于本标准。

GB/T 191—2008 包装储运图示标志(ISO 780:1997,MOD)

GB 4208—2008 外壳防护等级(IP 代码)(IEC 60529:2001,IDT)

GB/T 4879—1999 防锈包装

GB/T 5048—1999 防潮包装

GB/T 6388—1986 运输包装收发货标志

GB /T 9969—2008 工业产品使用说明书 总则

GB/T 14436—1993 工业产品保证文件 总则

GB/T 17163—2008 几何量测量器具术语 基本术语

GB/T 17164—2008 几何量测量器具术语 产品术语

GB/T 17626.2—2006 电磁兼容 试验和测量技术 静电放电抗扰度试验(IEC 61000-4-2:2001,IDT)

GB/T 17626.3—2006 电磁兼容 试验和测量技术 射频电磁场辐射抗扰度试验(IEC 61000-4-3:2002,IDT)

3 术语和定义

GB/T 17163—2008、GB/T 17164—2008 中确立的术语和定义适用于本标准。

4 型式和基本参数

4.1 型式

测微仪由数字显示器和传感器组成，其型式及装夹尺寸见图 1～图 4 所示。图示仅供图解说明，不表示详细结构。

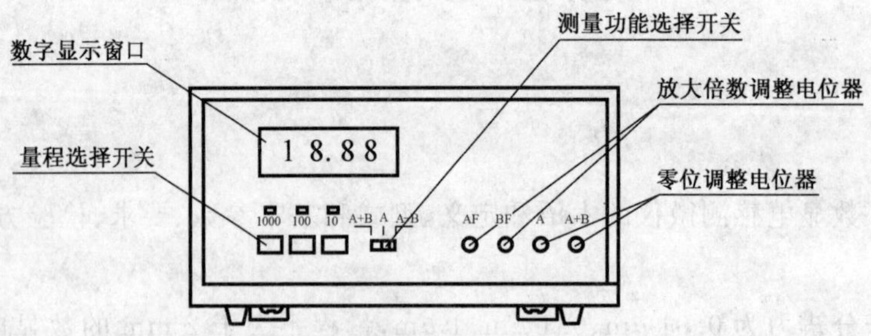

图 1 数显电感测微仪的型式示意图

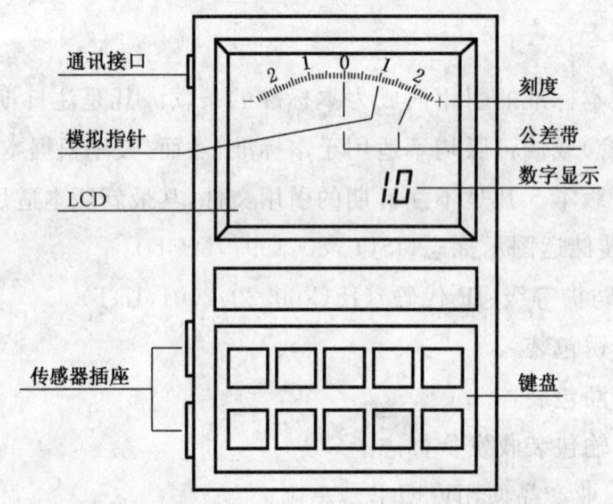

图 2 带模拟表显示的数显电感测微仪的型式示意图

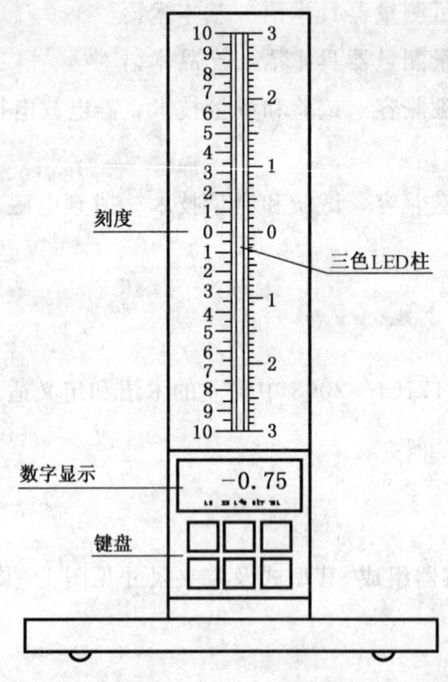

图 3 带模拟柱显示的数显电感测微仪的型式示意图

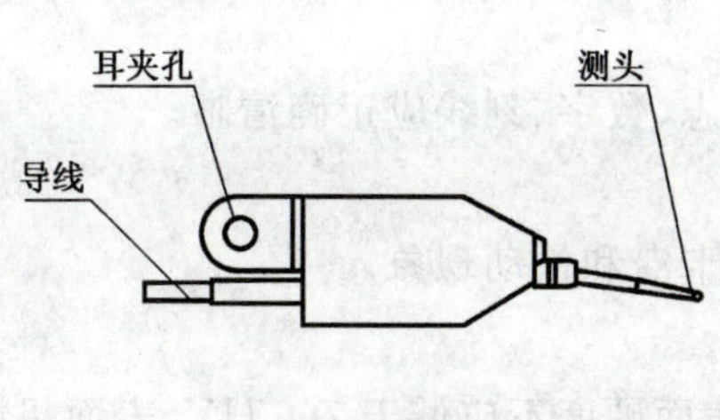

a) 旁向式传感器

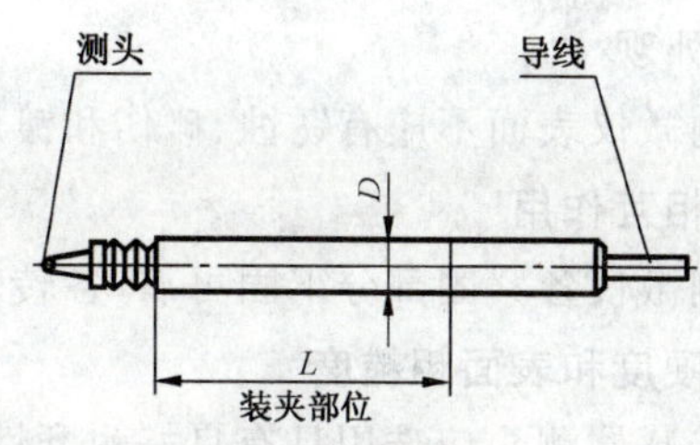

b) 轴向式传感器

图 4 传感器的型式示意图

4.2 基本参数

4.2.1 旁向式传感器装夹部位的型式和尺寸见图 5 的规定。

单位为毫米

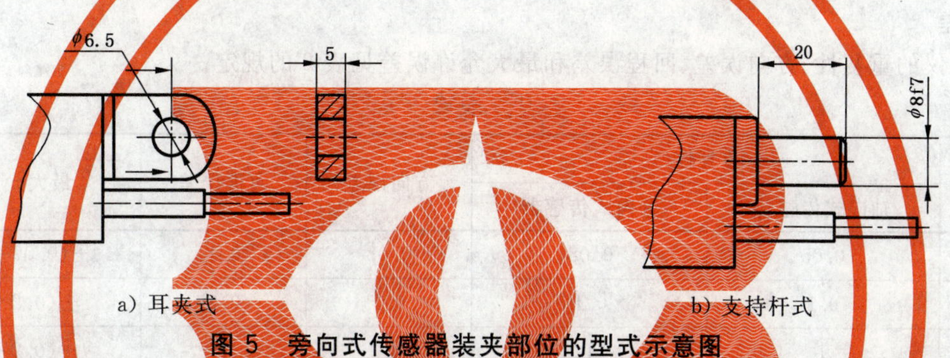

a) 耳夹式　　b) 支持杆式

图 5 旁向式传感器装夹部位的型式示意图

4.2.2 轴向式传感器的装夹尺寸及轴向式传感器测头的连接尺寸见表 1、图 6 的规定。

表 1

单位为毫米

D	L(参考尺寸)
φ28f7	≥40
φ16f7	≥20
φ8f7	≥12

尺寸单位为毫米

表面粗糙度单位为微米

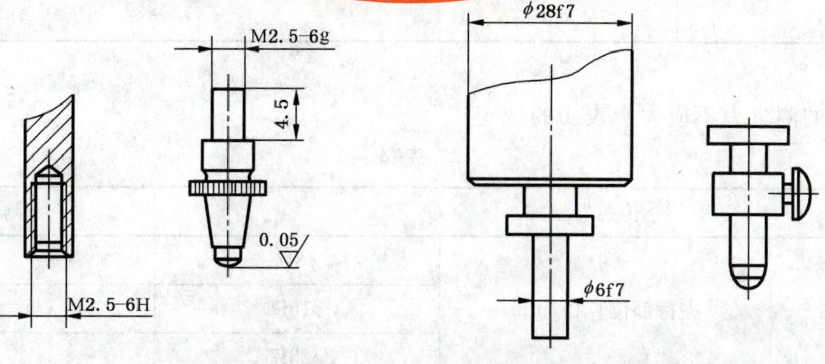

图 6 轴向式传感器测头的连接尺寸示意图

5 要求

5.1 外观

测微仪表面不应有锈蚀、碰伤和镀层脱落等缺陷，各种标志、数字、刻线应正确清晰。

5.2 相互作用

测微仪各紧固部分牢固可靠，各转动部分应灵活，不应有卡滞和松动现象。

5.3 硬度和表面粗糙度

传感器测头应选用具有良好耐磨性的材料，其测量面的表面硬度不应低于 766 HV，表面粗糙度 Ra 不应大于 0.1 μm。

5.4 响应时间

测微仪响应时间应小于 1 s。

5.5 调零范围

测微仪调零范围应大于 20 μm。

5.6 误差

测微仪的重复性、方向误差、回程误差和最大允许误差见表 2 的规定。

表 2

单位为微米

分辨力	重复性		方向误差	回程误差	最大允许误差[a]
	轴向式传感器	旁向式传感器			
0.01[b]	0.05	0.08	0.08	0.1	$\pm(0.07+0.4\times L)$
0.1	0.1	0.1	0.1	0.2	$\pm(0.2+3\times L^3)$
1	1	1	1	1	$\pm(0.2+3\times L^3)$

[a] 最大允许误差的计算公式中 L 为校准零位至检测点的距离，单位为 mm。

[b] 对于分辨力为 0.01 μm、量程大于 40 μm 的测微仪参见附录 A。

5.7 稳定性

在规定时间内，测微仪示值随时间变化的稳定性不应大于表 3 的规定。

表 3

分辨力/μm	规定时间/h	稳定性/μm
0.01	0.5	0.2
0.1	0.5	0.2
1	4	1

5.8 测量力

5.8.1 传感器的测量力不应大于表 4 的规定。

表 4

传感器型式			测量力/N
轴向式传感器	夹持部位直径/mm	ϕ8f7	0.75
		ϕ16f7	1.5
		ϕ28f7	2.5
旁向式传感器			0.25

5.8.2 传感器测量力的变化应在 75%～125% 范围内。

5.9 防护等级(IP)

测微仪应具有防尘、防水能力,其防护等级不得低于IP40(见GB 4208—2008)。

5.10 抗静电干扰能力和抗电磁干扰能力

测微仪的抗静电干扰能力和抗电磁干扰能力均不应低于1级(见GB/T 17626.2—2006、GB/T 17626.3—2006)。

5.11 工作环境

测微仪应能在环境温度0 ℃~40 ℃、相对湿度不大于80%的条件下进行正常工作。

6 检验方法

6.1 检验条件

测微仪的检验应在温度为20 ℃±1 ℃,温度变化不应大于0.5 ℃/h的检验室内进行。受检前,测微仪和检验器具应在检验室内等温4 h以上。测微仪通电后应预热30 min,正式检验在放大倍数调好后进行。

6.2 检验项目、方法和检验器具

测微仪的检验项目、检验方法和检验器具见表5。

表5

序号	检验项目	检验方法	检验器具
1	响应时间	在最小分辨力档位上,使测头与测量台架工作台上的量块相接触,然后迅速使测头移动,测出从给测头等于1/2示值范围的迅速变位起,到指针指示在一个最小分度值之内为止的所需时间	测量台架、量块、秒表
2	调零范围	在最小分辨力档位上,将零位调整旋钮从一端旋到另一端时,读出指针移动的范围	测量台架、量块
3	零位平衡	在最小分辨力档位上,使指针对准零位刻度线,依次向各档转动量程转换开关,观察各档指针对零位的偏移量	测量台架、量块
4	重复性	使测头与测量台架工作台上的量块相接触,将测微仪的指针对准任意一条刻度线,用提升机构把测头提起,再使其自由落下,其提升量应稍大于该档的示值范围,且每次提升量基本一致,重复10次取其各次示值中最大值与最小值的差值(见图7)	测量台架、量块、提升机构
5	方向误差	使测头的运动方向垂直于测量台架工作台台面,并与测量台架工作台台面上的半圆柱侧块圆柱面顶部相接触(见图8),调整测微仪的指针对准任意一个刻度线,以前、后、左、右四个方向推动半圆柱侧块,记下每次半圆柱侧块圆柱面顶部与测头接触时的读数值(示值拐点),计算指示表最大示值与最小示值之差,即为方向误差	测量台架、半圆柱侧块
6	回程误差	使测头与测量台架工作台上的量块相接触,给传感器以正向位移,使指针对准指示表左侧任意一条刻度线后,用提升机构把测头提起,其提升量应稍大于该档的示值范围,再放下,求出提升前后指针指示的差值,重复3次,取最大值(见图7),用同样方法对准指示表右侧任意一条刻度线,再检定一次	测量台架、量块、提升机构
7	示值误差	使测头与测量台架工作台上的量块相接触,将测微仪的指针对准零刻度线,然后根据示值范围的四等分(或六等分)置换相对应的量块,依次检定出这些受检位置的示值误差,取其最大值(见图7)	测量台架、量块[a]

表 5（续）

序号	检验项目	检验方法	检验器具
8	稳定性	在最小分辨力档位上，使测头与测量台架工作面相接触，并使指针与满刻度线相邻的刻度线重合，经一定的准备时间后在规定的时间内读出示值的最大变化量（见图 7）	测量台架、量块、时钟
9	测量力	使装在测量台架上的传感器的测头处于自由悬垂状态，然后用测力计沿测头运动方向对测头向上加力，读出指针通过零位时的测力计读数，然后使测头向下移动，当指针通过零位时再次在测力计上读数，取两次读数的平均值，作为测量力（见图 9）	测量台架、测力计
[a] 检验示值误差用的量块规定如下： 测微仪分度值为 0.01 μm 的选用二等量块，用配对法检验； 测微仪分度值为 0.1 μm 的选用二等量块； 测微仪分度值为 1 μm 的选用三等量块。			

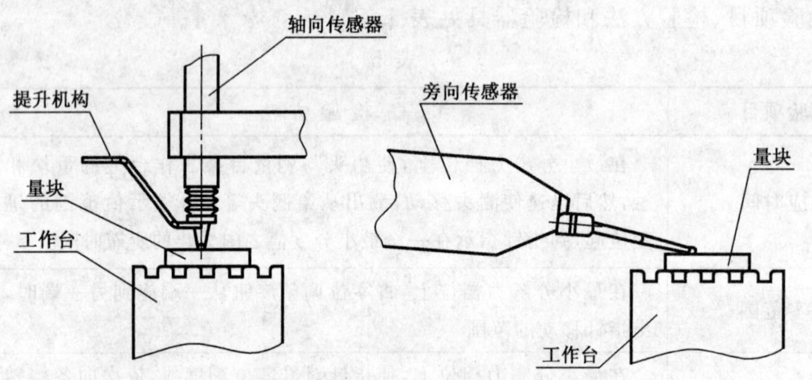

图 7　检验重复性、回程误差和示值误差的示意图

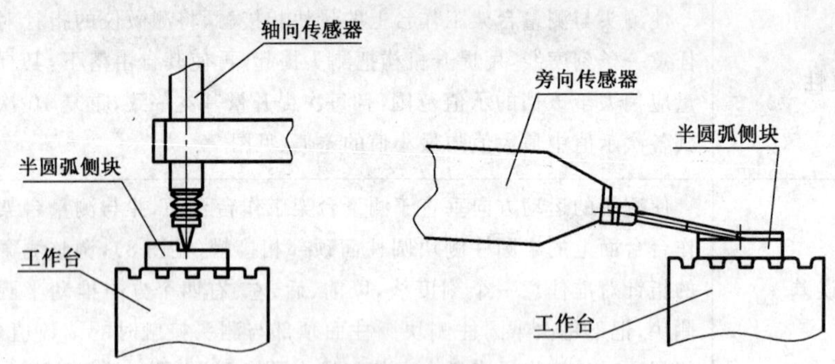

图 8　检验方向误差的示意图

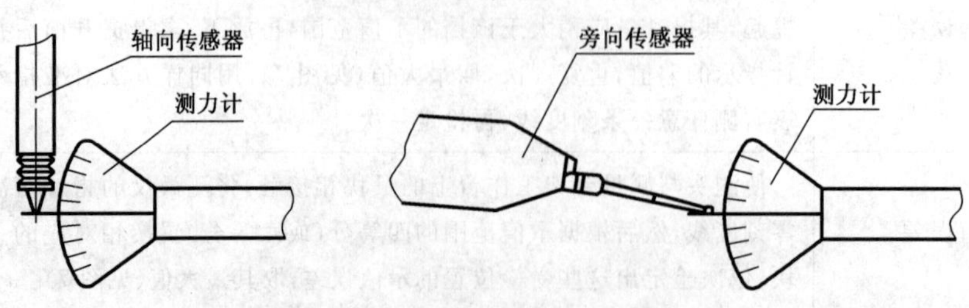

图 9　检验测量力的示意图

7 试验方法

7.1 防水、防尘试验

测微仪的防水、防尘试验应符合 GB 4208—2008 的规定。

7.2 抗静电干扰试验

测微仪的抗静电干扰试验应符合 GB/T 17626.2—2006 的规定。

7.3 抗电磁干扰试验

测微仪的抗电磁干扰试验应符合 GB/T 17626.3—2006 的规定。

8 标志与包装

8.1 标志

8.1.1 指示器的标牌或面板上应标志：

a) 制造企业名称或注册商标；

b) 仪器的名称及型号；

c) 制造日期及产品序号。

8.1.2 传感器上应标志：

a) 制造企业名称或注册商标；

b) 传感器的型号；

c) 制造日期及产品序号。

8.1.3 测微仪外包装的标志应符合 GB/T 191—2008 和 GB/T 6388—1986 的规定。

8.2 包装

8.2.1 测微仪的包装应符合 GB/T 4879—1999 和 GB/T 5048—1999 的规定。

8.2.2 测微仪应具有符合 GB/T 14436—1993 规定的产品合格证和符合 GB/T 9969—2008 规定的使用说明书，以及装箱单。

附 录 A
（资料性附录）
分辨力为 0.01 μm、量程大于 40 μm 的数显电感测微仪的误差

分辨力为 0.01 μm、量程大于 40 μm 的数显电感测微仪，其重复性、方向误差、回程误差和最大允许误差见表 A.1。

表 A.1 单位为微米

重 复 性		方向误差	回程误差	最大允许误差
轴向式传感器	旁向式传感器			
0.2	0.1	0.5	0.5	±0.9

ICS 17.040.30
J 42

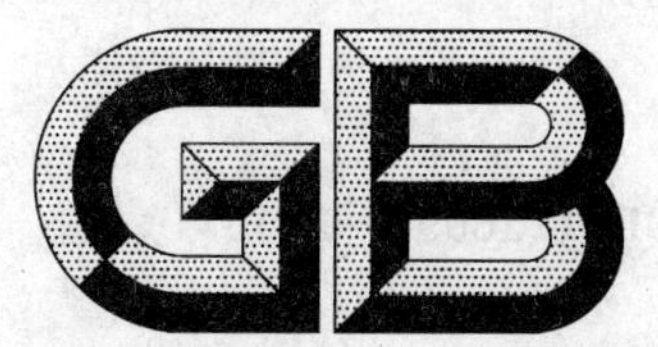

中华人民共和国国家标准

GB/T 26098—2010

圆度测量仪

Roundness measuring instrument

2011-01-10 发布　　　　2011-10-01 实施

中华人民共和国国家质量监督检验检疫总局
中国国家标准化管理委员会　发布

前　言

本标准的附录 A 为资料性附录。

本标准由中国机械工业联合会提出。

本标准由全国量具量仪标准化技术委员会(SAC/TC 132)归口。

本标准负责起草单位:中国计量科学研究院、上海上机精密量仪有限公司。

本标准参加起草单位:上海量具刃具厂、北京机床研究所、中原工学院、广州威而信精密仪器有限公司。

本标准主要起草人:张恒、唐禹民、周国明、罗英俊、赵则祥、戴桂秋。

圆 度 测 量 仪

1 范围

本标准规定了圆度测量仪的术语和定义、型式与基本参数、要求、检验方法、标志与包装等。

本标准适用于各类圆度测量仪(以下简称“圆度仪”)。

2 规范性引用文件

下列文件中的条款通过本标准的引用而成为本标准的条款。凡是注日期的引用文件,其随后所有的修改单(不包括勘误的内容)或修订版均不适用于本标准,然而,鼓励根据本标准达成协议的各方研究是否可使用这些文件的最新版本。凡是不注日期的引用文件,其最新版本适用于本标准。

GB/T 191—2008 包装储运图示标志(ISO 780:1997,MOD)

GB/T 4879—1999 防锈包装

GB/T 5048—1999 防潮包装

GB/T 6388—1986 运输包装收发货标志

GB/T 9969—2008 工业产品使用说明书 总则

GB/T 14436—1993 工业产品保证文件 总则

GB/T 17163—2008 几何量测量器具术语 基本术语

GB/T 17164—2008 几何量测量器具术语 产品术语

GB/T 24632.1—2009 产品几何技术规范(GPS) 圆度 第1部分:词汇和参数(ISO/TS 12181-1:2003,IDT)

GB/T 24632.2—2009 产品几何技术规范(GPS) 圆度 第2部分:规范操作集(ISO/TS 12181-2:2003,IDT)

3 术语和定义

GB/T 17163—2008、GB/T 17164—2008、GB/T 24632.1—2009 中确立的以及下列术语和定义适用于本标准。

3.1

圆度标准器 roundness standard

利用圆度误差非常小的表面几何要素形成的标准器,例如标准(半)球。

3.2

校准标准器 calibration standard

3.2.1

定标块 flick calibration standard

定标块是一个在圆度误差和表面粗糙度都很小的外圆柱表面上,加工出一个与圆柱轴线平行的小平面标准器。小平面在圆柱体径向截面上的弦高值即为定标块的标定值。定标块用于校准和检测仪器放大倍率等参数。

注:圆度仪放大倍率的校准也可使用量值可以溯源的其他标准器。

3.2.2

量块标准器 gauge block calibration standard

用不同尺寸的量块研合在平面平晶上,构成标准台阶尺寸,即用于校准和检测仪器放大倍率等参数。

3.3

滤波器 wave filter

滤波器用于闭合轮廓时，传输一定范围的正弦波，对于传输范围内的波形，其输出输入幅值比是确定的。而传输范围之外的任一端或两端的波形，其输出和输入幅值之比是衰减(或降低)的。

3.4

截止波长 undulation cut-off

用于提取圆周线的相位修正滤波器的截止波长。

注：通常以每转中的波动数目来定义，即 UPR。

3.5

圆度轮廓传输频带 transmission band for roundness profiles

滤波器传输率大于规定百分率的正弦轮廓的波带，它由上下两端截止波长值定义。

注：规定的百分率通常为 50%。

3.6

评定基圆 reference circle

3.6.1

最小区域基圆(MZCI) minimum zone reference circles

包容圆度轮廓，且半径差为最小的两同心圆。

3.6.2

最小二乘基圆(LSCI) least squares reference circle

使各局部圆度偏差平方和为最小的圆。

3.6.3

最小外接基圆(MCCI) minimum circumscribed reference circle

外接圆度轮廓的最小可能圆。

3.6.4

最大内切基圆(MICI) maximum inscribed reference circle

内切圆度轮廓的最大可能圆。

注：最大内切基圆存在不唯一的情况。

3.6.5

峰-谷圆度误差(RON_t) peak-to-valley roundness deviation

局部圆度最大正偏差与绝对值最大的负偏差的绝对值之和。

注：峰-谷圆度误差的评定基圆有 MZCI、LSCI、MCCI 和 MICI。

3.6.6

峰-基圆度偏差(RON_P) peak-to-reference roundness deviation

偏离最小二乘评定基圆的最大正局部圆度偏差值。

注：峰-基圆度偏差仅由最小二乘评定基圆定义。

3.6.7

基-谷圆度偏差(RON_v) reference-to-valley roundness deviation

偏离最小二乘评定基圆的负局部圆度偏差的绝对值的最大值。

注：基-谷圆度偏差仅由最小二乘评定基圆定义。

4 型式与基本参数

4.1 型式

圆度仪按结构型式分为工作台(主轴)回转式和传感器(主轴)回转式(见图 1)。

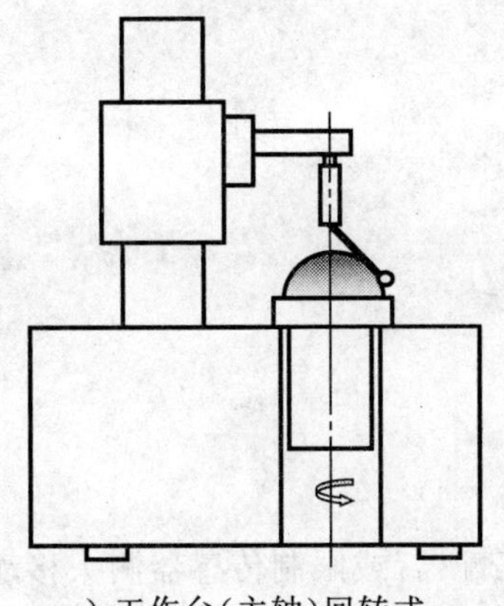

a) 工作台(主轴)回转式　　　　b) 传感器(主轴)回转式

图1　圆度仪轮廓图

4.2　基本参数

4.2.1　圆度仪的主要参数包括最大可测量直径、最大可测量高度和放大倍率。

4.2.2　圆度仪的圆度轮廓传输频带范围为:(1～15)UPR、(1～50)UPR、(1～150)UPR、(1～500)UPR、(1～1 500)UPR、(15～500)UPR、(15～1 500)UPR。

注1:(1～1 500)UPR、(15～500)UPR、(15～1 500)UPR三档不是必备档。

注2:圆度轮廓传输频带见GB/T 24632.2—2009。

4.2.3　圆度仪的标准测量头曲率半径系列宜为0.25 mm、0.8 mm、2.5 mm、8 mm、25 mm。

4.2.4　圆度仪的测量力应能在(0～0.25)N范围内调整。

5　要求

5.1　环境条件

圆度仪的环境条件应符合产品说明书的要求。周围应无影响测量的灰尘、振动、噪声、气流、腐蚀性气体和较强磁场。

5.2　外观

5.2.1　圆度仪工作表面不应有锈蚀和碰伤,涂镀表面应平整均匀,不应有斑点、脱皮等现象,外部零件结合处应整齐。

5.2.2　圆度仪有刻线和刻字的零件,文字和线纹应清晰、均匀。

5.2.3　圆度仪不得有漏油现象。

5.3　相互作用和相互位置

5.3.1　圆度仪可动部分在规定范围内均应平稳地运动。

5.3.2　圆度仪各种按钮(键)、操作件和限位装置的动作应灵活、作用可靠、功能正常。

5.3.3　圆度仪测量方向应通过主轴回转中心。

5.4　放大器的转换误差

相邻档不应大于3%,任意档相对定标档不应大于5%。

注:计算机转换放大倍率的仪器不在此条款范围之列。

5.5　定标误差

定标误差不应大于1%。

5.6　稳定度

测量系统示值稳定度不应大于2%。

5.7　仪器(主轴)径向误差、轴向误差

圆度仪主轴径向误差、轴向误差技术指标由制造商提供。

5.8 最大负载和偏载时的径向误差

工作台旋转式圆度仪在最大负载和偏载时，应符合5.7要求。

6 检验方法

6.1 检验条件

圆度仪在5.1规定的环境条件下进行检验。

6.2 外观、相互作用和相互位置

用目测和手感的方法进行检查。

6.3 放大器的转换误差

以10 000倍和5 000倍为例，放大倍数置于“10 000”档，取下匹配器(或限制传感器测头移动)，调整输出调整旋钮，使对心表指针与表盘左刻线重合，记录第一圈图像；再将放大倍数置于“5 000”档，记录第二圈图像；将放大倍数置回到“10 000”档，旋转输出调整旋钮，使对心表指针与右边刻线重合，记录第三圈图像；再将放大倍数置于“5 000”档记录第四圈图像。求得第一、三图像之间和第二、四图像之间的径向距离之比，即可按公式(1)求得该相邻档之间放大倍数的转换误差。

$$\frac{D-A}{A}\times 100\% \qquad \cdots\cdots(1)$$

式中：

D ——径向间距之比；

A ——放大倍率之比。

用同样方法检验其他各相邻档的转换误差。任意档相对定标档的转换误差为该任意档到定标档之间的各相邻档转换误差的代数和。

6.4 定标误差

圆度仪装上标准测杆，滤波器置于“1～500”档，仪器放大倍率置于“2 000”档。然后可用动态或静态方法来检验读取其测得值，按照定标误差公式(2)计算：

$$\frac{R-N}{N}\times 100\% \qquad \cdots\cdots(2)$$

式中：

R ——定标块的标定值、微进给装置或量块的实际进给值；

N ——测得值。

6.4.1 动态法

将10 μm左右的定标块与圆度仪的基准轴线精确对心后，在记录范围的中间位置上记录其记录轮廓，并读取其测得值。

6.4.2 静态法

用量块标准器或微进给装置在测量方向上给传感器测头约10 μm的进给量，在记录范围的中间位置上分别记录进给前、后的图像，它们之间的间距为测得值。

6.5 稳定度

将圆度仪放大倍率置于“2 000”档，滤波器置于“1～500”档，用动态法或静态法检验测量系统稳定度，稳定度误差按公式(3)计算：

$$\frac{H_2-H_1}{H_1}\times 100\% \qquad \cdots\cdots(3)$$

6.5.1 动态法

圆度仪电器部分开机0.5 h后，测量10 μm左右定标块，记录3圈显示轮廓，把3个测得值的平均值作为H_1。再连续开机4 h后，记录另外3圈显示轮廓，将3个测得值的平均值作为H_2，按公式(3)计算稳定度误差。

6.5.2 静态法

圆度仪电器部分开机 0.5 h 后，由微进给装置分别 3 次给予传感器测头 10 μm 左右的相同进给量，在记录图像上取得进给前后径向差的平均值 H_1。再连续开机 4 h 后，用同样方法取得平均值 H_2。再按与动态法相同公式(3)计算稳定度误差。

6.6 仪器(主轴)径向误差

将圆度仪放大倍率置于圆度仪正常使用的最高档，滤波器置于"1～50"档，将标准(半)球(见图 2，图 3)精确调中心后，在测量范围中间位置测量，测量结果以最小区域法评定。必要时可从中去除标准(半)球的误差。工作台旋转式圆度仪还应在仪器最大测量高度上检测。

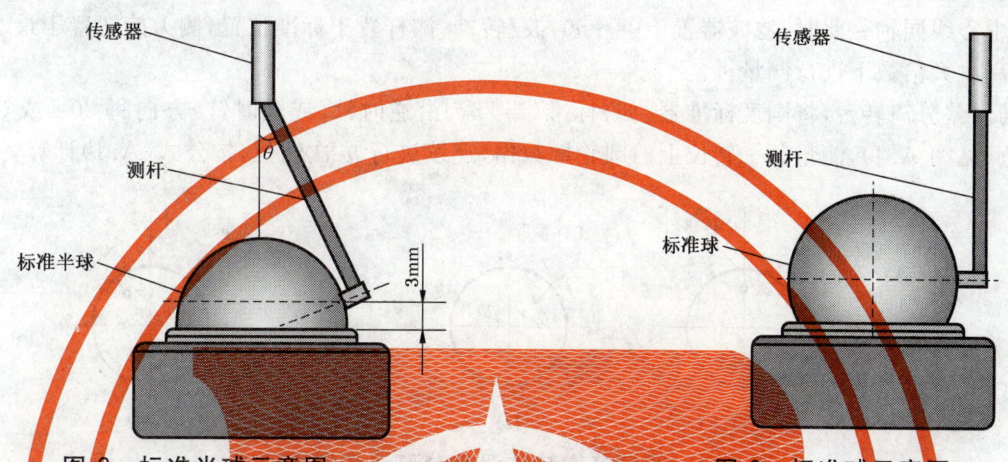

图 2 标准半球示意图

图 3 标准球示意图

当圆度仪主轴径向误差很小时，可用误差分离法检测，分离圆度标准器[如：标准(半)球]的圆度误差，得到主轴径向误差。"圆度多次转位误差分离法"参见附录 A。

6.7 仪器(主轴)轴向误差

将圆度仪放大倍率置于圆度仪使用的最高档，滤波器置于"1～50"档，用传感器测头(或测台肩架测头)与精确垂直于基准回转轴线的平面平晶[或玻璃(半)球顶部]接触，并使测头回转半径最小时进行测量，测量结果按最小区域法评定。

6.8 最大负载和偏载时的径向误差

当回转工作台加载到规定值后，用 6.6 规定的检验方法检验。

7 标志与包装

7.1 标志

7.1.1 圆度仪上应标志：

a) 制造厂厂名或注册商标；

b) 产品名称和型号(或标记)；

c) 产品制造日期及产品序号。

7.1.2 圆度仪外包装的标志应符合 GB/T 191—2008 和 GB/T 6388—1986 的规定。

7.2 包装

7.2.1 圆度仪的包装应符合 GB/T 4879—1999 和 GB/T 5048—1999 的规定。

7.2.2 圆度仪应具有符合 GB/T 14436—1993 规定的产品合格证和符合 GB/T 9969—2008 规定的使用说明书，以及装箱单。

附 录 A
（资料性附录）
圆度多次转位误差分离法

对圆度仪径向误差要求高时，需将圆度标准器[如：标准（半）球]的误差从测量结果中分离出去，得到主轴径向误差。将误差分离转台放在工作台上（或工作台安装面上），圆度标准器[如：标准（半）球]装卡在误差分离转台上，使圆度测量仪主轴回转中心线、误差分离转台回转轴线和圆度标准器[如：标准（半）球]中心线同轴。此时，滤波器置于（1～50）波/转档，测杆置于标准位置，测力旋钮置于最小测力位置，在最高放大倍数下进行测量。

转动误差分离转台，将圆度标准器[如：标准（半）球]沿逆时针（或顺时针）方向每 30°（或 36°）进行一次转位（见图 A.1），测量每一转位上的圆轮廓数据，连续进行 m 次转位，按公式（A.1）计算。

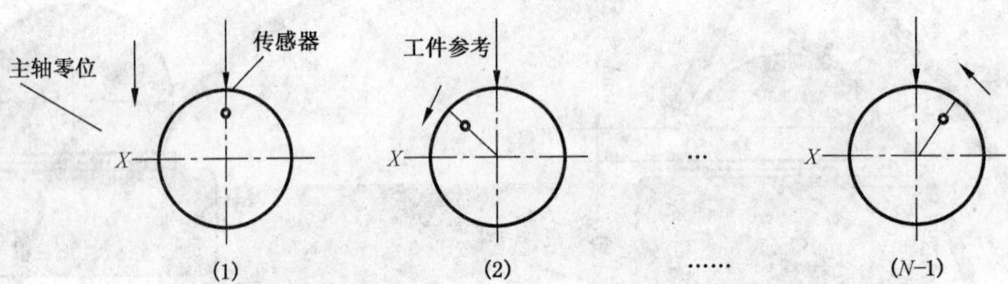

图 A.1 圆度多次转位误差分离法测量原理图

$$M(\theta_i)=\frac{1}{m}\sum_{k=1}^{N-1}V_k(\theta_i) \qquad \text{(A.1)}$$

式中：

$V_k(\theta_i)$——第 k 次转位测回的第 i 个采样点的测量值，$i=1,2,\cdots,N-1$；

m——转位次数，$m=10$（或 12）；

N——每一测回上的采样点数，可取 50，512，1 024，……。

取 $M(\theta_i)$ 的最大、最小值之差作为检验结果。

ICS 01.100.01
J 04

中华人民共和国国家标准

GB/T 26099.1—2010

机械产品三维建模通用规则 第1部分:通用要求

General principles of three-dimensional modeling for mechanical products—
Part 1:General requirements

2011-01-10 发布　　　　2011-10-01 实施

中华人民共和国国家质量监督检验检疫总局
中国国家标准化管理委员会　发布

前　言

GB/T 26099—2010《机械产品三维建模通用规则》分为4个部分：

——第1部分：通用要求；

——第2部分：零件建模；

——第3部分：装配建模；

——第4部分：模型投影工程图。

本部分为GB/T 26099—2010《机械产品三维建模通用规则》的第1部分。

本部分由全国技术产品文件标准化技术委员会(SAC/TC 146)提出并归口。

本部分主要起草单位：中机生产力促进中心、北京清软英泰信息技术有限公司、中国电子科技集团公司第三十八研究所、广西玉柴机器股份有限公司、上汽通用五菱汽车股份有限公司、广西柳工机械股份有限公司。

本部分主要起草人：张红旗、雍俊海、肖承翔、王璐、韩琳琳、陈卫东、刘检华、阎光荣、温秋生、何丹丹、张艳、林建荣、李岱松、刘静。

机械产品三维建模通用规则
第1部分:通用要求

1 范围

GB/T 26099的本部分规定了机械产品三维建模术语、模型分类与构成、建模通用要求、模型文件的命名原则、模型检查以及模型管理要求。

本部分适用于机械产品三维建模过程中三维数字模型的构建、应用及管理。

2 规范性引用文件

下列文件中的条款通过GB/T 26099的本部分的引用而成为本部分的条款。凡是注日期的引用文件,其随后所有的修改单(不包括勘误的内容)或修订版均不适用于本部分,然而,鼓励根据本部分达成协议的各方研究是否可使用这些文件的最新版本。凡是不注日期的引用文件,其最新版本适用于本部分。

GB/T 16722.1 技术产品文件 计算机辅助技术信息处理 安全性要求(GB/T 16722.1—2008,ISO 11442:2006,NEQ)

GB/T 16722.2 技术产品文件 计算机辅助技术信息处理 原始文件(GB/T 16722.2—2008,ISO 11442:2006,NEQ)

GB/T 16722.3 技术产品文件 计算机辅助技术信息处理 产品设计过程中的状态(GB/T 16722.3—2008,ISO 11442:2006,NEQ)

GB/T 16722.4 技术产品文件 计算机辅助技术信息处理 文件管理与检索系统(GB/T 16722.4—2008,ISO 11442:2006,NEQ)

GB/T 18784 CAD/CAM数据质量

GB/T 18784.2 CAD/CAM数据质量保证方法

GB/T 24734.1 技术产品文件 数字化产品定义数据通则 第1部分:术语与定义(GB/T 24734.1—2009,ISO 16792:2006,NEQ)

GB/T 24734.2—2009 技术产品文件 数字化产品定义数据通则 第2部分:数据集识别与控制(ISO 16792:2006,NEQ)

3 术语和定义

GB/T 24734.1确立的以及下列术语和定义适用于本部分。

3.1

特征 feature

与一定功能和工程语义相结合的几何形状或工程信息表达的集合。

3.2

实体 solid body

由面或棱边构成封闭体积的三维几何体。

3.3

成熟度 mature degree

对设计完成及完善程度的量化描述,其数值范围为0~1。

3.4

零件特征树　feature tree of part model

体现零件设计过程及其特征组成的树状表达形式，反映了模型特征间的相互逻辑关系。

3.5

三维建模　three-dimensional modeling

应用三维机械CAD软件建立产品整机或零部件三维数字模型的过程。

3.6

三维数字模型　three-dimensional digital model

计算机中反映机械产品几何要素、约束要素和工程要素信息的集合。

3.7

装配结构树　hierarchical tree of assembly model

以树状形式表达并体现装配模型层次关系的信息集合。

4　三维数字模型的分类

4.1　按模型类型

根据模型对象的类型分类，一般可分为零件模型和装配模型。

4.2　按建模特点

根据零部件的建模特点分类。例如机加类、铸锻类、钣金类、线缆管路类等。

4.3　按模型用途

根据三维数字模型的具体用途分类。例如设计模型、分析模型、工艺模型等。

4.4　按研制阶段

根据三维数字模型不同研制阶段技术特点分类。例如概念模型、工程设计模型等。

5　三维数字模型的构成

完整的零部件三维数字模型由几何要素、约束要素和工程要素构成。

5.1　几何要素

三维数字模型所包含的表达零部件几何特性的模型几何和辅助几何等要素。

5.2　约束要素

三维数字模型所包含的表达零部件内部或零部件之间约束特性的要素，例如尺寸约束、表达式约束、形状约束、位置约束等。

5.3　工程要素

三维数字模型所包含的表达零部件工程属性的要素，例如材料名称、材料特性、质量、技术要求等。

6　三维建模通用要求

6.1　建模环境设置

在建模前应对软件系统的基本量纲进行设置，这些量纲通常包括模型的长度、质量、时间、力、温度等。其余的量纲可在此基础上进行推算，例如当长度单位为毫米(mm)、时间单位为秒(s)、力的单位为牛顿(N)时，可以推算出速度的单位为毫米每秒(mm/s)、弹性模量单位为兆帕(MPa)。

此外还应对建模环境进行设置，这通常包括公差设置、缺省层设置、缺省路径设置、辅助面设置、工程图设置等。

6.2　模型比例

模型与零部件实物一般应保持1∶1的比例关系。在某些特殊应用场合(例如采用微缩模型进行快速原型制造时)，可使用其他比例。

6.3 坐标系的定义与使用

坐标系的使用应遵循以下原则：

a) 三维数字模型应含有绝对坐标系信息；

b) 可根据不同产品的建模和装配特点使用相对坐标系和绝对坐标系，坐标系的使用可在产品设计前进行统一定义；

c) 坐标系应给出标识，且其标识应简明易读。

7 三维数字模型文件的命名原则

为了适应三维数字模型的建模、文件管理、存储、发放、传递和更改等方面要求，模型文件应按GB/T 24734.2—2009 中第 4 章的规定，采用统一规则进行命名。

三维数字模型文件的命名应遵循以下原则：

a) 使模型文件得到唯一的存储标识，例如，可以采用文件名使之唯一，亦可通过其他属性使之唯一；

b) 文件名应尽可能精简、易读，便于文件的共享、识别和使用；

c) 文件名应便于追溯和版本(版次)的有效控制；

d) 同一零部件的不同类型文件名称应具有相关性，例如同一零部件的三维模型文件与其工程图文件之间应具有相关性；

e) 文件命名规则亦可参照行业或企业规范进行统一约定。

8 三维数字模型检查

8.1 检查的基本原则

在将三维数字模型发放给设计团队或相关用户前，必须进行模型检查。模型检查的基本原则是：

a) 以产品规范及相关建模标准等为技术依据；

b) 以模型的有效性和规范性检查为重点；

c) 在设计的关键环节进行，通常应在数据交换或数据发放之前完成。

8.2 检查的基本内容

模型检查按 GB/T 18784 和 GB/T 18784.2 进行，其基本内容通常包括以下内容：

a) 模型中几何信息的完整性、正确性和可更新性；

b) 工程属性信息描述的完整性(包括零件的材料、技术要求和互换性等)；

c) 三维模型与其投影生成二维工程图的信息应一致、无歧义。

9 三维数字模型管理要求

9.1 三维数字模型发布

9.1.1 发布的内容

可根据模型的不同应用要求发布不同的模型信息。

9.1.2 发布的原则

模型发布应符合以下原则：

a) 发布模型是下游相关用户获得有效模型的合法途径；

b) 发布模型应处于锁定状态，任何人和部门在没有获得更改权力前不得对其进行修改；

c) 根据发布用途，确定发布模型的性质、对象和应用场合。

9.1.3 发布数据的使用

发布数据的使用应符合以下原则：

a) 下游的设计活动必须以上游正式发布的数据为设计输入；

b) 发布数据应具有唯一的数据源，能够有效的控制版本和版次；

c) 发布数据的信息应能够满足本设计环节所需的设计信息。

9.2 数据管理要求

三维数字模型数据的管理应按 GB/T 16722.1～16722.4 中的规定，在产品的全生命周期中，都能提供必要的信息，以保证对数据的管理和跟踪。数据管理还应考虑到以下内容：

a) 建议将模型数据放在产品数据管理系统(PDM)中进行管理；

b) 应建立数据安全权限管理机制，定时对数据进行备份。对于所有涉及三维数字模型日常工作进程的数据、文档资料，都应当实行多机存档、多种存储介质(至少两种)备份，以避免因自然或人为因素而造成的灾难性数据、资料损失。

9.3 技术状态管理要求

三维数字模型技术状态更改应符合下列要求：

a) 所有更改需按程序提出更改申请；

b) 重大更改应由授权部门(例如技术状态控制委员会)审查后才能实施更改；

c) 应保证所有相关的部门都及时获得最新的更改信息，确保数据的协调一致性；

d) 具体的更改要求亦可参照行业或企业有关规定执行。

ICS 01.100.01
J 04

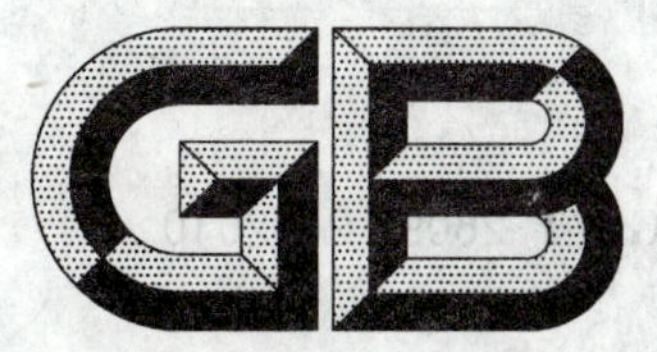

中华人民共和国国家标准

GB/T 26099.2—2010

机械产品三维建模通用规则 第2部分:零件建模

General principles of three-dimensional modeling for mechanical products—Part 2: Part modeling

2011-01-10 发布 2011-10-01 实施

中华人民共和国国家质量监督检验检疫总局
中国国家标准化管理委员会 发布

前 言

GB/T 26099—2010《机械产品三维建模通用规则》分为4个部分：

——第1部分：通用要求；

——第2部分：零件建模；

——第3部分：装配建模；

——第4部分：模型投影工程图。

本部分为GB/T 26099—2010《机械产品三维建模通用规则》的第2部分。

本部分的附录A和附录B为资料性附录。

本部分由全国技术产品文件标准化技术委员会(SAC/TC 146)提出并归口。

本部分主要起草单位：中机生产力促进中心、中国电子科技集团公司第三十八研究所、北京数码大方科技有限公司、广西玉柴机器股份有限公司、上汽通用五菱汽车股份有限公司、广西柳工机械股份有限公司。

本部分主要起草人：张红旗、肖承翔、王璐、陈卫东、阎光荣、刘检华、雍俊海、温秋生、何丹丹、张艳、韩琳琳、陈兴玉、王锐。

机械产品三维建模通用规则
第2部分:零件建模

1 范围

GB/T 26099的本部分规定了零件建模的总体原则、总体要求、详细要求以及模型简化、检查、发布与应用。

本部分适用于机械零件三维建模过程中模型的构建、应用和管理。

2 规范性引用文件

下列文件中的条款通过GB/T 26099的本部分的引用而成为本部分的条款。凡是注日期的引用文件,其随后所有的修改单(不包括勘误的内容)或修订版均不适用于本部分,然而,鼓励根据本部分达成协议的各方研究是否可使用这些文件的最新版本。凡是不注日期的引用文件,其最新版本适用于本部分。

GB/T 4458.5 机械制图 尺寸公差与配合注法

GB/T 6403.1 球面半径

GB/T 6403.2 润滑槽

GB/T 6403.3 滚花

GB/T 6403.4 零件倒圆与倒角

GB/T 6403.5 砂轮越程槽

GB/T 24734.1 技术产品文件 数字化产品定义数据通则 第1部分:术语与定义(GB/T 24734.1—2009,ISO 16792:2006,NEQ)

GB/T 24734.11 技术产品文件 数字化产品定义数据通则 第11部分:模型几何细节层级

GB/T 26099.1 机械产品三维建模通用规则 第1部分:通用要求

3 术语和定义

GB/T 24734.1和GB/T 26099.1确立的术语和定义适用于GB/T 26099的本部分。

4 总体原则和总体要求

4.1 总体原则

a) 零件模型应能准确表达零件的设计信息;

b) 零件模型包含零件的几何要素、约束要素和工程要素;

c) 零件模型的信息表达应具备在保证设计意图的情况下可被正确更新或修改的能力;

d) 不允许冗余元素存在,不允许含有与建模结果无关的几何元素;

e) 零件建模应考虑数据间应有的链接和引用关系,例如,模型的几何要素、约束要素和工程要素之间要建立正确的逻辑关系和引用关系,应能满足模型各类信息实时更新的需要;

f) 建模时应充分体现面向制造的设计[Design for Manufacturing(DFM)]准则,提高零件的可制造性。

4.2 总体要求

a) 参与三维设计的机械零件应进行三维建模,这不仅包括自制件,还包括标准件和外购件等;

b) 一般采用公称尺寸按 GB/T 4458.5 中的规定进行建模,尺寸的公差等级可通过通用注释给定,也可直接标注在尺寸数字上;

c) 一般先建立模型的主体结构(例如框架、底座等),然后再建立模型的细节特征(例如小孔、倒圆、倒角等);

d) 某些几何要素的形状、方向和位置由理论尺寸确定时,应按理论尺寸进行建模;

e) 推荐采用参数化建模,并充分考虑零部件及零部件间参数的相互关联;

f) 对于管路及其线束的卡箍等零件建模,推荐以其装配状态建立模型,但在设计中应考虑其维修或分解成自由状态时所需的空间;

g) 在满足应用要求的前提下,尽量使模型简化,使其数据量减至最少;

h) 工业设计要求较高的零部件对象,应进行相应的工业造型设计评审;

i) 模型在发放前,应对其进行检查。

5 详细要求

5.1 建模流程

零件建模流程见附录 A,典型零件建模要求见附录 B。

5.2 模型工程属性

零件模型应包含正确的工程属性,通常包括以下内容:材料名称、密度、弹性模量、泊松比、屈服极限(或强度极限)、折弯因子、热传导率、热膨胀系数、硬度、剖面形式等。应将常用的工程材料特性存储在数据库中,并便于扩展。

5.3 特征的使用

零件建模特征的使用应符合以下要求:

a) 特征应全约束,不得欠约束或过约束,另有规定的除外;优先使用几何约束,例如平行、垂直或重合,其后才使用尺寸约束;

b) 特征建立过程中所引用的参照必须是最新且有效的;

c) 为了便于表达和追溯设计意图,可以将特征重命名为简单易读的特征名;

d) 推荐采用参数化特征建模,不推荐非参数化特征;

e) 不应为修订已有特征而创建新特征,例如在原开孔位置再覆盖一个更大的孔以修订圆孔的尺寸和位置。

5.3.1 草图特征的使用

a) 草图应尽量体现零件的剖面,且应按照设计意图命名;

b) 草图对象一般不应欠约束(概念设计中的打样图和草图允许欠约束)和过约束。

5.3.2 倒角(或倒圆)特征的使用

a) 除非有特殊需要,倒角(或倒圆)特征不应通过草图的拉伸或扫描来创建;

b) 倒角(或倒圆)特征一般放置在零件建模的最后阶段完成,除某些特殊情况,可将倒角(或倒圆)特征提前完成。

5.3.3 表达式(或关系式)的使用

表达式的使用应符合以下要求:

a) 表达式的命名应反映参数的含义;

b) 表达式中变量的命名应符合应用软件的规定;

c) 对于经常使用的表达式和参数可在模板文件中统一规定;

d) 对于复杂表达式应增加相应的注释。

5.4 模型着色与渲染

在评价模型的可视化效果时,为了提高模型的可读性和真实性,可对模型进行合理的着色处理。着色时，可参照零件实物的颜色或纹理进行。在进行渲染处理时，应包括以下内容：

a) 灯光照明效果渲染；

b) 材料及材料表面纹理效果渲染；

c) 环境与背景的效果渲染。

5.5 DFM要求

5.5.1 三维建模设计中的要求

在三维建模设计时，针对DFM应考虑以下因素：

a) 外形曲面应光顺；

b) 曲面片尽量采用直纹曲面；

c) 外形曲面片的划分应便于加工和成形。

5.5.2 数控及其他加工零件要求

在数控及其他加工零件的三维建模设计中，针对DFM应考虑以下因素：

a) 模型数据应提供加工所需的基准面信息；

b) 模型数据应提供零件加工和安装所需的工艺孔、定位孔等；

c) 应提供所有实体定义中忽略标识的孔的中心线；

d) 有特殊加工要求的零件应提供所要求的加工信息。

5.6 标准件与外购件建模要求

5.6.1 标准件建模

标准件模型应优先采用具有参数化特点的系列族表方法建立。对于无法参数化的零件，亦可建立非系列化的独立模型。为了满足快速显示和制图的需要，标准件应按GB/T 24734.11规定的方法采用简化级表示。

5.6.2 外购件建模

外购件产品的模型推荐由供应商提供。用户可根据需要进行数据格式的转换，转换后的模型是否需要进一步修改，由用户根据使用场合自行确定。转换后的初始模型应予以保留，并伴随装配模型一起进入审签流程。

对无法从供应商处获得外购件的三维模型，可由用户自行建立。允许根据使用要求对外购件模型进行简化，但简化模型应包括外购件的最大几何轮廓、安装接口、极限位置、质量属性等影响模型装配设计的基本信息。

5.7 结构要素的建模要求

球面半径、润滑槽、滚花、零件倒圆与倒角、砂轮越程槽等结构要素按GB/T 6403.1～GB/T 6403.5中的规定允许不建模，但必须采用注释对其进行说明。

6 模型简化

6.1 简化原则

为了缩短三维数字模型的建模时间，节省存储空间，提高模型的调用速度，三维数字模型的几何细节简化应遵循以下原则：

a) 模型的简化应便于识别和绘图；

b) 模型的简化不致引起误解或不会产生理解的多义性；

c) 模型的简化不能影响自身功能表达和基本外形结构，也不能影响模型装配或干涉检查；

d) 模型的简化应考虑到三维模型投影为二维工程图时的状态；

e) 模型的简化应考虑技术人员的审图习惯。

6.2 详细的简化要求

a) 与制造有关的一些几何图形，如内螺纹、外螺纹、退刀槽等，允许省略或者使用简化表达，但简化后的模型在用于投影工程图时，应满足机械制图的相关规定；

b） 若干直径相同且成一定规律分布的孔组，可全部绘出，也可采用中心线简化表示；

c） 模型中的印字、刻字、滚花等特征允许采用贴图形式简化表达，必要时，亦可配合注释说明；

d） 在对标准件、外购件建模时，允许简化其内部结构和与安装无关的结构，但必须包含正确的装配信息。

7 模型检查

在对模型提交和发布前，应对模型进行如下检查：

a） 模型是稳定的，且能够成功更新；

b） 具有完整的特征树信息；

c） 所有元素是唯一的，没有冗余元素存在；

d） 零件比例为全尺寸的 1∶1 三维模型；

e） 自身对称的零件应建立完整零件模型，并标识出对称面；

f） 左、右对称的一对零件应建立各自的零件模型，并用不同的零件编号进行标识；

g） 模型应包含供分析、制造所需的工程要素。

8 模型的发布与应用

8.1 模型的发布

完成后的模型需要提供给相关用户使用时，必须经由发布流程进行发放，相关用户一般包括：分析工程师、工艺工程师和制造工程师等。

三维数字模型的发布应遵循以下原则：

a） 模型在发布前应进行必要的清理，需要时，可去除与下游相关用户使用无关的信息；

b） 模型发布时，应根据不同应用场合确定其所包含的几何要素、约束要素和工程要素信息的构成，例如：将原始模型发布为轻量化模型，以满足对模型调用速度要求较高的场合；

c） 模型发布时，可根据企业或行业的规定对模型的视角、颜色、零部件状态（如：自由状态或装配状态）等进行统一规定；

d） 下游相关用户应以发布模型作为设计输入；

e） 一旦进入发布阶段，模型就处于“锁定”状态，不得在未经变更审批情况下对其进行修改；

f） 如需对模型进行修订，须由模型的创建人或授权人提出申请，经批准后方可修订；

g） 修订后的模型新版本重新发布时，应通知相关用户，以保持发布模型的及时更新。

8.2 模型的应用

已发布的模型可根据需要用于不同应用场合，这些应用通常包括：工程分析与优化、装配建模、加工制造、变型设计、宣传与培训等。

为了满足不同应用环境，发布的数字模型应至少包含以下内容：

a） 对于工程分析类应用，发布的模型应包括几何信息、材料信息（例如名称、密度、弹性模量、屈服极限、强度极限、泊松比等）、优化变量等；

b） 对于投影二维工程图应用，发布的模型应包括几何信息、技术要求、尺寸公差、几何公差、表面结构、剖面信息等；

c） 对于加工制造应用，发布的模型应包括几何信息、尺寸公差、几何公差、表面结构、制造要求等；

d） 对于装配建模的应用，发布的模型应包括几何信息、配合公差、摩擦系数等；

e） 对于宣传与培训的应用，发布模型应包含几何信息、材质与纹理、光源信息、环境信息等。

附 录 A
（资料性附录）
零件建模流程

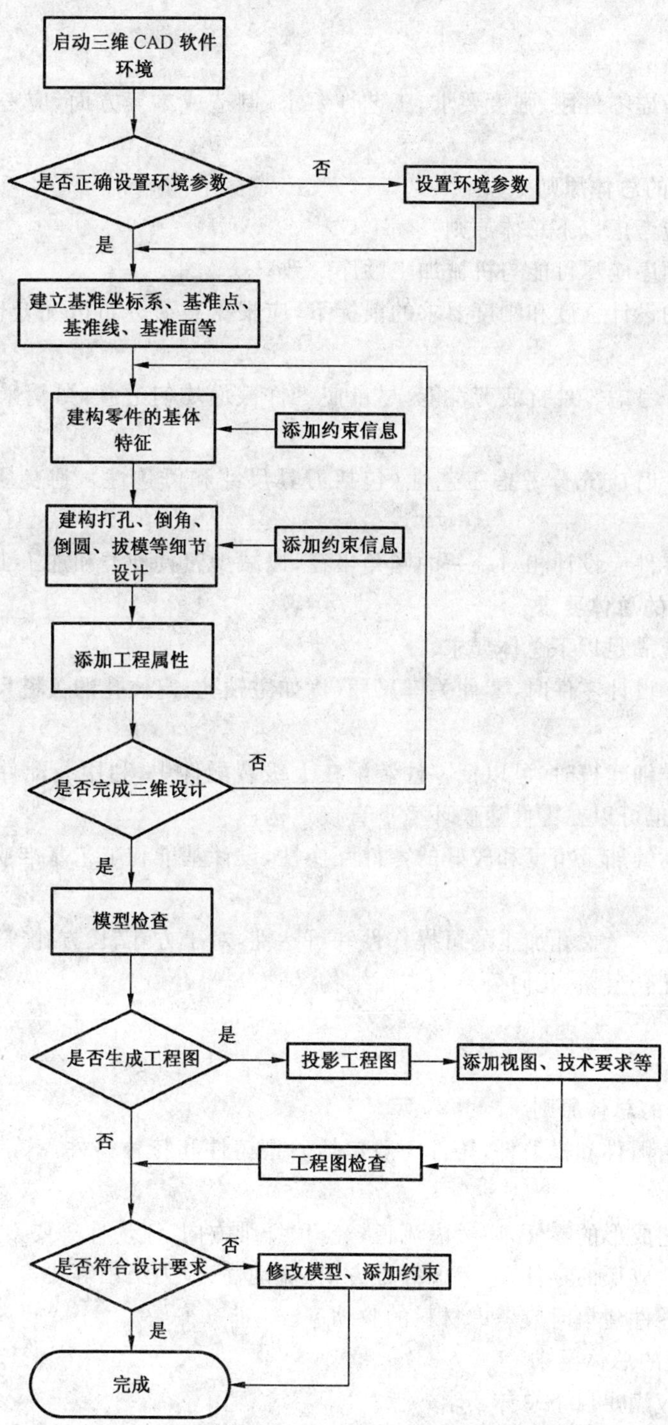

附　录　B
（资料性附录）
典型零件建模要求

B.1　机加类

机加零件设计需考虑零件刚、强度要求、工艺性要求、制造成本等方面，应考虑零件的装配、拆卸和维修。

B.1.1　机加零件建模的总体原则

机加零件建模时应考虑以下总体原则：

a） 零件的建模顺序应尽可能与机械加工顺序一致；
b） 在保证零件的设计强度和刚度要求的前提下，应根据载荷分布情况合理选择零件截面尺寸和形状；
c） 设计时应充分考虑零件抗疲劳性能，尽量使零件截面均匀过渡，尽量采用合理的倒圆，以降低应力集中；
d） 机加零件设计时应充分考虑工艺性（包括刀具尺寸和可达性），避免零件上出现无法加工的区域；
e） 铣削加工的零件应设计相对统一的圆角半径，以减少刀具种类和加工工序。

B.1.2　机加零件建模的总体要求

机加零件建模时应满足以下总体要求：

a） 采用自顶向下设计零件时，零件关键尺寸（例如主轴孔、定位孔的关键尺寸等）应符合上一级装配的布局要求；
b） 对零件进行详细建模时，可以把零件装配在上级装配件中，利用装配件中相对位置，对零件进行详细建模，也可以在零件建模环境下直接建构；
c） 为了获得较高的加工精度和较好的零件互换性，设计基准和工艺基准应尽量统一，避免加工过程复杂化；
d） 钻孔零件应充分考虑孔加工的可操作性和可达性，对于方孔、长方孔等一般不应设计成盲孔；
e） 选用合理的配合公差、几何公差和表面结构。

B.2　铸锻类

B.2.1　铸锻零件建模的总体原则

锻件一般包括自由锻件和模锻件，铸件一般包括砂型铸件和特种铸件。铸锻零件建模应符合以下总体原则：

a） 采用铸造工艺成形的零件，应考虑流道、浇口、纤维方向、流动性等要素；
b） 采用锻造工艺成形的零件，应考虑纤维方向、流动性、应力集中等要素；
c） 铸锻成形的零件建模时应考虑材料的收缩率。

B.2.2　铸锻零件建模的总体要求

铸锻零件建模时应满足以下总体要求：

a） 模锻件建模时可采用注释给出零件的纤维方向信息；
b） 铸锻零件模型上的起模特征一般应建出；
c） 铸锻零件模型上的圆角特征通常应建出，如确实需要简化，应在注释中给出说明；
d） 铸锻零件中的机加特征应符合机加零件的建模要求。

B.3 钣金类

B.3.1 钣金零件建模的总体要求

可展开的钣金零件模型至少应包含以下内容：

a) 准确的折弯系数表；
b) 成形曲面；
c) 以成形曲面上直线和曲线定义的零件边界；
d) 弯折线和下陷线；
e) 紧固件的安装孔位；
f) 零件厚度、弯曲半径等信息。

B.3.2 钣金零件建模的基本流程

钣金零件建模的基本流程如下：

a) 设置环境参数；
b) 选取或创建坐标系、基本目标点、基准线、基准面；
c) 构造零件特征轮廓线；
d) 几何特征设计，生成三维模型；
e) 模型检查与修改。

B.4 管路类

B.4.1 选择管路零件的材料

管路零件材料的确定，一方面应根据系统的工作压力和工作温度范围，另一方面应考虑导管中介质的特性，以及满足耐油性和耐腐蚀性的要求。

B.4.2 管路零件建模总体原则

管路零件建模一般应遵循下列原则：

a) 确定合理的直径保证油泵、液压马达等附件所需的流量和压力要求；
b) 根据系统设计要求，选择适当的导管连接形式，保证管路组件具有良好的密封性、抗振性和耐疲劳性；
c) 在满足导管安装协调的情况下，一根导管应采用一个相同弯曲半径值，以简化制造工艺；
d) 管路敷设的层次应考虑安全性和维修性，走向避免迂回曲折，减少复杂形状，减小流体阻力；
e) 导管的支承、固定应合理而可靠。

B.4.3 管路零件建模基本流程

管路零件建模基本流程如下：

a) 管路参数的设定；
b) 管线的设计；
c) 管线的修改；
d) 管路构建；
e) 管路修改。

B.5 线缆类

B.5.1 线缆敷设总体原则

线缆敷设应至少满足以下原则：

a) 安全可靠性要求；
b) 电磁兼容性要求；

c） 便于检查和维修；

d） 防止机械磨损和损坏；

e） 便于拆卸和完整地更换线缆。

B.5.2 线缆建模的基本流程

线缆建模的基本流程如下：

a） 系统环境设置；

b） 接线图设计；

c） 电器零件模型建立；

d） 进行线缆敷设，根据需要可输出敷设二维图；

e） 定义电线路经，根据需要可输出接线图；

f） 输出展开的线缆二维图。

ICS 01.100.01
J 04

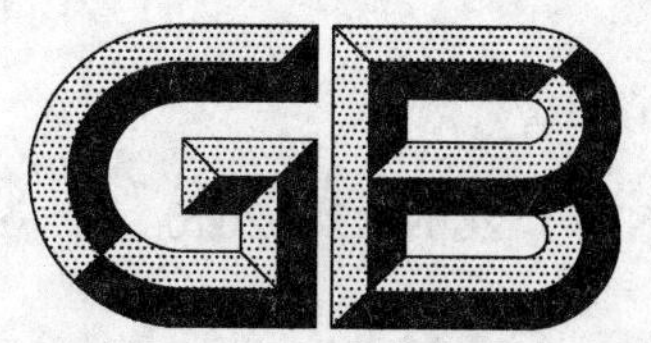

中华人民共和国国家标准

GB/T 26099.3—2010

机械产品三维建模通用规则 第3部分：装配建模

General principles of three-dimensional modeling for mechanical products—Part 3: Assembly modeling

2011-01-10 发布　　2011-10-01 实施

中华人民共和国国家质量监督检验检疫总局
中国国家标准化管理委员会　发布

前言

GB/T 26099—2010《机械产品三维建模通用规则》分为4个部分：

——第1部分：通用要求；

——第2部分：零件建模；

——第3部分：装配建模；

——第4部分：模型投影工程图。

本部分为GB/T 26099—2010《机械产品三维建模通用规则》的第3部分。

本部分的附录A和附录B为资料性附录。

本部分由全国技术产品文件标准化技术委员会(SAC/TC 146)提出并归口。

本部分主要起草单位：中机生产力促进中心、北京艾克斯特信息有限公司、中国电子科技集团公司第三十八研究所、广西玉柴机器股份有限公司、上汽通用五菱汽车股份有限公司、广西柳工机械股份有限公司。

本部分主要起草人：张红旗、温秋生、肖承翔、王璐、陈卫东、刘检华、阎光荣、雍俊海、何丹丹、张艳、韩琳琳、陈帝江、彭五四。

机械产品三维建模通用规则
第3部分:装配建模

1 范围

GB/T 26099的本部分规定了机械产品进行装配建模的通用原则、总体要求、装配层级定义原则、装配约束的总体要求、装配结构树的管理要求、装配建模的详细要求以及模型封装。

本部分适用于机械产品装配建模过程中装配模型的构建、应用和管理。

2 规范性引用文件

下列文件中的条款通过GB/T 26099的本部分的引用而成为本部分的条款。凡是注日期的引用文件,其随后所有的修改单(不包括勘误的内容)或修订版均不适用于本部分,然而,鼓励根据本部分达成协议的各方研究是否可使用这些文件的最新版本。凡是不注日期的引用文件,其最新版本适用于本部分。

GB/T 24734.1 技术产品文件 数字化产品定义数据通则 第1部分:术语与定义(GB/T 24734.1—2009,ISO 16792:2006,NEQ)

GB/T 26099.1 机械产品三维建模通用规则 第1部分:通用要求

GB/T 26101 机械产品虚拟装配通用技术要求

3 术语和定义

GB/T 24734.1、GB/T 26099.1和GB/T 26101确立的以及下列术语和定义适用于GB/T 26099的本部分。

3.1

装配建模 assembly modeling

应用三维机械CAD软件对零件和部件进行装配设计,并形成装配模型的过程。

3.2

装配约束 assembly constraint

在两个装配单元之间建立的关联关系,它能够反映出装配单元之间的静态定位和动态运动副关系。

3.3

装配单元 assembly unit

装配模型中参与装配操作的零件或部件。

3.4

布局模型 layout model

也称为骨架模型或控制模型,它用于控制装配模型的姿态、整体布局及关键几何和装配接口等信息,主要由基准面、轴、点、坐标系、控制曲线和曲面等构成,在自顶向下设计中常作为装配单元设计的参照基准。

4 通用原则

在装配建模设计中,应遵循以下通用原则:

a) 所有的装配单元应具有唯一性和稳定性,不允许冗余元素存在;

b) 应合理划分零部件的装配层级，每一个装配层级对应着装配现场的一道装配环节，因此，应根据装配工艺来确定装配层级；

c) 装配模型应包含完整的装配结构树信息；

d) 装配有形变的零部件(例如弹簧、锁片、铆钉、开口销、橡胶密封件等)一般应以变形后的工作状态进行装配；

e) 装配建模过程应充分体现面向制造的设计[Design for Manufacturing (DFM)]与面向装配的设计[Design for Assembly (DFA)]准则，要充分考虑制造因素，提高其工艺性能；

f) 装配模型中使用的标准件、外购件模型应从模型库中调用，并统一管理；

g) 装配模型发布前应通过模型检查。

5 总体要求

在装配建模设计中，应遵循以下总体要求：

a) 装配建模采用统一的量纲，长度单位通常设为毫米，质量单位通常设为千克；

b) 模型装配前，应将装配单元内部的与装配无关的基准面、轴、点及不必要的修饰进行消隐处理，只保留装配单元在总装配时需要的参考基准；

c) 为了提高建模效率和准确性，零件级加工特征允许在装配环境下采用装配特征建构，但所建特征必须反映在零件级；

d) 装配工序中的加工特征在零件级应被屏蔽掉；

e) 在自顶向下设计时，可在布局模型设计中，将关键尺寸定义为变量，以驱动整个模型，实现产品的设计、修改；

f) 只有在装配模型中才能确定的模型尺寸，可采用表达式或参照引用的方式进行设定，必要时可加注释；

g) 复杂零部件参与装配时，可使用轻量化模型，以提高系统加载和编辑速度；

h) 在进行模型装配前，宜建立统一的颜色和材质要求，给定各种漆色对应的RGB色值和材料纹理，以满足模型外观的统一性要求；

i) 可根据应用需要，建立装配模型的三维爆炸图状态，以便快速示意产品结构分解和构成；

j) 每一级装配模型都应进行静、动态干涉检查分析，必要时，按GB/T 26101中的规定进行装配工艺性分析和虚拟维修性分析。

6 装配层级定义原则

每一级装配模型对应着产品总装过程中的一个装配环节。根据实际情况，每个装配环节可分解为多个工序。在分解工序和工步过程中应遵循DFA原则：

a) 根据生产规模的大小合理划分装配工序，对于小批量生产，为了简化生产的计划管理工作，可将多工序适当集中；

b) 根据现有设备情况、人员情况进行装配工序的编排。对于大批量生产，既可工序集中，亦可将工序分散形成流水线装配；

c) 根据产品装配特点，确定装配工序，例如，对于重型机械装备的大型零部件装配，为了减少工件装卸和运输的劳动量，工序应适当集中，对于刚性差且精度高的精密零件装配，工序宜适当分散。

7 装配约束的总体要求

装配约束的选用应正确、完整，不相互冲突，以保证装配单元准确的空间位置和合理的运动副定义。装配约束的定义应符合以下要求：

a) 根据设计意图,合理选择装配基准,尽量简化装配关系;

b) 合理设置装配约束条件,不推荐欠约束和过约束情况;

c) 装配约束的选用应尽可能真实反映产品对象的约束特性和运动关系,选用最能反映设计意图的约束类型;对运动产品应能够真实反映其机械运动特性。

7.1 对于无自由度的装配模型

对于无自由度的装配模型,每个装配单元均应形成完整的装配约束。对于常用的平面与平面配合,一般采用面与面的对齐与匹配方式进行约束;对于常用的孔轴类配合一般采用轴线与轴线对齐的方式。

常用的静态装配约束通常包括平面与平面、轴线与轴线、曲面相切、坐标系等。

7.1.1 平面与平面

可约束两个平面相重合,或具有一定的偏移距离。若两平面的法向相同,简称为“面对齐”约束;若两平面的法向相反,简称为“面匹配”约束;若两平面只有平行要求,没有偏距要求,简称为“面平行”约束。

7.1.2 轴线与轴线

可约束两个轴线相重合。这种约束常用于轴和孔之间的装配约束,通常简称为“轴线对齐”或“插入”。

7.1.3 曲面相切

可控制两个曲面保持相切。

7.1.4 坐标系

可用坐标系对齐或偏移方式来约束装配单元的位置关系。可将各个装配单元约束在同一个坐标系上,以减少不必要的相互参照关系。

7.2 对于具有自由度的装配模型

对于具有自由度的装配模型,应根据其实际的机械运动副类型进行装配。所形成的约束应与实际机械运动副的运动特性保持一致。

常用的机械运动副包括转动副、移动副、平面副、球连接副、凸轮副、齿轮副等。

7.2.1 转动副

又称“回转副”或“铰链”,指两构件绕某轴线做相对旋转运动。此时,活动构件具有1个旋转自由度。

7.2.2 移动副

又称“棱柱副”,指一个构件相对于另一构件沿某直线仅作线性运动。此时,活动构件具有1个平移自由度。

7.2.3 平面副

一个构件相对于另一构件在平面上移动,并能绕该平面法线做旋转运动。此时,活动构件具有3个自由度,分别是2个平动和1个转动自由度。

7.2.4 球连接副

一个构件相对于另一构件在球心点位置作任意方向旋转运动。此时,活动构件具有3个转动自由度。

7.2.5 凸轮连接副

凸轮连接属于高副连接,用以表达凸轮传动的特性。

7.2.6 齿轮连接副

齿轮连接属于高副连接,用以表达齿轮传动特性。

7.3 装配模型中的机构运动分析基本要求

装配模型中的机构运动分析应符合以下要求:

a) 针对具有运动机构的区域,定义装配约束关系、运动副类型、机构的极限位置;

b） 对运动机构分别进行运动过程模拟，进行碰撞检查和机构设计合理性分析，并基于分析结果做出设计改进；

c） 对产品各装配区域进行全局机构运动分析，直到得到最优的设计结果。

8 装配结构树的管理要求

装配结构树的管理应符合以下要求：

a） 装配结构树应能表达完整有效的装配层次和装配信息；

b） 应对零、部件模型在装配结构树上相应表达的信息进行审查；

c） 完成模型装配后，应对装配模型结构树上的所有信息进行最终的检查。

9 装配建模的详细要求

9.1 装配建模设计流程

产品的装配建模一般采用两种模式：自顶向下设计模式和自底向上设计模式。根据不同的设计类型及其设计对象的技术特点，可分别选取适当的装配建模设计模式，也可将两种模式相结合。

9.2 装配建模流程的选用

两种设计模式各有特点，应根据不同的研发性质和产品特点选用合适的流程。

对于产品结构较简单或对成熟度较高产品的改进设计，建议采用自底向上设计模式。对于新产品研发或需要曲面分割的产品更适宜采用自顶向下的设计模式。两种设计模式并不互相排斥，在实际工程设计中，也常将两种设计模式混合使用。

9.3 自底向上装配建模的设计流程

自底向上装配建模的设计流程见附录 A。

9.3.1 完成装配单元设计

在进行装配建模设计前，应分别完成参与装配的零部件设计。

9.3.2 创建装配模型

通过新建装配文件，创建产品的装配模型。装配模型可在行业或企业预定义的模板文件上产生。

9.3.3 确定装配的基准件

根据装配模型的结构特点和功能要求，确定装配基准件。其他装配单元依据此基准件确定各自的位置关系。

9.3.4 添加装配单元

根据装配要求，按顺序将已完成设计的装配单元安装到装配模型中，逐步完成模型装配。装配时应选择合适的装配约束，减少不相关的参照关系。

9.4 自顶向下装配建模的设计流程

自顶向下装配建模的设计流程见附录 B。

9.4.1 创建装配模型

依据行业或企业预定义的模板文件产生初始的装配模型。

9.4.2 创建顶层布局模型

根据装配模型特点，建立顶层布局模型，并在布局模型中建立控制顶层装配模型位置和姿态的关键点、线、面、坐标系，以及顶层模型的关键装配尺寸和装配基准参照等信息。

9.4.3 逐级创建装配单元

根据产品的结构分解，在总装配模型中依次创建参与各级别装配的装配单元，并根据需要对子装配模型分别建立各自的子布局模型，形成该子装配模型设计所需的几何信息和约束信息。子布局模型从顶层布局模型中继承模型信息，并随之更新；子布局模型可随着装配设计逐步细化和完善。

9.4.4 定义全局变量

在总装配模型中定义全局变量，并通过全相关性信息逐级反映到各级子装配模型及其子布局模型中，形成产品设计的控制参数。

9.4.5 在装配模型中设计实体元件

根据从上级装配模型中传递来的设计信息，分别设计出满足要求的实体零件，通过零件装配形成子装配模型。

子装配模型设计可独立进行，亦可协同并行完成。各子装配模型设计完成后，通过数据更新可实现顶层装配模型的自动更新。

10 装配模型的封装

装配模型的封装应符合下列要求：

a) 简化的实体在去除内部细节的同时，应确保正确的外部几何信息；

b) 对模型进行容积和质量特性分析时，可以封装模型；

c) 为消隐专利数据，实体可以在提供给供应商或子合同商之前简化或删除专利细节；

d) 用于有限元分析的模型可以进行封装。

附 录 A
（资料性附录）
自底向上装配建模的设计流程

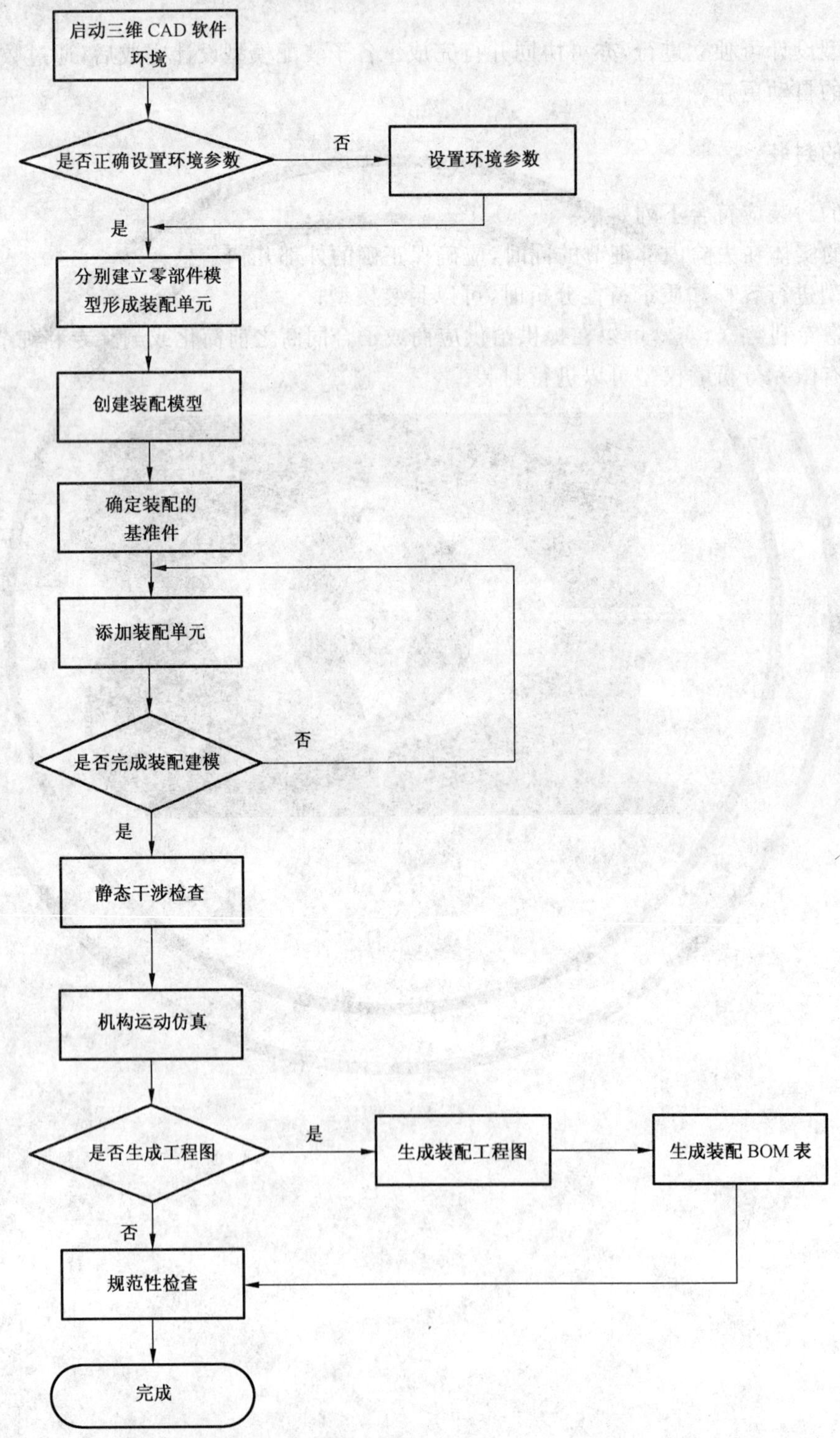

附 录 B
（资料性附录）
自顶向下装配建模的设计流程

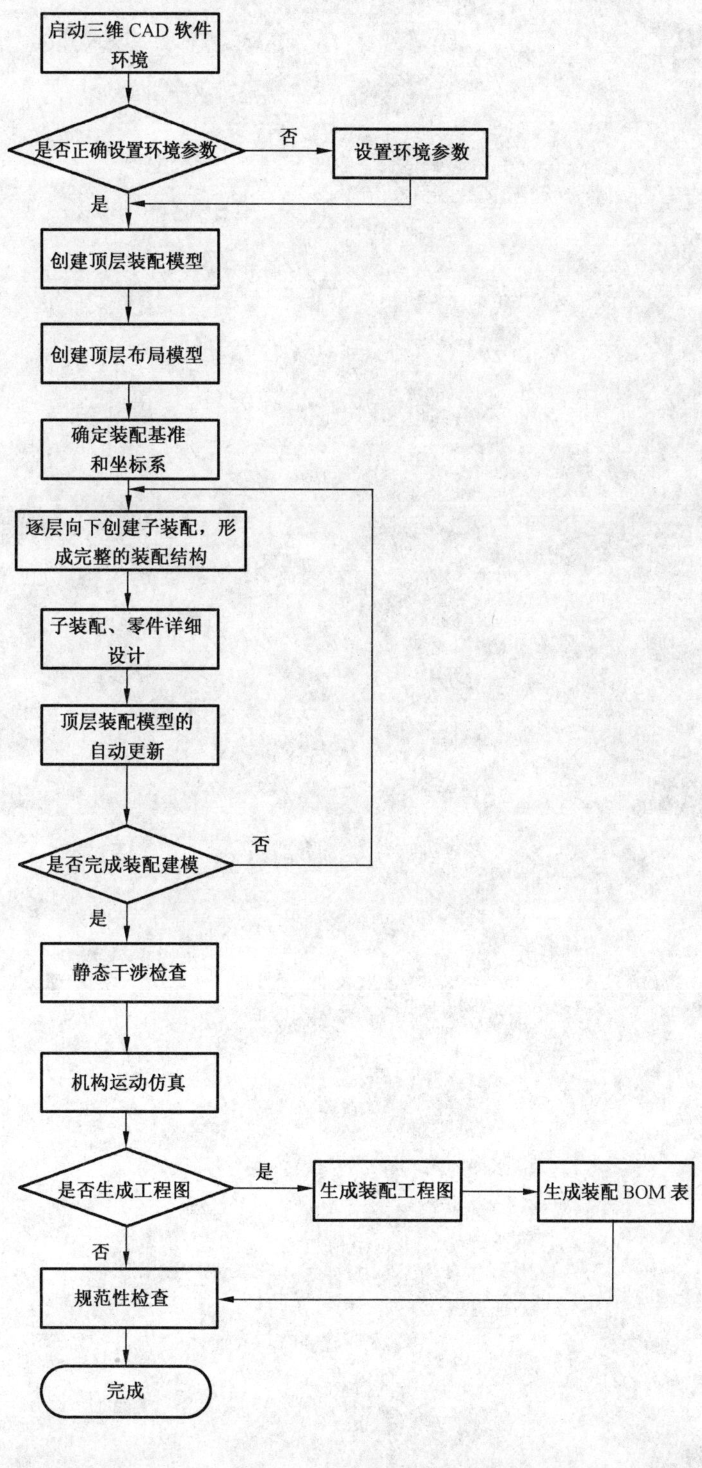

ICS 01.100.01
J 04

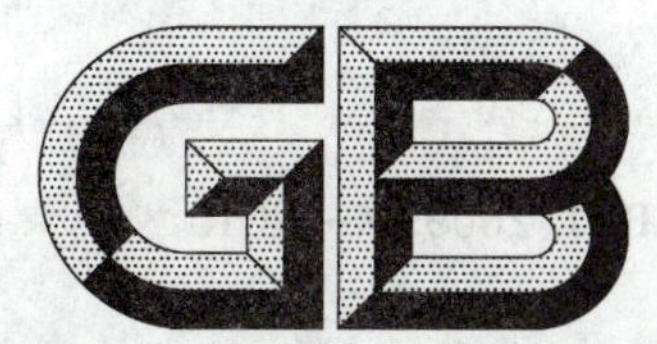

中华人民共和国国家标准

GB/T 26099.4—2010

机械产品三维建模通用规则 第4部分:模型投影工程图

General principles of three-dimensional modeling for mechanical products—Part 4: Model projection drawings

2011-01-31 发布　　　　2011-10-01 实施

中华人民共和国国家质量监督检验检疫总局
中国国家标准化管理委员会　发布

前　言

GB/T 26099—2010《机械产品三维建模通用规则》分为4个部分：

——第1部分：通用要求；

——第2部分：零件建模；

——第3部分：装配建模；

——第4部分：模型投影工程图。

本部分为GB/T 26099—2010《机械产品三维建模通用规则》的第4部分。

本部分由全国技术产品文件标准化技术委员会(SAC/TC 146)提出并归口。

本部分主要起草单位：中机生产力促进中心、北京科新纪元信息技术有限公司、中国电子科技集团公司第三十八研究所、广西玉柴机器股份有限公司、上汽通用五菱汽车股份有限公司、广西柳工机械股份有限公司。

本部分主要起草人：张红旗、李岱松、肖承翔、刘静、陈兴玉、陈卫东、刘检华、阎光荣、雍俊海、温秋生、韩琳琳、何丹丹、张艳、林建荣。

机械产品三维建模通用规则 第4部分:模型投影工程图

1 范围

GB/T 26099的本部分规定了机械产品或零部件以三维模型投影工程图时的总体要求、详细要求、图样基本要求以及视图。

本部分适用于机械产品或零部件采用三维模型投影方法绘制工程图样中的要求。

2 规范性引用文件

下列文件中的条款通过GB/T 26099的本部分的引用而成为本部分的条款。凡是注日期的引用文件,其随后所有的修改单(不包括勘误的内容)或修订版均不适用于本部分,然而,鼓励根据本部分达成协议的各方研究是否可使用这些文件的最新版本。凡是不注日期的引用文件,其最新版本适用于本部分。

GB/T 4457.4 机械制图 图样画法 图线(GB/T 4457.4—2002,ISO 128-24:1999,MOD)

GB/T 4458.1 机械制图 图样画法 视图(GB/T 4458.1—2002,ISO 128-34:2001,MOD)

GB/T 10609.1 技术制图 标题栏

GB/T 13361 技术制图 通用术语

GB/T 14665 机械工程 CAD制图规则

GB/T 14689 技术制图 图纸幅面和格式(GB/T 14689—2008,ISO 5457:1999,MOD)

GB/T 14690 技术制图 比例(GB/T 14690—1993,eqv ISO 5455:1979)

GB/T 14691 技术制图 字体(GB/T 14691—1993,eqv ISO 3098-1:1974)

GB/T 14692 技术制图 投影法(GB/T 14692—2008,ISO/DIS 5456:1993,NEQ)

GB/T 16675.1 技术制图 简化表示法 第1部分:图样画法

GB/T 16948 技术产品文件 词汇 投影法术语(GB/T 16948—1997,eqv ISO 10209-2:1993)

GB/T 17452 技术制图 图样画法 剖视图和断面图(GB/T 17452—1998,eqv ISO/DIS 11947-2:1995)

GB/T 17453 技术制图 图样画法 剖面区域的表示法(GB/T 17453—2005,ISO 128-50:2001,IDT)

GB/T 26099.1 机械产品三维建模通用规则 第1部分:通用要求

3 术语和定义

GB/T 13361、GB/T 16948和GB/T 26099.1确立的以及下列术语和定义适用于GB/T 26099的本部分。

3.1

工程图模板 drawing template

三维机械设计软件中的一种文件类型。通过标准化定制和使用该文件,可使投影产生的工程图达到协调统一、提高用户工作效率的目的。

4 总体要求

采用三维机械设计软件通过投影产生工程图样应符合以下总体要求:

a) 用户通过定制三维机械设计软件中的工程图环境，投影生成的工程图应按 GB/T 4458.1 和 GB/T 14665 中的规定，对于某些不能满足的要求，用户应制定企业标准以补充说明图样中与国家标准的不符之处；

b) 可统一定制三维机械设计软件中的工程图模板，以对工程图中的投影法、字体、字高、线型、线宽、比例、图框、标题栏、基本视图等进行规定；

c) 所有视图应由三维模型投影生成，不推荐在工程图环境下绘制产生；除非某些无法用投影直接表达的示意图和原理图才允许在工程图环境下绘制产生；

d) 以三维模型通过投影产生的视图，其形状和尺寸源于三维模型，且与三维模型相关联；但三维模型被修改时，其投影的视图和标注应随之修改；

e) 对于仅采用工程图表达零部件对象时，工程图图样应具有完整性，应包含独立表达零部件所需的全部信息；

f) 各种标注的定位原点应与相应的视图对象相关联，例如尺寸、表面结构、焊接符号等。

5 详细要求

5.1 图样构成

当一个零部件以多页图样表达时，推荐绘制在一个文件中。同一文件中的每个图样均应有效，不应有多余的与本零部件无关的图形要素。

图样的命名可根据行业和企业规定制定统一命名规则。

5.2 图样简化

为了提高工程图绘图效率，应按 GB/T 16675.1 的规定采用简化画法。简化时应遵守以下原则：

a) 应避免引起歧义；

b) 便于识读；

c) 应尽量避免使用虚线表示不可见的结构。

6 图样基本要求

6.1 图幅

图幅大小应按 GB/T 14689 的规定。为了方便使用，可以在三维机械设计软件中预定义常用标准图幅以供选择。

6.2 图框与标题栏

图框宜采用工程图模板的方法实现，并依照不同图幅分别制作。

标题栏应按 GB/T 14689 和 GB 10609.1 中的规定。标题栏中的信息，一般应在模型参数中预先定义相应属性，并进行赋值。

6.3 比例

比例遵照 GB/T 14690 中的规定。必要时，可采用表 1 中的特殊比例。

表 1 比例的选取

种类	优选	特殊比例
原值	1∶1	—
放大比例	2∶1、5∶1、10n∶1、2×10n∶1、5×10n∶1	4∶1、2.5∶1
缩小比例	1∶2、1∶5、1∶10n、1∶2×10n、1∶5×10n	1∶1.5、1∶2.5、1∶3、1∶4、1∶6
n 为正整数。		

图样的基本比例应在图样标题栏的比例栏中填写。图样中与基本比例不一致的视图比例，应在该视图的上方与视图名称组合标出。

6.4 字体

图样中字体和字高应按 GB/T 14691 中的规定。

6.5 图线

图线应按 GB/T 4457.4 和 GB/T 14665 中的规定预先在有关配置文件中设置好，供绘图时直接选用。

7 视图

7.1 投影法

投影按 GB/T 14692 中的规定按正投影法绘制，采用第一角投影法，有特殊要求的除外。单位制采用公制系统(SI)。

7.2 主视图

主视图(前投影视图)应以完整反映、清晰表达物体特征为原则。

7.3 基本视图和向视图

基本视图和向视图的配置位置应按 GB/T 14692 中的规定，其各个几何元素的投射位置应保持一致。当基本视图不按默认配置关系进行放置时(例如向视图)，应在视图的上方标注视图的名称“X”，同时在相应的视图附近用箭头指明投射方向，并注上相同的字母。

7.4 剖视图和断面图

剖视图和断面图应按 GB/T 17452 中的规定绘制。

剖面区域应按 GB/T 17453 中的规定表示。用户可根据材料库内容建立对应的剖面符号库，以便在剖切面中自动形成相应材料的剖面符号，且能有效区分。

7.5 局部放大图

当图形中孔的直径或薄片厚度等于或小于 2 mm 以及斜度和锥度较小时，应严格按比例而不应夸大画出。必要时使用局部放大视图进行表达。

当同一零部件上有几个被放大的部分时，应用罗马字母依次标明被放大的部分，并在局部放大图的上方标注出相应的罗马字母和采用的比例。

7.6 轴测图

为了方便识图，推荐在图样合适位置增加轴测图，并标明轴测类型，例如正等测、正二测和斜二测等。

ICS 01.100.01
J 04

中华人民共和国国家标准

GB/T 26100—2010

机械产品数字样机通用要求

General principles of digital mock-up for mechanical products

2011-01-10 发布 2011-10-01 实施

中华人民共和国国家质量监督检验检疫总局
中国国家标准化管理委员会 发布

前　言

本标准由全国技术产品文件标准化技术委员会(SAC/TC 146)提出并归口。

本标准主要起草单位:中机生产力促进中心、北京数码大方科技有限公司、中国电子科技集团公司第三十八研究所、北京理工大学、广西玉柴机器股份有限公司、上汽通用五菱汽车股份有限公司、广西柳工机械股份有限公司。

本标准主要起草人:张红旗、肖承翔、陈卫东、王璐、刘检华、阎光荣、雍俊海、温秋生、何丹丹、张艳、韩琳琳、李岱松、刘静。

机械产品数字样机通用要求

1 范围

本标准规定了数字样机的分类、构成、模型要求、建构要求、应用以及管理要求。

本标准适用于机械产品数字样机的构建、应用及管理。

2 规范性引用文件

下列文件中的条款通过本标准的引用而成为本标准的条款。凡是注日期的引用文件，其随后所有的修改单(不包括勘误的内容)或修订版均不适用于本标准，然而，鼓励根据本标准达成协议的各方研究是否可使用这些文件的最新版本。凡是不注日期的引用文件，其最新版本适用于本标准。

GB/T 24734.1 技术产品文件 数字化产品定义数据通则 第1部分:术语与定义(GB/T 24734.1—2009,ISO 16792:2006,NEQ)

GB/T 24734.11 技术产品文件 数字化产品定义数据通则 第11部分:模型几何细节层级

GB/T 26099.1 机械产品三维建模通用规则 第1部分:通用要求

3 术语和定义

GB/T 24734.1 和 GB/T 26099.1 确立的以及下列术语和定义适用于本标准。

3.1

数字样机 digital mock-up (DMU)

对机械产品整机或具有独立功能的子系统的数字化描述，这种描述不仅反映了产品对象的几何属性，还至少在某一领域反映了产品对象的功能和性能。产品的数字样机形成于产品设计阶段，可应用于产品的全生命周期，这包括：工程设计、制造、装配、检验、销售、使用、售后、回收等环节；数字样机在功能上可实现产品干涉检查、运动分析、性能模拟、加工制造模拟、培训宣传和维修规划等方面。

3.2

数字化产品定义 digital product definition

对机械产品功能、性能和物理特性等进行数字化描述的活动。

3.3

全机样机 complete digital mock-up

包含整机或系统全部信息的数字化描述。它是对系统所有结构零部件、系统设备、功能组成、附件等进行完整描述的数字样机。

3.4

子系统样机 sub-system digital mock-up

按照机械产品不同功能划分的子系统所包含的全部信息的数字化描述。例如：动力系统样机、传动系统样机、控制系统样机等。

3.5

方案样机 concept digital mock-up

在产品方案设计阶段，包含产品方案设计全部信息的数字化描述。

3.6

详细样机 detailed digital mock-up

在产品详细设计阶段，包含产品详细设计全部信息的数字化描述。

3.7

生产样机 manufacturing digital mock-up

在产品生产阶段,包含产品制造、装配全部信息的数字化描述。

3.8

几何样机 geometry digital mock-up

侧重于产品几何描述的数字样机。

3.9

功能样机 function digital mock-up

侧重于产品功能描述的数字样机。

3.10

性能样机 performance digital mock-up

侧重于产品性能描述的数字样机。

3.11

专用样机 special digital mock-up

能够支持仿真、培训、市场等特殊目的数字样机。

4 数字样机的分类

4.1 按研制阶段

按照数字样机研制的进程或生命流程阶段分类,一般分为方案样机、详细样机和生产样机。

4.2 按使用目的

为支持各种特殊目的(例如仿真、制造、培训、市场宣传等)而建构的数字样机,具体可按用途确定。

4.3 按数据格式

按照数字样机建构软件的类型或数据格式进行分类。

5 数字样机构成

5.1 几何信息

数字样机的几何信息包含点、线、面、体等几何相关信息。

5.2 约束信息

数字样机的约束信息包含零部件间的约束及数字样机内部和外部的参照信息。

5.3 工程属性

数字样机的工程属性包含装配结构、装配明细、材料性能、运动副特性、整机的工作特性、输入输出特性、总体技术要求等信息。

6 数字样机模型要求

数字样机模型是对机械产品系统的数字化描述。数字样机模型应满足:

a) 数字样机是物理样机在计算机中的数字化描述,物理样机是数字样机的物质化产物,两者具有映射关系,根据产品对象特点以及应用场合对数字样机模型进行必要的简化也是允许的;

b) 数字样机模型应具有稳定性、完备性,应能提供产品全生命周期所需信息表达;

c) 数字样机应能够反映物理样机的几何属性、功能特点和性能特性;

d) 数字样机模型的形式可以是多样的,但内容必须真实反映产品特性;

e) 数字样机模型应具备可派生性,应能根据不同应用生成不同的应用模型。

7 数字样机建构要求

7.1 总体要求

7.1.1 总则

机械产品数字样机的研制流程一般可按照方案样机、详细样机、生产样机的设计流程进行自顶向下的逐层建构、逐步细化，并遵循以下原则：

a) 按照从总体到子系统再到细节设计的顺序进行数字样机的设计，一般设计过程如下：
   1) 明确产品的功能需求；
   2) 确定产品实现原理与实现途径；
   3) 确定产品的总布局；
   4) 划分各子系统所占空间，并确定各子系统间的接口尺寸和形式；
   5) 部件设计；
   6) 划分零件所占空间；
   7) 零件设计。
b) 数字样机的模型特征应反映所设计产品的实际特征，并包含全部零部件及相关子系统的完整数字信息模型，并可进行工程分析、优化、生产制造及其数据管理。

7.1.2 零部件标识

数字样机中的零部件标识应满足以下要求：

a) 统一性要求，即所有零部件应遵循统一的标识规定，标识规则可根据企业或行业特点自行拟定，但应有延续性；
b) 唯一性要求，即所有零部件的标识应唯一、排他，以免数据在存储、共享或发布中造成混乱；对于表达全生命周期的零部件信息时，如必要，可以在标识中增加阶段性标识、应用场合标识等加以区分；
c) 可读性要求，即零部件标识名称可遵守行业或企业约定，提高标识可读性；
d) 可扩展性要求，即零部件标识应可扩展，应能根据不同应用增加新信息。

7.1.3 模型简化与轻量化

产品数字样机模型在进行简化或轻量化处理时，应根据不同产品对象的特点、不同的应用阶段和不同的应用场合来确定。按 GB/T 24734.11 中的规定，数字样机模型的几何细节层级分为三级，即简化级表示、一般级表示和扩展级表示。

考虑到计算、显示效率和经济性，数字样机在简化和轻量化时应保证在满足当前应用场合下保真性的最低要求。

数字样机简化和轻量化的可能用于以下场合：

a) 方案或原理设计；
b) 大装配设计；
c) 仿真与优化；
d) 工程图样的简化表达；
e) 某些特殊场合，即需要脱密处理、封装处理等时。

7.1.4 模型装配要求

数字样机模型装配应符合以下要求：

a) 所有装配单元应为有效的最新版本，否则，应在产品的配置中予以说明；
b) 组成数字样机的各子系统样机应分层次、分系统进行模型装配；
c) 模型的装配层次应能符合模型虚拟装配和拆卸的要求。

7.1.5　**样机着色与渲染要求**

数字样机着色与材料纹理应符合以下要求：

a)　对于数字样机设计中的过程模型，其着色应遵守易区分、易阅读、操作方便的原则；

b)　设计完成的数字样机模型应为实体着色状态；

c)　数字样机的最终模型应根据产品配色方案对模型文件进行着色，亦可参照物理样机的颜色确定模型色彩值；

d)　数字样机用于渲染时，应确定零部件材料纹理信息、光照、反射、阴影和背景等要素，以提高渲染的真实性。

7.1.6　**模型状态要求**

对于具有多种工作状态的机械产品，其数字样机模型通常应符合以下要求：

a)　对于具有运动副的机械产品，提交的数字样机应处于静止且稳定的状态；

b)　对于周期性运动的机械产品，提交的数字样机应处于一个周期内的零位，或在重力下保持稳定的状态；

c)　具有多种运动状态的数字样机模型可从其处于静止稳定状态的数字样机模型中派生得到。

7.1.7　**模型成熟度要求**

数字样机构建的进展情况可按照模型成熟度划分不同等级，新产品的样机成熟度从0开始，到1为止。前一阶段提交的数字样机的成熟度是下一阶段样机成熟度的起点。

数字样机及其所包含的零部件的成熟度应符合以下要求：

a)　零部件成熟度是针对其自身而言，数字样机成熟度是整个产品而言；

b)　数字样机的成熟度应由其组成的零部件成熟度推算得出；

c)　数字样机成熟度的变化应能激活相应的研发任务流程；

d)　数字样机成熟度可根据研发的具体情况提升或降低；在发生重大设计变更时，应先降低数字样机的成熟度，随着变更设计的完成，数字样机的成熟度将对应提高。

对于研发各阶段，数字样机模型成熟度可参照以下要求：

a)　方案设计阶段——成熟度在0～0.25左右；

b)　详细设计阶段——成熟度在0.25～0.85左右；

c)　工艺设计阶段——成熟度在0.85～1.0左右。

7.2　**详细要求**

7.2.1　**各种样机的定位**

各种数字样机的关系和定位如图1所示。

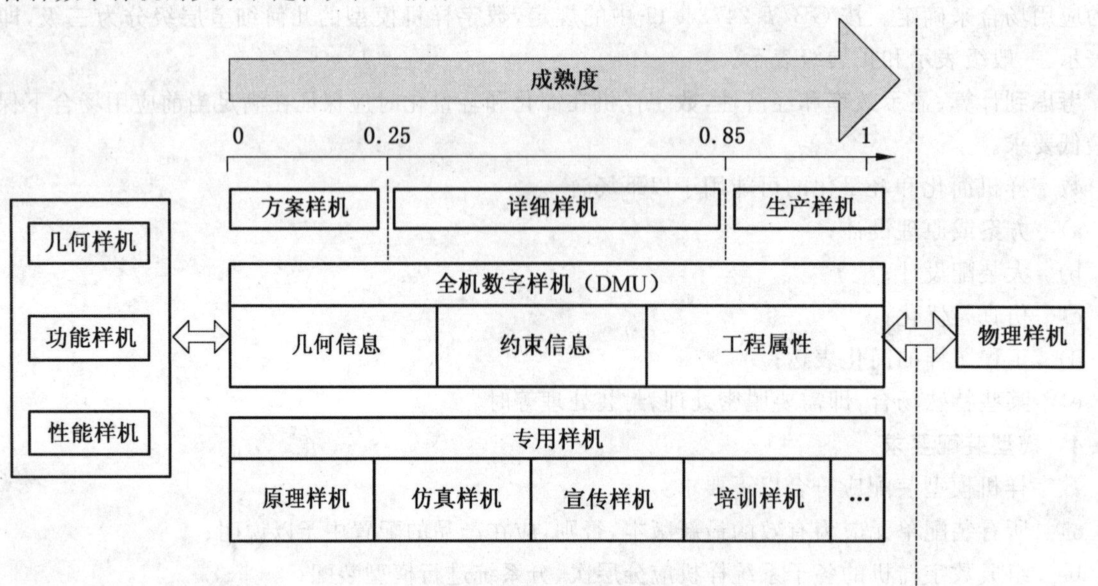

图1　各种数字样机的关系和定位

7.2.2 全机样机要求

全机样机是对各子系统样机进行总装配后形成的包含各个功能模块的完整数字样机。它是全机产品中各领域信息的集合体，是产品对象在计算机中的系统描述。全机样机应至少包含以下信息：

a) 应能完整反映产品结构、各分系统的分布及其在数字样机上的位置；
b) 应能反映全机和分系统间的结构和系统间的协调性和维修性；
c) 应能反映产品涉及的各领域或某个领域的工作原理和性能特性；
d) 应包含从数字样机转换为物理样机中所需的完整的制造信息。

7.2.3 方案样机要求

方案样机形成于机械产品方案设计阶段，对方案样机的定义和结果应至少包含以下内容：

a) 描述产品初步的总体指标，定义初始的产品结构组成；
b) 描述产品的外形，进行工业设计评价；
c) 建立各子系统的基本参数和包络空间；
d) 进行初步的标准件、外购件、成品、设备的选型；
e) 方案参数优化以及原理性试验模型；
f) 完成总体布局设计和方案样机的制作。

方案设计完成后，其数字样机成熟度在 0.2～0.3 之间。经评审后，可作为下一阶段设计工作的依据。

7.2.4 详细样机要求

详细样机形成于机械产品详细设计阶段，对详细样机的定义和结果应至少包含以下内容：

a) 进行系统总体设计、结构总体设计、通过 CAE 计算对系统进行初步的仿真和优化，得到细化的详细设计方案；
b) 进行产品的详细质量计算、性能计算、载荷计算等，并对系统的可靠性、维修性及某些特定要求进行总体评估；
c) 完成各子系统和零部件模型详细的空间分割、接口定义、装配区域、包络空间、装配层次划分等工作；
d) 进行产品的详细设计；
e) 对总体设计参数(包括产品功能和产品性能等)进行校核，必要时进行局部修改和完善；
f) 零件工程图与装配工程图的图样生成。

详细设计完成后，其数字样机成熟度在 0.8～0.9 之间。经评审后，可作为下一阶段设计工作的依据。

7.2.5 生产样机要求

生产样机形成于机械产品工艺设计阶段，对生产样机的定义和结果应至少包含以下内容：

a) 刀具、夹具、量具设计；
b) 产品工艺过程仿真，包括虚拟制造仿真、虚拟装配仿真、虚拟车间(虚拟工厂)等；
c) 工艺文件的生成。

生产样机经过评审后，标志着产品已完成了数字化定义，可进行正式生产发放。

7.2.6 几何样机要求

几何样机是机械产品数字样机的一个子集。它是从已发放的数字样机中抽取出的侧重几何信息表达的数字化信息描述。

几何样机应至少包含机械产品的以下信息：

a) 反映各功能子系统在数字样机上的位置；
b) 零部件的构形、尺寸信息，以及几何约束关系；
c) 产品坐标系、装配与配合关系等信息。

7.2.7 功能样机要求

功能样机是机械产品数字样机的一个子集。它是从已发放的数字样机中抽取出的侧重功能信息表达的数字化信息描述。

功能样机应至少包含机械产品的以下信息：

a) 产品工作原理信息；

b) 产品结构树；

c) 零部件组成、状态和使用说明；

d) 子系统间结构方面、功能方面的协调关系；

e) 产品的操作与维修信息。

7.2.8 性能样机要求

性能样机是机械产品数字样机的一个子集。它是从已发放的数字样机中抽取出的侧重性能信息表达的数字化信息描述。

性能样机应至少包含机械产品的以下信息：

a) 产品工作性能指标；

b) 产品的输入、输出工作特性；

c) 产品子系统指标和子系统间的性能耦合关系；

d) 产品的安全系数，以及关键零部件的应力、应变指标；

e) 产品的寿命及其可靠性指标。

7.2.9 专用样机要求

专用样机是为某种专门用途而从数字样机的全机模型中抽取或简化出的模型对象。专用样机应满足以下要求：

a) 专用样机模型是由全机数字样机派生而来的，与全机数字样机具有父子关系；

b) 全机数字样机发生变化时，其派生的专用样机亦能够跟随变化；

c) 在从全机数字样机派生专用样机过程中，可能会造成模型信息的损失，但这种损失应是可接受的，并且不影响专用样机的用途。

7.2.10 改型或派生样机的要求

改型或派生样机是从已有的数字样机中通过变型和派生产生新产品的数字样机。改型或派生样机应满足以下要求：

a) 对产品进行改型或派生时，应建立全机数字样机；

b) 对于局部修改的产品，如果原产品没有数字样机模型，应至少对修改部分建立子系统样机。

8 数字样机应用

机械产品数字样机作为企业的重要工程数据，应能够为产品的研发、生产、市场等多个环节提供相应的支持。

8.1 研发阶段

8.1.1 协同设计

数字样机模型应能够支持总体设计、结构设计、工艺设计等的协同设计工作，能够支持项目团队的并行产品开发。

8.1.2 工程分析

工程分析通常包括以下内容：

a) 空间结构分析，即分析数字样机模型是否具有正确的构形、尺寸、运动副、公差等信息，确保能够支持产品的干涉检查、间隙分析等，使设计者能够直观的了解样机中存在的问题；

b) 重量特性分析，即分析数字样机模型是否具备完整的位置、体积、质量等属性，以保证为设计提供正确的重量、重心、转动惯量等参数；

c) 运动分析，即分析数字样机模型是否具备正确的运动副、驱动类型、负载类型、阻尼与摩擦系数等信息，以保证设计师能够正确仿真产品的运动轨迹、包络空间、死点位置、速度、加速度、受力状况等动力学特性；

d) 人机工效分析，即分析数字样机模型是否具备该产品在使用中的人体姿态的相关信息，以保证该产品具有良好的人机性，包括产品使用时的操控性、舒适性和维修性等。

8.1.3 校核与优化

a) 校核计算，即计算数字样机模型是否能为产品的校核计算提供数据信息，这通常包括几何属性、材料特性、失效准则、边界条件、载荷属性、温湿度等，为产品的整机或局部进行静力学、动力学、液压、温控、自控、电磁等多个领域提供校核计算的基础数据；

b) 优化计算，即计算数字样机模型是否能为产品的整机、局部或原理模型提供空间构形优化、机构优化、装配优化、多学科优化等所需的计算数据，这些数据包括优化目标、优化变量、边界条件、优化策略、迭代方式等。

8.2 生产阶段

8.2.1 装配分析

数字样机应能够提供产品装配分析的数据信息，这包括装配单元信息、装配层次信息等，以保证对产品的装配顺序、装配路径、装配时的人机性、装配工序和工时等进行仿真，进而验证产品的可装配性，为定义、预测、分析装配误差、技术要求提供必要的数据。

8.2.2 工艺性评估

数字样机应为产品的工艺仿真和评估提供数据，包括加工方法、加工精度、加工顺序、刀路轨迹、刀具信息等，实现对样机的 CAM 仿真和基于三维数字样机的工艺规划。

8.3 销售阶段

8.3.1 产品宣传

数字样机应能够为产品宣传提供逼真的动静态产品数据，包括产品的渲染图片、产品结构、产品组成、工作过程、实现原理等宣传资料。

8.3.2 产品培训

数字样机应能够为产品培训提供分解图、原理图等动、静态数据，甚至包括虚拟现实环境下的产品虚拟使用与维修培训。

8.3.3 产品投标

数字样机应能够提供近似产品的快速变型与派生设计，以满足市场报价、快速组织投标和生产的需要。

9 数字样机管理要求

9.1 数据管理

对数字样机有关数据文件的管理应满足如下要求：

a) 数字样机数据应在 PDM 系统中进行管理，并实现 CAD/CAE/CAM/CAPP 数据与 PDM 间的数据无缝集成；

b) 定期对数据的安全性、完整性、有效性进行检查；

c) 建立有效的数据安全权限管理机制，实现数据的定时备份，对日常涉及的数字样机数据、文件应采用多机存档、多介质备份。

9.2 状态管理

根据不同的研发阶段，数字样机的状态描述如下：

a) 设计阶段

设计阶段是产品数字样机形成的阶段。在此阶段，数字样机的成熟度小于1，其状态标识为“创建中”。此时，数字样机归“创建者”控制。由于设计阶段的数字样机尚处于不成熟状态，因此，该数据仅被用于与研发团队内部的协同设计，不作为正式数据对外发放。

根据不同的研发流程，设计阶段也可分为多个子阶段，例如方案设计、详细设计、工艺设计等。各个设计子阶段的升级需经过必要的评审与审批，并提交与数字样机相关的技术文件。

b) 审批阶段

当数字样机设计完成时，“创建者”将数字样机提交进入审批阶段。该阶段，数字样机文件以“正在审批中”状态进行表示。处于该状态的数字样机仍为其“创建者”所有，并且与“创建中”状态的文件有相同的使用限制。如果文件被驳回，在进行必要的修改前，它将返回给“创建者”，且数字样机文件回到“创建中”状态。

通过批准阶段的文件状态为“已批准”。一般情况下，文件将直接升级到存档阶段。

c) 归档阶段

归档阶段意味着数字样机经审批阶段后，其数据将以正式、有效的身份进入数据存储环节。归档后的数字样机文件不属于任何“个人”所有。归档后的数字样机文件将被“锁定”，在没有获得变更权限前，任何人都不能对其进行变更。此时，数字样机的成熟度为1。

归档阶段完成后，数字样机数据的状态为“已归档”。随后，文件将进入发布阶段。在发布阶段前，数字样机文件将不能够被借阅和使用。

d) 发布阶段

数字样机的发布可人工设定，亦可选择与产品研发流程中其他文件的发布活动相协调的时间进行。对于具备发布条件的数字样机，依据数据的发放清单进行发布，对于发布清单之外的用户，经授权后，可对其阅读或复制。

发布后的文件将以正式、有效的身份传递到用户手上，并用于预定用途。此时，数字样机数据将被标示为“已发布”状态。

e) 修订阶段

如果需要对处于“已归档”或发布阶段的数字样机进行修订和变更，必须经过严格的变更流程。在取得变更授权后，用户将数字样机状态降级为“修订中”，并从数据库中检出数据，重新对数字样机进行设计或修改。

对于正在使用修订前数据的用户而言，系统应向他们发布“修订中”的警告，并提示数字样机将在何方面有所变更。用户可与设计部门协商并决定是使用现有版本，还是等待修订后的新版本。

修订完成的数字样机，经重新审批和归档后，重新发布。所有相关部门应能够及时获得最新的更改消息，确保数据的协调一致。

9.3 数字样机评审

9.3.1 一般流程

根据企业和产品特点确定数字样机的评审规则和相关要求。对机械产品数字样机的评审流程可参照以下内容：

a) 明确评审目的、评审内容、评审依据、评审类型；

b) 确定各阶段样机、子系统样机、专用样机等分项评审的内容和要求；

c) 拟定评审计划，编写评审报告，准备待评审的数字样机模型；

d) 确定评审机构；

e) 数字样机评审，得出评审意见；

f) 对暴露问题的改进；解决问题，形成闭环。

9.3.2 必要流程

对数字样机的评审在内容上应至少包括以下内容：

a) 方案样机——主要评审方案的正确性与可行性；

b) 详细样机——主要评审详细设计数字样机的子系统功能与相互间的协调、整机的动静态干涉检查、关键机构和核心部件的功能与性能仿真、产品人机工效性能等；

c) 生产样机——主要评审数字样机的虚拟制造、虚拟装配，以及产品的工艺性能仿真等；

d) 全机样机——对全机样机的评审，除了应包括产品本身的各种工程属性外，还应考虑数字样机本身在描述和表达中的准确性、完整性、稳定性和继承性等。

ICS 01.100.01
J 04

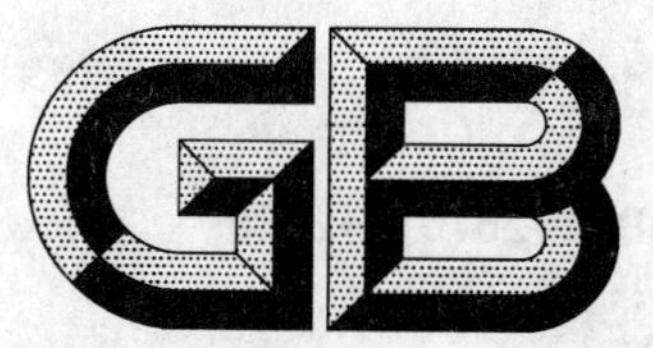

中华人民共和国国家标准

GB/T 26101—2010

机械产品虚拟装配通用技术要求

General technology requirements of virtual assembly for mechanical products

2011-01-10 发布

2011-10-01 实施

中华人民共和国国家质量监督检验检疫总局
中国国家标准化管理委员会 发布

前言

本标准由全国技术产品文件标准化技术委员会(SAC/TC 146)提出并归口。

本标准主要起草单位:机械科学研究总院、中国电子科技集团公司第三十八研究所、北京数码大方科技有限公司、中机生产力促进中心、上海交通大学、西安电子科技大学、广西玉柴机器股份有限公司、上汽通用五菱汽车股份有限公司、广西柳工机械股份有限公司。

本标准主要起草人:张红旗、单忠德、陈卫东、肖承翔、王璐、陈帝江、阎光荣、刘检华、何其昌、武殿梁、邵晓东、李乃亮、雍俊海、温秋生、张艳、韩琳琳、李岱松、刘静。

机械产品虚拟装配通用技术要求

1 范围

本标准规定了机械产品虚拟装配模型的总体要求、虚拟装配总体要求、装配过程规划以及虚拟装配结果的评定与要求。

本标准适用于机械产品三维装配建模设计形成的装配模型。

2 规范性引用文件

下列文件中的条款通过本标准的引用而成为本标准的条款。凡是注日期的引用文件，其随后所有的修改单(不包括勘误的内容)或修订版均不适用于本标准，然而，鼓励根据本标准达成协议的各方研究是否可使用这些文件的最新版本。凡是不注日期的引用文件，其最新版本适用于本标准。

GB/T 24734.1　技术产品文件　数字化产品定义数据通则　第1部分：术语与定义(GB/T 24734.1—2009，ISO 16792:2006，NEQ)

GB/T 26099.1　机械产品三维建模通用规则　第1部分：通用要求

GB/T 26099.3　机械产品三维建模通用规则　第3部分：装配建模

3 术语和定义

GB/T 26099.1、GB/T 26099.3 和 GB/T 24734.1 确立的以及下列术语和定义适用于本标准。

3.1

虚拟装配　virtual assembly

对装配建模所形成的装配模型进行装配分析与模拟的过程。该过程包括一次或多次的装配顺序规划、装配路径规划以及装配过程仿真等，可用于装配干涉检查和装配工艺优化等目的。

3.2

虚拟装配模型　virtual assembly model

进行产品虚拟装配活动所需的三维数字模型，它包括装配模型、装配环境模型、虚拟操作者模型。

3.3

装配环境模型　assembly environment model

指进行虚拟装配所需要的相关环境模型，通常包括装配工具模型、装配空间模型及装配流信息等。

3.4

装配流信息　assembly flow information

描述整个装配过程中各装配环节所涉及的装配活动信息，例如装配上下游信息、各环节的装配要求等。

3.5

装配工具模型　assembly tool model

指虚拟装配环境下表达装配过程中所使用的工具、工装及相关设备信息的模型。

3.6

装配空间模型　assembly space model

指描述装配工具、虚拟操作者以及装配模型在进行虚拟装配活动中所形成的包络空间的模型。

3.7

虚拟操作者模型　virtual manipulator model

指参与虚拟装配过程的虚拟人整体或局部模型，例如虚拟人模型、虚拟手模型等。

3.8

装配过程规划　assembly process planning

指对产品中各装配单元的装配顺序、装配路径进行分析和计算，并检查、分析和处理虚拟装配过程中出现的干涉、碰撞及人机工效等问题，最终获得合理的、可指导实际装配过程的装配顺序和装配路径。

3.9

装配顺序规划　assembly sequence planning

指在综合考虑时间、效率、成本等因素的情况下对装配模型中各装配单元的装配顺序进行分析和计算，得出最佳装配序列的过程。

3.10

装配路径规划　assembly path planning

指对装配模型中各装配单元的装配路径进行分析和计算，在综合考虑人机工程、效率、成本等因素的情况下得出最佳装配路径的过程。

3.11

装配过程仿真　assembly process simulation

指在虚拟环境下，对产品的装配过程规划进行模拟的过程。

4　虚拟装配模型

4.1　装配模型信息

装配模型应包含如下信息：

a）几何信息，即装配模型本身所包含的点、线、面、体和坐标系信息；

b）约束信息，即包括装配模型所含装配单元之间的约束关系信息；

c）工程属性，即包括装配模型的装配结构树信息、装配技术要求、材料属性等。

4.2　装配环境模型信息

装配环境模型应包含如下信息：

a）装配工具模型，即装配环境中所涉及工具的相关信息，包括工具的名称和几何信息，以及工具在装配过程中的工作特性信息；

b）装配空间模型，即主要包括装配空间的名称和几何信息；

c）装配流信息，包括装配流的名称、属性、装配上下游信息以及在各装配环节的装配要求等信息。

4.3　虚拟操作者模型信息

虚拟操作者模型包含完整或部分的虚拟人模型信息，包括几何信息、标识信息、姿态信息以及疲劳特性等信息。

5　虚拟装配

虚拟装配是在产品三维装配建模完成后开始的，它的研究对象是装配建模后形成的装配模型。虚拟装配通常包括虚拟装配环境设置、虚拟装配仿真数据准备、虚拟装配场景初始化、虚拟装配操作过程仿真与规划几个阶段。

5.1　虚拟装配仿真环境设置

在进行虚拟装配仿真前，应对虚拟装配仿真环境进行必要的设置。在一个工程项目中，系统的主要环境设置应由平台的管理员来进行统一的定义和设置。这些设置通常包括比例、量纲、标识等。

5.2 虚拟装配仿真的一般流程

a) 数据准备，即数据准备是为虚拟装配的场景初始化提供数据支持，其格式能够被所使用的虚拟装配系统所接受，其主要内容包括装配模型的数据准备、装配环境模型的数据准备、虚拟操作者模型的数据准备；

b) 场景初始化，即通过读入装配模型、装配环境模型和虚拟操作者模型数据，并在虚拟装配系统中生成虚拟装配仿真的应用场景，其主要工作包括运行设置（软硬件运行状态设置）、模型数据导入和设置（装配模型、装配环境模型和虚拟操作者模型的数据导入和初始状态设置）等；

c) 虚拟装配操作过程仿真，即用户通过交互设备在虚拟装配场景中对装配模型的各装配单元的装配过程进行操作仿真，或对已经装配好的对象进行拆卸操作仿真，在装配操作过程中记录必要的信息供随后的装配过程分析与规划使用，这些信息主要包括装配单元的操作序列信息、装配单元在操作序列中的运动路径、装配环境模型与装配单元之间位置关系信息等；

d) 虚拟装配过程规划，即用户根据虚拟装配操作仿真过程获得的信息进行装配过程规划，包括装配单元装配顺序与运动路径规划、装配过程的干涉与碰撞分析、装配过程的操作空间分析等，最终获得装配对象最佳的装配顺序与路径，以及可装配性信息。

虚拟装配操作过程仿真与规划可以同时进行，也可以反复进行，直至获得合理的装配过程规划结果。

6 装配过程规划

6.1 总则

装配过程规划由设计、工艺、制造等技术人员共同参与完成。它包括装配顺序规划和装配路径规划以及装配过程仿真分析，其过程应考虑装配工艺性、可装配性、人机工效等，并按照预先定义好的装配层级分层逐级、自底向上的对产品进行装配过程规划分析。

6.2 装配顺序规划

6.2.1 装配顺序的生成

产品装配顺序生成的要求如下：

a) 确定合理的装配单元装配方向；

b) 装配单元装配顺序的几何可行性检查；

c) 产品重点装配协调部位的装配工艺性分析；

d) 装配单元装配的可操作性分析。

6.2.2 装配顺序评价应考虑的一般因素

a) 装配并行度，即分析装配操作时间并行的能力，并行度越高，装配时间越短；

b) 子装配单元稳定性，即描述子装配单元的稳定程度，主要分析在装配过程中产品装配单元的装配定位要求，保证子装配单元具有良好的稳定性；

c) 操作复杂性，即表示了装配操作的复杂程度，要求需重定向或移动的子装配单元应该易于操作；

d) 装配成本及时间；

e) 装配重定向数，即装配方向在产品装配单元装配过程中的改变次数，要求重定向数越小越好；

f) 聚合性，即在装配过程中相似的装配操作应集中完成的性质；

g) 人机工效；

h) 装配工艺性，即虚拟装配过程中装配单元、工装、工具等在装配环境中的可操作性、空间敞开性等。

6.2.3 装配顺序优化的一般过程

a) 对装配顺序按照评价因素的要求进行单项评价和综合评价；

b) 选择评价值最高的装配顺序；

c) 对装配顺序进行局部的调整以获得最优的装配顺序。

6.3 装配路径规划

6.3.1 装配路径的生成

产品装配路径规划的要求如下：

a) 定义每一个产品装配单元的装配路径；

b) 确定装配单元在装配路径中所处的位置和在装配空间中的姿态；

c) 分析产品装配单元在装配路径上的局部碰撞问题；

d) 对产品装配单元的装配路径进行几何可行性检查；

e) 对产品装配单元的装配路径进行物理可行性检查。

6.3.2 装配路径优化的一般过程

装配路径优化的一般过程包括以下内容：

a) 对装配路径按照评价因素的要求进行单项评价和综合评价；

b) 选择评价值最高的装配路径；

c) 对装配路径进行局部的调整以获得最优的装配路径。

6.4 装配过程仿真分析

装配过程仿真分析的要求如下：

a) 综合产品装配单元的装配顺序和装配路径，形成装配过程序列；

b) 实时分析装配单元在装配环境中的装配过程是否存在碰撞问题、不协调问题，并反馈分析结果；

c) 根据分析结果对产品装配单元的装配顺序或装配路径做出调整，改进产品的可装配性；

d) 对调整结果反复进行装配过程模拟，直到完全解决碰撞问题和不协调问题。

7 虚拟装配结果的评定与要求

虚拟装配结果可以通过以下方式进行评定：

a) 装配模型的干涉或间隙检查；

b) 产品装配单元的装配顺序、装配路径报告，供工艺设计参考；

c) 根据b)的装配顺序和装配路径，对产品装配单元进行装配过程模拟后产生的碰撞、协调性、工艺性等分析报告。

ICS 25.020
J 30

中华人民共和国国家标准

GB/T 26102—2010

计算机辅助工艺设计　导则

Guideline for computer aided process planning

2011-01-10 发布　　　　2011-10-01 实施

中华人民共和国国家质量监督检验检疫总局
中国国家标准化管理委员会　发布

前 言

本标准按照 GB/T 1.1—2009 给出的规则起草。

本标准由全国技术产品文件标准化技术委员会(SAC/TC 146)提出并归口。

本标准起草单位:中机生产力促进中心、北京数码大方科技有限公司、北京科新纪元信息技术有限公司。

本标准主要起草人:丁红宇、桓永兴、奚道云、李岱松、刘静。

计算机辅助工艺设计　导则

1　范围

本标准规定了计算机辅助工艺设计(CAPP)的目标和数据管理要求,及CAPP系统的分类、体系结构、功能要求和集成要求。

本标准适用于装备制造业计算机辅助工艺设计的应用及其软件系统的开发。

2　规范性引用文件

下列文件对于本文件的应用是必不可少的。凡是注日期的引用文件,仅注日期的版本适用于本文件。凡是不注日期的引用文件,其最新版本(包括所有的修改单)适用于本文件。

GB/T 4863—2008　机械制造工艺基本术语

3　术语和定义

下列术语和定义适用于本文件。

3.1

计算机辅助工艺设计　computer aided process planning (CAPP)

利用计算机技术辅助工艺人员完成工艺性审查、工艺方案设计、工艺路线制订、工艺规程设计、工艺定额编制、工艺管理等数字化工艺工作的活动。

3.2

CAPP 系统　CAPP system

进行计算机辅助工艺设计所用到的软件系统。

3.3

工艺数据　process data

在产品工艺设计过程中产生的数据。

[GB/T 4863—2008 中 3.1.38]

3.4

工艺资源　process resource

在产品工艺设计过程中所需要的资源的统称。

注:一般包括实物资源(如加工设备、工艺装备、材料等),知识资源(如专家知识、工艺参数、典型工艺、手册数据、技术规范等)。

3.5

工艺数据模型　process data model

一种用来定义工艺数据常规表示方式的方法,一般用来描述工艺数据本身及其相互关系。

注:CAPP系统通过使用工艺数据模型,对所管理的工艺数据进行重用、变更以及共享。

4 CAPP 的目标

CAPP 的主要目标如下：

——提高工艺设计的效率与质量；

——促进工艺的标准化、规范化；

——促进工艺优化；

——满足产品全生命周期中对工艺设计的要求；

——保证工艺数据的完整性、一致性和可重用性；

——实现工艺知识和经验的积累、共享和管理；

——促进产品的并行设计和协同设计；

——涵盖企业工艺工作的全过程。

5 CAPP 数据管理要求

5.1 总则

工艺数据和工艺资源数据是企业生产制造管理系统的重要基础数据源，企业应按照质量保证体系的要求，利用计算机辅助技术保障工艺数据的一致性、完整性、规范性、及时性、安全性和可追溯性。

5.1.1 数据一致性

a) 工艺数据应该在其产生、发布、使用、变更、废止等全生命周期中保持一致性；

b) 工艺数据应保证单一数据源；

c) 应保证工艺术语、描述的一致性；

d) 应提供工艺数据类型一致性检查。

5.1.2 数据完整性

a) 工艺数据进行修改时，要保证数据库的完整性；

b) 应保证工艺文件的成套性；

c) 应能够为 PDM(Product Data Management，产品数据管理)、ERP(Enterprise Resource Planning，企业资源规划)、MES(Manufacturing Execution System，制造执行系统)等相关软件系统提供相应的数据。

5.1.3 数据规范性

a) 工艺数据应保证其表达的规范性；

b) 应提供数据规范性检查手段。

5.1.4 数据及时性

a) 应保证对所需的工艺数据提供及时、有效的访问手段；

b) 工艺数据在相关部门应及时传递；

c) 由于技术进步对工艺数据进行及时补充和修改。

5.1.5 数据安全性

a) 应对工艺数据的访问进行授权控制；

b) 应提供对数据的备份、恢复机制；

c) 应提供数据访问日志。

5.1.6 数据可追溯性

a) 应能够对工艺数据的产生和更改进行记录和有效控制；

b) 应提供快速查询手段查询所需的工艺数据。

5.2 工艺数据管理要求

a) 对工艺数据的创建、修改、审批、发布、使用等权限进行管理；

b) 对工艺数据的版本、版次、有效性等进行管理。

5.3 工艺资源数据管理要求

a) 按照工艺设计的需要建立企业工艺资源数据库，实现工艺资源数据的分类管理；

b) 支持网络共享，支持工艺设计人员对工艺资源数据的检索和使用，并随着工艺技术进步和工艺设计需要可动态扩充。

6 CAPP 系统分类

6.1 派生式 CAPP 系统

派生式 CAPP 系统是将相似零(部)件归并成零(部)件族，设计时检索出相应零(部)件族的工艺规程，并根据设计对象的具体特征加以修订的 CAPP 系统，也称修订式 CAPP 系统。

6.2 创成式 CAPP 系统

创成式 CAPP 系统是将人们设计工艺过程时的推理和决策方法转换成计算机可以处理的决策逻辑、算法，在使用时由计算机程序采用内部的决策逻辑和算法，依据制造资源信息，自动生成零(部)件的工艺规程的 CAPP 系统，也称生成式 CAPP 系统。

6.3 交互式 CAPP 系统

交互式 CAPP 系统是以人机交互方式进行工艺设计的 CAPP 系统。

6.4 综合式 CAPP 系统

综合式 CAPP 系统是采用人机交互、派生、创成等多种工艺决策技术的 CAPP 系统。

注：本标准提及的 CAPP 系统均指综合式 CAPP 系统。

7 CAPP 系统体系结构

7.1 CAPP 系统体系结构图

CAPP 系统体系结构一般由支撑层、数据层、应用层及表示层构成，如图 1 所示。

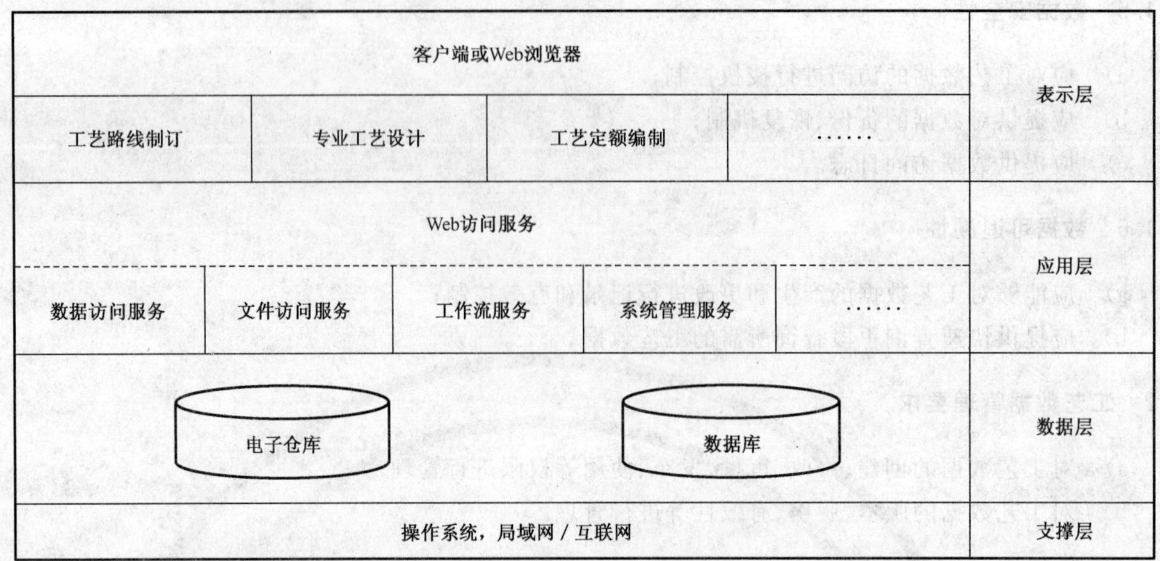

图 1 CAPP 系统体系结构

7.2 支撑层

CAPP 系统可以基于局域网或互联网，在 Windows、Unix 或 Linux 等操作系统环境下运行。

7.3 数据层

CAPP 系统可以基于分布式关系数据库访问结构化的工艺资源和工艺数据，并且具备访问非结构化的工艺文件、图形文件的能力。

7.4 应用层

提供数据访问服务、文件访问服务、工作流服务、系统管理等服务，并可提供 Web 访问服务支持 B/S 应用。

7.5 表示层

根据工艺设计业务需要提供 Web 浏览器和客户端应用等相应的操作界面。

8 CAPP 系统功能要求

8.1 工艺性审查

支持在产品设计过程中及时发现产品及其零(部)件工艺性问题，提出修改建议或意见。

8.2 工艺方案设计

可方便地查询、浏览产品技术方案、设计图样和模型等产品数据，完成工艺方案设计。

8.3 工艺路线制订

能对产品零(部)件等制订工艺路线，进行制造过程分工。

8.4 工艺规程设计

能够设计各类工艺规程。

8.5 工艺定额编制

基于 PBOM(Process Bill of Material,工艺物料清单)编制产品及其零(部)件在制造过程中所需的材料定额及工时定额。

8.6 工艺管理

8.6.1 基于 EBOM(Engineering Bill of Material,工程物料清单)或通过人机交互方式创建 PBOM,并对其进行修改和维护。

8.6.2 提供工艺版本管理功能,主要包括工艺数据和工艺文件的版本管理,并能够确定工艺规程及相关技术文件的有效性。

8.6.3 能够对各类已经生成的工艺文件进行查询、检索、浏览、打印输出。

8.6.4 能根据企业需要进行各种工艺数据的汇总、统计,并生成相关报表等。

8.6.5 能对工艺资源进行分类、表达、收集、存储、检索、发布和应用。

8.6.6 具有工艺工作流程控制与管理功能,实现对各种工艺文件的校对、审核、批准、发放的过程控制。

8.6.7 提供工艺更改管理功能,管理和控制已定版发布的工艺文件的更改过程。

8.6.8 支持现场工艺应用及工艺存档管理。

8.7 系统管理

8.7.1 能够定义用户、角色、工作组,以及划分管理权限。

8.7.2 能够按照工作组、角色、用户权限的不同对工艺数据的创建、修改和使用进行授权。

8.7.3 能够按照企业工艺业务流程建立不同工艺活动的过程模型,确定工艺业务过程节点和各节点的用户角色,满足各类工艺业务活动的管理需要。

8.7.4 能够建立工艺数据模型并进行管理和维护。

8.7.5 能够定制 CAPP 系统所管理的各种工艺文档的模板。

8.7.6 能够进行数据备份管理,除数据库系统已具有功能外,还应该实现产品及其零(部)件工艺数据、车间或工作组工艺数据等的选择性备份和数据恢复功能。

8.7.7 能够按照企业技术文件分类和编码的要求,以及相关标准和规范的要求,对工艺文件、工装设计文件等进行编码管理。

8.7.8 提供系统介绍、使用帮助、功能说明等帮助功能。

9 CAPP 系统集成要求

CAPP 系统应具有数据交换和二次开发接口,支持与其他软件系统(如 PDM、ERP、MES 等)集成,实现数据的共享和重用。

ICS 21.120.20
J 19

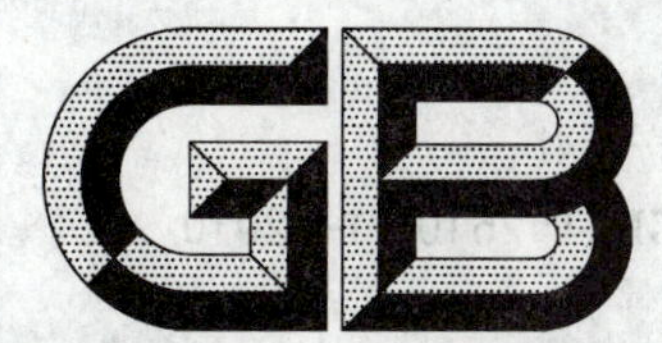

中华人民共和国国家标准

GB/T 26103.1—2010

GⅡCL 型鼓形齿式联轴器

Curved tooth coupling GⅡCL

2011-01-10 发布 2011-10-01 实施

中华人民共和国国家质量监督检验检疫总局
中国国家标准化管理委员会 发布

前　言

GB/T 26103《鼓形齿式联轴器》分为5部分：

——第1部分：GⅡCL型鼓形齿式联轴器；

——第2部分：GⅡCL Z型鼓形齿式联轴器；

——第3部分：GCLD型鼓形齿式联轴器；

——第4部分：NGCL型带制动轮鼓形齿式联轴器；

——第5部分：NGCLZ型带制动轮鼓形齿式联轴器。

本部分为GB/T 26103的第1部分。

本部分由全国机器轴与附件标准化技术委员会(SAC/TC 109)提出并归口。

本部分起草单位：中国第二重型机械集团公司、中机生产力促进中心、河北省冀州市联轴器厂、江苏二传机械有限公司、武汉正通传动技术有限公司。

本部分主要起草人：赵光发、明翠新、刘靖生、任乔圭、余晓锁、邓高见。

GⅡCL 型鼓形齿式联轴器

1 范围

GB/T 26103 的本部分规定了 GⅡCL 型鼓形齿式联轴器(以下简称联轴器)的型式、基本参数和主要尺寸、技术要求、检验规则、标志、包装与贮存等内容。

本部分适用于联接两水平同轴线的传动轴系,并有一定补偿两轴相对位移性能的 GⅡCL 型鼓形齿式联轴器,工作环境温度－20 ℃～＋80 ℃,传递公称转矩为 0.63 kN·m～5 600 kN·m。

2 规范性引用文件

下列文件中的条款通过 GB/T 26103 的本部分的引用而成为本部分的条款。凡是注日期的引用文件,其随后所有的修改单(不包括勘误的内容)或修订版均不适用于本部分,然而,鼓励根据本部分达成协议的各方研究是否可使用这些文件的最新版本。凡是不注日期的引用文件,其最新版本适用于本部分。

GB/T 191 包装储运图示标志(GB/T 191—2008,ISO 780:1997,MOD)

GB/T 1184 形状和位置公差 未注公差值(GB/T 1184—1996,eqv ISO 2768-2:1989)

GB/T 3098.1 紧固件机械性能 螺栓、螺钉和螺柱(GB/T 3098.1—2010,ISO 898-1:2009,MOD)

GB/T 3141 工业液体润滑剂 ISO 粘度分类(GB/T 3141—1994,eqv ISO 3448:1992)

GB/T 3852 联轴器轴孔和联结型式与尺寸

GB/T 4879 防锈包装

GB/T 6388 运输包装收发货标志

GB/T 7324 通用锂基润滑脂

GB/T 10095.1 圆柱齿轮 精度制 第 1 部分:轮齿同侧齿面偏差的定义和允许值(GB/T 10095.1—2008,ISO 1328-1:1995,IDT)

GB/T 10095.2 圆柱齿轮 精度制 第 2 部分:径向综合偏差与径向跳动的定义和允许值(GB/T 10095.2—2008,ISO 1328-2:1997,IDT)

GB/T 13384 机电产品包装通用技术条件

JB/T 5000.15 重型机械通用技术条件 第 15 部分:锻钢件无损探伤

JB/T 6396 大型合金结构钢锻件 技术条件

3 型式、基本参数和主要尺寸

3.1 GⅡCL 型鼓形齿式联轴器的型式、基本参数和主要尺寸应符合图 1、图 2 及表 1 的规定。

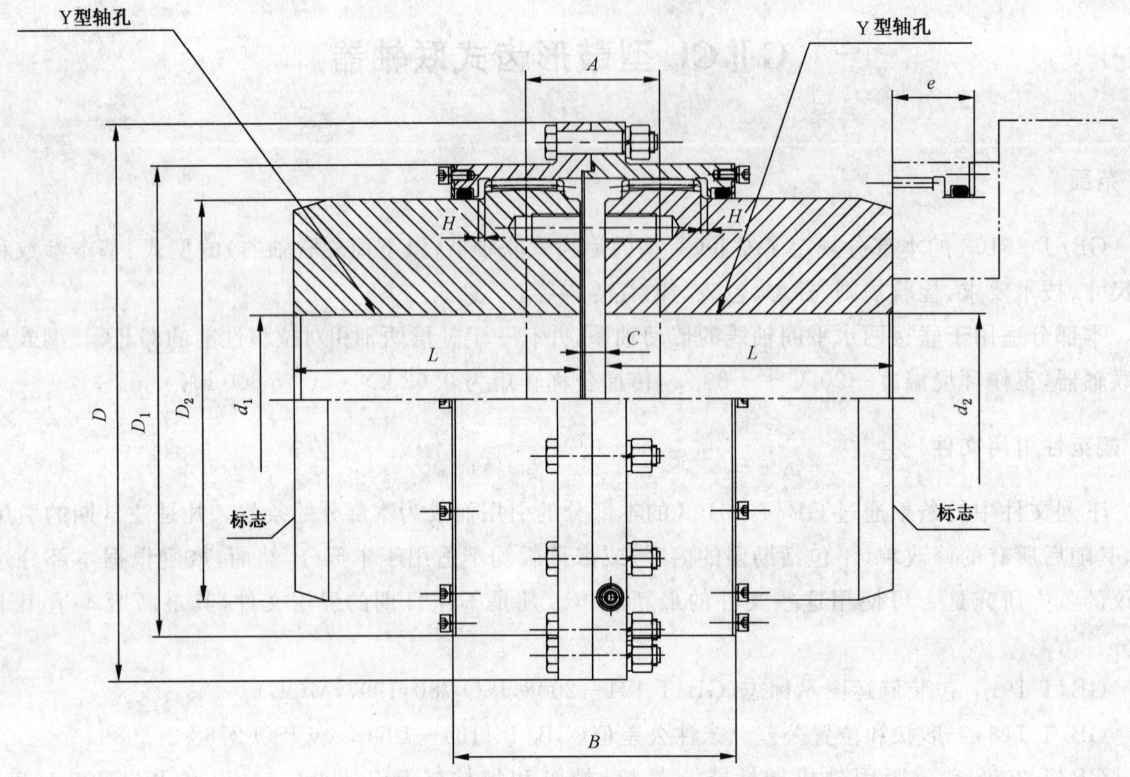

图1 适用于GⅡCL1～GⅡCL13

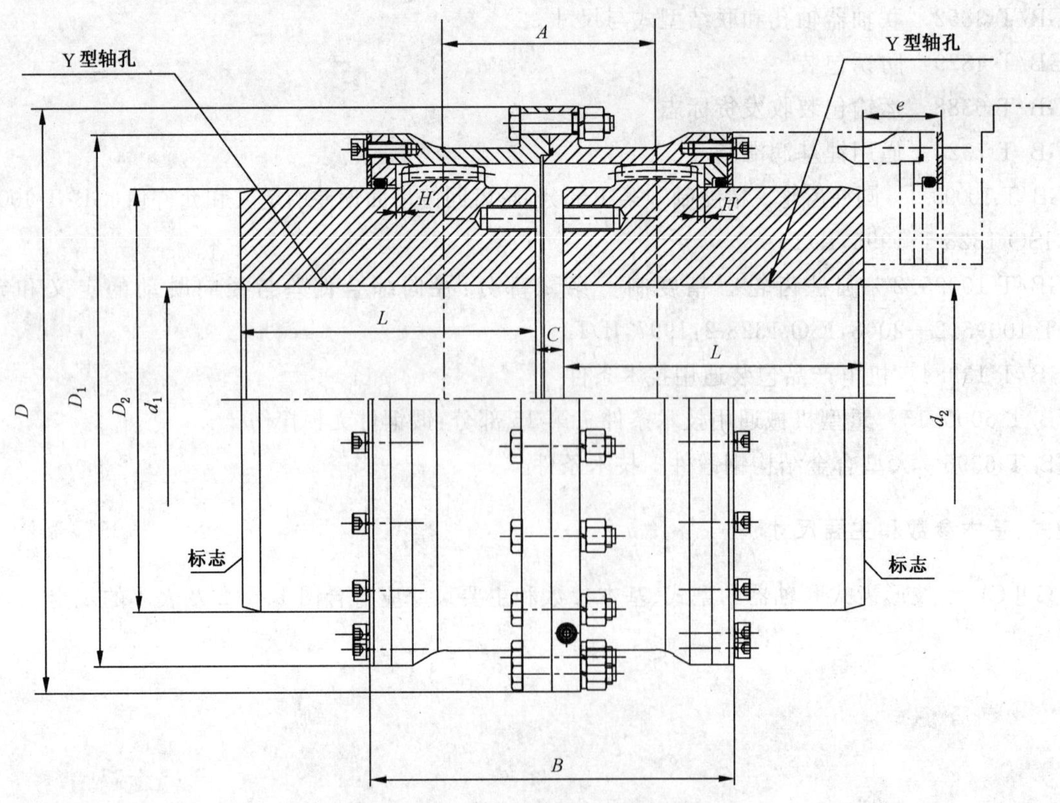

图2 适用于GⅡCL14～GⅡCL25

表 1　GⅡCL 型鼓形齿式联轴器基本参数和主要尺寸

单位为毫米

型号	公称转矩 T_n/(kN·m)	许用转速 [n]/(r/min)	轴孔直径 d_1,d_2	轴孔长度 L Y(长系列)	Y(短系列)	D	D_1	D_2	C	H	A	B	e	转动惯量/(kg·m²)	润滑脂用量/mL	质量/kg
GⅡCL1	0.63	6 500	16,18,19	42	—	103	71	50	8	2.0	36	76	38	0.001 6	51	3.4
			20,22,24	52	38									0.003 0		3.2
			25,28	62	44									0.003 1		3.3
			30,32,35	82	60									0.003 2		3.5
GⅡCL2	1.00	6 000	20,22,24	52	—	115	83	60	8	2.0	42	88	42	0.002 4	70	4.6
			25,28	62	44									0.002 3		4.1
			30,32,35,38	82	60									0.002 4		4.5
			40,42,45	112	84									0.002 5		4.6
GⅡCL3	1.60	5 600	22,24	52	—	127	95	75	8	2.0	44	90	42	0.004 4	68	6.1
			25,28	62	44									0.004 2		5.5
			30,32,35,38	82	60									0.004 5		6.3
			40,42,45,48,50,55,56	112	84									0.010 1		6.9
GⅡCL4	2.80	5 100	38	82	60	149	116	90	8	2.0	49	98	42	0.020 5	87	9.5
			40,42,45,48,50,55,56	112	84									0.022 8		11.3
			60,63,65	142	107									0.023 4		10.5
GⅡCL5	4.50	4 600	40,42,45,48,50,55,56	112	84	167	134	105	10	2.5	55	108	42	0.041 8	125	15.9
			60,63,65,70,71,75	142	107									0.044 4		16.0
GⅡCL6	6.30	4 300	45,48,50,55,56	112	84	187	153	125	10	2.5	56	110	42	0.070 6	148	21.2
			60,63,65,70,71,75	142	107									0.077 7		23.0
			80,85,90	172	132									0.080 9		22.1

表 1（续）

单位为毫米

型号	公称转矩 T_n/(kN·m)	许用转速 [n]/(r/min)	轴孔直径 d_1,d_2	轴孔长度 L		D	D_1	D_2	C	H	A	B	e	转动惯量/(kg·m²)	润滑脂用量/mL	质量/kg
				Y(长系列)	Y(短系列)											
GⅡCL7	8.00	4 000	50,55,56	112	84	204	170	140	10	2.5	60	118	42	0.103	175	27.6
			60,63,65,70,71,75	142	107									0.115		33.1
			80,85,90,95	172	132									0.129 8		39.2
			100,(105)	212	167									0.151		47.5
GⅡCL8	11.20	3 700	55,56	112	84	230	186	155	12	3.0	67	142	47	0.167	268	35.5
			60,63,65,70,71,75	142	107									0.188		42.3
			80,85,90,95	172	132									0.210		49.7
			100,110,(115)	212	167									0.241		60.2
GⅡCL9	18.00	3 350	60,63,65,70,71,75	142	107	256	212	180	12	3.0	69	146	47	0.316	310	55.6
			80,85,90,95	172	132									0.356		65.6
			100,110,120,125	212	167									0.413		79.6
			130,(135)	252	202									0.470		95.8
GⅡCL10	25.00	3 000	65,70,71,75	142	107	287	239	200	14	3.5	78	164	47	0.511	472	72.0
			80,85,90,95	172	132									0.573		84.4
			100,110,120,125	212	167									0.659		101
			130,140,150	252	202									0.745		119
GⅡCL11	35.50	2 700	70,71,75	142	107	325	276	235	14	3.5	81	170	47	1.454	550	97
			80,85,90,95	172	132									1.096		114
			100,110,120,125	212	167									1.235		138
			130,140,150	252	202									1.340		161
			160,170,(175)	302	242									1.588		189

表 1（续）

单位为毫米

型号	公称转矩 T_n/(kN·m)	许用转速 [n]/(r/min)	轴孔直径 d_1,d_2	轴孔长度 L Y(长系列)	轴孔长度 L Y(短系列)	D	D_1	D_2	C	H	A	B	e	转动惯量/(kg·m²)	润滑脂用量/mL	质量/kg
GⅡCL12	56	2 450	75	142	107	362	313	270	16	4.0	89	190	49	1.623	695	128
			80,85,90,95	172	132									1.828		150
			100,110,120,125	212	167									2.113		205
			130,140,150	252	202									2.400		213
			160,170,180	302	242									2.728		248
			190,200	352	282									3.055		285
GⅡCL13	80	2 200	150	252	202	412	350	300	18	4.5	98	208	49	3.951	1 019	222
			160,170,180,(185)	302	242									4.363		246
			190,200,220,(225)	352	282									4.541		242
GⅡCL14	125	2 000	170,180,(185)	302	242	462	420	335	22	5.5	172	296	63	8.025	2 900	421
			190,200,220	352	282									8.800		476
			240,250	410	330									9.275		544
GⅡCL15	180	1 800	190,200,220	352	282	512	470	380	22	5.5	182	316	63	14.300	3 700	608
			240,250,260	410	330									15.850		696
			280,(285)	470	380									17.450		786
GⅡCL16	250	1 600	220	352	282	580	522	430	28	7.0	209	354	67	23.925	4 500	799
			240,250,260	410	330									26.450		913
			280,300,320	470	380									29.100		1 027
GⅡCL17	355	1 400	250,260	410	330	644	582	490	28	7.0	198	364	67	43.095	4 900	1 176
			280,(295),300,320	470	380									47.525		1 322
			340,360,(365)	550	450									53.725		1 352

表 1（续）

单位为毫米

型号	公称转矩 T_n/(kN·m)	许用转速 [n]/(r/min)	轴孔直径 d_1,d_2	轴孔长度 L Y(长系列)	轴孔长度 L Y(短系列)	D	D_1	D_2	C	H	A	B	e	转动惯量/(kg·m²)	润滑脂用量/mL	质量/kg
GⅡCL18	500	1 210	280,(295),300,320	470	380	726	658	540	28	8.0	222	430	75	78.525	7 000	1 698
			340,360,380	550	450									87.750		1 948
			400	650	540									99.500		2 278
GⅡCL19	710	1 050	300,320	470	380	818	748	630	32	8.0	232	440	75	136.750	8 900	2 249
			340,(350),360,380,(390)	550	450									153.750		2 591
			400,420,440,450,460,(470)	650	540									175.500		3 026
GⅡCL20	1 000	910	360,380,(390)	550	450	928	838	720	32	10.5	247	470	75	261.750	11 000	3 384
			400,420,440,450,460,480,500	650	540									299.000		3 984
			530,(540)	800	680									360.750		4 430
GⅡCL21	1 400	800	400,420,440,450,460,480,500	650	540	1 022	928	810	40	11.5	255	490	75	461.600	13 000	3 912
			530,560,600	800	680									449.400		3 754
GⅡCL22	1 800	700	450,460,480,500	650	540	1 134	1 036	915	40	13.0	265	510	75	734.300	16 000	4 970
			530,560,600,630	800	680									837.000		5 408
			670,(680)	—	780									785.400		4 478
GⅡCL23	2 500	610	530,560,600,630	800	680	1 282	1 178	1 030	50	14.5	299	580	80	1 517.00	28 000	10 013
			670,(700),710,750,(770)	—	780									1 725.00	28 000	11 553
GⅡCL24	3 550	500	560,600,630	800	680	1 428	1 322	1 175	50	16.5	317	610	80	2 486.00	33 000	12 915
			670,(700),710,750	—	780									2 838.50		15 015
			800,850	—	880									3 131.75		16 615

表 1（续）

单位为毫米

型号	公称转矩 T_n/(kN·m)	许用转速 [n]/(r/min)	轴孔直径 d_1,d_2	轴孔长度 L		D	D_1	D_2	C	H	A	B	e	转动惯量/(kg·m²)	润滑脂用量/mL	质量/kg
				Y(长系列)	Y(短系列)											
GⅡCL25	5 600	420	670,(700),710,750	—	780	1 644	1 538	1 390	50	19.0	325	620	80	5 082.00	43 000	15 760
			800,850	—	880									5 344.10		15 515
			900,950	—	980									5 484.00		15 054
			1 000,(1 040)	—	1 100									5 615.20		14 513

注 1：表中转动惯量与质量是按 Y(短系列)型轴孔的最小轴径。
注 2：轴孔长度推荐用 Y(短系列)型。
注 3：带括号的轴孔直径新设计时，建议不选用。
注 4：e 为更换密封所需要的尺寸。

3.2 联轴器的轴孔和联结型式及尺寸应符合 GB/T 3852 的规定。轴孔型式组合和键槽型式应符合表 2 的规定。

表 2 轴孔型式组合和键槽型式

联轴器型号	轴孔组合	键槽型式
GⅡCL	$\frac{Y}{Y}$	A、B、B_1、D
		B

3.3 标记与示例

3.3.1 联轴器的标记方法应符合 GB/T 3852 的规定。

3.3.2 标记示例

示例 1:主动端:Y 型轴孔(短系列),A 型键槽,$d_1=55$ mm,$L=84$ mm;从动端:Y 型轴孔(短系列),A 型键槽,$d_2=60$ mm,$L=107$ mm 的 GⅡCL4 型鼓形齿式联轴器,其标记为:

GⅡCL4 联轴器 $\frac{55\times84}{60\times107}$ GB/T 26103.1—2010

示例 2:主动端:Y 型轴孔(长系列),A 型键槽,$d_1=50$ mm,$L=112$ mm;从动端:Y 型轴孔(长系列),A 型键槽,$d_2=50$ mm,$L=112$ mm 的 GⅡCL4 型鼓形齿式联轴器,其标记为:

GⅡCL4 联轴器 50×112 GB/T 26103.1—2010

4 技术要求

4.1 联轴器生产厂必须按照规定程序批准的图样和技术文件进行生产制造。

4.2 联轴器其主要零件的材料应符合表 3 的规定。

表 3 联轴器主要零件的材料

序号	名称	材料	热处理	备注
1	外齿轴套	42CrMo	286 HBS~321 HBS	JB/T 6396
2	内齿圈	42CrMo	269 HBS~302 HBS	JB/T 6396

4.3 联轴器法兰连接铰孔螺栓强度等级按 GB/T 3098.1 规定的 8.8 级。

4.4 外齿轴套及内齿圈应进行无损探伤,并按 JB/T 5000.15 中规定的Ⅲ级验收。

4.5 外齿轴套孔的加工精度为 H7,其表面粗糙度 Ra 不得大于 1.6 μm。

4.6 内齿、外齿精度等级按 GB/T 10095.1 和 GB/T 10095.2 规定的 8 级,其齿啮合面的表面粗糙度 Ra 不得大于 3.2 μm。

4.7 外齿轴套孔的圆柱度按 GB/T 1184 规定的 7 级。

4.8 内齿圈结合端面的端面跳动按 GB/T 1184 规定的 8 级。

4.9 外齿轴套及内齿圈齿顶和分度圆的径向跳动按 GB/T 1184 规定的 7 级。

4.10 外齿轴套的端面跳动和径向跳动按 GB/T 1184 规定的 8 级。

4.11 内齿圈联结螺栓铰孔的位置度公差为孔径公差之半。

4.12 外齿轴套齿宽中心截面的对称度 $\Delta=\pm1$ mm。

4.13 联轴器用润滑油可采用 GB/T 3141 中规定的 N320、N460 或 GB/T 7324 中规定的 ZL-4 润滑脂。

4.14 联轴器在正常工作条件下,每 6 个月换一次润滑油,每半个月检查一次油耗情况,并及时补充。

5 检验规则

5.1 出厂检验

5.1.1 每套联轴器出厂前应按第 4 章和图样的要求进行检验。

5.1.2 每套联轴器均应经制造厂质量检验部门检验合格,并附有产品质量合格证,方可出厂。

5.2 型式检验

系列首制产品或当产品结构、材料、工艺等有较大改变及合同规定时，应进行型式检验。

5.2.1 检验项目

检验项目为第 4 章技术要求的全部内容。

5.2.2 抽样与组批规则

联轴器首批产量小于 10 台时抽检 1 台，10～50 台时抽检 2 台，50 台以上抽检 3 台。首次抽检不合格时加倍，再不合格时全数检验。

6 标志、包装与贮存

6.1 标志

6.1.1 联轴器的两个外齿轴套应按图示部位打上型号标志。

6.1.2 每套联轴器的合格证中应包括：

a) 联轴器名称、型号和标准号；

b) 制造厂名称；

c) 出厂日期；

d) 检验合格标记。

6.2 包装

6.2.1 联轴器清洗干净后，按 GB/T 4879 的规定进行防锈包装。

6.2.2 包装要求按 GB/T 13384 的规定。

6.2.3 联轴器外包装箱上的标志应符合 GB/T 191 和 GB/T 6388 的规定。

6.3 贮存

6.3.1 联轴器应存放在清洁、干燥、通风、避免日晒、雨淋的环境中，存放期内应避免与酸、碱、有机溶剂等物质接触。

6.3.2 在遵守 6.3.1 的情况下，制造厂应保证产品从出厂日起，在一年的贮存期内其性能仍应符合本标准的规定。

附　录　A
（规范性附录）
鼓形齿式联轴器的选用及计算

A.1　联轴器的选用

A.1.1　联轴器应根据使用要求和工作条件选用。
A.1.2　联轴器的两外齿轴套的任一端均可作主、从动端。
A.1.3　联轴器允许正、反转。

A.2　联轴器的转矩计算

A.2.1　联轴器根据工况条件，驱动功率，工作转速、轴伸直径等综合因素进行选择。
A.2.2　计算转矩由式(A.1)求出：

$$T_C = KT = K \times 9.55 \times \frac{P_W}{n} < T_n \qquad \text{(A.1)}$$

式中：
T_C——计算转矩，单位为千牛米(kN·m)；
T——理论转矩，单位为千牛米(kN·m)；
T_n——公称转矩，单位为千牛米(kN·m)，见表1；
P_W——驱动功率，单位为千瓦(kW)；
n——工作转速，单位为转每分钟(r/min)；
K——工况系数，见表 A.1。

A.2.3　转速与角向补偿量的变化对传递转矩的影响，即：

$$T_C \leqslant K_1 \cdot T_n \qquad \text{(A.2)}$$

式中：
K_1——转矩修正系数，由图 A.1 查得。

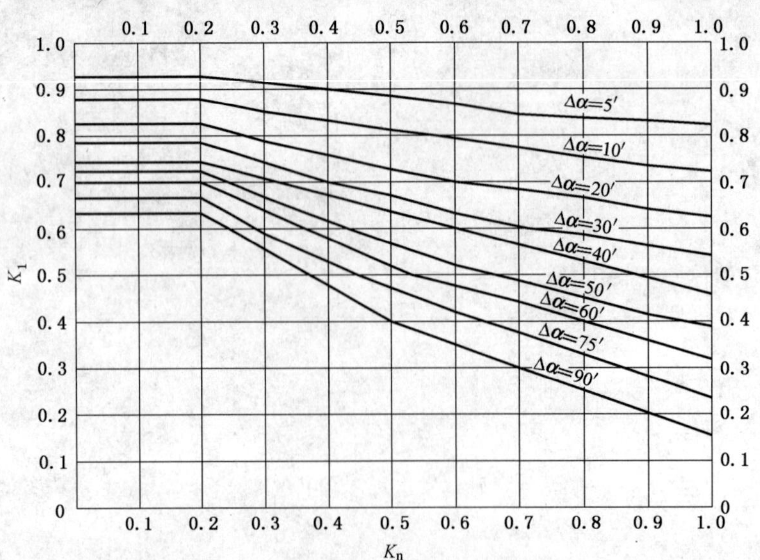

图 A.1　转矩修正系数

图 A.1 中 K_n 见式(A.3)：

$$K_n = \frac{n}{[n]} \qquad \text{(A.3)}$$

式中：

K_n——转速系数；

$[n]$——许用转速，单位为转每分钟(r/min)，见表1。

表 A.1 联轴器的工况系数

工作机械	工况系数 K	工作机械	工况系数 K	工作机械	工况系数 K
挖掘设备		鼓风、通用设备		金属加工设备	
斗轮式挖掘机	2.0	螺旋活塞式鼓风机	1.4	动力轴	1.6
复带式移动链	1.8	鼓风机(轴向和径向)	1.5	板材矫直机	2.0
轨道式移动链	1.6	冷却塔风扇	1.4	锻锤	2.0
空吸泵	1.6	引风机	1.4	剪切机	2.0
铲斗轮	1.8	涡轮鼓风机	1.25	锻造机	1.8
刀盘	2.0	发电机及转换器		冲压机	2.0
回转齿轮机构	1.4	变频器	2.25	研磨、粉碎设备	
绞盘	1.6	发电机	2.0	锤式粉碎机	2.0
采矿、碎石设备		焊接发动机	2.25	球磨机	2.0
破碎机	2.75	橡胶及塑料加工设备		悬挂式滚压机	2.0
回转窑	2.0	挤压机	1.6	冲击式粉碎机	2.0
矿井通风机	2.0	压光机	1.6	棒磨机	2.0
振动器	1.6	搓合机	1.8	挤压粉碎机	2.0
化工设备		混合机	1.8	食品加工机械	
搅拌机(稀液体)	1.25	滚压机	1.8	装罐机	1.25
搅拌机(黏液体)	1.6	木材加工设备		搅拌机	1.4
离心机(轻载)	1.4	剥皮机	1.8	包装机	1.25
离心机(重载)	1.8	刨床	1.4	甘蔗压榨机	1.6
输送设备		锯床	1.4	甘蔗切断机	1.6
输送机	1.8	炼钢设备		甘蔗粉碎机	1.8
平板输送机	1.6	高炉鼓风机	1.4	甜菜切割机	1.6
带式输送机(散装材料)	1.4	转炉	2.5	甜菜清洗机	1.6
小型带式输送机	1.25	倾斜式高炉升降机	2.0	造纸机械	
斗链式输送机	1.4	炉渣破碎机	2.0	多层纸板机	2.0
旋转输送机	1.4	起重设备		上光滚筒	1.8
升降机	1.4	吊杆起落机构	1.5	卷筒	1.8
铲斗式升降机(粉状物)	1.25	行走机构	1.75	搅浆机	1.6
提升机	1.8	提升机构	1.75	压光机	1.6
螺旋输送机	1.4	回转机构	1.75	湿纸滚压机	1.8
钢带输送机	1.4	卷扬机	2.0	纸浆切碎机	1.8

表 A.1（续）

工作机械	工况系数 K	工作机械	工况系数 K	工作机械	工况系数 K
搅拌机	1.8	绕线机	1.6	中厚板轧机	2.5
吸水滚压机	1.6	印花及烘干机	1.6	冷轧机	2.0
吸水辊	1.8	精制桶	1.6	复带式牵引机	1.6
干燥滚筒	2.0	碾光机	1.6	钢坯剪断机	2.5
压力机械		切断机	1.6	冷床	1.4
折叠压力机	1.8	织布机	1.6	输送导辊	1.4
压块机	2.5	压缩机		辊道(轻载)	1.5
曲柄压力机	2.0	往复式压缩机	2.0	辊道(重载)	2.0
锻造压力机	2.25	涡轮式压缩机	1.6	辊式矫直机	2.0
压砖机	2.5	轧制设备		切边机	1.5
泵类		板材剪断机	2.0	切头机	2.0
离心泵(稀液体)	1.25	翻板机	1.6	活套升降机	1.5
离心泵(黏液体)	1.4	板坯机	2.0	轧辊调整装置	1.5
往复式活塞泵	1.8	坯料输送机	1.8	机架辊	3.0
柱塞泵	2.0	板坯推料机	2.0	初轧机	3.0
泥浆泵	1.4	带材及线材卷取机	1.4	中厚板轧机(可逆式)	3.0
真空泵	1.5	除鳞机	1.6		
纺织机械		薄板轧机	1.8		

A.3 联轴器两轴线相对位移

A.3.1 当两轴线无径向位移时，外齿轴套其轴线与内齿圈轴线的许用角向补偿量 $\Delta\alpha$ 和两轴线的最大角向补偿量 $2\Delta\alpha$ 见图 A.2。

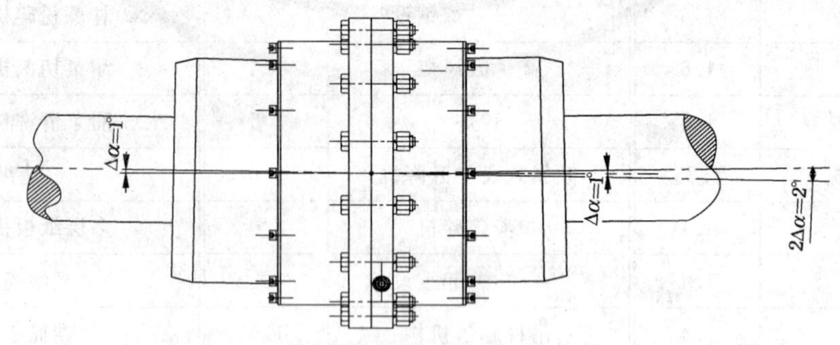

图 A.2

A.3.2 当两轴线无角向位移时，联轴器的许用径向补偿量 ΔY 见图 A.3 和表 A.2。

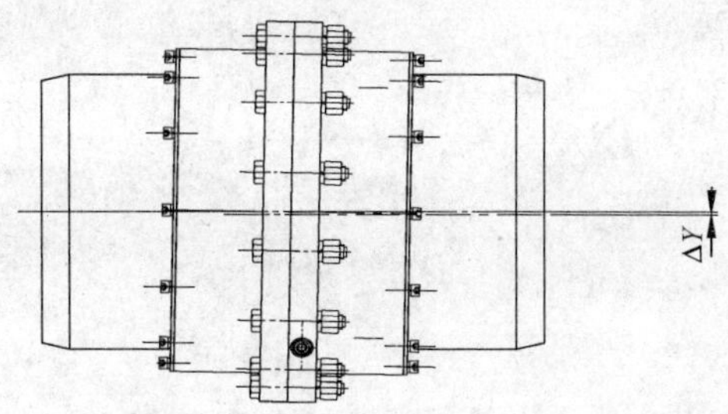

图 A.3

表 A.2 联轴器许用径向补偿量

单位为毫米

联轴器型号	GⅡCL1	GⅡCL2	GⅡCL3 GCLD1	GⅡCL4 GCLD2	GⅡCL5 GCLD3	GⅡCL6 GCLD4	GⅡCL7 GCLD5	GⅡCL8 GCLD6	GⅡCL9 GCLD7
许用径向补偿量 ΔY	0.63	0.72	0.76	0.86	0.96	0.98	1.05	1.16	1.20
联轴器型号	GⅡCL10 GCLD8	GⅡCL11 GCLD9	GⅡCL12 GCLD10	GⅡCL13	GⅡCL14	GⅡCL15	GⅡCL16	GⅡCL17	GⅡCL18
许用径向补偿量 ΔY	1.30	1.40	1.60	1.70	3.00	3.20	3.60	3.70	3.90
联轴器型号	GⅡCL19	GⅡCL20	GⅡCL21	GⅡCL22	GⅡCL23	GⅡCL24	GⅡCL25		
许用径向补偿量 ΔY	4.00	4.30	4.50	4.70	5.20	5.50	5.70		

A.3.3 GⅡCLZ 型联轴器的许用径向补偿量 ΔY 按图 A.4 和式(A.4)。

$$\Delta Y = A\tan\Delta\alpha = A\ \tan 1^\circ = 0.017\,455\,064 \times A \quad \cdots\cdots (A.4)$$

式中：

ΔY——许用径向补偿量，单位为毫米(mm)；

A——两外齿轴套齿宽中心之间的距离，单位为毫米(mm)。

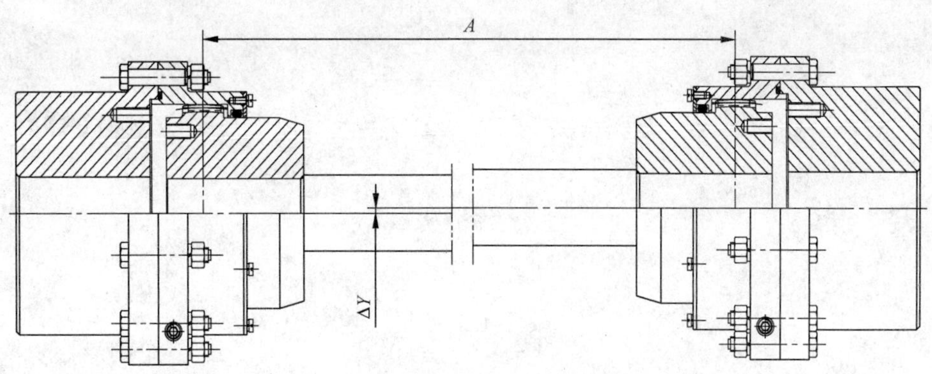

图 A.4

ICS 21.120.20
J 19

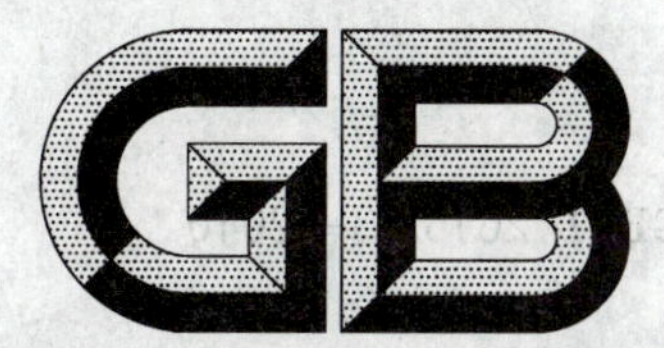

中华人民共和国国家标准

GB/T 26103.3—2010

GCLD 型鼓形齿式联轴器

Curved tooth coupling GCLD

2011-01-10 发布　　　　2011-10-01 实施

中华人民共和国国家质量监督检验检疫总局
中国国家标准化管理委员会　发布

前言

GB/T 26103《鼓形齿式联轴器》分为5部分：

——第1部分：GⅡCL型鼓形齿式联轴器；

——第2部分：GⅡCLZ型鼓形齿式联轴器；

——第3部分：GCLD型鼓形齿式联轴器；

——第4部分：NGCL型带制动轮鼓形齿式联轴器；

——第5部分：NGCLZ型带制动轮鼓形齿式联轴器。

本部分为GB/T 26103的第3部分。

本部分由全国机器轴与附件标准化技术委员会(SAC/TC 109)提出并归口。

本部分起草单位：中国第二重型机械集团公司、中机生产力促进中心、武汉正通传动技术有限公司、河北省冀州联轴器厂。

本部分主要起草人：赵光发、明翠新、余晓锁、刘靖生、邓高见。

GCLD 型鼓形齿式联轴器

1 范围

GB/T 26103 的本部分规定了 GCLD 型鼓形齿式联轴器(以下简称联轴器)的型式、基本参数和主要尺寸 、技术要求、检验规则、标志、包装和贮存等内容。

本部分适用于联接电机与机械水平轴线的传动轴系,并具有一定补偿两轴相对位移性能的 GCLD 型鼓形齿式联轴器,工作环境温度－20 ℃～＋80 ℃,传递公称转矩为 1.60 kN·m ～56.00 kN·m。

2 规范性引用文件

下列文件中的条款通过 GB/T 26103 的本部分的引用而成为本部分的条款。凡是注日期的引用文件,其随后所有的修改单(不包括勘误的内容)或修订版均不适用于本部分,然而,鼓励根据本部分达成协议的各方研究是否可使用这些文件的最新版本。凡是不注日期的引用文件,其最新版本适用于本部分。

GB/T 3852 联轴器轴孔和联结型式与尺寸

GB/T 26103.1—2010 GⅡCL 型鼓形齿式联轴器

3 型式、基本参数和主要尺寸

3.1 联轴器的型式、基本参数和主要尺寸应符合图 1 及表 1 的规定。

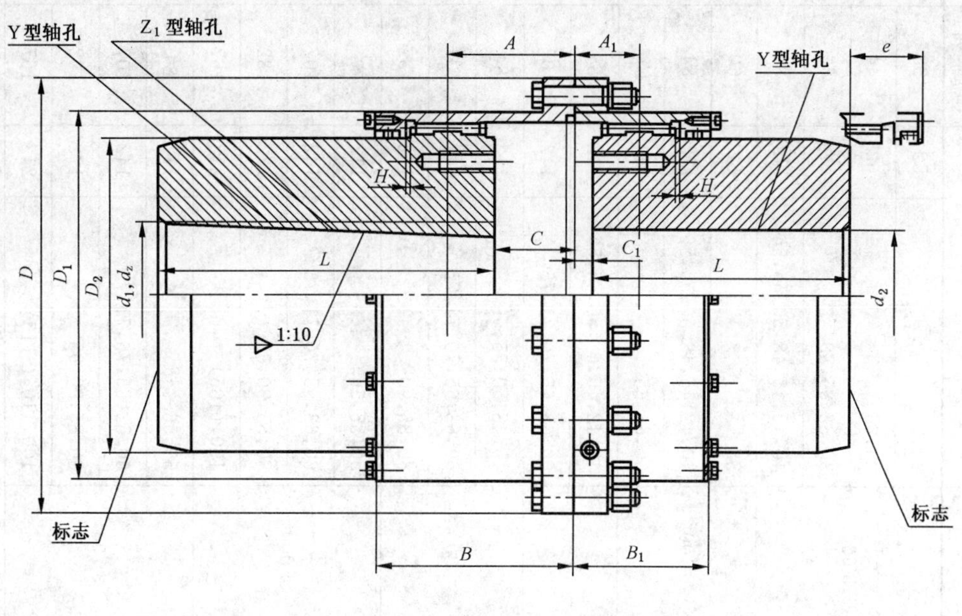

图 1

表 1　GCLD 型鼓形齿式联轴器基本参数和主要尺寸

单位为毫米

型号	公称转矩 T_n/(kN·m)	许用转速 [n]/(r/min)	轴孔直径 d_1,d_2	轴孔长度 L		D	D_1	D_2	C	C_1	H	A	A_1	B	B_1	e	转动惯量/ (kg·m²)	润滑脂用量/mL	质量/kg
				Y	Z_1、Y (短系列)														
GCLD1	1.60	5 600	22,24	52	38	127	95	75	27	4	2.0	43	22	66	45	42	0.008 75	107	6.2
			25,28	62	44												0.010 25		7.2
			30,32,35,38	82	60												0.011		7.8
			40,42,45,48,50,55,56	112	84												0.011 75		9.6
GCLD2	2.80	5 100	38	82	60	149	116	90	26.5	4	2.0	49.5	24.5	70	49	42	0.021 25	137	11.2
			40,42,45,48,50,55,56	112	84												0.024 25		14.0
			60,63,65	142	107				33								0.021 5		16.4
GCLD3	4.50	4 600	40,42,45,48,50,55,56	112	84	167	134	105	33	5	2.5	53.5	27.5	80	54	42	0.040 0	201	17.2
			60,63,65,70,71,75	142	107												0.047 5		22.4
GCLD4	6.30	4 300	45,48,50,55,56	112	84	187	153	125	33.5	5	2.5	54	28	81	55	42	0.072 5	238	25.2
			60,63,65,70,71,75	142	107												0.082 5		26.4
			80,85,90	172	132				38								0.095		35.6
GCLD5	8.00	4 000	50,55,56	112	84	204	170	140	37.5	5	2.5	60	30	89	59	42	0.112 5	298	31.6
			60,63,65,70,71,75	142	107												0.117 5		38.0
			80,85,90,95	172	132												0.145 0		44.6
			100,(105)	212	167				43.5								0.167 4		53.9
GCLD6	11.20	3 700	55,56	112	84	230	186	155	43.5	6	3.0	68.5	33.5	106	71	47	0.187 5	465	40.5
			60,63,65,70,71,75	142	107												0.21		49.8
			80,85,90,95	172	132												0.235		56.3
			100,110,(115)	212	167												0.267 5		67.5

表 1（续）

单位为毫米

型号	公称转矩 T_n/(kN·m)	许用转速 [n]/(r/min)	轴孔直径 d_1,d_2	轴孔长度 L Y	轴孔长度 L Z_1、Y（短系列）	D	D_1	D_2	C	C_1	H	A	A_1	B	B_1	e	转动惯量/(kg·m²)	润滑脂用量/mL	质量/kg
GCLD7	18.00	3 350	60,63,65,70,71,75	142	107	256	212	180	48	6	3.0	73.5	34.5	112	73	47	0.135 75	561	63.9
			80,85,90,95	172	132												0.40		74.7
			100,110,120,125	212	167												0.462 5		88.0
			130,(135)	252	202												0.527 5		106.7
GCLD8	25.00	3 000	65,70,71,75	142	107	287	239	200	40.5	7	3.5	75	39	118	82	47	0.560	734	81.7
			80,85,90,95	172	132												0.627 5		95.5
			100,110,120,125	212	167				48								0.72		114
			130,140,150	252	202												0.812 5		123
GCLD9	35.50	2 700	70,71,75	142	107	325	276	235	49.5	7	3.5	87.5	40.5	132	85	47	1.077 5	956	112
			80,85,90,95	172	132												1.207 5		130
			100,110,120,125	212	167												1.382 5		156
			130,140,150	252	202												1.56		181
			160,170,(175)	302	242				58								1.77		212
GCLD10	56.00	2 450	75	142	107	362	313	270	65	8	4.0	98.5	44.5	149	95	49	1.97	1 320	161
			80,85,90,95	172	132												2.072 5		172
			100,110,120,125	212	167												2.38		206
			130,140,150	252	202												2.562 5		239
			160,170,180	302	242												3.055		280
			190,200,220	352	282				68								3.422 5		319

注 1：表中转动惯量与质量是按 Y(短系列)型轴孔的最小轴径计算的。

注 2：e 为更换密封所需要的尺寸。

注 3：带括号的轴孔直径新设计时，建议不选用。

3.2 联轴器的轴孔和键槽型式及尺寸应符合 GB/T 3852 的规定。其键槽型式有：A、B、B_1、C、D 型；轴孔组合型式有：$\frac{Z_1}{Y}$、$\frac{Y}{Y}$。

3.3 标记

联轴器的标记方法应符合 GB/T 3852 的规定。

标记示例：

示例 1：主动端：Y 型轴孔(长系列)，A 型键槽，$d_1=55$ mm，$L=112$ mm；从动端：Y 型轴孔(短系列)，B_1 型键槽，$d_2=60$ mm，$L=107$ mm 的 GCLD5 型鼓形齿式联轴器，其标记为：

GCLD5 联轴器 $\frac{55\times 112}{B_1 60\times 107}$ GB/T 26103.3—2010

示例 2：主动端：Z_1 型轴孔，C 型键槽，$d_z=100$ mm，$L=167$ mm；从动端：Y 型轴孔(短系列)，A 型键槽，$d_2=120$ mm，$L=167$ mm 的 GCLD9 型鼓形齿式联轴器，其标记为：

GCLD9 联轴器 $\frac{Z_1 C100\times 167}{120\times 167}$ GB/T 20103.3—2010

4 技术要求

联轴器的技术要求按 GB/T 26103.1—2010 中的第 4 章的规定。

5 检验规则

联轴器的检验规则按 GB/T 26103.1—2010 中第 5 章的规定。

6 标志、包装与贮存

联轴器的标志、包装与贮存按 GB/T 26103.1—2010 中第 6 章的规定。

7 选用及计算

联轴器的选用及计算按 GB/T 26103.1—2010 中附录 A(规范性附录)的规定选用与计算。

ICS 21.120.20
J 19

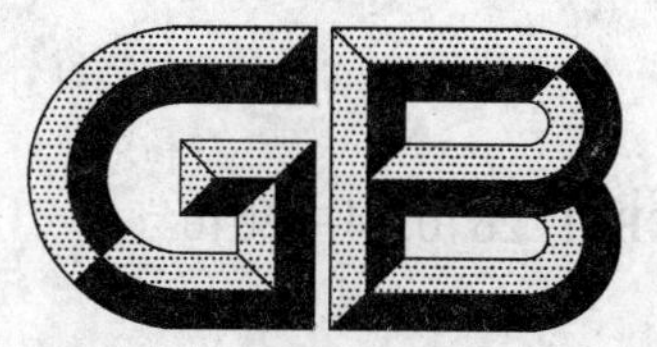

中华人民共和国国家标准

GB/T 26103.4—2010

NGCL 型带制动轮鼓形齿式联轴器

NGCL curved tooth coupling with brake wheel

2011-01-10 发布　　2011-10-01 实施

中华人民共和国国家质量监督检验检疫总局
中国国家标准化管理委员会　发布

前　言

GB/T 26103《鼓形齿式联轴器》分为5部分：

——第1部分：GⅡCL型鼓形齿式联轴器；

——第2部分：GⅡCLZ型鼓形齿式联轴器；

——第3部分：GCLD型鼓形齿式联轴器；

——第4部分：NGCL型带制动轮鼓形齿式联轴器；

——第5部分：NGCLZ型带制动轮鼓形齿式联轴器。

本部分为GB/T 26103的第4部分。

本部分由全国机器轴与附件标准化技术委员会(SAC/TC 109)提出并归口。

本部分起草单位：中机生产力促进中心、中国第二重型机械集团公司、河北省冀州市联轴器厂、武汉正通传动技术有限公司。

本部分主要起草人：明翠新、赵光发、刘靖生、余晓琐、邓高见。

NGCL 型带制动轮鼓形齿式联轴器

1 范围

GB/T 26103 的本部分规定了 NGCL 型带制动轮鼓形齿式联轴器(以下简称联轴器)的型式、基本参数和主要尺寸、技术要求、检验规则、标志、包装与贮存等内容。

本部分适用于联接两水平同轴线的传动轴系,具有一定补偿两轴相对位移性能的 NGCL 型带制动轮鼓形齿式联轴器,工作环境温度 −20 ℃~+80 ℃,传递公称转矩为 0.63 kN·m~125 kN·m。

2 规范性引用文件

下列文件中的条款通过 GB/T 26103 的本部分的引用而成为本部分的条款。凡是注日期的引用文件,其随后所有的修改单(不包括勘误的内容)或修订版均不适用于本部分,然而,鼓励根据本部分达成协议的各方研究是否可使用这些文件的最新版本。凡是不注日期的引用文件,其最新版本适用于本部分。

GB/T 3852 联轴器轴孔和联结型式与尺寸

GB/T 11352 一般工程铸造碳钢件(GB/T 11352—2009,ISO 3755:1991,ISO 4990:2003,MOD)

GB/T 26103.1 GⅡCL 型鼓形齿式联轴器

3 型式、基本参数和主要尺寸

3.1 NGCL 型带制动轮鼓形齿式联轴器有两种结构型式:A 型和 B 型,见图 1 和图 2。

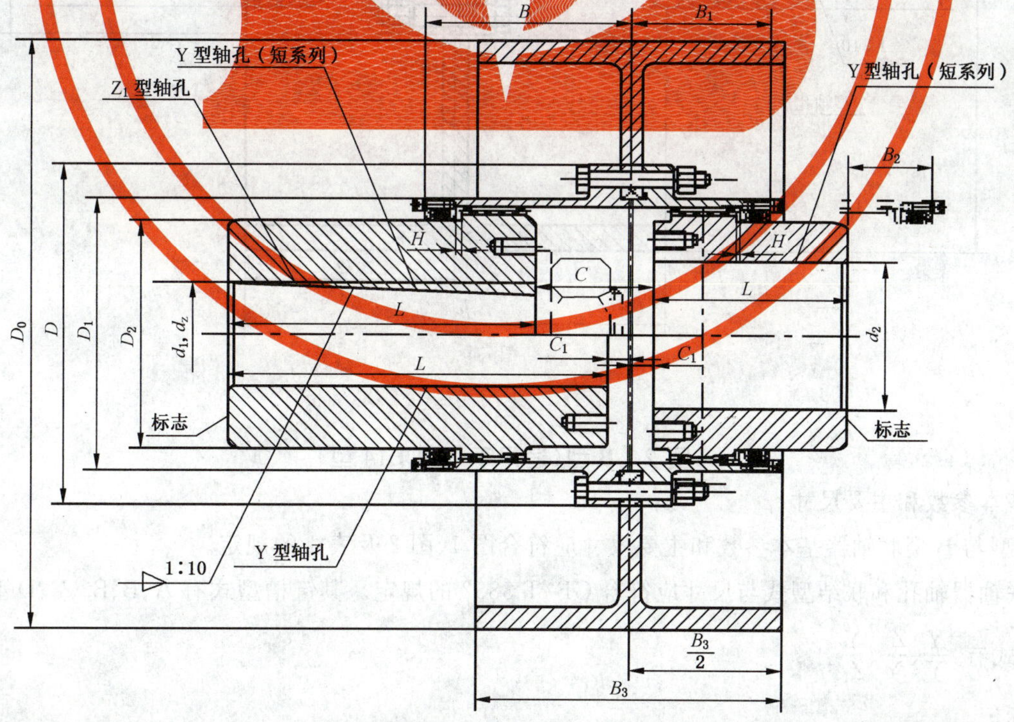

图 1 A 型(适用于 NGCL1~NGCL13 型)

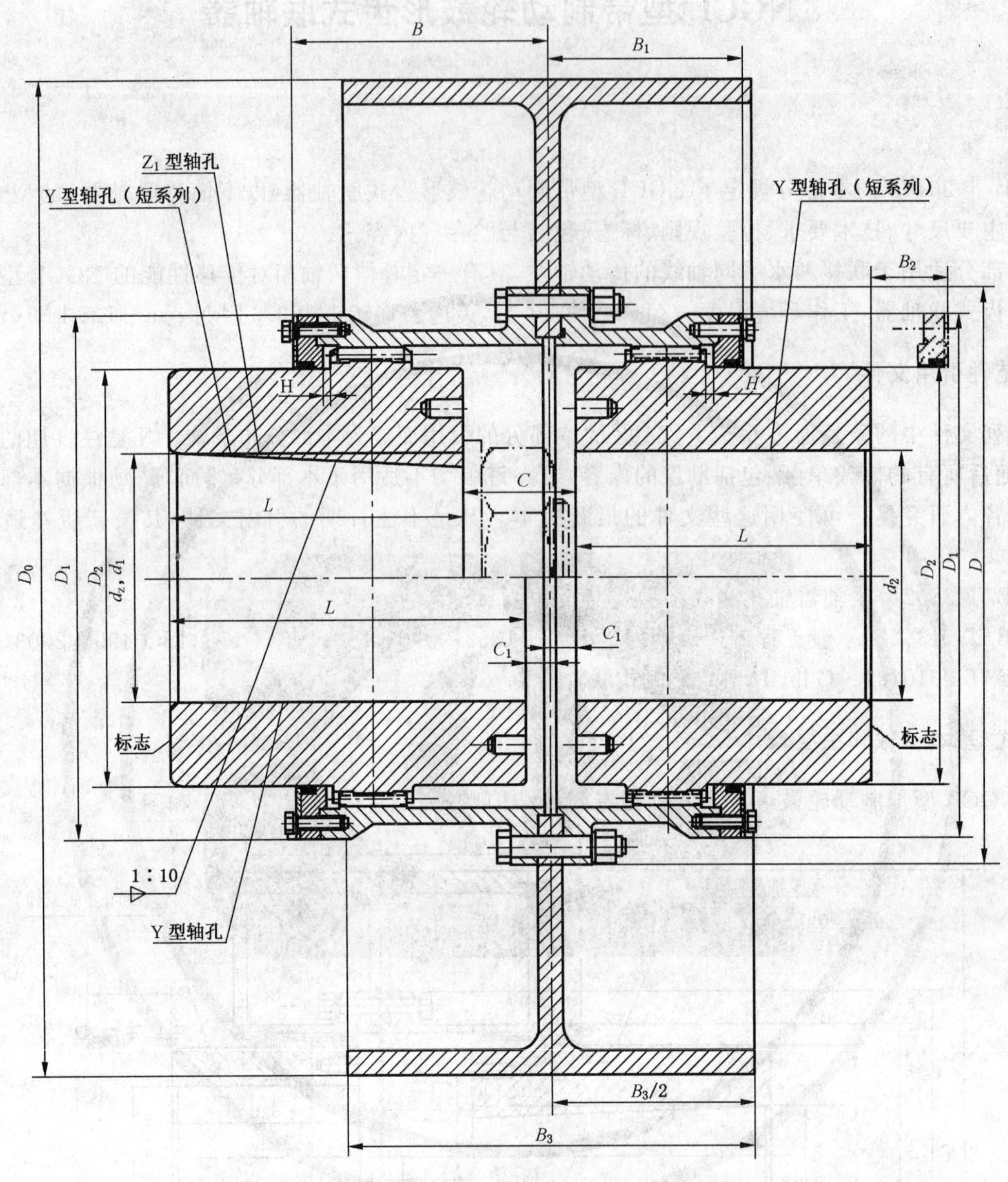

图 2　**B 型(适用于 NGCL14 型)**

3.2　基本参数和主要尺寸

A 型与 B 型联轴器基本参数和主要尺寸应符合图 1、图 2 及表 1 的规定。

3.3　联轴器轴孔和联结型式与尺寸应符合 GB/T 3852 的规定。其键槽型式有 A、B、B_1、C、D 型。轴孔组合型式有：$\frac{Y}{Y}$、$\frac{Z_1}{Y}$、$\frac{Y}{Z_1}$。

3.4　标记

3.4.1　联轴器的标记方法应符合 GB/T 3852 的规定。

3.4.2　标记示例

示例 1：主动端：Z_1 型轴孔，C 型键槽，$d_Z=60$ mm，$L=107$ mm；从动端：Y 型轴孔(短系列)，A 型键槽，$d_2=60$ mm，

L=107 mm 的 NGCL6 型带制动轮鼓形齿式联轴器，其标记为：

NGCL6 联轴器 $\frac{Z_1C60\times107}{60\times107}$ GB/T 26103.4—2010

示例 2：主动端：Y 型轴孔，B 型键槽，d_1=190 mm，L=352 mm；从动端：Y 型轴孔（短系列），B_1 型键槽，d_2=190 mm，L=282 mm 的 NGCL14 型的带制动轮鼓形齿式联轴器，其标记为：

NGCL 14 联轴器 $\frac{B190\times352}{B_1190\times282}$ GB/T 26103.4—2010

示例 3：主动端：Z_1 型轴孔，B 型键槽，d_1=100 mm，L=167 mm；从动端：Y 型轴孔（短系列），B_1 型键槽，d_2=130 mm，L=202 mm 制动轮 $D_0=\phi700$ mm 的 NGCL12 型的带制动轮鼓形齿式联轴器，其标记为：

NGCL 12 联轴器 $\frac{Z_1B100\times167}{B_1130\times202}\times\phi700$ GB/T 26103.4—2010

4 技术要求

4.1 联轴器应符合本标准的要求。并按经规定程序批准的图样和技术文件制造。

4.2 制动轮的材料应符合 GB/T 11352 中规定的 ZG270-500。

4.3 制动轮的轮缘表面淬火硬度 35 HRC～45 HRC，深度为 2 mm～3 mm。

4.4 其他要求可按 GB/T 26103.1 中第 4 章的规定。

5 检验规则

联轴器的检验规则按 GB/T 26103.1 中第 5 章的规定。

6 标志、包装与贮存

联轴器的标志、包装与贮存按 GB/T 26103.1 中第 6 章的规定。

7 选用及计算

联轴器的选用及计算按 GB/T 26103.1 中附录 A（规范性附录）的规定。

表 1　NGCL 型带制动轮鼓形齿式联轴器基本参数和主要尺寸

单位为毫米

型号	公称转矩 T_n/(kN·m)	许用转速 [n]/(r/min)	轴孔直径 d_1,d_2,d_Z	轴孔长度 L Y	轴孔长度 L Z_1、Y（短系列）	D_0	D	D_1	D_2	C	C_1	H	B	B_1	B_2	B_3	转动惯量/(kg·m²)	润滑脂用量/mL	质量/kg
			20,22,24	52	38					22							0.070		7.0
NGCL1	0.63	4 000	25,28	62	44	160	103	71	50	26	8	2.0	56	42	38	68	0.070	51	7.3
			30,32,35	82	60					30							0.071		8.0
			25,28	62	44					26							0.079		9.0
NGCL2	1.00	4 000	30,32,35,38	82	60	160	115	83	60	30	8	2.0	68	48	42	68	0.080	70	9.7
			40,42,45	112	84					36							0.083		11.0
			28	62	44					26							0.181		14.6
NGCL3	1.60	3 800	30,32,35,38	82	60	200	127	95	75	30	8	2.0	70	49	42	85	0.184	107	15.2
			40,42,45,48,50,55,56	112	84					36							0.187		17.0
			38	82	60					30							0.225		18.6
NGCL4	2.80	3 800	40,42,45,48,50,55,56	112	84	200	149	116	90	36	8	2.0	74	53	42	85	0.237	137	21.4
			60,63,65	142	107					43							0.246		23.8
NGCL5	4.50	3 000	40,42,45,48,50,55,56	112	84	250	167	134	105	38	10	2.5	84	59	42	105	0.58	201	31.8
			60,63,65,70,71,75	142	107					45							0.609		34.4
			45,48,50,55,56	112	84					38							0.714		37.2
NGCL6	6.30	3 000	60,63,65,70,71,75	142	107	250	187	153	125	45	10	2.5	85	60	42	105	0.754	238	38.5
			80,85,90	172	132					50							0.795		47.6
			50,55,56	112	84					38							1.170		48.8
NGCL7	8.00	2 400	60,63,65,70,71,75	142	107	315 (300)	204	170	140	45	10	2.5	93	64	42	132	1.234	298	55.2
			80,85,90,95	172	132					50							1.299		61.8
			100	212	167					55							1.388		71.1

表 1（续）

单位为毫米

型号	公称转矩 T_n/(kN·m)	许用转速 [n]/(r/min)	轴孔直径 d_1,d_2,d_Z	轴孔长度 L Y	轴孔长度 L Z_1、Y（短系列）	D_0	D	D_1	D_2	C	C_1	H	B	B_1	B_2	B_3	转动惯量/(kg·m^2)	润滑脂用量/mL	质量/kg
NGCL8	11.20	1 900	55,56	112	84	400	230	186	155	40	12	3.0	112	77	47	168	3.747	465	80.7
			60,63,65,70,71,75	142	107					47							3.841		90.0
			80,85,90,95	172	132					52							3.939		96.5
			100,110	212	167					57							4.072		108
NGCL9	18.00	1 500	60,63,65,70,71,75	142	107	500	256	212	180	48	13	3.0	119	80	47	210	9.427	561	128
			80,85,90,95	172	132					53							9.605		138
			100,110,120, 125	212	167					58							9.847		151
			130	252	202					63							10.109		167
NGCL10	25.00	1 200	65,70,71,75	142	107	630 (600)	287	239	200	50	15	3.5	120	90	47	265	28.238	734	176
			80,85,90,95	172	132					55							28.509		190
			100,110,120, 125	212	167					60							28.879		209
			130,140,150	252	202					65							29.248		237
NGCL11	35.50	1 050	70,71,75	142	107	710 (700)	325	276	235	51	16	3.5	134	94	47	298	44.309	956	257
			80,85,90,95	172	132					56							44.825		275
			100,110,120, 125	212	167					61							45.530		300
			130,140,150	252	202					66							46.235		326
			160,170	302	242					76							47.080		357
NGCL12	56.00	1 050	75	142	107	710 (700)	362	313	270	52	17	4.0	164	104	49	298	47.880	1 320	306
			80,85,90,95	172	132					57							48.290		317
			100,110,120, 125	212	167					62							49.520		351

表 1（续）

单位为毫米

型号	公称转矩 T_n/(kN·m)	许用转速 [n]/(r/min)	轴孔直径 d_1, d_2, d_Z	轴孔长度 L Y	轴孔长度 L Z_1、Y（短系列）	D_0	D	D_1	D_2	C	C_1	H	B	B_1	B_2	B_3	转动惯量/(kg·m²)	润滑脂用量/mL	质量/kg
NGCL12	56.00	1 050	130,140,150	252	202	710 (700)	362	313	270	67	17	4.0	164	104	49	298	50.250	1 320	384
			160,170,180	302	242					77							52.220		425
			190,200	352	282					87							53.690		464
NGCL13	80.00	950	150	252	202	800	412	350	300	68	18	4.5	165	113	49	335	82.700	1 600	490
			160,170,180	302	242					78							84.700		544
			190,200,220	352	282					88							86.670		596
NGCL14	125.00	950	170,180	302	242	800	462	420	335	80	20	5.5	209	157	63	335	99.100	3 500	670
			190,200,220	352	282					90							102.200		736
			240,250	410	330					100							105.900		850

注 1：表中转动惯量与质量是按 Y 型轴孔(短系列)的最小直径计算的。

注 2：当选用 NGCL7、NGCL10、NGCL11、NGCL12 四种型号的带制动轮鼓形齿式联轴器时，需标记制动轮直径。

注 3：B_2 为更换密封所需要的尺寸。

注 4：圆锥轴孔的最大直径至 220 mm。

ICS 21.120.20
J 19

中华人民共和国国家标准

GB/T 26103.5—2010

NGCLZ 型带制动轮鼓形齿式联轴器

NGCLZ curved tooth coupling with brake wheel

2011-01-10 发布　　2011-10-01 实施

中华人民共和国国家质量监督检验检疫总局
中国国家标准化管理委员会　发布

前　言

GB/T 26103《鼓形齿式联轴器》分为5部分：

——第1部分：GⅡCL型鼓形齿式联轴器；

——第2部分：GⅡCLZ型鼓形齿式联轴器；

——第3部分：GCLD型鼓形齿式联轴器；

——第4部分：NGCL型带制动轮鼓形齿式联轴器；

——第5部分：NGCLZ型带制动轮鼓形齿式联轴器。

本部分为GB/T 26103的第5部分。

本部分由全国机器轴与附件标准化技术委员会(SAC/TC 109)提出并归口。

本部分起草单位：中国第二重型机械集团公司、中机生产力促进中心、冀州市联轴器厂、武汉正通传动技术有限公司。

本部分主要起草人：赵光发、明翠新、刘靖生、余晓锁、邓高见。

NGCLZ型带制动轮鼓形齿式联轴器

1 范围

GB/T 26103的本部分规定了NGCLZ型带制动轮鼓形齿式联轴器(以下简称联轴器)的型式、基本参数和主要尺寸、技术要求、检验规则、标志、包装与贮存等内容。

本部分适用于联接两水平同轴线的传动轴系,并具有一定补偿两轴相对位移性能的NGCLZ型带制动轮鼓形齿式联轴器,工作环境温度−20 ℃～+80 ℃,传递公称转矩为0.63 kN·m～125 kN·m。

2 规范性引用文件

下列文件中的条款通过GB/T 26103的本部分的引用而成为本部分的条款。凡是注日期的引用文件,其随后所有的修改单(不包括勘误的内容)或修订版均不适用于本部分,然而,鼓励根据本部分达成协议的各方研究是否可使用这些文件的最新版本。凡是不注日期的引用文件,其最新版本适用于本部分。

GB/T 3852　联轴器轴孔和联结型式与尺寸

GB/T 11352　一般工程用铸造碳钢件(GB/T 11352—2009,ISO 3755:1991,ISO 4990:2003,MOD)

GB/T 26103.1—2010　GⅡCL型鼓形齿式联轴器

3 型式、基本参数和主要尺寸

3.1 NGCLZ型带制动轮鼓形齿式联轴器有两种结构型式:A型和B型,见图1和图2。

3.2 基本参数和主要尺寸

A型与B型联轴器基本参数和主要尺寸应符合图1、图2及表1的规定。

3.3 联轴器轴孔和联结型式与尺寸应符合GB/T 3852的规定。其键槽型式有A、B、B_1、C、D型。轴孔型式组合为:$\frac{Y}{Y}$、$\frac{Z}{Y}$、$\frac{J}{Y}$。

3.4 标记

3.4.1 联轴器的标记方法应符合GB/T 3852的规定。

3.4.2 标记示例:

示例1:主动端:Z型轴孔,C型键槽,$d_Z=50$ mm,$L=84$ mm;从动端:Y型轴孔(短系列),A型键槽,$d_2=55$ mm,$L=84$ mm的NGCLZ5型带制动轮鼓形齿式联轴器,其标记为:

NGCLZ5联轴器　$\frac{ZC50\times84}{55\times84}$　GB/T 26103.5—2010

示例2:主动端:Y型轴孔,B型键槽,$d_1=80$ mm,$L=172$ mm;从动端:Y型轴孔(短系列),A型键槽,$d_2=90$ mm,$L=132$ mm。制动轮直径$\phi600$ mm的NGCLZ10型带制动轮鼓形齿式联轴器,其标记为:

NGCLZ10联轴器　$\frac{B80\times172}{90\times132}\times\phi600$　GB/T 26103.5—2010

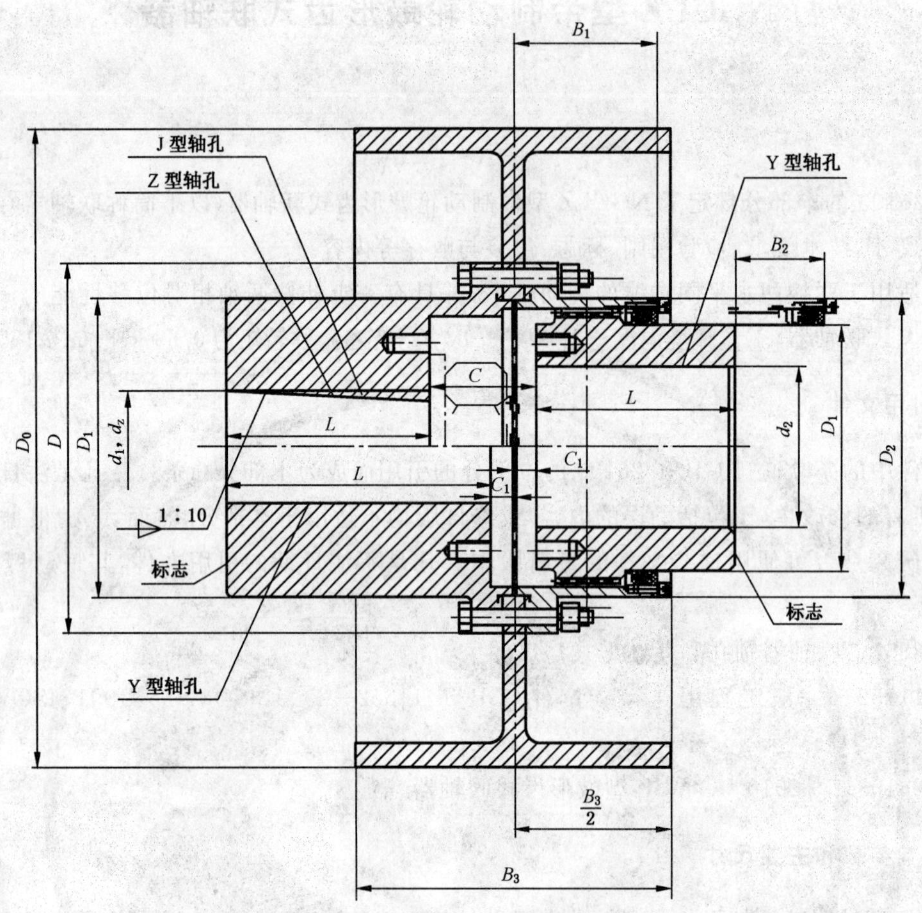

图 1　A 型(适用于 NGCLZ1～NGCLZ13 型)

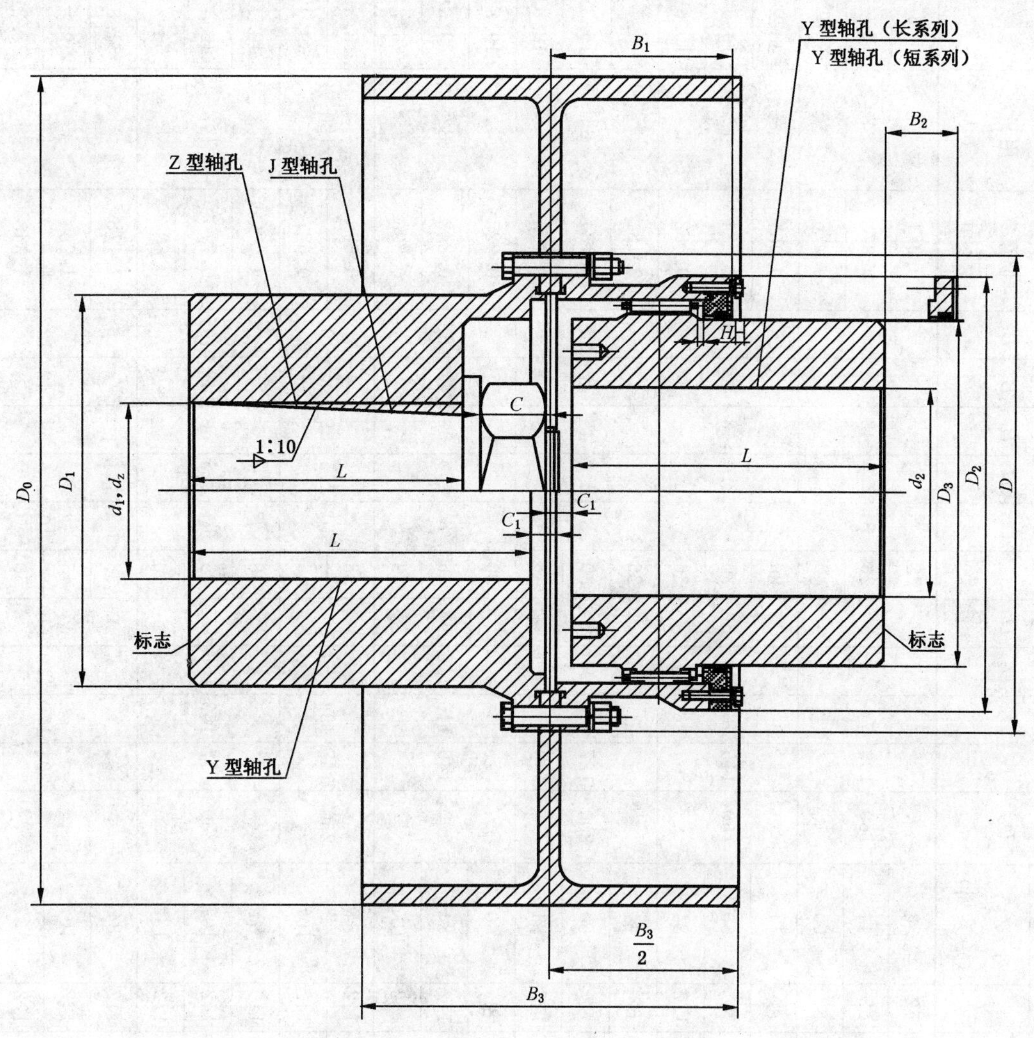

图 2　B 型(适用于 NGCLZ14 型)

4　技术要求

4.1　联轴器应符合本标准的要求,并按经规定程序批准的图样和技术文件制造。

4.2　制动轮的材料应符合 GB/T 11352 中规定的 ZG270-500。

4.3　制动轮的轮缘表面淬火硬度 35 HRC～45 HRC,深度为 2 mm～3 mm。

4.4　其他要求可按 GB/T 26103.1 中第 4 章的规定。

5　检验规则

联轴器的检验规则按 GB/T 26103.1—2010 中第 5 章的规定。

6　标志、包装与贮存

联轴器的标志、包装与贮存按 GB/T 26103.1—2010 中第 6 章的规定。

7　选用及计算

联轴器的选用及计算按 GB/T 26103.1—2010 中附录 A(规范性附录)的规定。

表 1　NGCLZ 型带制动轮鼓形齿式联轴器基本参数和主要尺寸

单位为毫米

型号	公称转矩 T_n/(kN·m)	许用转速 [n] (r/min)	轴孔直径 d_1,d_2,d_Z	轴孔长度 L Y	轴孔长度 L J、Z、Y (短系列)	D_0	D	D_1	D_2	D_3	C	C_1	H	B_1	B_2	B_3	转动惯量/ (kg·m²)	润滑脂用量/ mL	质量/ kg
NGCLZ1	0.63	4 000	20,22,24	52	38	160	103	71	71	50	22	8	2.0	42	38	68	0.071	31	7.3
			25,28	62	44						26						0.072		7.4
			30,32,35	82	60						30						0.076		8.4
NGCLZ2	1.00	4 000	25,28	62	44	160	115	83	83	60	26	8	2.0	48	42	68	0.081	42	9.2
			30,32,35,38	82	60						30						0.084		10.3
			40,42,45	112	84						36						0.088		10.5
NGCLZ3	1.60	3 800	28	62	44	200	127	95	95	75	26	8	2.0	49	42	85	0.181	65	15.1
			30,32,35,38	82	60						30						0.184		16.3
			40,42,45,48,50,55,56	112	84						36						0.193		18.8
NGCLZ4	2.80	3 800	38	82	60	200	149	116	116	90	30	8	2.0	53	42	85	0.225	82	19.8
			40,42,45,48,50,55,56	112	84						36						0.242		23.3
			60,63,65	142	107						43						0.296		26.8
NGCLZ5	4.50	3 000	40,42,45,48,50,55,56	112	84	250	167	134	134	105	38	10	2.5	59	42	105	0.596	120	33.3
			60,63 ,70,71,75	142	107						45						0.627		39.0
NGCLZ6	6.30	3 000	45,48,50,55,56	112	84	250	187	153	153	125	38	10	2.5	60	42	105	0.72	143	40.0
			60,63,65,70,71,75	142	107						45						0.776		46.4
			80,85,90	172	132						50						0.837		53.2
NGCLZ7	8.00	2 400	50,55,56	112	84	315 (300)	204	170	170	140	38	10	2.5	64	42	132	1.178	179	51.8
			60,63,65,70,71,75	142	107						45						1.254		59.8
			80,85,90 ,95	172	132						50						1.348		68.2
			100	212	167						55						1.479		79.6

表 1（续）

单位为毫米

型号	公称转矩 T_n/(kN·m)	许用转速 [n] (r/min)	轴孔直径	轴孔长度 L		D_0	D	D_1	D_2	D_3	C	C_1	H	B_1	B_2	B_3	转动惯量/ (kg·m²)	润滑脂用量/ mL	质量/ kg
			d_1,d_2,d_Z	Y	J、Z、Y (短系列)														
NGCLZ8	11.20	1 900	55,56	112	84	400	230	186	186	155	40	12	3.0	77	47	168	3.734	274	84.0
			60,63,65,70,71,75	142	107						47						3.86		93.1
			80,85,90,95	172	132						52						3.996		104
			100,110	212	167						57						4.187		117
NGCLZ 9	18.00	1 500	60,63,65,70,71,75	142	107	500	256	212	212	180	48	13	3.0	80	47	210	9.427	337	128
			80,85,90,95	172	132						53						9.605		138
			100,110,120, 125	212	167						58						9.847		151
			130	252	202						63						10.109		167
NGCLZ10	25.00	1 200	65,70,71,75	142	107	630 (600)	287	239	239	200	50	15	3.5	90	47	265	29.32	440	184
			80,85,90,95	172	132						55						29.69		200
			100,110,120, 125	212	167						60						30.21		222
			130,140,150	252	202						65						30.74		246
NGCLZ11	35.50	1 050	70,71,75	142	107	710 (700)	325	250	276	235	51	16	3.5	94	47	298	44	574	240
			80,85,90,95	172	132						56						45		262
			100,110,120, 125	212	167						61						45.5		299
			130,140,150	252	202						66						46		326
			160,170	302	242						76						47		361
NGCLZ12	56.00	1 050	75	142	107	710 (700)	362	286	313	270	52	17	4.0	104	49	298	48	792	290
			80,85,90,95	172	132						57						49		317
			100,110,120, 125	212	167						62						50		355
			130,140,150	252	202						67						51		382
			160,170,180	302	242						77						52		443
			190,200	352	282						87						53		470

表 1（续）

单位为毫米

型号	公称转矩 T_n/(kN·m)	许用转速 [n] (r/min)	轴孔直径	轴孔长度 L		D_0	D	D_1	D_2	D_3	C	C_1	H	B_1	B_2	B_3	转动惯量/(kg·m^2)	润滑脂用量/mL	质量/kg
			d_1,d_2,d_Z	Y	J、Z、Y (短系列)														
NGCLZ13	80.00	950	150	252	202	800	412	322	350	300	68	18	4.5	113	49	335	82	960	488
			160,170,180	302	242						78						85		542
			190,200,220	352	282						88						92		598
NGCLZ14	125.00	950	170,180	302	242	800	462	335	420	335	80	20	5.5	157	63	335	95	2 100	638
			190,200,220	352	282						90						98		698
			240,250	410	330						100						102		780

注 1：表中转动惯量与质量是按 Y 型轴孔最小直径计算的。

注 2：当选用 NGCLZ7、NGCLZ10、NGCLZ11、NGCLZ12 四种型号的的带制动轮鼓形齿式联轴器时，需标记制动轮直径。

注 3：B_2 为更换密封所需要的尺寸。

注 4：圆锥轴孔的最大直径至 220 mm。

ICS 21.120.20
J 19

中华人民共和国国家标准

GB/T 26104—2010

WGJ 型接中间轴鼓形齿式联轴器

WGJ Crowned teeth couplings with interconnecting shaft

2011-01-10 发布　　2011-10-01 实施

中华人民共和国国家质量监督检验检疫总局
中国国家标准化管理委员会　发布

前　言

本标准由全国机器轴与附件标准化技术委员会(SAC/TC 109)提出并归口。

本标准起草单位:中国第二重型机械集团公司、中机生产力促进中心、冀州市联轴器厂。

本标准主要起草人:赵光发、明翠新、刘靖生、邓高见。

WGJ 型接中间轴鼓形齿式联轴器

1 范围

本标准规定了 WGJ 型接中间轴鼓形齿式联轴器(以下简称联轴器)的型式、基本参数、主要尺寸和技术要求等。

本标准适用于联接两不同轴线的传动轴系,联轴器回转直径为 ϕ130 mm～ϕ1 000 mm,传递公称转矩为 6.3 kN·m ～3 150 kN·m,有工作负荷时角向位移量 $\Delta\alpha \leqslant \pm 1.5°$,无工作负荷时角向位移量 $\Delta\alpha \leqslant \pm 2°$的 WGJ 型接中间轴鼓形齿式联轴器。

2 规范性引用文件

下列文件中的条款通过本标准的引用而成为本标准的条款。凡是注日期的引用文件,其随后所有的修改单(不包括勘误的内容)或修订版均不适用于本标准,然而,鼓励根据本标准达成协议的各方研究是否可使用这些文件的最新版本。凡是不注日期的引用文件,其最新版本适用于本标准。

GB/T 191 包装储运图示标志(GB/T 191—2008,ISO 780:1997,MOD)

GB/T 1184 形状和位置公差 未注公差值(GB/T 1184—1996,eqv ISO 2768-2:1989)

GB/T 3098.1 紧固件机械性能 螺栓、螺钉和螺柱(GB/T 3098.1—2010,ISO 898-1:2009,MOD)

GB/T 3141 工业液体润滑剂 ISO 粘度分类(GB/T 3141—1994,eqv ISO 3448:1992)

GB/T 3852 联轴器轴孔和联结型式与尺寸

GB/T 4879 防锈包装

GB/T 6388 运输包装收发货标志

GB/T 6403.4 零件倒圆与倒角

GB/T 7324 通用锂基润滑脂

GB/T 10095.1 圆柱齿轮 精度制 第 1 部分:轮齿同侧齿面偏差的定义和允许值(GB/T 10095.1—2008,ISO 1328-1:1995,IDT)

GB/T 10095.2 圆柱齿轮 精度制 第 2 部分:径向综合偏差与径向跳动的定义和允许值(GB/T 10095.2—2008,ISO 1328-2:1997,IDT)

GB/T 13384 机电产品包装通用技术条件

JB/T 5000.15 重型机械通用技术条件 第 15 部分:锻钢件无损探伤

JB/T 6396 大型合金结构钢锻件 技术条件

3 型式、基本参数和主要尺寸

3.1 型式

A 型——基本型,见图 1。

B 型——轴向缓冲型,见图 2。

C 型——内齿圈组合型,适用于 WGJ7～WGJ23,见图 3。

3.2 型号

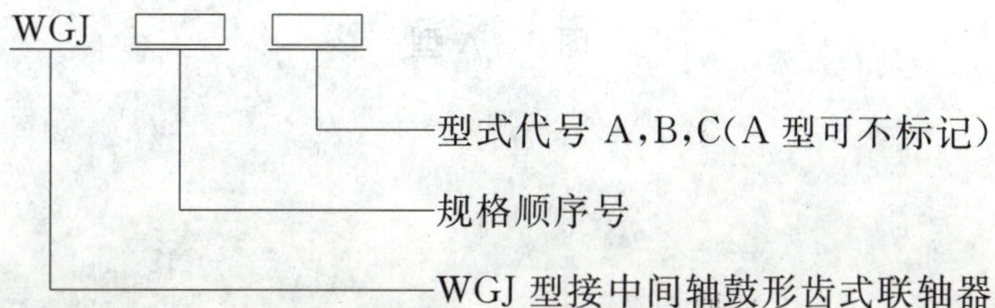

3.3 标记

3.3.1 联轴器的标记方法应符合 GB/T 3852 的规定。

3.3.2 扁形轴孔在标记时应在轴孔直径前加注轴孔代号 BK。

3.3.3 标记示例

示例 1：主动端：J 型轴孔，A 型键槽，$d_1=120$ mm，$L=167$ mm；从动端：扁形轴孔，$d_2=120$ mm，$B=95$ mm，$L=167$ mm，两轴端距离 $L_5=1\ 000$ mm 的 WGJ4A 型联轴器，其标记为：

WGJ4 联轴器 $\dfrac{\text{J}120\times167}{\text{BK}120\times95\times167}\times1\ 000$ GB/T 26104—2010

示例 2：主动端：J 型轴孔，B 型键槽，$d_1=240$ mm，$L=330$ mm；从动端：扁形轴孔，$d_2=240$ mm，$B=180$ mm，$L=330$ mm 两轴端距离 $L_5=1\ 500$ mm 的 WGJ10B 型联轴器，其标记为：

WGJ10B 联轴器 $\dfrac{\text{JB}240\times330}{\text{BK}240\times180\times330}\times1\ 500$ GB/T 26104—2010

3.4 基本参数和主要尺寸

3.4.1 A 型联轴器的基本参数和主要尺寸应符合图 1、表 1 的规定。

3.4.2 B 型联轴器的基本参数和主要尺寸应符合图 2、表 1 的规定。

3.4.3 C 型联轴器的基本参数和主要尺寸应符合图 3、表 1 的规定。

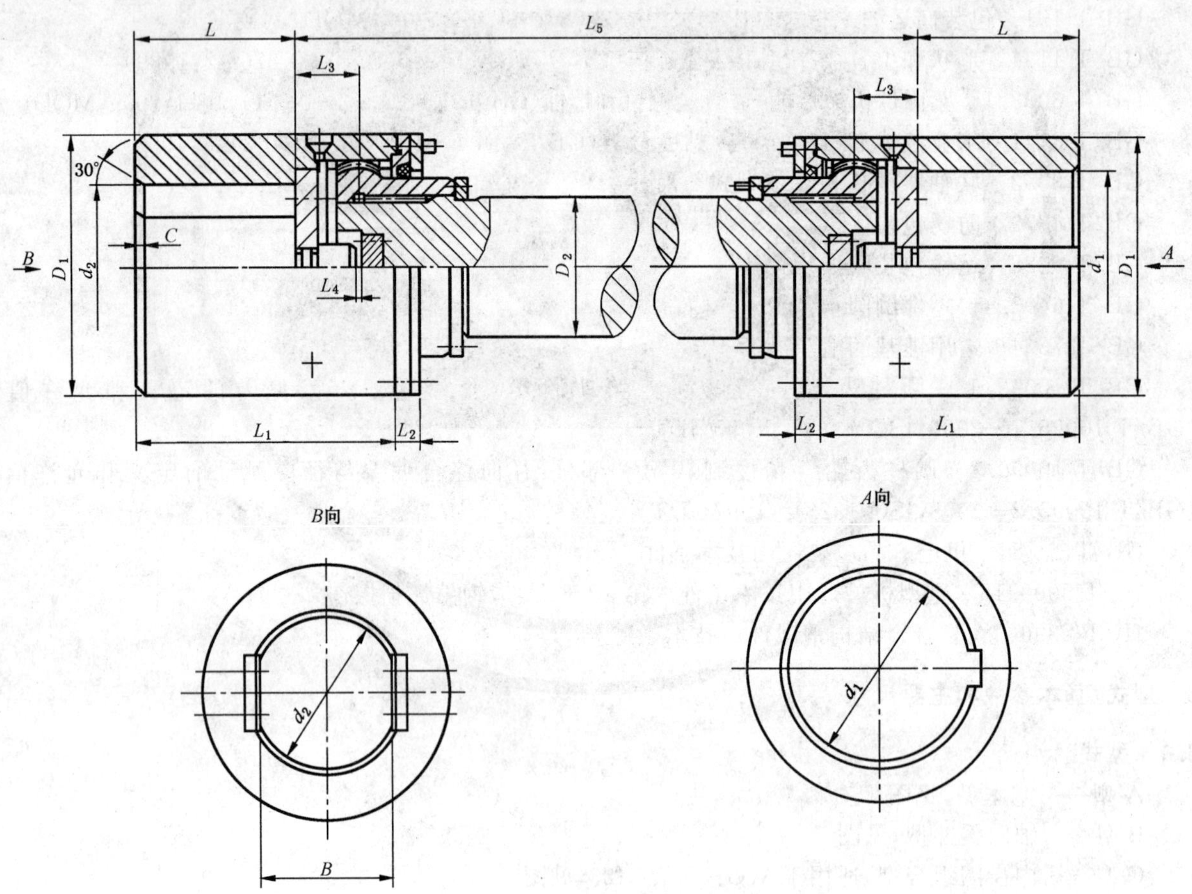

图 1 A型

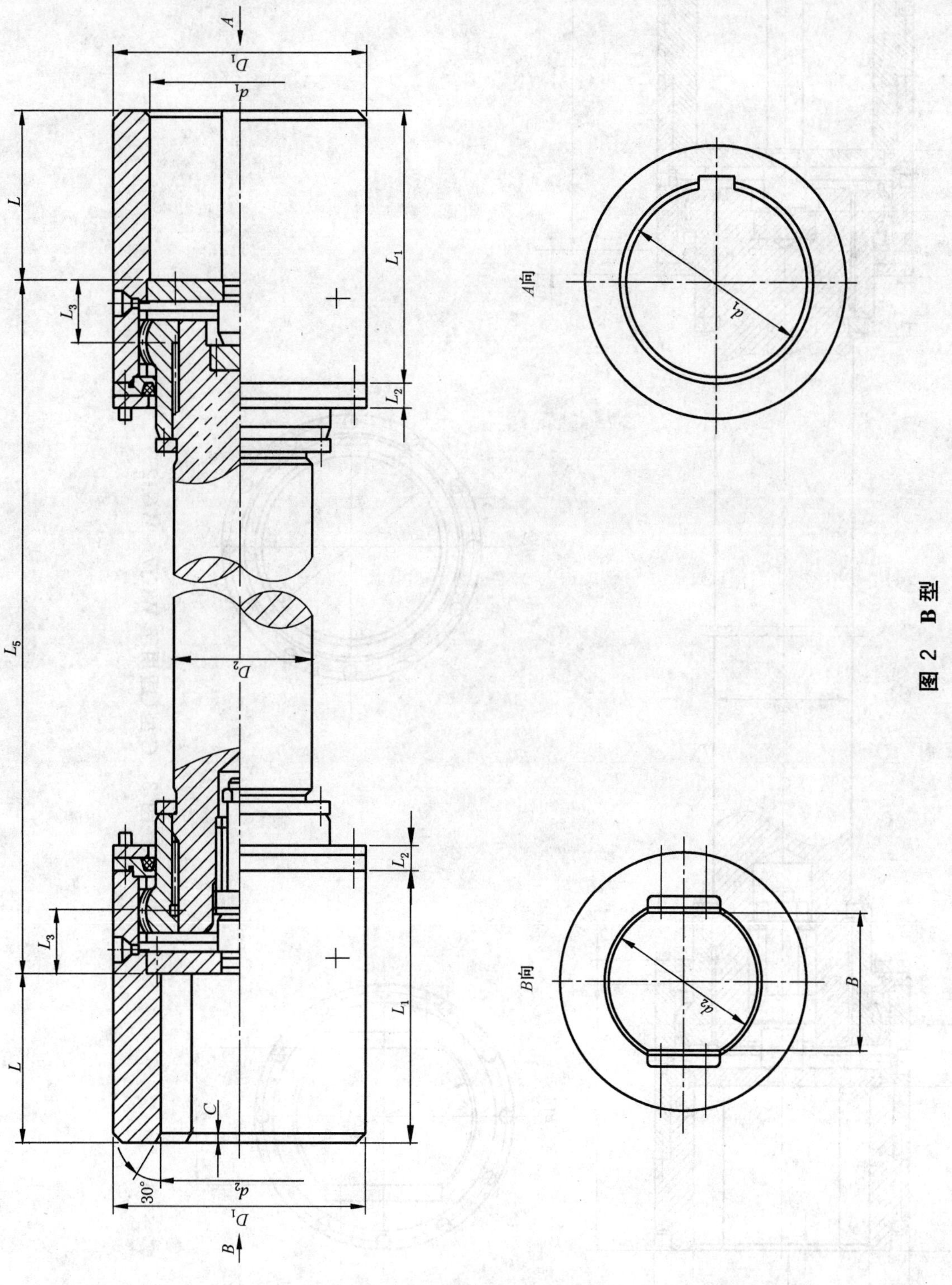

图 2 B型

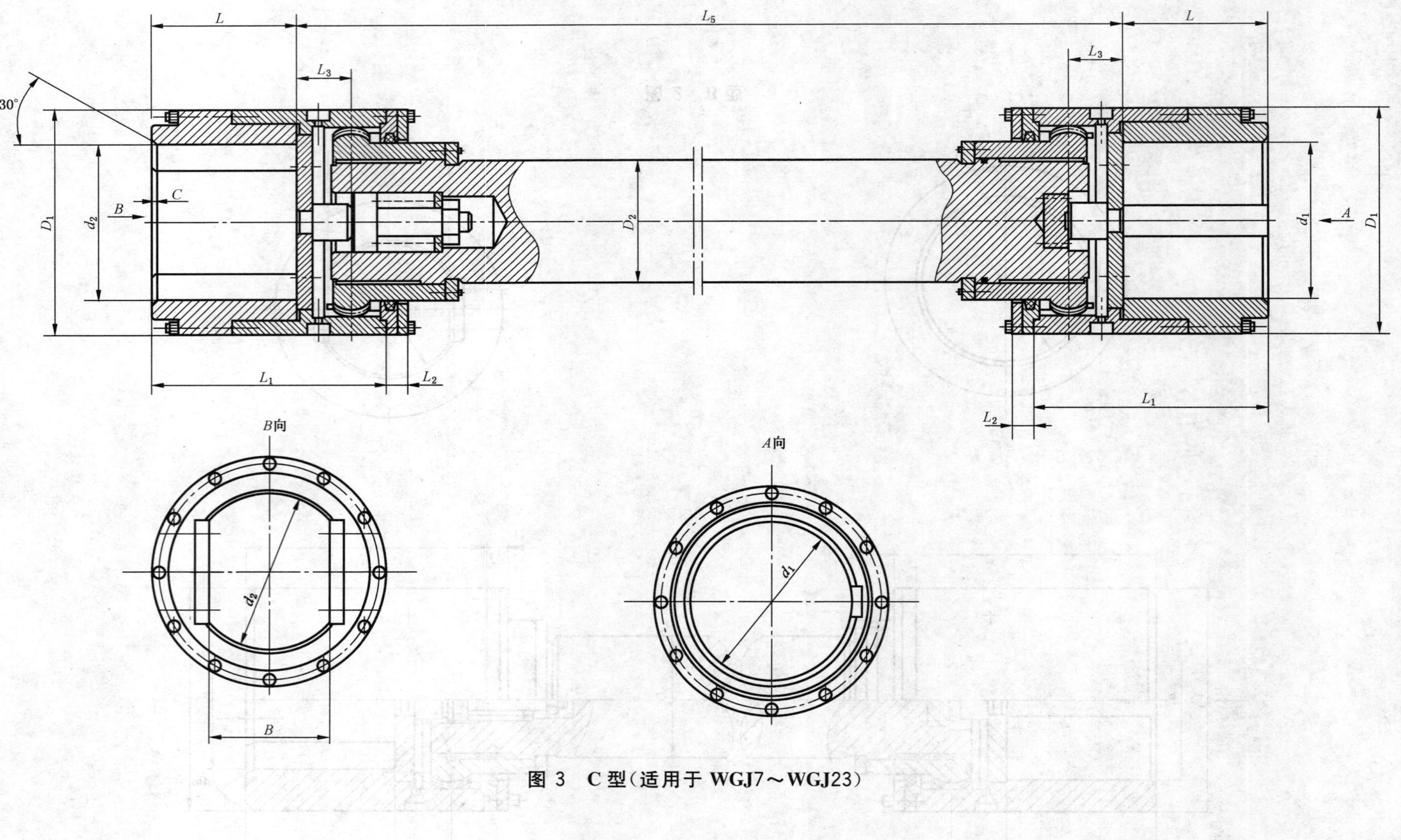

图 3 C 型(适用于 WGJ7～WGJ23)

表 1　WGJ 型(A 型)接中间轴鼓形齿式联轴器基本参数和主要尺寸

单位为毫米

型号	公称转矩 T_n/(kN·m)	圆柱形轴孔尺寸		扁孔形轴孔尺寸			D_1	D_2	D_3	L_1	L_2	L_3	L_4	L_5 min	L_6	C max	质量/kg		转动惯量/(kg·m)		润滑脂用量/mL
		d_1,d_2	L J 型	d_2 max	L max	B max											L_5 min 质量	增长每米的质量	L_5 min 的转动惯量	增长每米的转动惯量	
WGJ1	6.3	60,63	107	80	132	60	130	85	70	170	30	35	90	500	3	8	46	30.2	0.05	0.018	150
		65,70																			
		71,75																			
		80	132							195											
WGJ2	11.2	70,71,75	107	100	167	75	160	110	90	175	30	40	110	500	3	10	76	49.9	0.28	0.05	250
		80,85	132							200											
		90,95																			
		100	167							235											
WGJ3	18	80,85	132	110	167	85	180	120	100	210	32	46	120	600	3	11	105	61.65	0.43	0.07	350
		90,95																			
		100,110	167							245											
WGJ4	25	80,85	132	125	167	95	200	140	110	220	32	50	140	600	3	12	140	74.6	0.73	0.158	450
		90,95																			
		100,110	167							253											
		120,125																			
WGJ5	31.5	90,95	132	140	202	105	230	160	130	225	38	54	160	600	5	14	200	104	1.43	0.22	650
		100,110	167							260											
		120,125																			
		130,140	202							295											

表 1（续）

单位为毫米

型号	公称转矩 T_n/(kN·m)	圆柱形轴孔尺寸		扁孔形轴孔尺寸			D_1	D_2	D_3	L_1	L_2	L_3	L_4	L_5 min	L_6	C max	质量/kg		转动惯量/(kg·m)		润滑脂用量/mL
		d_1,d_2	L J型	d_2 max	L max	B max											L_5 min 质量	增长每米的质量	L_5 min 的转动惯量	增长每米的转动惯量	
WGJ6	50	110,120 130 140,150 160	167 202 242	160	242	120	260	180	140	287 322 362	38	82	180	800	5	16	280	121	2.56	0.296	900
WGJ7	63	140,150 160 170,180 190	202 242 282	190	282	140	280	200	160	336 376 416	38	85	200	800	5	19	380	158	4.26	0.501	1 400
WGJ8	80	160,170 180 190,200	242 282	200	282	160	300	220	180	392 432	44	95	220	1 000	5	20	480	200	6.02	0.81	1 800
WGJ9	220	170,180 190,200 220	242 282	220	282	170	330	230	200	392 432	44	95	230	1 000	5	22	550	247	7.95	1.24	2 100
WGJ10	125	190,200 220 240	282 330	240	330	180	355	250	220	442 490	51	98	250	1 000	5	24	720	298	12.7	1.8	2 500
WGJ11	200	190,200 220 240,250 260	282 330	260	330	200	410	290	240	457 505	51	106	280	1 200	5	26	1 110	355	25.95	2.56	3 000

表 1（续）

单位为毫米

型号	公称转矩 T_n/(kN·m)	圆柱形轴孔尺寸		扁孔形轴孔尺寸			D_1	D_2	D_3	L_1	L_2	L_3	L_4	L_5 min	L_6	C max	质量/kg		转动惯量/(kg·m)		润滑脂用量/mL
		d_1,d_2	L J型	d_2 max	L max	B max											L_5 min 质量	增长每米的质量	L_5 min 的转动惯量	增长每米的转动惯量	
WGJ12	315	240,250	330	300	380	220	460	320	260	518	57	112	300	1 200	6	30	1 480	417	43.43	3.52	4 000
		260																			
		280,300	380							568											
WGJ13	450	280,300	380	340	450	250	510	360	300	596	57	136	340	1 400	6	34	2 020	555	71.76	6.24	5 200
		320																			
		340	450							666											
WGJ14	560	300,320	380	360	450	280	560	400	320	628	64	145	380	1 500	6	36	2 600	631	114.4	8.1	6 500
		340,360	450							698											
WGJ15	710	340,360	450	400	540	300	610	430	350	716	64	160	400	1 500	6	40	3 300	755	178	11.6	8 000
		380																			
		400	540							806											
WGJ16	900	360,380	540	420	650	320	660	460	380	842	64	172	440	1 600	10	42	4 300	890	272	16	10 000
		400,420	680							942											
WGJ17	1 120	400,420	680	460	650	350	710	500	420	964	64	182	480	1 800	10	46	5 500	1 090	392	24	12 000
		440,450																			
		460																			
WGJ18	1 250	420,440	680	500	650	380	760	540	460	990	76	195	520	2 000	10	50	6 700	1 310	553	35	15 000
		450,460																			
		480,500																			
WGJ19	1 600	440,450	680	530	800	400	810	580	500	1 005	76	215	540	2 000	10	53	8 350	1 540	805	48	16 500
		460,480																			
		500																			
		530	780							1 155											

表 1（续）

单位为毫米

型号	公称转矩 T_n/(kN·m)	圆柱形轴孔尺寸 d_1,d_2	圆柱形轴孔尺寸 L J型	扁孔形轴孔尺寸 d_2 max	扁孔形轴孔尺寸 L max	扁孔形轴孔尺寸 B max	D_1	D_2	D_3	L_1	L_2	L_3	L_4	L_5 min	L_6	C max	质量/kg L_5 min 质量	质量/kg 增长每米的质量	转动惯量/(kg·m) L_5 min 的转动惯量	转动惯量/(kg·m) 增长每米的转动惯量	润滑脂用量/mL
WGJ20	2 000	450,460	680	560	800	420	860	600	530	1 031	76	225	560	2 000	10	56	9 500	1 730	1 024	61	18 500
		480,500																			
		530,560	780							1 181											
WGJ21	2 240	480,500	680	600	800	450	910	650	560	1 056	76	236	600	2 500	10	60	11 500	1 930	1 334	75.66	21 000
		530,560	780							1 206											
		600																			
WGJ22	2 800	530,560	780	630	800	480	965	680	600	1 230	82	246	640	2 500	13	63	12 600	2 220	1 621	99.9	24 000
		600,630																			
WGJ23	3 150	560,600	780	670	900	500	1 000	710	630	1 250	82	265	680	2 500	13	67	17 900	2 450	2 579	122	27 000
		630																			
		670	880							1 350											

注 1：质量及转动惯量是按圆柱型最大轴孔直径且中间轴长度 L_5 min 时计算得出的近似值。

注 2：联轴器轴孔型式：一般使用主动端为圆柱形，从动端为扁孔形。如需要两端都可以为圆柱形。

注 3：型号 WGJ1～WGJ15 如需要 Y 型轴伸允许按 GB/T 3852 选用。

注 4：C_{max} 按扁孔直径十分之一取，即 $C=0.1d_2$ 并圆整。

注 5：扁孔形轴孔时，d_2 和 B 的极限公差为 H9。

4 技术要求

4.1 联轴器生产厂必须按照规定程序批准的图样和技术文件进行生产制造。

4.2 联轴器其主要零件的材料应符合表 2 的规定。

表 2 联轴器主要零件的材料

序号	名　称	材　料	热 处 理	备　注
1	外齿轴套	42CrMo	286 HBS～321 HBS	JB/T 6396
2	内齿圈	42CrMo	269 HBS～302 HBS	JB/T 6396

4.3 联轴器法兰连接铰孔螺栓强度等级按 GB/T 3098.1 规定的 8.8 级。

4.4 外齿轴套及内齿圈应进行无损探伤，并按 JB/T 5000.15 中规定的Ⅲ级验收。

4.5 外齿轴套孔的加工精度为 H7，其表面粗糙度 Ra 不得大于 1.6 μm。

4.6 内齿、外齿精度等级按 GB/T 10095.1 和 GB/T 10095.2 规定的 8 级，其齿啮合面的表面粗糙度 Ra 不得大于 3.2 μm。

4.7 外齿轴套孔的圆柱度按 GB/T 1184 规定的 7 级。

4.8 内齿圈结合端面的端面跳动按 GB/T 1184 规定的 8 级。

4.9 外齿轴套及内齿圈齿顶和分度圆的径向跳动按 GB/T 1184 规定的 7 级。

4.10 外齿轴套的端面跳动和径向跳动按 GB/T 1184 规定的 8 级。

4.11 内齿圈联结螺栓铰孔的位置度公差为孔径公差之半。

4.12 外齿轴套齿宽中心截面的对称度 $\Delta=\pm1$ mm。

4.13 联轴器用润滑油可采用 GB/T 3141 中规定的 N320、N460 或 GB/T 7324 中规定的 ZL-4 润滑脂。

4.14 联轴器在正常工作条件下，每 6 个月换一次润滑油，每半个月检查一次油耗情况，并及时补充。

5 检验规则

5.1 出厂检验

5.1.1 每套联轴器出厂前应按第 4 章和图样的要求进行检验。

5.1.2 每套联轴器均应经制造厂质量检验部门检验合格，并附有产品质量合格证，方可出厂。

5.2 型式检验

系列首制产品或当产品结构、材料、工艺等有较大改变及合同规定时，应进行型式检验。

5.2.1 检验项目

检验项目为第 4 章技术要求的全部内容。

5.2.2 抽样与组批规则

联轴器首批产量小于 10 台时抽检 1 台，10 台～50 台时抽检 2 台，50 台以上抽检 3 台。首次抽检不合格时加倍，再不合格时全数检验。

6 标志、包装与贮存

6.1 标志

6.1.1 联轴器的两个外齿轴套应按图示部位打上型号标志。

6.1.2 每套联轴器的合格证中应包括：

a） 联轴器名称、型号和标准号；

b） 制造厂名称；

c） 出厂日期；

d) 检验合格标记。

6.2 包装

6.2.1 联轴器清洗干净后，按 GB/T 4879 的规定进行防锈包装。

6.2.2 包装要求按 GB/T 13384 的规定。

6.2.3 联轴器外包装箱上的标志应符合 GB/T 191 和 GB/T 6388 的规定。

6.3 贮存

6.3.1 联轴器应存放在清洁、干燥、通风、避免日晒、雨淋的环境中，存放期内应避免与酸、碱、有机溶剂等物质接触。

6.3.2 在遵守 6.3.1 的情况下，制造厂应保证产品从出厂日起，在一年的贮存期内其性能仍应符合本标准的规定。

附　录　A
（规范性附录）
WGJ 型接中间轴鼓形齿式联轴器的选用

A.1　联轴器的选用说明

A.1.1　WGJ16～WGJ23 型联轴器允许选用 Y 型轴孔。同一规格的联轴器可根据联接轴伸的不同，按标准任意组合选用。

A.1.2　联轴器轴孔和键槽按 GB/T 3852 的规定。

A.1.3　轴孔直径 d 为 ϕ670 mm 时，其键槽采用 D 型，尺寸见图 A.1、表 A.1。

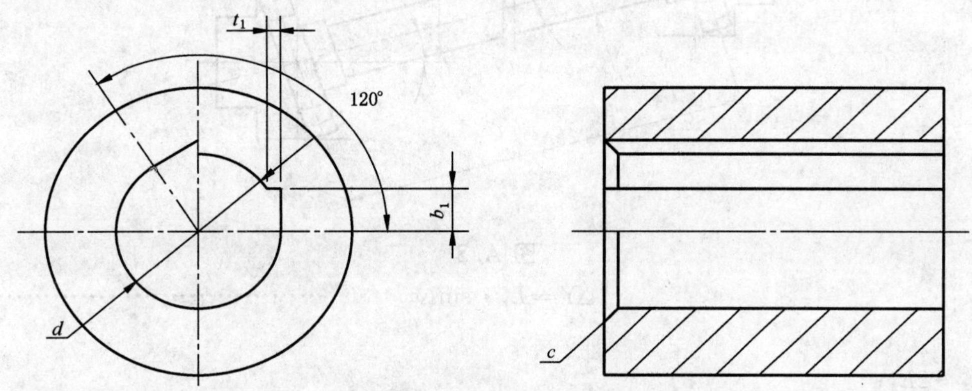

图 A.1

表 A.1

单位为毫米

轴孔直径 d(H7)	键槽深度 t_1	键槽宽度 b_1	倒角 c
$670^{+0.08}_{0}$	$67^{0}_{-0.300}$	201	12

A.1.4　圆柱形轴孔倒角按 GB/T 6403.4 的规定。

A.1.5　联轴器允许正、反转。

A.1.6　选用联轴器必须验算临界转速，推荐临界转速按式(A.1)计算：

$$n_c = 1.195 \times 108 \times \frac{D_2}{L_z^2} \quad \cdots\cdots\cdots\cdots (A.1)$$

式中：

n_c——临界转速，单位为转每分钟(r/min)；

D_2——中间轴直径，单位为毫米(mm)；

L_z——两鼓形齿齿宽中心截面间的距离(即 $L_z = L_5 - 2L_3$)，单位为毫米(mm)。

实际工作转速可按：$n \leqslant 0.75n_c$ 或 $n \geqslant 1.35n_c$。

n 为实际工作转速，单位为转每分钟(r/min)。

A.1.7　当两轴线无径向位移时，有工作载荷时，外齿轴套轴线与内齿圈轴线的许用角向补偿量 $\Delta\alpha_s$ 不大于 1.5°，无工作载荷时许用角向补偿 $\Delta\alpha_s$ 不大于 2°，见图 A.2。

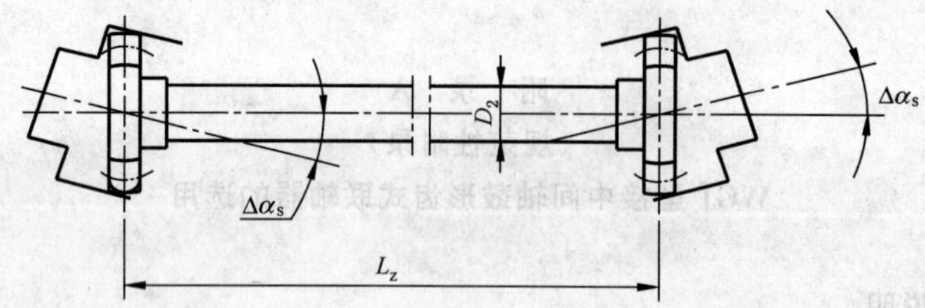

图 A.2

A.1.8 当两轴线无角向位移时,联轴器的许用径向位移量 ΔY(mm)按图 A.3 和式(A.2)计算。

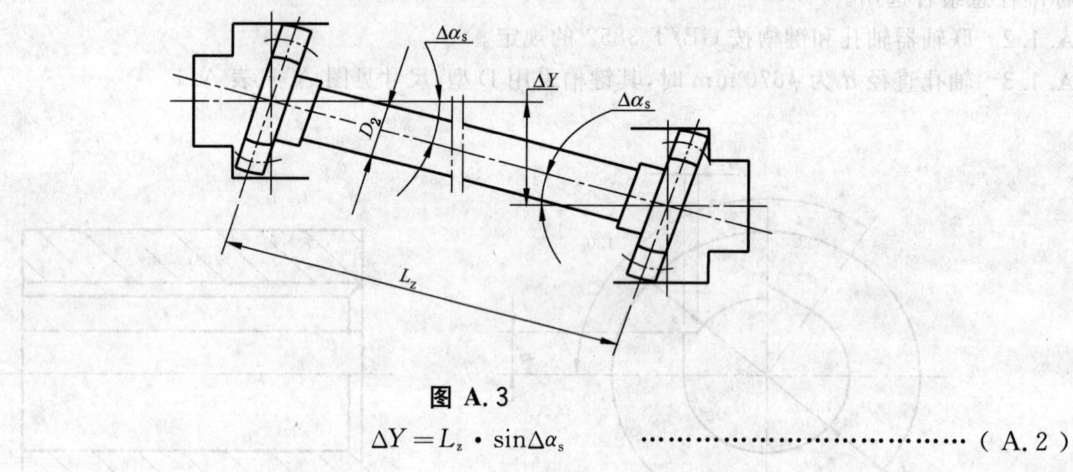

图 A.3

$$\Delta Y = L_z \cdot \sin\Delta\alpha_s \quad \cdots\cdots\cdots\cdots (A.2)$$

式中:

$L_z = L_5 - 2L_3$;

其中 L_3 值见表 1;

$L_5 > L_5 \min$ 时根据需要确定。

A.2 联轴器转矩的计算

联轴器转矩的计算按式(A.3)。

$$T_c = KT/K_1 = K \times 9.55 \times \frac{P_w}{n} \times \frac{1}{K_1} \leqslant T_n \quad \cdots\cdots\cdots\cdots (A.3)$$

式中:

T_c——计算转矩,单位为千牛米(kN·m);

T——理论转矩,单位为千牛米(kN·m);

P_w——驱动功率,单位为千瓦(kW);

n——实际工作转速,单位为转每分钟(r/min);

K——工况系数,见表 A.2;

K_1——承载系数,见表 A.3;

T_n——公称转矩,单位为千牛米(kN·m)。

表 A.2 工况系数

工作机械	工况系数 K	工作机械	工况系数 K
热轧机(可逆式)	2.75	平整轧机	1.5
冷轧机(不可逆式)	1.5	精光轧机	1.5
热轧机(不可逆式)	1.75	—	—

表 A.3 承载系数

承载系数	<0.25°	0.5°	0.75°	1°	1.25°	1.5°
K_1	0.84	0.75	0.68	0.61	0.54	0.49

A.3 联轴器许用转速

联轴器除转矩应满足式(A.3)的要求外，还应按式(A.4)对许用转速修正。

$$[n_1]=f\times[n_2] \quad \cdots\cdots\cdots\cdots (A.4)$$

式中：

$[n_1]$——许用转速，单位为转每分钟(r/min)；

$[n_2]$——公称许用转速，见表 A.4，单位为转每分钟(r/min)；

f——修正系数，见表 A.5。

表 A.4 公称许用转速

联轴器型号	$[n_2]$/(r/min)	联轴器型号	$[n_2]$/(r/min)
WGJ1	5 877	WGJ13	1 498
WGJ2	4 775	WGJ14	1 364
WGJ3	4 244	WGJ15	1 252
WGJ4	3 820	WGJ16	1 158
WGJ5	3 322	WGJ17	1 076
WGJ6	2 938	WGJ18	1 005
WGJ7	2 728	WGJ19	943
WGJ8	2 547	WGJ20	888
WGJ9	2 315	WGJ21	840
WGJ10	2 152	WGJ22	792
WGJ11	1 863	WGJ23	764
WGJ12	1 661	—	—

表 A.5 修正系数

联轴器型号	实际角向位移量 $\Delta\alpha_s$					
	0.25°	0.5°	0.75°	1°	1.25°	1.5°
	f					
WGJ1	1	0.86	0.57	0.43	0.34	0.29
WGJ2	1	0.86	0.57	0.43	0.34	0.29
WGJ3	1	0.82	0.55	0.41	0.33	0.27
WGJ4	1	0.82	0.55	0.41	0.33	0.27
WGJ5	1	0.88	0.59	0.44	0.35	0.29
WGJ6	1	0.86	0.57	0.43	0.34	0.29
WGJ7	1	0.86	0.57	0.43	0.34	0.29
WGJ8	1	0.84	0.56	0.42	0.34	0.28
WGJ9	1	0.86	0.57	0.43	0.34	0.29

表 A.5（续）

联轴器型号	实际角向位移量 $\Delta\alpha_s$					
	0.25°	0.5°	0.75°	1°	1.25°	1.5°
	f					
WGJ10	1	0.86	0.57	0.43	0.34	0.29
WGJ11	1	0.84	0.56	0.42	0.34	0.28
WGJ12	1	0.80	0.53	0.40	0.32	0.27
WGJ13	1	0.80	0.53	0.40	0.32	0.27
WGJ14	1	0.82	0.55	0.41	0.33	0.27
WGJ15	1	0.82	0.55	0.41	0.33	0.27
WGJ16	1	0.82	0.55	0.41	0.33	0.27
WGJ17	1	0.82	0.55	0.41	0.33	0.27
WGJ18	1	0.86	0.57	0.43	0.34	0.29
WGJ19	1	0.84	0.56	0.42	0.34	0.28
WGJ20	1	0.82	0.55	0.41	0.33	0.27
WGJ21	1	0.84	0.56	0.42	0.34	0.28
WGJ22	1	0.82	0.55	0.41	0.33	0.27
WGJ23	1	0.82	0.55	0.41	0.33	0.27

例：如图 A.4 所示，工作载荷时，WGJ6 型联轴器实际角向位移量 $\Delta\alpha_s=0.5°$，$L_5=1\,600$ mm，求许用转速$[n_1]$：

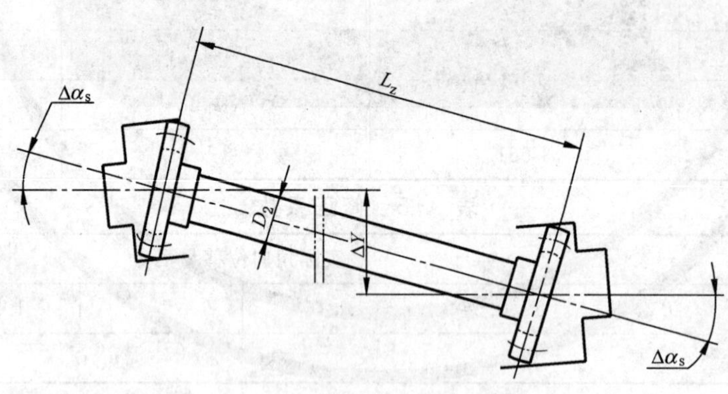

图 A.4

a) 计算联轴器两外齿轴套齿宽中心截面间的距离 L_z：

查表 1，$L_3=82$ mm；

$L_z=L_5-2L_3=1\,600-2\times82=1\,436$ mm。

b) 计算联轴器实际角向位移量 $\Delta\alpha_s$ 时许用转速$[n_1]$：

查表 A.5，当 $\Delta\alpha_s=0.5°$时，$f=0.86$；

查表 A.4，$[n_2]=2\,938$ r/min；

$[n_1]=f\times[n_2]=0.86\times2\,938=2\,526.68$ r/min。

c) 计算联轴器临界转速 n_c：

查表 1,D_2=140 mm;

$n_c=1.195\times108\times\frac{D_2}{L_z^2}=1.195\times108\times\frac{140}{1\,436^2}=8\,113$ r/min;

$0.75n_c=0.75\times8\,113=6\,085$ r/min;

满足。$[n_1]=2\,526.68$ r/min$<0.75n_c$。

ICS 25.220-70
A 29

中华人民共和国国家标准

GB/T 26105—2010

防锈油防锈性能试验 多电极电化学法

Test of rust preventive oil for rust preventing ability—Electrochemical measurement with wire beam electrode

2011-01-10 发布 2011-10-01 实施

中华人民共和国国家质量监督检验检疫总局
中国国家标准化管理委员会 发布

前　言

本标准附录A为规范性附录。

本标准由中国机械工业联合会提出。

本标准由全国金属与非金属覆盖层标准化技术委员会(SAC/TC 57)归口。

本标准起草单位:湖南大学、武汉材料保护研究所、湖南省质量技术监督局、洛阳轴承研究所、长沙展鸿化工有限公司。

本标准主要起草人:靳九成、黄桂芳、陈迪平、王镇道、靳浩、贾建新、成益民、王子君、彭培颖、吴翠兰、朱小莉。

引　言

由于影响防锈油防锈性能的因素很多,单一的多电极电化学快速测试试验不能绝对表示防锈油的防锈性能,所以本标准获得的试验结果不作为被测试样在所有使用环境中防锈性能的直接指南。尽管如此,本标准规定的方法仍可作为比较被测试样防锈性能优劣的一种方法。

防锈油防锈性能试验 多电极电化学法

1 范围

本标准规定了评价防锈油防锈性能试验的多电极电化学测试方法、设备和步骤。

本标准适用于铁基材料上防锈油防锈性能的比较试验。

2 规范性引用文件

下列文件中的条款通过本标准的引用而成为本标准的条款。凡是注日期的引用文件，其随后所有的修改单(不包括勘误的内容)或修订版均不适用于本标准，然而，鼓励根据本标准达成协议的各方研究是否可使用这些文件的最新版本。凡是不注日期的引用文件，其最新版本适用于本标准。

GB/T 678　化学试剂　乙醇(无水乙醇)

GB/T 1266　化学试剂　氯化钠

GB/T 11372　防锈术语

GB/T 15894　化学试剂　石油醚

3 术语和定义

GB/T 11372 所确立的以及下列术语和定义适用于本标准。

3.1

防锈性能　rust preventing ability

防锈油有效保护膜下金属或防止金属发生腐蚀的能力。

3.2

多电极电化学法　electrochemical measurement with wire beam electrode

通过测定多个电极在油中或涂油电极在腐蚀介质中的电化学参数，并利用统计参数来评价防锈油的防锈性能方法。前者称为多电极电化学直测法，后者称为多电极电化学沥干法。

4 原理

常温下涂覆防锈油膜下金属的腐蚀是一个电化学过程。该过程遇到的阻力主要来自极化电阻，其次是液膜或腐蚀介质电阻。该过程遇到的阻力越大，金属的腐蚀速度就越小。在极化电阻大于液膜和腐蚀介质电阻条件下，测得的电阻越大，防锈油的防锈性能就越好。由于防锈油的电化学不均匀性，各电极电阻一般是不同的。低阻区域是防锈油防护的薄弱环节，最先引起膜下金属腐蚀，直接控制着油膜的防锈性能优劣。多电极电化学法通过统计低阻区域电极电阻分布来评价防锈油膜的防锈性能。

5 材料和试剂

5.1 测试探头电极材料

直径 ϕ= 0.9 mm 铁丝(ASTM A853)。

5.2 辅助电极材料

直径 ϕ=18 mm 45# 钢。

5.3 试剂

石油醚(GB/T 15894)，沸程 60 ℃～90 ℃；氯化钠(GB/T 1266)；无水乙醇(GB/T 678)。

6 试验设备

6.1 测试探头

测试探头由 64 根铁丝(ϕ0.9 mm±0.1 mm,表面用 5# 砂纸去表面保护膜、清洗干燥)均匀排列(间距为 2.5 mm),封于环氧树脂中制成(直径 ϕ32.0 mm±0.1 mm、高 H45 mm),如图 1 所示。每根铁丝都是一个独立的电极,与多电极电化学测试仪连接,组成多电极系统的测试探头。

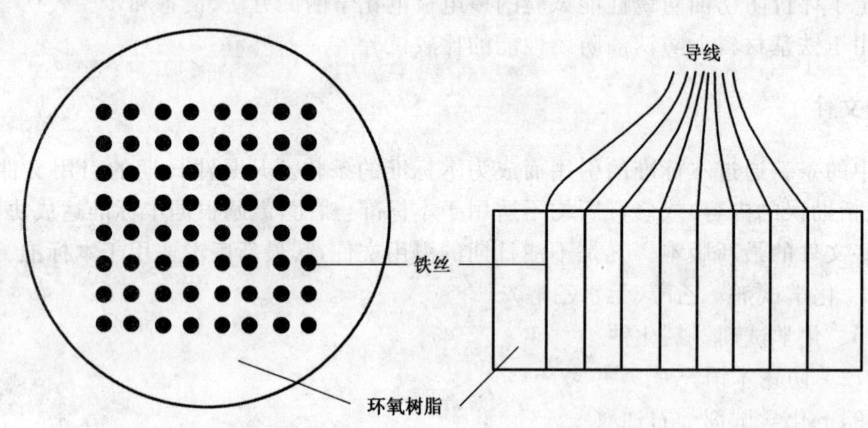

图 1 测试探头的正面图和侧面图

6.2 辅助电极

辅助电极为直径 ϕ=18 mm、长 L=10 mm 的 45# 钢圆片,用环氧树脂封装而成。

6.3 多电极电化学测试仪

多电极电化学测试仪是按照油膜直流电阻和电位测试原理设计的专用仪器,见附录 A。

6.4 测试槽

测试槽为直径 ϕ=50 mm、高 H=50 mm 的一次性聚乙烯塑料杯。

6.5 电源

电源为交流电,220 V,50 Hz。

6.6 超声加速渗透装置

超声加速渗透装置所用超声波强度为 0.250 W/cm^2±0.025 W/cm^2,频率为 30 kHz±3 kHz。

7 制样、测试环境

防锈油油膜的制备和防锈性能测试应在 20 ℃~25 ℃、相对湿度不大于 70%室内环境下进行。

8 多电极电化学沥干法

8.1 测试线路示意图

如图 2 所示,干燥、清洁的测试探头涂油沥干后和辅助电极一起放入 5% NaCl 溶液中测试,测试探头和辅助电极工作面水平平行相向,间距为 8 mm±5 mm。64 个电极经导线分别接入多电极电化学测试仪一端,辅助电极接入多电极电化学测试仪另一端,参考电压源与涂油测试探头、5% NaCl 溶液、辅助电极构成一腐蚀电流回路,测试所得电阻为极化电阻和溶液电阻之和。多电极电化学测试仪对 64 个电极自动巡回检测,可得 64 个电极的电阻分布。

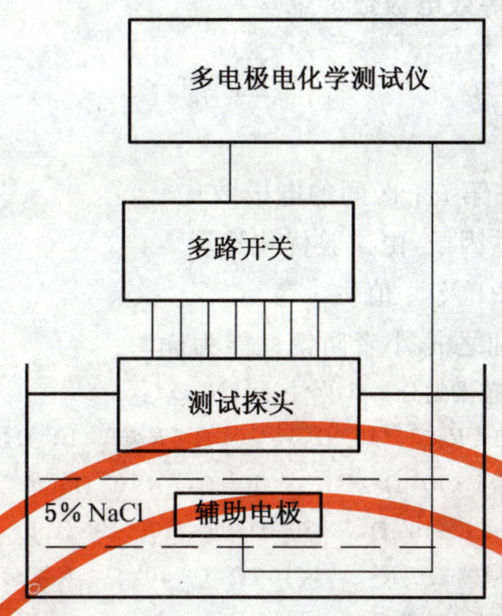

图 2　沥干法试验测试线路示意图

8.2　测试步骤

8.2.1　测试仪的校准

使用前检查测试仪是否处于正常工作状态。校准按仪器说明书进行。

8.2.2　溶液配制

用去离子水或蒸馏水将分析纯氯化钠配制成 pH=7 的 5%氯化钠溶液。溶液 pH 值用氢氧化钠或盐酸调节。

8.2.3　测试探头和辅助电极准备

将 3 对测试探头和辅助电极依次用石油醚脱脂，经 1# ～5# 金相砂纸依次打磨抛光，无水乙醇清洗、干燥后放入干燥器中备用。存放时间超过 1 h，使用时要重新打磨、清洗、干燥。

8.2.4　油膜制备

将探头工作面在待测防锈油中浸泡 1 min 提起，用滤纸或脱脂棉擦去探头侧面防锈油，将探头放于制样柜中，并使工作面处于垂直方位，使油膜自然沥干 24 h，后浸入 5% NaCl 溶液中测试。

8.2.5　试验测试

对制膜后的测试探头和清洁辅助电极逐次浸泡于测试箱中新的 5% NaCl 溶液内（图 2），3 min 后启动测试仪对探头的 64 个电极自动巡回检测。共可得 192 个电阻数据作为评价样本。

8.2.6　超声加速试验

对于防锈性能较强、电化学测试不能立即响应的防锈油，为了加快腐蚀介质对油膜的渗透过程，缩短测试的响应驰豫时间，在室温 20 ℃～25 ℃、5% NaCl 溶液中对油膜体系进行超声加速。每超声 5 min 后再测试，直至防锈油膜有电化学响应。

8.3　防锈性能的 *N*+4 参数评价方法

8.3.1　*T*——超声时间

超声时间是指当防锈油膜有电化学响应所用的总超声时间。超声时间是评价防锈油防锈性能的重要参数。防锈油防锈性能优劣按超声时间比较，超声时间长者防锈性能强。相同超声时间下，按以下 3 参数判别。

8.3.2　*n*——腐蚀介质作用下膜下金属发生腐蚀的等效电极数

8.3.2.1　电极电阻划分为 *N* 个区间

将电极阻值 $R<1\times10^{8}$ Ω 范围划分为 $(N-1)$ 个区间，加上 $R\geqslant1\times10^{8}$ Ω 共 N 个区间。N 的大小根据评价分辨率要求选择，$N\geqslant6$。

8.3.2.2 **n——金属发生腐蚀的等效电极数**

$$n=\sum_{i=1}^{N}\alpha_i n_i \quad \cdots\cdots(1)$$

式中：

n_i——192 个电极阻值分布在第 i 个区间的电极数；

α_i——第 i 个区间的腐蚀权重因子，由试验优化选取。

本标准依大量试验给出 $N=21$ 及 α_i 值供参考。

在 T 相同条件下，比较防锈油之 n，小者防锈性能为优。

示例 1：测试仪软件将电极阻值 R 范围划分为 21 个区间，$N=21$：

$1\times10^3\ \Omega\leqslant R<3\times10^3\ \Omega$，$3\times10^3\ \Omega\leqslant R<5\times10^3\ \Omega$，$5\times10^3\ \Omega\leqslant R<7\times10^3\ \Omega$，$7\times10^3\ \Omega\leqslant R<10\times10^3\ \Omega$，$1\times10^4\ \Omega\leqslant R<3\times10^4\ \Omega$，$3\times10^4\ \Omega\leqslant R<5\times10^4\ \Omega$，$5\times10^4\ \Omega\leqslant R<7\times10^4\ \Omega$，$7\times10^4\ \Omega\leqslant R<10\times10^4\ \Omega$，$1\times10^5\ \Omega\leqslant R<3\times10^5\ \Omega$，$3\times10^5\ \Omega\leqslant R<5\times10^5\ \Omega$，$5\times10^5\ \Omega\leqslant R<7\times10^5\ \Omega$，$7\times10^5\ \Omega\leqslant R<10\times10^5\ \Omega$，$1\times10^6\ \Omega\leqslant R<3\times10^6\ \Omega$，$3\times10^6\ \Omega\leqslant R<5\times10^6\ \Omega$，$5\times10^6\ \Omega\leqslant R<7\times10^6\ \Omega$，$7\times10^6\ \Omega\leqslant R<10\times10^6\ \Omega$，$1\times10^7\ \Omega\leqslant R<3\times10^7\ \Omega$，$3\times10^7\ \Omega\leqslant R<5\times10^7\ \Omega$，$5\times10^7\ \Omega\leqslant R<7\times10^7\ \Omega$，$7\times10^7\ \Omega\leqslant R<10\times10^7\ \Omega$，$1\times10^8\ \Omega\leqslant R$。

示例 2：与将电极阻值 R 范围划分为 21 个区间相对应，式中

$$n=\sum_{i=1}^{21}\alpha_i n_i$$

α_i 依次选取为 1.00，0.95，0.90，0.84，0.79，0.74，0.69，0.63，0.58，0.53，0.48，0.42，0.37，0.32，0.27，0.21，0.16，0.11，0.06，0.01，0(近似)。

在所测三个探头测试数据 n 中，若 $\frac{\Delta n_{\max}}{64}>25\%$，需重测。

8.3.3 **$\overline{\lg R}$——192 个电极电阻对数平均值**

$$\overline{\lg R}=\frac{\sum_{i=1}^{192}\lg R_i}{192} \quad \cdots\cdots(2)$$

式中：

R_i——第 i 个电极的电极电阻。

$\overline{\lg R}$反映防锈油的平均防锈能力。

在 T、n 相同条件下，比较$\overline{\lg R}$，大者为优。

8.3.4 **σ——192 个电极电阻对数值的均方差**

$$\sigma=\sqrt{\frac{\sum_{i=1}^{192}(\lg R_i-\overline{\lg R})^2}{191}} \quad \cdots\cdots(3)$$

σ 反映油膜 192 个电极小区防锈能力的离散度或不均匀性。在以上参数相同条件下，比较 σ，σ 小者为优。

9 多电极电化学直测法

9.1 测试线路示意图

如图 3 所示，干燥、清洁的测试探头和辅助电极工作面水平平行相向，完全浸入到防锈油中，间距为 8 mm±2 mm。测试探头 64 个电极经导线分别接入多电极电化学测试仪一端，辅助电极接入多电极电化学测试仪另一端，参考电压源与测试探头、防锈油、辅助电极构成一腐蚀电流回路，测试所得电阻为电极吸附膜极化电阻和油液电阻之和。多电极电化学测试仪对 64 个电极自动巡回检测，可得 64 个电极的电阻分布。

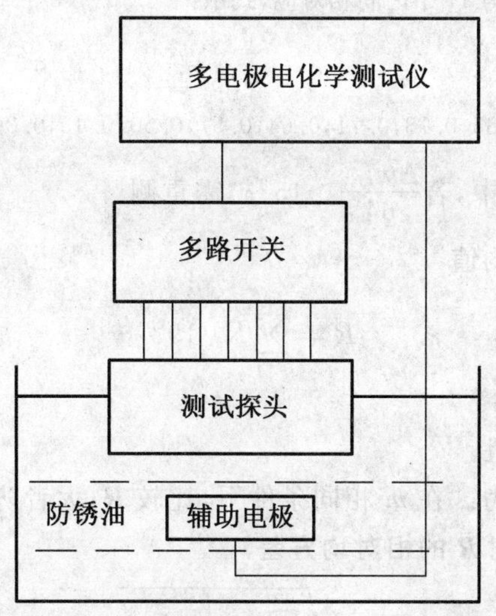

图 3 直测法测试线路示意图

9.2 测试步骤

9.2.1 测试仪校准

按照第 7 章和 8.2.1 的要求进行。

9.2.2 测试探头和辅助电极准备

按 8.2.3 的要求进行。

9.2.3 试验测试

待测防锈油样摇匀，倒入测试槽中，应无气泡(若有，用热风消除)。将一对干燥、清洁的测试探头和辅助电极完全浸入到防锈油中。10 min 后启动测试仪对探头的 64 个电极自动巡回检测。依此对另两对测试探头和辅助电极在新油样中进行测试，共可得 192 个电极电阻数据作为评价样本。

若大部分比较防锈油的电极电阻超出测试仪量程，可用 6# 溶剂油稀释，稀释度 $\rho=(75\sim80)\%$，以保证极化电阻大于液膜电阻的测试条件。

9.3 防锈性能的 $M+3$ 参数评价方法

9.3.1 m——192 个电极的相对易腐蚀等效电极数

9.3.1.1 电极电阻划分为 M 个区间

防锈油的直测电极电阻 $R\geqslant1\times10^8\ \Omega$。测试仪 R 量程一般为 $1\times10^{12}\ \Omega$。将电极阻值 $1\times10^8\ \Omega\leqslant R<1\times10^{12}\ \Omega$ 范围划分为 $(M-1)$ 个区间，加上 $R\geqslant1\times10^{12}\ \Omega$ 共 M 个区间。M 的大小依评价分辨率要求选择，$M\geqslant6$。

9.3.1.2 m——相对易腐蚀等效电极数

$$m=\sum_{i=1}^{M}\alpha_i m_i \qquad \cdots\cdots(4)$$

式中：

m_i——192 个电极阻值分布在第 i 个区间的电极数；

α_i——第 i 个区间的相对易腐蚀权重因子，由试验优化选取。

本标准依大量试验给出 $M=17$ 及 α_i 值供参考。

比较防锈油之 m，小者防锈性能为优。

示例 1：测试仪软件将电极阻值 R 范围划分为 17 个区间，$M=17$：

$1\times10^8\ \Omega\leqslant R<3\times10^8\ \Omega$，$3\times10^8\ \Omega\leqslant R<5\times10^8\ \Omega$，$5\times10^8\ \Omega\leqslant R<7\times10^8\ \Omega$，$7\times10^8\ \Omega\leqslant R<10\times10^8\ \Omega$，$1\times10^9\ \Omega\leqslant R<3\times10^9\ \Omega$，$3\times10^9\ \Omega\leqslant R<5\times10^9\ \Omega$，$5\times10^9\ \Omega\leqslant R<7\times10^9\ \Omega$，$7\times10^9\ \Omega\leqslant R<10\times10^9\ \Omega$，$1\times10^{10}\ \Omega\leqslant R<3\times10^{10}\ \Omega$，$3\times10^{10}\ \Omega\leqslant R<5\times10^{10}\ \Omega$，$5\times10^{10}\ \Omega\leqslant R<7\times10^{10}\ \Omega$，$7\times10^{10}\ \Omega\leqslant R<10\times10^{10}\ \Omega$，$1\times10^{11}\ \Omega\leqslant R<3\times10^{11}\ \Omega$，$3\times10^{11}\ \Omega\leqslant R<5\times10^{11}\ \Omega$，$5\times10^{11}\ \Omega\leqslant R<7\times10^{11}\ \Omega$，$7\times10^{11}\ \Omega\leqslant R<10\times10^{11}\ \Omega$，$1\times10^{12}\ \Omega\leqslant R$。

示例 2：与将电极阻值 R 范围划分为 17 个区间相对应，式中：

$$m=\sum_{i=1}^{17}\alpha_i m_i$$

α_i 依次选取为 1.00，0.95，0.90，0.85，0.78，0.71，0.64，0.57，0.50，0.43，0.36，0.29，0.22，0.15，0.08，0.01，0。

在所测三个探头测试数据 m 中，若$\frac{\Delta m_{\max}}{64}>15\%$，需重测。

9.3.2 $\bar{R}$——192 个电极电阻平均值

$$\bar{R}=\sum_{i=1}^{192}R_i/192 \qquad \cdots\cdots(5)$$

式中：

R_i——第 i 个电极的电极电阻。

$\bar{R}$ 反映防锈油的平均防锈能力。在 m 相同条件下，比较 $\bar{R}$，大者防锈性能为优。

9.3.3 δ——192 个电极电阻相对 $\bar{R}$ 的相对均方差

$$\delta=\frac{\sqrt{\sum_{i=1}^{192}(R_i-\bar{R})^2}}{191\bar{R}} \qquad \cdots\cdots(6)$$

δ 反映油膜 192 个电极小区防锈能力的离散度或不均匀性。在以上参数相同条件下，比较 δ，δ 小者为优。

10 试验报告

试验报告应包括下列内容：

a） 标准编号及试验方法；

b） 受试油样的名称、规格、生产日期、包装；

c） 试验操作仪器编号、检测日期；

d） 记录 R_i、n_i（或 m_i）值，计算 n（或 m）、$\overline{\lg R}$（或 $\bar{R}$）和 σ（或 δ）；

e） 试验结果；

f） 操作人员签名。

附 录 A
（规范性附录）
多电极电化学测试仪

A.1 多电极电化学测试仪是按照油膜直流电阻和电位测试原理设计的专用仪器。

A.2 测试仪包括测试探头和微电流转换接口、显示、数据处理、控制等部分(见图 A.1)。

A.3 测试仪工作原理如下:设定的参考电压施加于 64 点阵与辅助电极构成回路(见图 A.1),通过取样电阻实施电流/电压变换。经可编程放大器放大,A/D 转换,MCU 处理后存贮并显示测试结果。

作为仪器的控制核心,MCU 承担整个仪器自动测试控制,包括仪器自检、自动量程转换、测试箱的机械操作、数据的输入/输出,此外,MCU 还负责测试数据的处理。其核心为评价防锈油防锈性能优劣的 $N+4$ 和 $M+3$ 参数评价体系。

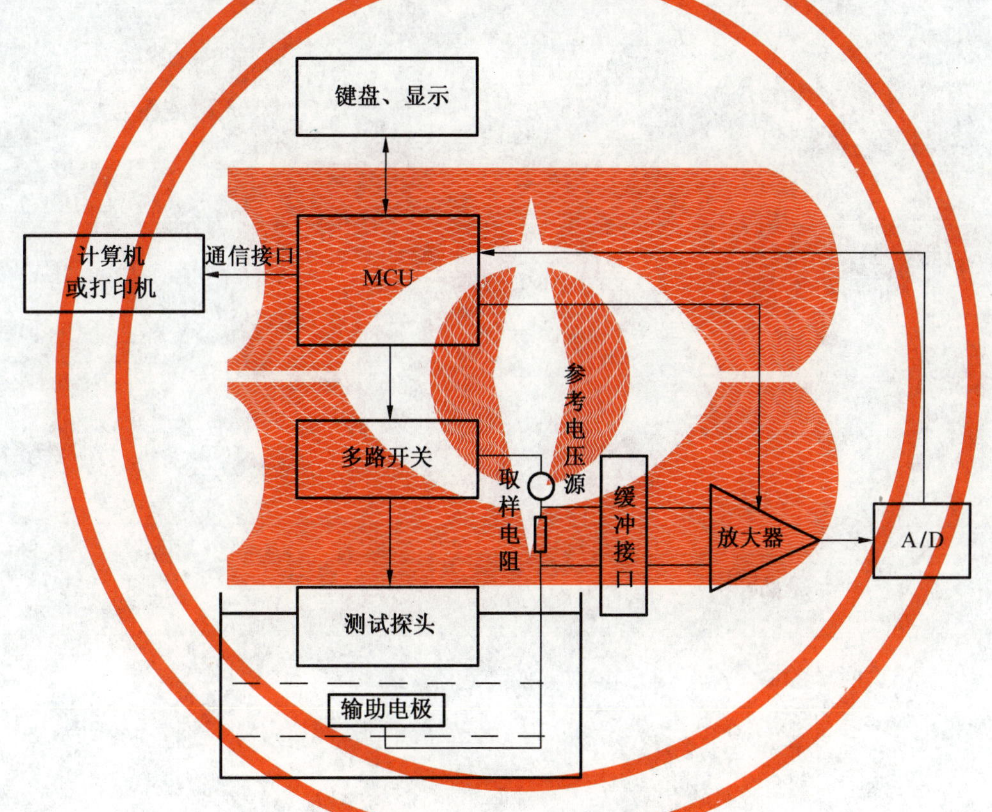

图 A.1 测试仪工作原理图

A.4 多电极电化学测试仪测试电极电阻 R 的精度要求

测量误差≤5%　　($R<1\times10^{8}\ \Omega$);

测量误差≤10%　　($1\times10^{8}\ \Omega\leqslant R<1\times10^{10}\ \Omega$);

测量误差≤20%　　($1\times10^{10}\ \Omega\leqslant R<1\times10^{11}\ \Omega$);

测量误差≤40%　　($1\times10^{11}\ \Omega\leqslant R\leqslant1\times10^{12}\ \Omega$)。

参 考 文 献

[1] ASTM A853 通用铁丝技术规范.

ICS 25.220.40
A 29

中华人民共和国国家标准

GB/T 26106—2010/ISO 12683:2004

机械镀锌层　技术规范和试验方法

Mechanically deposited coatings of zinc—Specification and test methods

(ISO 12683:2004,IDT)

2011-01-10 发布　　2011-10-01 实施

中华人民共和国国家质量监督检验检疫总局
中国国家标准化管理委员会　发布

前　言

本标准等同采用 ISO 12683:2004《机械镀锌层　技术规范和试验方法》(英文版)。

本标准根据 ISO 12683:2004 翻译起草。

为了便于使用,本标准做了下列编辑性修改:

——将附录 A 的标题“附加信息”改为“机械镀锌工艺过程及镀层特性”;

——删除国际标准的前言,增加了我国标准前言;

——“本国际标准”一词改为“本标准”;

——引用了与国际标准相对应的国家标准。

本标准的附录 B 为规范性附录,附录 A 为资料性附录。

本标准由中国机械工业联合会提出。

本标准由全国金属与非金属覆盖层标准化技术委员会(SAC/TC 57)归口。

本标准主要起草单位:武汉材料保护研究所、北京永泰和金属防腐技术有限公司、马鞍山鼎泰科技股份有限公司、武汉康捷科技发展有限公司、杭州天堂伞业集团有限公司。

本标准主要起草人:贾建新、张德忠、吉静、张宏伟、史志民、刘冀鲁、喻晖、何杰、陈晓雷、龚大舒。

机械镀锌层 技术规范和试验方法

1 范围

本标准规定了金属工件上保护性机械镀锌层的要求。本标准还描述了机械镀锌层相关的试验方法。

注：附录A描述了一种机械镀锌的金属覆盖层加工工艺。本标准中适合机械镀的金属是锌。

2 规范性引用文件

下列文件中的条款通过本标准的引用而成为本标准的条款。凡是注日期的引用文件，其随后所有的修改单(不包括勘误的内容)或修订版均不适用于本标准，然而，鼓励根据本标准达成协议的各方研究是否可使用这些文件的最新版本。凡是不注日期的引用文件，其最新版本适用于本标准。

GB/T 2828.1 计数抽样检验程序 第1部分：按接收质量限(AQL)检索的逐批检验抽样计划(GB/T 2828.1—2003,ISO 2859-1:1999,IDT)

GB/T 3138 金属镀覆和化学处理与有关过程术语(GB/T 3138—1995,neq ISO 2079:1981)

GB/T 4955 金属覆盖层 覆盖层厚度测量 阳极溶解库仑法(GB/T 4955—2005,ISO 2177:2003,IDT)

GB/T 4956 磁性基体上非磁性覆盖层 覆盖层厚度测量 磁性法(GB/T 4956—2003,ISO 2178:1982,IDT)

GB/T 6462 金属和氧化物覆盖层 厚度测量 显微镜法(GB/T 6462—2005,ISO 1463:2003,IDT)

GB/T 10125 人造气氛腐蚀试验 盐雾试验(GB/T 10125—1997,eqv ISO 9227:1990)

GB/T 12334 金属和其他非有机覆盖层 关于厚度测量的定义和一般规则(GB/T 12334—2001,ISO 2064:1993,IDT)

GB/T 16921 金属覆盖层 覆盖层厚度测量 X射线法(GB/T 16921—2005,ISO 3479:2000,IDT)

GB/T 18253 钢及钢产品 检验文件的类型(GB/T 18253—2000,eqv ISO 10474:1991)

GB/T 19349 金属和其他无机覆盖层 为减少氢脆危险的钢铁预处理(GB/T 19349—2003,ISO 9587:1999,IDT)

GB/T 20017 金属和其他无机覆盖层 单位面积质量的测定 重量法和化学分析法评述(GB/T 20017—2005,ISO 10111:2000,IDT)

GB/T 26107 金属与其他无机覆盖层 镀覆和未镀覆金属的外螺纹和螺杆的残余氢脆试验 斜楔法(GB/T 26107—2010,ISO 10587:2000,IDT)

ISO 9220:1988 金属覆盖层 厚度测量 扫描电镜法

3 术语和定义

GB/T 3138、GB/T 12334中确立的以及下列术语和定义适用于本标准。

3.1

机械镀层 mechanically deposited coating

在一旋转滚桶内，存在冲击介质(通常为玻璃珠)及适当化学介质的条件下，不需电流或加热，将金属粉末紧密地涂敷到适当处理的金属基体上获得的覆盖层。

3.2

镀层表观密度 **apparent coating density**

根据 GB/T 6462 测定的镀层厚度与 GB/T 20017 测定的单位面积质量计算获得。

4 需方认可并以文件形式确立的资料和要求

4.1 通则

由合同各方认可的下列相关条文规定的条款，应以文件形式确立。订立并核实合同前，应使其条款符合本标准明确规定的要求和以文件形式确立的 4.2 和 4.3 所列的条款。

4.2 必要资料

应提供以下资料：

a) 本标准的标准号；

b) 基体金属特性、基体表面状况和粗糙度；

c) 工件的抗拉强度以及镀前降低应力的要求(见 7.1 和 7.2)；

d) 使用条件号(见 6.1)或镀层分类号(见 6.2)；

e) 附加后处理的要求(见 6.2 和 A.3)；

f) 非主要表面上缺陷可接受的程度和位置(见 8.2)；

g) 测量镀层厚度的位置，可接受的最大厚度和采用的测试方法(见 8.3)；

h) 采用的抽样程序(见第 9 章)；

i) 结合强度试验方法(见 8.4)；

j) 合格证明的要求(见第 11 章)；

k) 外观的特殊要求(见 8.1)。

4.3 附加资料

可要求提供下列附加资料。如果需要提供这些资料，则其要求应由需方规定：

a) 特殊的镀后处理(见 A.3)；

b) 已镀工件的特殊包装要求；

c) 规定以外的试验报告的其他要求。

5 基体

本标准没有规定工件机械镀锌前金属基体的表面状态、精饰条件或表面粗糙度。但是，应该认识到镀层表面的粗糙度取决于金属基体的原始粗糙度，因此，由基体引起的镀层粗糙度不应作为机械镀锌拒收的理由。

6 镀层分类和标识

6.1 使用条件号

使用条件号表示使用环境的严酷性(见 EN 12500:2000，附录 E)。

6.2 锌镀层厚度和后处理类型

锌镀层应按表 1 和表 2 要求的厚度和附加后处理进行分类。

表 1 机械镀锌的最小厚度

类型	最小厚度/μm
Zn107M(Fe)	107
Zn81M(Fe)	81
Zn66M(Fe)	66
Zn53M(Fe)	53
Zn40M(Fe)	40
Zn25M(Fe)	25
Zn12M(Fe)	12
Zn8M(Fe)	8
Zn6M(Fe)	6

表 2 附加后处理

类型	说　明
1	机械镀,不带后处理
2	黄色、暗绿或黑色铬酸盐转化处理
3	需方规定的后处理

7 预处理要求

7.1 镀前降低应力的处理

当需方有规定时,抗拉强度等于或大于 1 000 MPa(31 HRC)和经过机加工、磨削、矫直或冷成型的钢铁工件,在清洗和机械镀前应进行降低应力处理。降低应力的热处理的程序和方法应由需方规定,或需方根据 GB/T 19349 确定合适的程序和方法。降低应力的热处理应在电解处理前完成。

7.2 清洗

在氢存在下易产生脆性的高强度钢,机械镀前应通过碱性溶液非电解清洗或碱性溶液阳极电解清洗。

产生了重氧化或有刻痕的高强度钢应采用含有缓蚀剂的酸进一步清洗以避免氢脆的产生。

8 检验

8.1 外观

肉眼或校正视力下目测已镀工件主要表面,不应有明显可见的凸瘤、麻坑、粗糙、裂纹或未镀区域,也不应有褪色和脱色。非主要表面上缺陷的可接受的程度和位置应由需方规定。镀层应具有均匀的银色外观,其光泽为无光至中等亮度的光泽。

注:当基材光滑、没有碎金属、夹杂物、空隙及其他缺陷时,往往能在其表面获得较好的加工(精饰)效果。金属精饰者常常可以采用特殊的处理方法(如研磨、抛光、磨料喷射、化学处理和电抛光等方法)去除缺陷。但是,这不是精饰加工的正常步骤。必要时这些处理方法应由需方规定。

8.2 表面缺陷

由基材表面条件和精加工引起的镀层外观缺陷和变异(如刮伤、针孔、滚印、夹杂物等)不应成为拒收的理由。

镀层外观应是均匀的,不应有影响镀层功能的缺陷,例如凸瘤、麻坑、结节、剥落等。镀层应镀覆所有表面,包括螺纹根部、螺纹顶部、拐角处和边缘处。镀层在一定程度上不应脱色,否则会影响镀层外观,而这种外观被视为功能要求。但是,由漂洗引起表面污迹及颜色或出光的变化不应成为拒收的理由。

注:通常情况下机械镀的镀层不如电镀层光滑或光亮。

8.3 厚度

整个主要表面上镀层厚度的测量应符合 GB/T 12334 的规定。

镀层厚度可用以下方式测定:GB/T 4955(库仑法),GB/T 4956(磁性方法),GB/T 6462(显微镜法),GB/T 16921(X 射线光谱法)。其他方法如能验证与 GB/T 4955、GB/T 4956、GB/T 6462 和 GB/T 16921厚度测量值的不确定度小于 10%,则这些方法也可以用于厚度测量。

镀层厚度的测量应在产品的主要表面或规定的部位进行。

经过后处理(见表 2)的镀层,其厚度测量应在补镀或后处理之前进行。对于 2 类铬酸盐转化膜,镀层厚度测量之前用手指蘸上柔性的研磨剂(例如浮型氧化铝或氧化镁)轻轻将其从测试区擦除。

注 1:2 类镀层在铬酸盐转化过程中会溶解少量的锌。因此,应在铬酸盐转化后进行厚度测量以满足厚度要求。最小厚度应符合表 1。

注 2:机械镀层通常在暴露的边缘和尖锐部位会比较薄,在平面和凹处镀层会比较厚。

注 3:本标准所要求的镀层厚度是指最小厚度,即主要表面上任一点的镀层厚度应该等于或者大于规定厚度。表面每点的镀层厚度值各不相同是机械镀的特性。因此,某些点镀层厚度应该超过规格值,才能保证所有点厚度等于或者大于规定值。在多数情况下,工件上的平均厚度应大于规定值;厚度应大于规定值多少依工件形状和沉积过程特性而定。

8.4 结合强度

检测锌镀层与基材的结合强度时,试验方法应与镀件的使用要求一致。用剥离法将镀层与基材分离与由镀层或基材断裂引起的剥落明显不同,因而剥离的难易程度可作为结合强度好坏的判据。结合强度可以由以下方法之一进行测定:

——弯曲试验:使部件从塑性变形直至破裂,如果有规定按照规定进行。

——划痕试验:被镀物件表面用尖锐物、刀子、刀片划穿至基材,并且用 4 倍放大镜检查划痕和切痕。

注:还没有很好的方法评估机械镀层的结合强度。以上是经常使用的方法。但是,在特殊情况下用其他的方法可能更适合。GB/T 5270 描述了结合强度试验的各种方法。

8.5 耐蚀性

根据 GB/T 10125 进行中性盐雾试验(NSS)时,每个等级的镀层应持续表 3 规定的最短暴露时间(以 h 计)才开始出现明显腐蚀。

注:如果附加 2 类铬酸盐转化膜(见表 3)的工件既要检查白锈也要检查红锈,则可用替代试样来确定白锈与红锈的终点。这就允许试验可不间断地持续所要求的两个实验周期多的时间,且不须根据 GB/T 10125 在检验时先清洗试样。

附加 2 类铬酸盐转化膜的工件在盐雾试验之前应在室温下放置 24 h。

附加 3 类处理(上蜡,染色等)的工件不应用作耐蚀试验的试样,以考察是否满足要求。

表 3 加速盐雾试验的最小暴露时间(GB/T 10125)

等级	后处理类型	开始出现腐蚀的时间/h	
		白锈	红锈
Zn 110 M(Fe)	1	无要求	500
	2	72	500
Zn 80 M(Fe)	1	无要求	400
	2	72	400
Zn 65 M(Fe)	1	无要求	350
	2	72	350

表 3（续）

等级	后处理类型	开始出现腐蚀的时间/h	
		白锈	红锈
Zn 50 M(Fe)	1	无要求	300
	2	72	300
Zn 40 M(Fe)	1	无要求	250
	2	72	250
Zn 25 M(Fe)	1	无要求	192
	2	72	192
Zn 12 M(Fe)	1	无要求	72
	2	48	144
Zn 8 M(Fe)	1	无要求	48
	2	48	96
Zn 6 M(Fe)	1	无要求	24
	2	24	48

在表 3 规定的试验周期结束时，用目视或矫正视力在通常的阅读距离内观测，白色（锌）或者红色（亚铁或三价铁）腐蚀物质出现表明其耐蚀性不合格，若这些腐蚀物只在工件的边缘出现则除外。相对于明显的腐蚀产物，轻微的白色腐蚀是可以接受的。

附加 2 类转化膜的工件，需要更长的时间才会出现白色或红色腐蚀物。例如，对于 Zn 8 M(Fe)类型 2，如果 48 h 后没有白色腐蚀物出现，则试验需要继续 96 h。同样，对于 Zn 25 M(Fe) 类型 2，如果 72 h后没有白色腐蚀物出现，则试验总共需要 192 h。

注 1：机械镀只是一种滚筒加工工艺。工件经过机械镀所产生的镀层与通过挂镀所产生的表面具有不同的性质。同样，工件的腐蚀试验结果与试样的试验结果也可能不同。

盐雾试验要求可适当地验证加工工艺的技术质量，但是，这些要求对于实际工件的验收可能不切实际。在这种情况下，需方应该在订货单上注明要求。

注 2：在许多情况下，加速腐蚀试验的结果与在其他介质中的抗腐蚀能力是没有直接关系的，因为影响腐蚀过程的某些因素，例如保护膜的形成，受外界的影响有很大的不同。因此，试验的结果不能作为材料在使用中的耐蚀性的直接依据。

8.6 无氢脆试验

弹簧和其他承受弯曲的高强度工件在镀覆后需要在室温下至少放置 48 h，之后再载荷、弯曲或者使用。这种高强度钢件不会有氢脆。需方订单有规定时，应按照 GB/T 26107 进行无氢脆的检测。

注：机械镀的主要优势是在镀覆过程中不会使硬化钢产生氢脆。然而，某些清洗过程中会产生明显的氢脆。合适的后续工序和 7.2 规定的清洗方法可能会产生轻微程度的氢脆，这种氢脆通常只需在室温下自我释放 24 h。

9 抽样

应根据 GB/T 2828.1 从检验批中随机抽取样本。应检查样本中的工件是否符合本标准的要求，并且根据抽样程序的标准，将检验批分为合格批或不合格。

检验批应定义为同类型工件的集合，它们是按同一规范，由同一供方在同一时间段或大致相同的时间里，在完全一致的条件下镀覆的，并且它们作为一组进行接收或拒收检验。绝不能将超过一周时间生产的产品作为一个检验批。

如果试验中用独立试样代替镀覆工件，则替代试样应具有相同的性质、尺寸和数量，并按 8.4 的要求进行试验。

注：如果工件的尺寸、形状或者材料不适合试验，或者不适合破坏性试验，例如工件很昂贵或者有数量限制等因素，那么试验可用替代试样替代镀覆的工件。

如果需要使用替代试样，那么替代试样的数量、组成材料、形状和尺寸应符合需方的规定。

试样应具有和工件一样的影响试验特性的那些特点，并且与工件一起通过那些影响性质的加工步骤。

代替工件进行结合强度、耐蚀性或外观试验的试样，其构成材料、冶金条件应与替代的工件一样，并且与替代工件属于同一产品批，还一起进行相同的工艺操作。

代替工件进行厚度试验的试样，应被引入到进行单层或多层覆盖层的加工工序中，并且应通过影响镀层厚度的所有步骤。

当用试样代替镀件进行厚度试验时，不需要试样与镀件具有相同的厚度分布，除非试样与镀件形状和尺寸一样。因此，根据试样厚度试验的结果对镀件进行验收之前，应确定试样的厚度与镀件的厚度之间的关系。接受的原则应为试样厚度符合镀件厚度的要求。

10 返镀

拒收工件可进行返镀时，在返镀前应使用不产生氢脆的工艺除去金属镀层。

11 合格证明

11.1 通则

若订单有要求，供方或生产方应提供符合本标准和合同要求的合格证明和/或关于检验结果的试验报告。

11.2 常规情况

供方应根据 GB/T 18253 中 2.1 的规定提供符合订货单要求的合格证书。

11.3 特殊情况

若订单有要求，则应根据 GB/T 18253 提供其他类型的试验报告。试验报告的类型应在订货单中明确规定。

附 录 A
（资料性附录）
机械镀锌工艺过程及镀层特性

A.1 镀层加工过程

机械镀锌通常包含 a)到 g)步骤(其顺序如下)：

a) 表面预处理：用化学方法(见 7.2)对待镀工件的表面进行预处理，以便进行 b)步骤，并且将工件表面清洗干净及充分除去氧化皮。

b) 薄铜层的沉积：在一个适宜的化学溶液中，不用电流，采用浸渍法沉积薄铜层。

c) 促进处理：促进金属粉末均匀沉积。

d) 镀覆：将工件放入存在下列物质的滚筒中(见 3.1)进行处理：

——冲击介质，例如，玻璃珠或其他在沉积过程中呈现化学惰性的物质；

注：冲击介质借助机械力驱使金属粉末冲向工件表面。

——液体介质，通常包含水和特殊有机酸材料，以避免氧化的生成，同时保持有效的活性直到沉积过程结束；

——"促进剂"或"加速剂"，促进金属粉末均匀沉积；

——粉末状态的金属锌(见附录 B)。

e) 分离：将工件从固体和液体介质中分离出来。

f) 漂洗。

g) 干燥。

A.2 镀层户外耐蚀性

机械镀很大程度减少了氢脆的风险，并且适合处理不便于电镀的深孔和凹槽工件。锌层通常用于防腐蚀。锌镀层的耐蚀性主要取决于镀层重量、后处理(如果有)及工件暴露的环境类型。所有厚度的锌镀层可替代其他有效的覆盖层工艺。表 A.1 给出的数据是通过广泛的试验得到的，并且可以用于比较各种大气环境中锌层的行为。其数值仅仅具有指示性，因为在全世界不同地区的独立研究得到的结果，其数值与这些平均值相差很大。

表 A.1 镀层户外耐蚀性

大气环境	机械镀锌平均腐蚀速率/(μm/年)
工业和沿海	6.5
城市非工业或沿海	1.7
城郊	1.5
农村	0.9
室内干燥	大大低于 0.6

A.3 特殊后处理类型

A.3.1 1类镀层

1 类镀层(单纯锌层)通常用于低价值的防护，其初期形成的白色腐蚀产物对使用无害；也常常用于高温至 120 ℃的防护，这时铬酸盐的功效大部分被破坏了。

A.3.2 2 类镀层

2 类镀层(有色铬酸盐转化)铬酸盐转化膜具有颜色(黄色、橄榄色、青铜色等)(见表 A.2),这种镀层用于延缓镀件白锈的生成,或提供客户需要的特殊用途的颜色。

表 A.2 2 类铬酸盐转化膜的分类

标识	类型	典型外观
A[a]	无色	透明,无色至浅蓝
B[a]	漂白	透明,略带彩虹色
C	彩虹色	黄色,泛彩
D	不透明	橄榄绿,浅褐色或青铜色
E	黑色	黑色,泛彩
注:机械镀的特性是机械镀层的颜色与电镀层的不同,其色泽较电镀层暗淡。		
[a] 白锈耐腐蚀性较差。		

A.3.3 3 类镀型

为满足特殊用途,1 类镀层或 2 类镀层上可进行如涂蜡、染色等补充处理。

A.4 镀层重量与厚度的关系

机械镀获得的镀层密度与热浸镀获得的镀层密度不同。因此,单位面积的质量相同的两类镀层其厚度不同。

由于镀层密度和化学性质的不同,对应的环境以及腐蚀试验也不同,应认识到表 A.3 并不企图提供关于耐蚀性的任何信息。

表 A.3 最小厚度、最小单位面积的质量和锌类型之间的相互关系

最小锌镀层厚度 μm	分 类	锌镀层最小质量 测试试样的平均值 g/m²
107	110	610
81	80	458
66	65	381
53	50	305

附 录 B
(规范性附录)
锌 粉 规 格

机械镀锌最常用的锌粉可以从各类供应商处获得。为了获得高效的沉积和耐蚀性好的镀层,应使用无氧化物、无化学或其他杂质的锌粉,并且锌粉的颗粒分散应特别均匀(见表 B.1)。

表 B.1 锌粉的化学特性

成分	含量
锌总量	最低 99.0%
金属锌(Zn)	最低 96.5%
铅(Pb)	最高 0.05%
铁(Fe)	最高 0.005%
其他元素	微量
注:粉末应是流体的。	

表 B.2 和表 B.3 提供了锌粉颗粒分布特性指标。一般使用情况下,锌粉应如表 B.2 所述。

表 B.2 锌镀层小于或等于 25 μm 时锌粉颗粒的质量规格

形式	基本球形颗粒
粒子尺寸	平均直径 5 μm~7 μm(费氏微筛分粒器)
颗粒分布 (库尔特颗粒计数器)	粒子直径小于 2 μm,最高 2%; 粒子直径小于 20 μm,最低 98%
过 筛	325 目筛网过筛,最低 99.7%

表 B.3 锌镀层大于 25 μm 时锌粉颗粒的质量规格

类型	球形颗粒
粒子尺寸	平均直径 8 μm~ 17 μm
颗粒分布 (过筛)	100 目筛网:微量; 325 目筛网:3%~4%

参 考 文 献

[1] GB/T 5270 金属基体上的金属覆盖层 电沉积和化学沉积层 附着强度试验方法评述(GB/T 5270—2005,ISO 2819:1980,IDT).

[2] GB/T 6461 金属基体上金属和其他无机覆盖层 经腐蚀试验后的试样和试件的评级(GB/T 6461—2002,ISO 10289:1999,IDT).

[3] GB/T 6463 金属和其他无机覆盖层厚度测量方法评述(GB/T 6463—2005,ISO 3882:2003,IDT).

[4] GB/T 14165 金属和合金 大气腐蚀试验 现场试验的一般要求(GB/T 14165—2008,ISO 8565:1992,IDT).

[5] GB/T 20018 金属与非金属覆盖层 覆盖层厚度测量 β射线背散射法(GB/T 20018—2005,ISO 3543:2000,IDT).

[6] EN 12500:2000,Protection of metallic materials against corrosion—Corrosion likihood in atmospheric environment—Classification,determination and estimation of corrosivity of atomspheric environments.

ICS 25.220.40
A 29

中华人民共和国国家标准

GB/T 26107—2010/ISO 10587:2000

金属与其他无机覆盖层 镀覆和未镀覆金属的外螺纹和螺杆的残余氢脆试验 斜楔法

Metallic and other inorganic coatings—Test for residual embrittlement in both metallic-coated and uncoated externally-threaded articles and rods—Inclined wedge method

(ISO 10587:2000,IDT)

2011-01-10 发布

2011-10-01 实施

中华人民共和国国家质量监督检验检疫总局
中国国家标准化管理委员会 发布

前　言

本标准等同采用ISO 10587:2000《金属与其他无机覆盖层　镀覆和未镀覆金属的外螺纹和螺杆的残余氢脆试验　斜楔法》(英文版)。

本标准对ISO 10587:2000作了如下编辑性修改:

——取消了ISO 10587:2000前言,增加了我国标准前言。

——用"本标准"代替"本国际标准"。

——取消了4.2表1中的英制尺寸,改为国际单位制。

本标准中附录A为资料性附录。

本标准由中国机械工业联合会提出。

本标准由全国金属与非金属覆盖层标准化技术委员会(SAC/TC 57)归口。

本标准主要起草单位:武汉材料保护研究所、武汉康捷科技发展有限公司、宁波沪甬电力器材股份有限公司、桐乡市铁盛线路器材有限公司、中国航天科工集团第九研究院红林机械厂、江苏圣大中远电气有限公司。

本标准主要起草人:邓日智、贾建新、韩永广、戴国宾、何杰、喻晖、杨国良、肖锋、沈洪卫、杨艳芹、赵家林、徐广林、李霞。

引　言

当原子氢进入钢和某些合金时，会造成其延展性或载荷能力的损失或开裂（通常为亚显微裂纹），或在外加应力远低于合金屈服强度、甚至正常设计强度时发生破坏性脆性失效。该现象往往发生于抗拉强度试验测定时延展性无明显丧失的合金，通常称为氢诱致迟滞脆性破坏、氢应力开裂或氢脆。氢可在清洗、酸洗、磷化、电镀和化学镀过程以及在使用环境中渗入钢和其他合金，这是阴极保护反应或腐蚀反应所致。氢也会在加工过程，例如，轧制成形、机械切割和钻削过程中由于润滑剂被破坏，以及在焊接或钎焊操作中渗入。

以螺纹为其一部分结构的各种制件、工具，例如金属和木加工夹具，金属台钳，弯曲夹和丝锥；以及各种金属弹射器、爆炸装置、步枪、弹簧张力调节器和钢琴凳椅上带螺纹的五金件都是一些实例。

工业实践对螺纹件和螺杆的试验已发展到三级评定强度，以保证减少氢脆危险（见第 2 章）。这些强度的主要差异，从商业应用方面存在不同程度的临界状态。实质上，它们代表了所要求的可信度水平。同时代表了精饰件发货和使用前可保存的时间。此时生产厂必然提高精饰件附加成本。

金属与其他无机覆盖层 镀覆和未镀覆金属的外螺纹和螺杆的残余氢脆试验 斜楔法

重要提示：实施本标准要特别审慎。氢脆件或杆的顶端会陡然破坏，而形成飞起抛射物，可能造成失明或其他严重伤害。这种危险可能在试验进行长达200 h之后发生，应提供遮挡或其他装置，以避免此类伤害。

1 范围

本标准规定了以统计学为依据确定的以下氢脆或氢破坏存在几率的方法：

a) 成批滚镀、化学镀、磷化或化学处理的螺纹件；

b) 挂镀螺纹件或螺杆。

本标准适用于抗拉强度≥1 000 MPa(相应硬度：300 HV，303 HB或31 HRC)的钢制螺纹件或螺杆和表面硬化螺纹件或螺杆。不适用于紧固件扣件。

本方法在去除氢脆热处理之后实施。本方法还可用于评价处理溶液、使用条件和技术之间的差异。

本试验方法有两个主要作用：

a) 采用统计抽样方法时，可判断批量接受或报废；

b) 可用作控制测试，以确定有效的各种处理步骤，其中包括为减少螺纹件和螺杆中氢浓度的前、后热处理。

虽然本试验方法能确定制件的氢脆程度，但它并不能确保完全无氢脆。

本标准并不能免除镀覆人员、工艺人员或生产者实施和监测适当的工艺过程控制。

注1：酸洗槽中添加缓蚀剂不一定能确保避免氢脆。

注2：附录A提供了氢渗入螺纹件的原因分析。

2 术语及定义

下列术语和定义适用于本标准。

2.1

氢脆件 embrittled article

试验开始就立即失效或试验到48 h才失效的制件或零部件。

2.2

48试验批级 grade 48 proof batch

经48 h试验不断裂的批次。

2.3

96试验批级 grade 96 proof batch

经96 h试验不断裂的批次。

2.4

200试验批级 grade 200 proof batch

经200 h试验不断裂的批次。

2.5

批 batch

在相同时间内经同样挂具或滚筒同一工序处理的不同部件。

2.6

批量 lot

一批在相同时间或相近时间内经过相同或类似工序处理，并且材料也经相同热处理的工件。

注1：批量可按处理目的分解成批次，然后再组合为同批量。

注2：在单一镀覆批次或一定批量内工件发生氢脆的程度可能在大范围内变化，特别是可运动或自由迁移到工件高应力集中区的部分氢，氢脆程度是批次或批量工件中原子氢浓度的函数，此浓度以 10^{-6} 表示。

3 原理

螺纹件或螺杆插入淬火矩形钢楔的间隙孔中，通过与螺母配合因拉力而产生应力(见图1)。按照螺纹件试验段长度将具有平行面的矩形淬火钢块作为垫板插入。其他加载系统和夹具可提供试验所需同样载荷、角度和方位。钢楔的上下表面研磨光滑并有一定角度。以能测量拉力载荷的任何方法给螺母施加拉力。4.5 中规定的扭矩法属于这样一种方法。若采用拉紧的扭矩法，则将试件扭紧到所需值，然后保持预定的最少时间后检验确定是否保持初始扭力，再检查是否氢脆失效(见第7章)。

注：不要以低于“安全系数”百分率的方式增加外加扭矩。

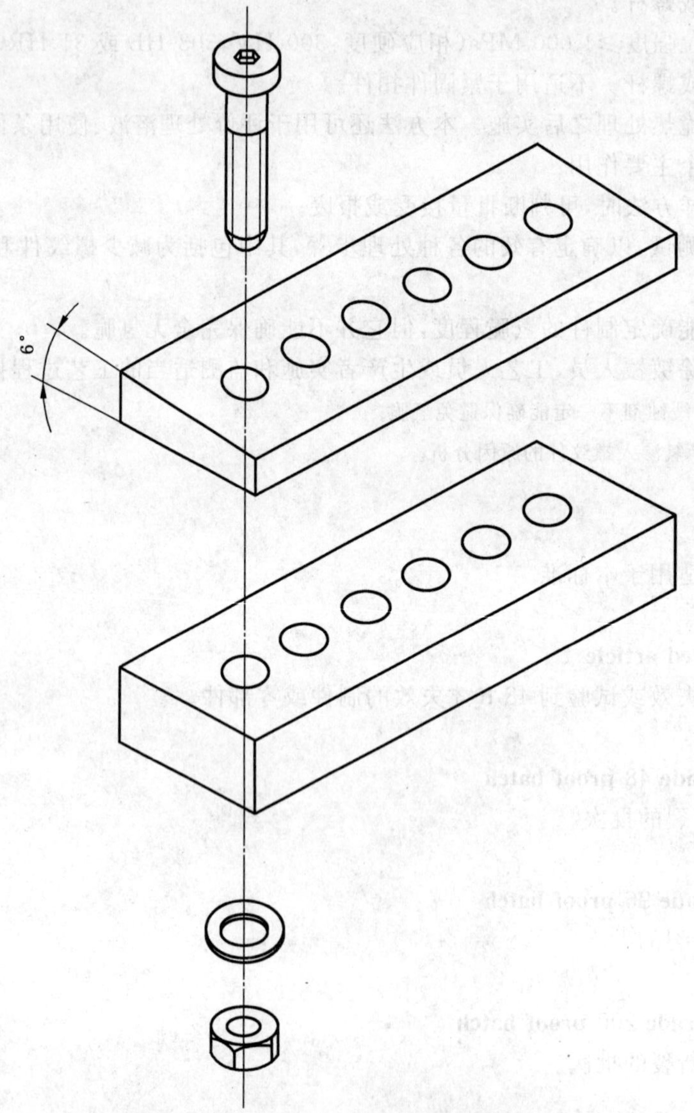

图1 螺纹件或螺杆试验图示(例如：6°楔角和平行垫板)

4 设备

4.1 总则

试验夹具应由淬火钢楔(4.2),一个或多个垫板(4.3)和淬火垫圈(4.4)所组成(见图1),其上面的每一个孔径都应尽可能与试验的螺纹件或螺杆的主直径一致。

注1:间隙过大会使试件在孔中倾斜,而造成低扭力值条件下的失效。

注2:已发现多孔夹具适用于多次或重复试验。夹具由一面磨成适当楔形角度的矩形钢组成,并淬火到60 HRC。

4.2 钢楔

钢楔应具有表1所规定的角度。

表1 楔角选择

螺纹件的额定尺寸/mm	试件无螺纹部分长度小于两个直径的楔角/(°)	试件无螺纹部分长度等于或大于两个直径的楔角/(°)
2～6	6	6
>6～18	4	6
>18～38	0	4

4.3 垫板

垫板与钢楔夹具应用同一型号和硬度相同的钢制成,安装和拧紧之后,垫板厚度应使螺纹件的三道螺纹能全嵌入,且不超过螺母的五道螺纹。

4.4 垫圈

垫圈的硬度应为38 HRC～45 HRC。

4.5 扭矩装置

若采用拧紧的扭矩法,通过测定拧紧力矩,则载荷测量装置能测量螺纹件或螺杆中产生的真实拉力(见6.3)。

5 抽样

采用的AQL等级和抽样方法应是本标准要求的文件所规定的。

注:广泛应用的抽样方法见GB/T 12609和GB/T 2828.1。

应从单批工件数量超过500件的每一除氢脆处理批中至少选择30件试样。

6 操作规程

6.1 试验温度

试验温度范围为15 ℃～25 ℃。

6.2 试件安装

试件端头朝上放于钢楔斜面的孔中。方形、六角形(或类似的直边端头)件,应将直边对钢楔斜面放置;端头为椭圆或其他形状的件,应将椭圆短直径边对钢楔斜面放置;无端头件、双头螺栓或螺纹件的一端应装上螺母作端头进行试验;若试件具有不同螺距的螺纹,则应将较细的螺纹当作端头。在试件的另一端套上螺母,并拧紧直到手指感觉紧了为止。

注:工件上的螺纹起始点对于钢楔角度来说是无关紧要的。

6.3 扭力测定

从试验批量中随机选择5件试件。装配到扭矩装置中(4.5),配上螺母,并将螺母拧紧到载荷等于所产生最后抗拉强度的(75±2)%为止,测量产生这种载荷所需扭力,以测量五个试件扭力的算术平均值确定拉紧扭力。

6.4 扭力操作

将钢楔套螺母端面的适当部位牢固地固定于钳台。利用经校正的扭力工具将螺母紧到所需扭力，并纪录其值。然后将钢楔从台钳上拆卸，并静止存放至试验周期结束(见第2章)。

7 评价

7.1 裂纹，断头和破裂

完成规定试验周期后，检查每一试件的失效，例如裂纹、断头和破裂。用指压法检查每一端头的破裂情况。检查裂纹可以采用10倍放大镜、磁性粒子以及液体染料渗剂等方法进行。

7.2 松弛扭力

按7.1检查试件之后，将钢楔固定于钳台上，用扭力工具向“开启”方向小心旋转每一配合螺母，至螺母松动向前角位移为止，记录松动时的扭力值，并将此值与初始记录的扭力值进行对比，扭力松弛大于10%应记录为失效。

卸下螺母，检查试件的横向裂纹，并进行失效记录。

8 试验报告

试验报告应包括如下信息：

a) 本标准号，即，GB/T 26107；

b) 批次标记和批次中试件的总数；

c) 已测试试件的数量；

d) 破坏的试件数量，裂纹明显或观察到其他失效的试件，以及显示松弛扭力的试件数量；

e) 试验持续时间；

f) 试验批级(见2.2～2.4)。

附 录 A
(资料性附录)
氢渗入螺纹件的原因

螺纹件和螺杆的处理和金属覆盖层一般靠滚镀工艺实现。在此工艺中,将一定数量的制件放于称为滚筒的容器中,该滚筒使得批制件共同运动,同时,滚筒的每一工序可以流入、流出处理液和漂洗液。当滚筒按工序步骤旋转运动时,滚筒中的各制件彼此相连。在某些工序中,特别是在电解清洗和电镀工序中,需要外加电流。随机暴露并彼此相连的每一制件表面成为工艺电极,同时所有制件之间也保持着连续电接触。

在电解和非电解工序中产生的氢,亦同样随机地存在于每一制件中。经验和实验表明,无论采用什么好工艺,同批制件中的一部分制件将比另一部分制件渗入更多的氢,这是滚镀工艺的随机性所致。

对滚镀件的检查和分析表明,制件渗氢是遵循正态分布或钟形曲线分布的。很少有制件不渗氢的,绝大部分都要渗少量的氢,且有少量制件还会渗更多的氢。不同时间和不同温度的热处理都可控制氢的运动,从而使制件不发生氢脆。但也有一些工艺参数,无论采用什么好的方法也会增加制件的渗氢量。镀覆人员不能消除或控制随机的渗氢作用。因此,试验按统计抽样计划选取具有代表性数量的精饰件是必要的。试验不一定能确保由这样一些工艺产生的批量螺纹件完全无氢脆,只能确保已试验的批量中的具有代表性数量的制件,而且只表明在规定的试验期内不发生氢脆失效。

参 考 文 献

[1] GB/T 2828.1 计数抽样检验程序 第1部分:按接收质量限(AQL)检索的逐批检验抽样计划(GB/T 2828.1—2003,ISO 2859-1:1999,IDT).

[2] GB/T 2828.2 计数抽样检验程序 第2部分:按极限质量LQ检索的孤立批检验抽样方案(GB/T 2828.2—2008,ISO 2859-2:1985,NEQ).

[3] GB/T 6379.2 测量方法与结果的准确度(正确度与精密度) 第2部分:确定标准测量方法重复性与再现性的基本方法(GB/T 6379.2—2004,ISO 5725-2:1994,IDT).

[4] GB/T 12609 电沉积金属覆盖层和相关精饰 计数检验抽样程序(GB/T 12609—2005,ISO 4519:1980,IDT).

ICS 25.220.40
A 29

中华人民共和国国家标准

GB/T 26108—2010

三价铬电镀　技术条件

Trivalent chromium electroplating specification

2011-01-10 发布　　　　2011-10-01 实施

中华人民共和国国家质量监督检验检疫总局
中国国家标准化管理委员会　发布

前 言

本标准附录 A 为规范性附录、附录 B 为资料性附录。

本标准由中国机械工业联合会提出。

本标准由全国金属与非金属覆盖层标准化技术委员会(SAC/TC 57)归口。

本标准起草单位:武汉材料保护研究所、广州市达志化工科技有限公司、惠州志发五金制品塑料电镀有限公司、武汉材保电镀技术生产力促进中心、广州二轻研究所。

本标准的主要起草人:毛祖国、贾建新、蔡志华、邱际华、赵国鹏、丁运虎。

三价铬电镀 技术条件

1 范围

本标准规定了三价铬电镀溶液的试验方法和三价铬镀层技术要求。还规定了三价铬电镀溶液中三价铬的检测方法和六价铬的验证方法。

本标准适用于装饰防护性铜＋镍＋铬和镍＋铬电镀层用三价铬电镀铬组合镀层。

注：从环境的因素考虑，六价铬是对环境有高强度污染的价态，人或动物吸收六价铬，非常难以代谢。三价铬影响则较小，工艺淤渣少。用三价铬替代六价铬电镀可以减少对环境的危害。

2 规范性引用标准

下列文件中的条款通过本标准的引用而成为本标准的条款。凡是注日期的引用文件，其随后所有的修改单(不包括勘误的内容)或修订版均不适用于本标准，然而，鼓励根据本标准达成协议的各方研究是否可使用这些文件的最新版本。凡是不注日期的引用文件，其最新版本适用于本标准。

GB/T 3138 金属镀覆和化学处理与有关过程术语

GB/T 4955 金属覆盖层 覆盖层厚度测量 阳极溶解库仑法(GB/T 4955—2005，ISO 2177:2003,IDT)

GB/T 5270 金属基体上的金属覆盖层 电沉积层和化学沉积层 附着强度试验方法评述(GB/T 5270—2005,ISO 2819:1980,IDT)

GB/T 6461 金属基体上金属和其他无机覆盖层 经腐蚀试验后的试样和试件的评级(GB/T 6461—2002,ISO 10289:1999,IDT)

GB/T 7466 水质 总铬的测定

GB/T 9797 金属覆盖层 镍＋铬和铜＋镍＋铬电镀层(GB/T 9797—2005,ISO 1456:2003,IDT)

GB/T 12334 金属和其他非有机覆盖层 关于厚度测量的定义和一般规则(GB/T 12334—2001,ISO 2064:1996,IDT)

GB/T 12600 金属覆盖层 塑料上镍＋铬电镀层(GB/T 12600—2005,ISO 4525:2003,IDT)

GB/T 16921 金属覆盖层 覆盖层厚度测量 X射线光谱法(GB/T 16921—2005,ISO 3497:2000,IDT)

JB/T 7704.1 电镀溶液试验方法 霍尔槽试验

JB/T 7704.2 电镀溶液试验方法 覆盖能力试验

JB/T 7704.3 电镀溶液试验方法 阴极电流效率试验

JB/T 7704.4 电镀溶液试验方法 分散能力试验

3 术语及定义

GB/T 3138、GB/T 12334 中确立的以及下列术语和定义适用于本标准。

3.1

三价铬电镀 trivalent chromium electroplating

以三价铬为主盐，通过电沉积获得金属铬镀层的过程。

3.2

六价铬电镀 hexavalent chromium electroplating

以六价铬为主盐，通过电沉积获得金属铬镀层的过程。

4 三价铬电镀溶液及镀层技术要求

4.1 三价铬电镀溶液技术要求

4.1.1 外观及水溶性

工作温度下，将 50 mL 三价铬电镀溶液注入 100 mL 以上无色透明的玻璃容器中。在自然光下正常视力目测观察，三价铬电镀溶液应为绿色或蓝绿透明的溶液。溶液应均匀，无固体悬浮物、沉淀物或分层现象。

4.1.2 电镀溶液性能要求

三价铬电镀溶液性能应符合表 1 的技术要求。

表 1 三价铬电镀溶液性能技术要求

项目	技术要求	试验方法
溶液密度[a]	符合标定值	见 5.1.1
Cr^{3+} 含量[b]	符合标定值	见附录 A
霍尔槽试验	霍尔槽试验试片镀层长度不小于 7 cm	见 5.1.3
覆盖能力	≥70%	见 5.1.4
分散能力	≥80%	见 5.1.5
阴极电流效率	≥10%	见 5.1.6

[a] 本标准所称的电镀溶液均指电镀加工时的工作溶液。溶液密度指工作溶液时的密度。

[b] 一般来说，三价铬电镀溶液中铬含量低于六价铬电镀溶液中铬的含量。

4.2 三价铬镀层及组合镀层要求

4.2.1 外观

三价铬主要用于铜＋镍＋铬或镍＋铬组合镀层的铬装饰层。在正常视力条件下，允许三价铬与六价铬镀层颜色有差异。观察镀件主要表面上不应有明显的镀层缺陷，例如：鼓泡、空隙、粗糙、裂纹、局部漏镀区、花斑或变色。

在非主要表面上可允许的镀层缺陷程度和主要表面上不可避免的挂具痕迹的位置应由需方规定或供需双方协商。

4.2.2 厚度

金属基体上的铜＋镍＋铬或镍＋铬组合镀层的厚度应符合 GB/T 9797 规定的使用条件相对应的厚度要求。塑料件上组合镀层的厚度应符合 GB/T 12600 规定的使用条件相对应的厚度要求。三价铬电镀获得铬镀层的最小厚度不应低于 0.05 μm。

4.2.3 结合强度

按 5.2.2 规定的结合强度试验后，镀层与基体以及各组合镀层之间的结合力结合良好，应无脱落、剥离、起皮等缺陷。

4.2.4 耐蚀性

金属基体上镀层的耐腐蚀性应按 GB/T 9797 的规定进行试验。塑料基体上的镀层的耐腐蚀性应按 GB/T 12600 的规定进行试验。有特殊耐蚀性要求的，供需双方应协商是否需要电镀后浸涂保护层。

注：一般来说，六价铬镀层比三价铬镀层耐盐雾试验优良。通常加工方在三价铬镀层上浸涂一层保护层提高镀层的防变色性和耐腐蚀性。

5 试验方法

5.1 镀液性能试验方法

5.1.1 溶液密度

在工艺规定的温度条件下，用波美度或密度计测定。

5.1.2 Cr^{3+} 含量

按附录A规定的方法之一检测。

5.1.3 霍尔槽试验

按照JB/T 7704.1规定的方法。霍尔槽试片需用新镀镍的试片，一般硫酸盐体系三价铬电镀工艺在3 A电流强度下电镀5 min；氯化物体系三价铬电镀工艺在7 A电流强度下电镀3 min。

5.1.4 覆盖能力测定

按照JB/T 7704.2规定的直角阴极法进行测试。

5.1.5 分散能力测定

按照JB/T 7704.4规定的弯曲阴极法进行测试。

5.1.6 阴极电流效率测定

按照JB/T 7704.3规定的铜库仑法进行测试。在试验中，硫酸盐体系三价铬电镀工艺待测镀液的阴极电流密度宜选择5 A/dm^2，氯化物体系三价铬电镀工艺待测镀液的阴极电流密度宜选择15 A/dm^2，电镀时间10 min。

5.2 镀层性能试验方法

5.2.1 厚度

三价铬电镀层厚度应在被直径20 mm的球接触的主要表面上任何部位测量，应用GB/T 4955规定的库仑法或GB/T 16921规定的的X射线法测量三价铬镀层厚度。或供需双方商定认可的测量方法。

5.2.2 结合强度

按GB/T 5270规定的热震试验或锉刀之一试验镀层的结合强度。

5.2.3 耐蚀性

镀件按GB/T 9797、GB/T 12600规定的要求进行盐雾试验，试验后按GB/T 6461评级。

附　录　A
（规范性附录）
三价铬镀液 Cr^{3+} 含量分析方法

A.1　Cr^{3+} 含量化学滴定法测定

A.1.1　试验材料

a)　过氧化钠（Na_2O_2），分析纯。

b)　10％碘化钾（KI）溶液

称取 10 g 碘化钾（分析纯），置于 100 mL 烧杯中，加入去离子水约 50 mL，完全溶解均匀，置于 100 mL容量瓶中，补充去离子水至 100 mL 刻度。

c)　1∶1 硫酸溶液

取 50 mL 去离子水，置于 100 mL 烧杯中，缓慢加入硫酸（H_2SO_4，98％）50 mL，置于 100 mL 容量瓶中，补充去离子水至 100 mL 刻度。

d)　0.1 M 硫代硫酸钠标准溶液

在 1 L 容量瓶中加入 300 mL 去离子水，称取分析纯硫代硫酸钠（$Na_2S_2O_3 \cdot 5H_2O$）25 g，溶于去离子水中，加入（分析纯）碳酸钠 0.1 g，用去离子水稀释至 1 L，标定。

e)　1％淀粉指示剂

称取可溶性淀粉 1 g，以少量水调成浆，倾于 100 mL 沸水中，搅匀，煮沸，冷却，加入氯仿（$CHCl_3$）数滴。

A.1.2　滴定程序

用移液管准确吸取硫酸盐体系三价铬镀液 5 mL（氯化物体系三价铬镀液取 1 mL），置于 250 mL 锥形瓶中，加去离子水 100 mL，再加入过氧化钠（Na_2O_2）2 g（当镀液工作时间较长时可适当多加），煮沸 20 min～30 min，此过程应防止溶液暴沸。取下锥形瓶，冷却至室温，加去离子水至 70 mL，加入 10％KI 5 mL，（1∶1）硫酸 10 mL，以 0.1 M 硫代硫酸钠（$Na_2S_2O_3$）标准溶液滴定至溶液由棕黄色变为浅黄色，加入 1％淀粉指示剂 1 mL，此时溶液为蓝黑色，继续滴定至溶液为透明淡蓝色为终点，记录消耗硫代硫酸钠标准溶液体积 $V_{Na_2S_2O_3}$（mL）。

A.1.3　Cr^{3+} 含量计算公式为：

$$C_{Cr^{3+}} = \frac{C_{Na_2S_2O_3} \times V_{Na_2S_2O_3} \times 52}{3 \times n} (g/L)$$

式中：

$C_{Cr^{3+}}$——Cr^{3+} 的含量，单位为克每升（g/L）；

$C_{Na_2S_2O_3}$——硫代硫酸钠标准溶液，浓度为 0.1M；

$V_{Na_2S_2O_3}$——消耗硫代硫酸钠标准溶液的体积；

n——取镀液的 mL 数，硫酸盐体系镀液取 5，氯化物体系镀液取 1。

A.2　Cr^{3+} 含量高锰酸钾氧化-二苯碳酰二肼分光光度法测定

按照 GB/T 7466 的规定测定三价铬电镀溶液中铬的总含量。

附 录 B
（资料性附录）
三价铬镀液六价铬定性检验——二苯碳酰二肼显色法

B.1 试验试剂

a) 甲醇或乙醇(分析纯)；

b) 二苯碳酰二肼(分析纯)；

c) 1∶1硫酸。

B.2 试验过程

取甲醇(或乙醇)5 mL,加去离子水 5 mL,(1∶1)硫酸 2 mL,加入少许二苯碳酰二肼(米粒大小),摇晃至溶解完全,加入三价铬镀液 3 滴～5 滴。若溶液显红色,证明电镀溶液中有 Cr^{6+} 存在,若溶液显绿色,则表示电镀溶液中无 Cr^{6+} 存在或不足以影响三价铬镀液的微量 Cr^{6+}。

ICS 25.220-70
A 29

中华人民共和国国家标准

GB/T 26109—2010

水基防锈液防锈性能试验 多电极电化学法

Test of aqueous protective fluids for rust preventing ability—Electrochemical measurement with wire beam electrode

2011-01-10 发布　　2011-10-01 实施

中华人民共和国国家质量监督检验检疫总局
中国国家标准化管理委员会　发布

前 言

本标准附录 A 为规范性附录。

本标准由中国机械工业联合会提出。

本标准由全国金属与非金属覆盖层标准化技术委员会(SAC/TC 57)归口。

本标准起草单位:湖南大学、武汉材料保护研究所、湖南省质量技术监督局、广州机械科学研究院、长沙展鸿化工有限公司。

本标准主要起草人:靳九成、陈迪平、黄桂芳、王镇道、靳浩、贾建新、成益民、薛中、彭培颖、吴翠兰、朱小莉。

引　言

由于影响水基防锈液防锈性能的因素很多，单一的电化学快速测试试验不能绝对表示水基防锈液的防锈性能，所以本标准获得的试验结果不作为被测液样在所有使用环境中防锈性能的直接指南。

尽管如此，本标准规定的方法仍可作为比较被测试水基防锈液样防锈性能优劣的一种方法。

水基防锈液防锈性能试验 多电极电化学法

1 范围

本标准规定了评价水基防锈液防锈性能试验的多电极电化学测试方法、设备和程序。

本标准适用于铁基材料上水基有机防锈液防锈性能的比较试验。

2 规范性引用文件

下列文件中的条款通过本标准的引用而成为本标准的条款。凡是注日期的引用文件，其随后所有的修改(不包括勘误的内容)或修订版均不适用于本标准；然而，鼓励根据本标准达成协议的各方研究是否可使用这些文件的最新版本。凡是不注日期的引用文件，其最新版本适用于本标准。

GB/T 678　化学试剂　乙醇(无水乙醇)

GB/T 11372　防锈术语

GB/T 15894　化学试剂　石油醚

3 术语和定义

GB/T 11372 所确立的以及下列术语和定义适用于本标准。

3.1

水基有机防锈液　aqueous organic protective fluids

主要使用有机缓蚀剂并可溶于水的防锈液，包括乳化型防锈液、防锈水和清洗剂等。

3.2

防锈性能　rust preventing ability

防锈液有效保护膜下金属或防止金属发生腐蚀的能力。

3.3

多电极电化学法　electrochemical measurement with wire beam electrode

通过测定多个电极在水基防锈液中的电化学参数，并进行统计参数来评价其防锈性能的方法。

4 原理

常温下涂覆水基有机防锈液膜下金属的腐蚀是一个电化学过程。该过程遇到的阻力主要来自极化电阻，其次是液膜电阻。该过程遇到的阻力越大，金属的腐蚀速度就越小。在极化电阻大于液膜电阻的条件下，测得的电阻越大，水基防锈液的防锈性能越好。由于防锈液的电化学不均匀性，各电极电阻一般是不同的。低阻区域是防锈液防护的薄弱环节，其膜下金属最先腐蚀，直接控制着液膜防锈性能的优劣。多电极电化学法通过统计低阻区域电极电阻来评价防锈液膜的防锈性能。

5 材料和试剂

5.1 测试探头电极材料

直径 $\phi=0.9$ mm　型号 ASTM A853 铁丝。

5.2 辅助电极材料

直径 $\phi=18$ mm $45^{\#}$ 钢。

5.3 试剂

石油醚沸程 60 ℃～90 ℃，应符合 GB/T 15894 要求；无水乙醇应符合 GB/T 678 要求。

6 试验设备

6.1 测试探头

测试探头由 64 根铁丝(ϕ0.9 mm±0.1 mm,表面用 5# 金相砂纸去表面保护膜,清洗干燥)均匀排列(间距为 2.5 mm),封于环氧树脂中制成(直径 ϕ=32.0 mm±0.1 mm、高 H=45 mm),组成多电极系统的测试探头,如图 1 所示。每根铁丝都是一个独立的电极,与多电极电化学测试仪连接。

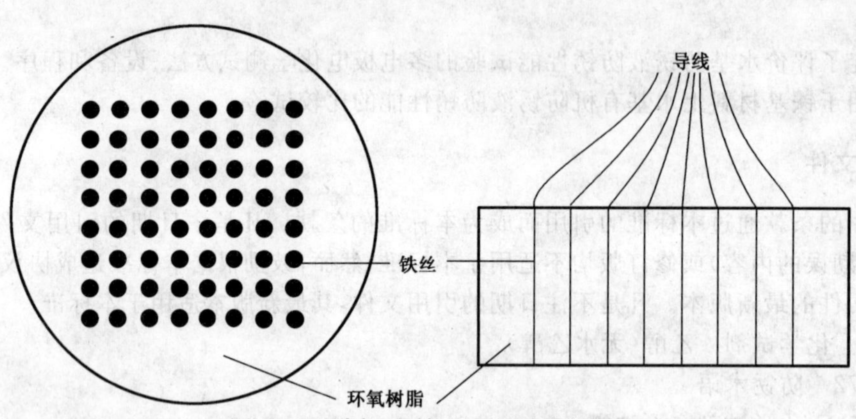

图 1 测试探头的正面图和侧面图

6.2 辅助电极

辅助电极为直径 ϕ=18 mm、长 L=10 mm 的 45# 钢圆片,用环氧树脂封装而成。

6.3 多电极电化学测试仪

多电极电化学测试仪是按照液膜直流电阻和电位测试原理设计的专用仪器(见附录 A)。

6.4 测试槽

测试槽为直径 ϕ=50 mm、高 H=50 mm 的一次性聚乙烯塑料杯。

6.5 电源

电源为交流电,220 V,50 Hz。

6.6 测试线路示意图

如图 2 所示,干燥、清洁的测试探头和辅助电极工作表面完全浸入到水基防锈液中,水平平行相向,间距为 8 mm±2 mm。64 个电极经导线分别接入多电极电化学测试仪一端,辅助电极接入多电极电化学测试仪另一端,参考电压源与测试探头、水基防锈液、辅助电极构成一腐蚀电流回路,测试所得电阻为极化电阻和溶液电阻之和。多电极电化学测试仪对 64 个电极巡回检测,可得 64 个电极的电阻分布。

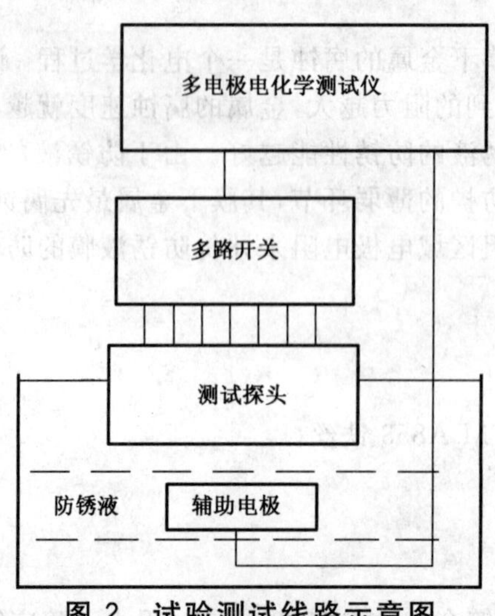

图 2 试验测试线路示意图

7 测试环境

水基防锈液防锈性能测试应在 20 ℃～25 ℃、相对湿度＜70％室内环境下进行。

8 测试程序

8.1 测试仪的校准

使用前检查测试仪是否处于正常工作状态。校准按仪器说明书进行。

8.2 测试探头和辅助电极准备

将三对测试探头和辅助电极依次用石油醚脱脂，经 1# ～5# 金相砂纸依次打磨抛光，无水乙醇清洗、干燥后放入干燥器中备用。若测试探头和辅助电极存放时间超过 1 h，使用时应重新打磨抛光、清洗、干燥。

8.3 试验测试

将待测水基防锈浓缩液摇匀，倒入测试槽中，应无气泡(若有，用热风消除)。将一对干燥、清洁的测试探头和辅助电极完全浸入水基液中，其工作面水平平行相向放置，间距为 8 mm±2 mm。10 min 后启动多电极电化学测试仪对探头的 64 个电极巡回检测。依此另两对测试探头和辅助电极对同样新液样进行测试，共可得 192 个电极电阻数据作为评价样本。

若水基防锈浓缩液较浓，可用蒸馏水稀释，稀释度 $\rho=(60\sim65)\%$，以保证极化电阻大于液膜电阻的测试条件。

9 防锈性能的 N+3 参数评价方法

9.1 *n*——192 个电极的等效腐蚀电极数

9.1.1 电极电阻划分为 N 个区间

将电极阻值 $R<1\times10^8\ \Omega$ 范围划分为 $(N-1)$ 个区间，加上 $R\geqslant1\times10^8\ \Omega$ 共 N 个区间。N 的大小根据评价分辨率要求选择，$N\geqslant6$。

9.1.2 *n*——相对等效腐蚀电极数

$$n=\sum_{i=1}^{N}\alpha_i n_i \qquad (1)$$

式中：

n_i——192 个电极阻值分布在第 i 个区间的电极数；

α_i——第 i 个区间的腐蚀权重因子，由试验优化选取。

本标准依大量试验给出 $N=21$ 及 α_i 值供参考。

比较水基防锈液之 n，小者防锈性能为优。

示例 1：测试仪软件将电极阻值 R 范围划分为 21 个区间，$N=21$：

$1\times10^3\ \Omega\leqslant R<3\times10^3\ \Omega$，$3\times10^3\ \Omega\leqslant R<5\times10^3\ \Omega$，$5\times10^3\ \Omega\leqslant R<7\times10^3\ \Omega$，$7\times10^3\ \Omega\leqslant R<10\times10^3\ \Omega$，$1\times10^4\ \Omega\leqslant R<3\times10^4\ \Omega$，$3\times10^4\ \Omega\leqslant R<5\times10^4\ \Omega$，$5\times10^4\ \Omega\leqslant R<7\times10^4\ \Omega$，$7\times10^4\ \Omega\leqslant R<10\times10^4\ \Omega$，$1\times10^5\ \Omega\leqslant R<3\times10^5\ \Omega$，$3\times10^5\ \Omega\leqslant R<5\times10^5\ \Omega$，$5\times10^5\ \Omega\leqslant R<7\times10^5\ \Omega$，$7\times10^5\ \Omega\leqslant R<10\times10^5\ \Omega$，$1\times10^6\ \Omega\leqslant R<3\times10^6\ \Omega$，$3\times10^6\ \Omega\leqslant R<5\times10^6\ \Omega$，$5\times10^6\ \Omega\leqslant R<7\times10^6\ \Omega$，$7\times10^6\ \Omega\leqslant R<10\times10^6\ \Omega$，$1\times10^7\ \Omega\leqslant R<3\times10^7\ \Omega$，$3\times10^7\ \Omega\leqslant R<5\times10^7\ \Omega$，$5\times10^7\ \Omega\leqslant R<7\times10^7\ \Omega$，$7\times10^7\ \Omega\leqslant R<10\times10^7\ \Omega$，$1\times10^8\ \Omega\leqslant R$。

示例 2：与将电极阻值 R 范围划分为 21 个区间相对应，式中

$$n=\sum_{i=1}^{21}\alpha_i n_i$$

α_i 依次选取为 1.00，0.95，0.90，0.84，0.79，0.74，0.69，0.63，0.58，0.53，0.48，0.42，0.37，0.32，0.27，0.21，0.16，0.11，0.06，0.01，0(近似)。

在所测三个探头测试数据 n 中，若 $\frac{\Delta n_{\max}}{64}>15\%$，需重测。

9.2 $\overline{\lg R}$——192 个电极电阻对数平均值

$$\overline{\lg R}=\frac{\sum_{i=1}^{192}\lg R_i}{192} \quad (2)$$

$\overline{\lg R}$反映水基防锈液的平均防锈能力。在 n 相同条件下，比较$\overline{\lg R}$，大者防锈能力为优。

9.3 σ——192 个电极电阻对数值的均方差

$$\sigma=\frac{\sqrt{\sum_{i=1}^{192}(\lg R_i-\overline{\lg R})^2}}{191} \quad (3)$$

σ 反映液膜 192 个电极小区防锈能力的离散度或不均匀性。在以上参数相同条件下，比较 σ，σ 小者为优。

10 试验报告

除在规范中另有规定，试验报告应包括下列内容：

a） 受测试液样的名称、规格、生产日期、包装；

b） 试验操作仪器编号、检测日期；

c） 记录 n_i、R_i 值，计算 n、$\overline{\lg R}$和 σ；

d） 防锈性能比较试验结果；

e） 操作人员签名。

附　录　A
（规范性附录）
多电极电化学测试仪

A.1　多电极电化学测试仪是按照液膜直流电阻和电位测试原理设计的专用仪器。

A.2　测试仪包括测试探头和微电流检测、控制、数据处理、显示等部分（见图 A.1）。

A.3　设定的参考电压分别施加于 64 个电极，通过测试液与辅助电极构成回路（见图 A.1）。微电流经取样电阻实现电流/电压变换后，再由可编程放大器放大，A/D 转换，MCU 处理后存贮并显示测试结果。

作为仪器的控制核心，MCU 承担整个仪器自动测试控制，包括仪器自检、自动量程转换、数据的输入/输出，此外，MCU 还负责测试数据的处理。其核心为评价防锈液防锈性能优劣的 $N+3$ 参数评价体系。

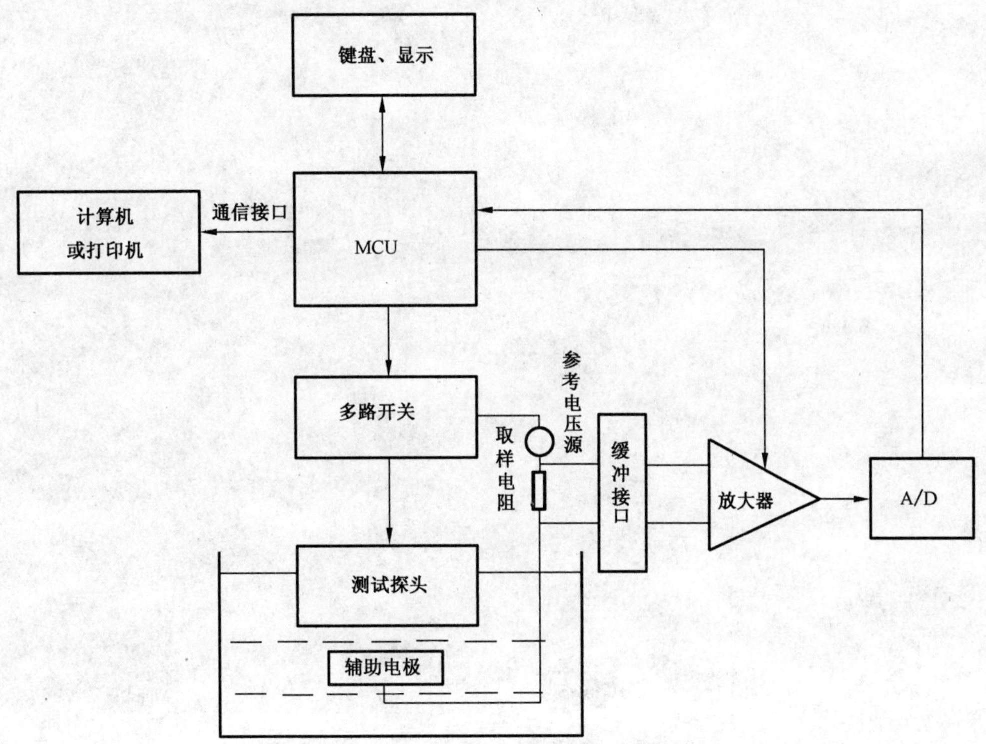

图 A.1　测试仪工作原理图

A.4　多电极电化学测试仪测试电极电阻 R 的精度要求

测量误差≤5%　　　$(R<1\times10^{8}\ \Omega)$；

测量误差≤10%　　$(1\times10^{8}\ \Omega\leqslant R<1\times10^{10}\ \Omega)$；

测量误差≤20%　　$(1\times10^{10}\ \Omega\leqslant R<1\times10^{11}\ \Omega)$；

测量误差≤40%　　$(1\times10^{11}\ \Omega\leqslant R\leqslant1\times10^{12}\ \Omega)$。

参 考 文 献

[1] ASTM A853-93 通用铁丝技术规范.

ICS 25.220.40
A 29

中华人民共和国国家标准

GB/T 26110—2010

锌铝涂层 技术条件

Specification of zinc-aluminium flake coatings

2011-01-10 发布　　　　2011-10-01 实施

中华人民共和国国家质量监督检验检疫总局
中国国家标准化管理委员会　发布

前　言

本标准的附录 A 为资料性附录。

本标准由中国机械工业联合会提出。

本标准由全国金属与非金属覆盖层标准化技术委员会(SAC/TC 57)归口。

本标准起草单位:北京永泰和金属防腐技术有限公司、北京化工大学、宁波沪甬电力器材股份有限公司、桐乡市桐德电力配件有限公司、杭州天堂伞业集团有限公司、江苏中远船舶配件有限公司。

本标准主要起草人:吉静、张宏伟、程学群、张伟明、杨国良、肖锋、李维江、王奇伟、陈晓雷、李霞、万友萍。

锌铝涂层　技术条件

1　范围

本标准规定了钢铁零件、构件上锌铝涂层(以下简称涂层)的技术要求和试验方法。本标准同时适用于铸铁、铝及其合金、铁基粉末冶金等多种材料的表面保护。

2　规范性引用文件

下列文件中的条款通过本标准的引用而成为本标准的条款。凡是注日期的引用文件,其随后所有的修改单(不包括勘误的内容)或修订版均不适用于本标准;然而,鼓励根据本标准达成协议的各方研究是否使用这些文件的最新版本。凡是不注日期的引用文件,其最新版本适用于本标准。

GB/T 1727　漆膜一般制备法

GB/T 5270　金属基体上的金属覆盖层　电沉积和化学沉积层　附着强度试验方法评述(GB/T 5270—2005,ISO 2819:1980,IDT)

GB/T 6462　金属和氧化物覆盖层　厚度测量　显微镜法(GB/T 6462—2005,ISO 1463:2003,IDT)

GB/T 6739　色漆和清漆　铅笔法测定漆膜硬度(GB/T 6739—2006,ISO 15184:1998,IDT)

GB/T 10125　人造气氛腐蚀试验　盐雾试验(GB/T 10125—1997,eqv ISO 9227:1990)

3　术语和定义

下列术语和定义适用于本标准。

锌铝涂层　zinc-aluminium flake coatings

将水性无铬锌铝涂料浸涂、刷涂或喷涂于钢铁零件或构件表面,经烘烤形成的以鳞片状锌为主要成分的无机防腐蚀涂层。

4　需方应向供方提供的信息

a)　本标准号;

b)　待涂敷件要求的涂层等级;

c)　待涂敷工件的最终热处理工艺。由于涂层是在 300 ℃左右的温度下进行烘烤,需方应考虑该温度是否影响被涂敷工件的力学性能;

d)　附加涂层的要求,例如封闭剂、减摩剂以及颜色等。

5　标识

5.1　概述

涂层用元素符号“Zn”(锌)加前缀“fl”(薄片)、后缀“nc”(无铬)表示。如果需要详细标明技术要求,如厚度等,则将涂层的要求标注于“fl Zn”的后面。

5.2　举例

a)　最低盐雾试验时间为 480 h 的锌铝涂层,标记为 flZn 480 nc。

b)　最低盐雾试验时间为 720 h,最小厚度为 8 μm 的锌铝涂层,标记为 flZn 720 8 μm nc。

6 技术要求

6.1 外观

6.1.1 涂层的基本色调呈银灰色，涂层的其他色彩和减摩性能可以通过附加涂层或在涂料中加入适当的添加物获得。

6.1.2 涂层应均匀、连续，无漏涂、气泡、剥落、裂纹、麻点、夹杂物等缺陷，无明显的局部过厚现象。涂层不应变色，但允许有轻微色差。

6.2 涂敷量和涂层厚度

涂层分为五个等级，不同等级涂层的涂敷量和涂层厚度见表 1。

表 1 不同等级涂层的涂敷量和涂层厚度

涂层等级	涂敷量/(mg/dm^2)	涂层厚度/μm
1	≤130	≤4.1
2	>130 并≤190	4.1～5.9
3	>190 并≤260	5.9～8.1
4	>260 并≤320	8.1～10.0
5	>320 并≤380	10.0～11.9

注：涂敷量是涂层的分级及技术要求的仲裁值，涂层厚度是参考值。表中所列的涂层厚度是根据 32 mg/dm^2＝1 μm换算所得。由于涂层中存在是否加入铝片和加入铝片量的多少等因素使得涂层密度不尽相同，所以涂层厚度仅为参考值。当被涂工件形状复杂，表面积不易确定时，可参照涂层厚度对涂层进行分级。

6.3 附着强度

按 8.3 中规定的方法对涂层进行附着强度试验后，涂层不得剥落和露底。但是允许胶带变色或粘着少许锌、铝粉粒。

6.4 耐盐雾腐蚀性能

不同等级的涂层，经盐雾试验后，出现红锈的时间不低于表 2 要求。

表 2 耐盐雾腐蚀试验要求

涂层等级	1	2	3	4	5
出现红锈时间/h	120	240	480	720	960

6.5 耐水性

涂层按 8.5 规定的方法进行耐水试验后，试验结果应达到 6.3 要求。

6.6 耐湿热性

涂层按 8.6 规定的方法进行耐湿热试验，360 h 内不得出现红锈。

6.7 耐热性

涂层按 8.7 规定的方法进行耐热试验，要求涂层无变色、气泡、剥落、裂纹等缺陷。经耐热试验后涂层仍应满足 6.3 和 6.4 规定的技术要求。

6.8 硬度

硬度试验按照 8.8 的规定执行，涂层硬度不低于 9H。

7 抽样

7.1 同一批产品中，按每一种试验随机抽取 3 个试样，进行试验。若其中任何一件试样经试验后不合格，则应再随机抽取三件试样进行相同的试验，若其中再有一件不合格，该批产品为不合格。

7.2 对于组合件或单件质量超过 150 g 的零件或构件，则切取该工件的一部分为试样进行试验。为了避免切口处裸露的钢铁基体影响试验结果，应采用涂料、蜡或胶带等保护切口。对于形状复杂难以求出表面积的零件也可以采用同样的方法制备试样。

8 试验方法

8.1 外观

在自然散射光下，正常视力或矫正视力目测进行观察。

8.2 涂敷量试验

8.2.1 溶解称量法

质量大于 50 g 的试样，采用精度为 1 mg 的天平称得原始质量 w_1(mg)。将试样置入 70 ℃～80 ℃的 20%NaOH 水溶液中，浸泡 10 min，使锌铝涂层全部溶解。取出试样，充分水洗后立即烘干，再称取涂层溶解后试样的质量 w_2(mg)。测量并求出工件的表面积 $S(dm^2)$，按下列公式计算涂层的涂敷量 $w_S(mg/dm^2)$：

$$w_S = \frac{w_1 - w_2}{S}$$

式中：

w_S——单位面积的涂覆量，单位为毫克每平方分米(mg/dm^2)。

w_1——溶解前试样的质量，单位为毫克(mg)。

w_2——试样溶解干燥后的质量，单位为毫克(mg)。

S——试样的表面积，单位为平方分米(dm^2)。

注 1：若试样的质量小于 50 g，则应累积若干件试样以达到 50 g 以上的总质量后，再进行涂敷量试验。

注 2：锌铝涂层浸入 NaOH 溶液中溶解 10 min 后，涂层若没有完全溶解，则应延长浸泡时间，直到涂层完全溶解为止。

8.2.2 金相显微镜法

按 GB/T 6462 要求，采用金相显微镜法检测涂层的厚度。

8.3 附着强度试验

采用胶带试验方法检测锌铝涂层与基体的附着强度，胶带试验按 GB/T 5270 规定的要求进行。

8.4 盐雾试验

盐雾试验按 GB/T 10125 规定的中性盐雾试验要求进行。

8.5 耐水试验

将试样浸入 40 ℃±1 ℃的去离子水中，连续浸泡 360 h，将试样取出后在室温下干燥，再按 8.3 的要求进行附着强度试验。附着强度试验应在试样从去离子水中取出后的 2 h 之内进行。

8.6 湿热试验

湿热试验在湿热试验箱中进行，湿热试验箱应能调整和控制温度和湿度。

将湿热试验箱温度设定为 40 ℃±2 ℃，相对湿度为 95%±3%，将样品垂直挂于湿热试验箱中，样品不应相互接触。当湿热试验箱达到设定的温度和湿度时，开始计算试验时间。连续试验 48 h 检查一次，检查样品是否出现红锈。检查两次后，每隔 72 h 检查一次。每次检查后，样品应变换位置。360 h 检查最后一次。

8.7 耐热试验

按 GB/T 1727 或需方产品标准的规定，在四块样板上制备涂层；待涂层完全固化后，将其中三块涂层样板放置于 300 ℃的鼓风恒温烘箱内，另一块样板留作比较。3 h 后，将三块样板取出，冷却至 25 ℃±1 ℃。

8.8 硬度试验

硬度试验按 GB/T 6739 规定的要求进行。

附 录 A
（资料性附录）
锌铝涂层的应用与限制

A.1 锌铝涂层的应用

A.1.1 可适用于多种基体材料

锌铝涂层可以用于钢、铸铁、铝及其合金、铁基粉末冶金等多种材料的表面保护。

A.1.2 耐热性能良好

锌铝涂层的耐热性能良好，在较高的温度(≤300 ℃)下仍具有良好的耐腐蚀性能，可用于有一定耐热要求的工件。

A.1.3 不会产生氢脆

抗拉强度 $R_m \geqslant 1\ 000\ N/mm^2$ 的高强度钢铁工件涂敷锌铝涂层时不会产生氢脆。采用锌铝涂层代替电镀锌、电镀镉用于这类工件的表面保护可以避免氢脆造成的危害。另外为了避免氢脆，前处理应采用溶剂除油、机械除锈等不会导致氢脆的工艺。

A.1.4 良好的深涂性能

由于静电屏蔽效应，工件的深孔、狭缝，管件的内壁等部位难以电镀上锌、镉等保护涂层。锌铝涂料则可以进入工件的这些部位形成涂层，因此锌片涂层适用于这类工件。

A.1.5 良好的可再涂装性能

锌铝涂层的再涂装性能良好，可以涂装外观色彩丰富的涂层，涂层可进一步提高耐腐蚀性能。

A.1.6 与铝及其合金不会产生电偶腐蚀

锌铝涂层与铝及其合金不会产生电偶腐蚀，可用于与铝及其合金接触的钢铁工件的表面保护。

A.2 限制

A.2.1 锌铝涂层的导电性能较差，因此用于导电连接的零件，如电器的接地螺栓等。应考虑其导电性是否符合要求。

A.2.2 锌铝涂层一般不适用于使用温度比涂层固化温度高的零件上。

ICS 31.200
L 55

中华人民共和国国家标准

GB/T 26111—2010

微机电系统(MEMS)技术　术语

Micro-electromechanical system technology—Terms

2011-01-10 发布　　2011-10-01 实施

中华人民共和国国家质量监督检验检疫总局
中国国家标准化管理委员会　发布

前　言

本标准按照 GB/T 1.1—2009 给出的规则起草。

本标准由全国微机电技术标准化技术委员会(SAC/TC 336)提出并归口。

本标准主要起草单位:中机生产力促进中心、中国电子科技集团第 13 研究所、清华大学、上海交通大学、中北大学。

本标准主要起草人:丁红宇、刘伟、张苹、崔波、杨拥军、叶雄英、陈迪、石云波。

微机电系统(MEMS)技术 术语

1 范围

本标准规定了微机电系统领域所涉及的材料、设计、加工、封装、测量以及器件等方面的通用术语和定义。

本标准适用于微机电系统领域的研究、开发、评测和应用。

2 规范性引用文件

下列文件对于本文件的应用是必不可少的。凡是注日期的引用文件,仅所注日期的版本适用于本文件。凡是不注日期的引用文件,其最新版本(包括所有的修改单)适用于本文件。

GB/T 2900.66—2004 电工术语 半导体器件和集成电路(IEC 60050-521:2002,IDT)

3 术语和定义

3.1 综合性术语

3.1.1

微机电系统 micro-electromechanical systems,MEMS

微系统 microsystem

微机械 micromachine

关键(部件)特征尺寸在亚微米至亚毫米之间,能独立完成机电光等功能的系统。

注1:微机电系统一般包括微型机构、微传感器、微执行器、信号处理和控制、通讯接口电路以及能源等部分。

注2:微机电系统通常需要多学科领域技术的综合应用,例如机、电、光、生物等多种领域。

注3:MEMS主要在美国使用,微系统主要在欧洲使用,微机械主要在日本使用。

3.1.2

微机电系统技术 micro-electromechanical system technologies

MEMS技术

实现微机电系统的技术。

3.1.3

微科学与工程 micro-science and engineering

针对于微机电系统的微观科学与工程。

注:随着微机电系统构件尺寸的减小,许多物理特性发生了变化。主要有两类情况:1)这些变化有时可以由宏观世界的变化推断出来;2)随着微观效应的增强,使得这种推断变得不可能。对于后者,我们不仅要建立新的理论和经验公式来解释微观世界的现象,而且需要研究新的工程分析和归纳方法。可以针对微机电系统开展材料学、流体力学、热力学、摩擦学、控制工程、运动学等微观科学的系统研究。

3.1.4

生物 MEMS bio-MEMS

与生物或生物医学技术相结合的MEMS。

[IEC 62047-1:2005,定义2.8.1]

3.1.5

射频 MEMS　radio frequency MEMS,RF MEMS

与无线通信技术相结合的 MEMS。

3.1.6

微光机电系统　micro-optical-electronicmechanical systems,MOEMS

与光学技术相结合的 MEMS。

3.2　科学与工程术语

3.2.1

尺寸效应　scale effect

由于物体尺寸的变化而导致各方面的性质和特性发生改变的现象。

3.2.2

表面效应　surface effect

由于物体尺寸变小,表面积与体积比增大,而导致物体表面的性质和特性发生改变的现象。

3.2.3

粘附　stiction

因表面张力或静电力等使微结构附着于基底或其他结构体的现象。

3.2.4

防粘附　antistiction

避免发生粘附现象。

3.2.5

亲水性　hydrophilicity

物质对水有较高的亲和能力,即可以吸引水分子,或溶解于水。

注:亲水固体材料的表面,易被水所润湿。

3.2.6

疏水性　hydrophobicity

物质与水相互排斥的现象。

注:对固体,疏水表现为浸润性差;对液体,表现为与水之间不相溶。

3.2.7

静电驱动　electrostatic actuation

利用结构间的静电场力进行的驱动。

3.2.8

电磁驱动　electromagnetic actuation

利用电磁力进行的驱动。

3.2.9

压电驱动　piezoelectric actuation

利用外电场使压电材产生伸缩形变进行的驱动。

3.2.10

电热驱动　electrothermal actuation

利用材料在电流产生的热能作用下升温膨胀进行的驱动。

3.2.11

光热驱动　photothermal actuation

利用材料在光照产生的热能作用下升温膨胀进行的驱动。

3.2.12

声波驱动 sound wave actuation

利用声波振动特性进行的驱动。

3.2.13

形状记忆合金驱动 shape memory alloy actuation

利用形状记忆合金进行的驱动。

3.2.14

表面张力 surface tension

作用于液体表面单位长度上使表面收缩到最小的力。

注1：表面张力是分子力的一种表现。

注2：表面张力的方向与液面相切。

3.2.15

范德华力 Van der Waals force

存在于分子间的一种吸引力。

注：范德华力作用能的大小一般只有每摩尔几千焦至几十千焦，比化学键弱得多。

3.3 与材料相关的术语

3.3.1

功能材料 function material

在力、电、磁、声、光和热等方面具有特殊性质，或在其作用下表现出特殊功能的材料。

3.3.2

压电材料 piezoelectric material

在外力作用下发生极化而在两端表面间出现电位差，或在外电场作用下发生形变的材料。

3.3.3

压阻材料 piezoresistive material

在应力作用下电阻率发生明显变化的材料。

3.3.4

形状记忆合金 shape memory alloy

发生塑性变形后，在某一温度下能恢复原来形状的合金材料。

注：材料在某一温度下受外力变形，去除外力后能保持其变形后的形状，但当温度上升到某一温度，材料会自动恢复到变形前原有的形状。

[IEC 62047-1:2005，定义 2.3.1]

3.3.5

单晶硅 monocrystalline silicon

硅的一种形态，具有完整的点阵结构且晶体内原子都是呈周期性规则排列的硅晶体，是 MEMS 用作衬底的主要材料。

3.3.6

多晶硅 polycrystalline Silicon

硅的一种形态，晶体内各个局部区域里原子呈周期性排列，但不同局部区域之间原子排列无序。在微机电系统中多用于结构层和电极导电层。

3.3.7

非晶硅 amorphous silicon

硅的一种形态，是晶体内分子不呈空间有规则周期性排列。

3.3.8

N 型硅　N type silicon

在硅中掺入微量的Ⅴ族元素,能形成以电子导电为主的半导体。

3.3.9

P 型硅　P type silicon

在硅中掺入微量的Ⅲ族元素,能形成以空穴导电为主的半导体。

3.3.10

二氧化硅　silicon dioxide

硅的一种氧化物。一般是指通过热氧化或沉积等方法而成的薄膜材料,在 MEMS 中多作为绝缘层、掩膜或牺牲层使用。

3.3.11

氮化硅　silicon nitride

硅的一种氮化物,一般是指通过气相沉积而成的薄膜材料。在 MEMS 中多作为绝缘层、掩膜或支撑结构层使用。

3.3.12

碳化硅　silicon carbide

硅的一种碳化物,一般是指通过气相沉积而成的薄膜材料。在 MEMS 加工中,常在结构表面沉积一层碳化硅以防止被高温破坏或氧化。

3.3.13

光刻胶　photoresist

用以产生抗蚀膜的感光树脂,通过见光和不见光的选择性去除,实现图形化。

注:光刻胶通常分为负性光刻胶和正性光刻胶。

3.3.14

聚酰亚胺　polyimide

分子链中含有酰亚胺环状结构的环链高聚物,具有耐高温等特性。

注 1:在 MEMS 中通常做厚结构使用。

注 2:光敏聚酰亚胺可作为光刻胶用。

3.3.15

聚二甲基硅氧烷　polydimethylsiloxane,PDMS

分子链中含有硅氧结构的聚合物,具有较高的透明、生物相容等特性。

3.3.16

聚甲基丙烯酸甲酯　poly methyl methacrylate,PMMA

由甲基丙烯酸甲酯组成的聚合物。在微加工中多指对 X 线或电子束敏感的一种光刻胶。

3.4　与设计相关的术语

3.4.1

MEMS 系统级设计　MEMS system level design

按照系统的角度将要设计的 MEMS 系统划分成不同的功能模块,采用系统级的分析方法和工具对设计的系统进行分析,确定各模块的功能和结构。

3.4.2

MEMS 器件级设计　MEMS device level design

采用解析和数值计算的方法对 MEMS 器件的具体材料、结构参数和性能进行分析,从而得到器件的最终结构。

3.4.3

MEMS 工艺级设计　MEMS process level design

考虑系统和器件的具体结构以及可以采用的工艺设备和条件，结合工艺之间的相关性、条件限制等引述，得到具体的工艺过程。

3.4.4

MEMS 版图级设计　MEMS layout level design

采用版图设计工具，对结构和工艺过程进行具体化、参数和图形化的设计，得到加工中所需要的掩膜版图形。

3.4.5

自上向下的设计　top-down design

指在 MEMS 设计过程中从系统级、器件级到工艺级的自顶向下设计。

3.4.6

自下向上的设计　bottom-up design

指在 MEMS 设计过程中从工艺级、器件级到系统级的自底向上设计。

3.4.7

MEMS 计算机辅助设计　MEMS computer aided design，MEMS CAD

运用 MEMS 计算机辅助设计软件，在计算机终端以人机交互的方式进行设计。

3.4.8

微模具设计　micro-mould design

指用于各种微模塑成型的微模具设计。设计微模具需要在常规模具设计的基础上，充分应用微纳设计方法，考虑到微尺度因素影响，提高微小塑件填充率和表面质量、微模具寿命和可复用性等。

3.4.9

降阶模型　order-reduced model

用状态空间方法表达的数学模型，采用模型集结的方法降低状态空间模型的阶数，所获得的低阶模型，或对于用微分方程、差分方程或时间序列分析等方法建立的模型，忽略其高阶项而获得的低阶模型。

3.4.10

集总参数模型　lumped parameter model

集总参数是描述系统内在本质特性模型的简化，通过单点参数描述空间场分布，早期多应用在电路设计中，并拓展到由多部件组成的微机电系统的设计。利用集总参数求解，计算量和计算复杂度显著下降。

3.4.11

硬件描述语言　hardware description language

用于描述数字系统的结构、行为、功能和接口等硬件特征的语句。

3.4.12

分布参数模型　distributed parameter model

不能用电阻、电容和电感或阻尼、质量和弹簧等“集总”元件参数来描述传输线电路的特性或机械系统特性，而必须用连续地分布在系统各处的元件参数来描述，这类参数称为分布参数。

3.4.13

等效电路　equivalent circuit

具有电路参数的电路元件的排列，在所考虑的范围内，与某特定的电路或器件参数电气等效。

注：为了便于分析，用等效电路替代更复杂的电路或器件。

3.4.14

空气阻尼　air damping

由空气介质产生阻尼效应。空气阻尼是借助于联接到可动部件的阻尼叶片交替地压缩箱子上部和下部的空气，将动能转换空气的压缩热和摩擦热。

3.4.15

品质因子　quantity factor

振动系统存储的总能量与在振动一周期内损失的能量之比乘以 2π。

3.4.16

噪声　noise

物质中微粒的无规则运动就产生噪声。在电路中指由于电子的持续杂乱运动或冲击性的杂乱运动所形成的频率范围比较宽的干扰。

3.4.17

瞬态响应　transient response

系统在某一典型信号(如脉冲、阶跃、谐波信号等)输入作用下，其系统输出量从初始状态到稳定状态的变化过程。

3.4.18

动态分析　dynamic analysis

研究系统在快速变化的载荷作用下或在系统在不平衡状态下的特性，称为动态分析。

注：系统的最小基频小于载荷的变化频率。

3.4.19

静态分析　static analysis

研究系统在恒定载荷或缓变载荷作用下或在系统平衡状态下的特性，称为静态分析。

注：系统的基频远高于载荷的变化频率。

3.4.20

模态分析　modal analysis

运用计算或实验分析取得结构固有振动特性参数(如频率和振型)的过程，称为模态分析。模态分析是系统辨别方法在工程振动领域中的应用。

3.4.21

耦合场分析　couple-field analysis

指在有限元分析的过程中考虑了两种或者多种工程学科(物理场)的交叉作用和相互影响(耦合)。

3.4.22

有限元方法　finite element method，FEM

将求解域看成是由许多称为有限元的小的互连子域组成，对每一单元假定一个合适的(较简单的)近似解，然后推导求解这个域总的满足条件(如结构的平衡条件)，从而得到问题的解。

3.4.23

MEMS 结点化模型　MEMS nodal model

将 MEMS 系统视为由若干个同一能量域或不同能量域的基本单元组成的，每个单元为一个结点，与电路中基本元件如电阻、电容等相对应，运用 AHDL 语言将上述 MEMS 结点与真实电路连接在一起形成网络，建立系统的微分方程，运用系统级的分析工具(如 SABER 或 SPICE)进行系统仿真和分析。

3.4.24

多尺度模型　multiscale model

指用于描述微纳器件中跨原子、纳米、亚微米、微米尺度现象的数学模型，通常由分子动力学模型、量子物理模型、连续介质模型组成，体现了理论与试验关系的新认知方法，是多学科的交融与渗透结果。

建立多尺度模型的核心问题是多过程耦合和跨尺度关联。

3.5 与加工工艺相关的术语

3.5.1

微加工技术 micromachining

实现微结构的加工技术的总称。

注：微加工技术主要包括硅加工技术、LIGA 技术、超精密与特种加工技术。

3.5.2

硅加工工艺 silicon process

硅微加工技术。

注：虽然硅工艺一般分为表面微加工和体硅微加工，但其中的许多技术是相同的。

3.5.3

光刻 photolithography

运用曝光的方法将精细的图形转移到光刻胶上的技术。

注：光刻时使用有预定图形的玻璃板作为掩膜，掩膜放在涂有光刻胶的基底上，然后用紫外线或可见光使光刻胶基底部分曝光。曝光会改变光刻胶在显影液中的溶解性，掩膜上图形通过显影工艺转移到了光刻胶上。

[IEC 62047-1:2005，定义 2.5.7]

3.5.4

光刻掩模 photomask

有预定图形的部分透明的玻璃板或胶片。

3.5.5

电子束刻蚀 electron beam lithography

利用电子束在衬底上生成高精度图形的技术。

3.5.6

X 射线光刻 x-ray lithography

运用 X 射线将高精度的图形转移到光刻胶上的技术。

[IEC 62047-1:2005，定义 2.5.14]

3.5.7

接触式曝光 contact printing

掩模板直接与光刻胶层接触的曝光方法。

3.5.8

接近式曝光 proximity printing

掩模版与光刻胶层略微分开的曝光方法。

3.5.9

投影式曝光 projection printing

在掩模版与光刻胶之间使用光学系统实现曝光。

3.5.10

表面微加工工艺 surface micromachining

在基底表面逐层淀积不同材料并进行刻蚀，形成微结构的微机械加工工艺。

[IEC 62047-1:2005，定义 2.5.6]

3.5.11

气相沉积 vapor deposition

将物质由气体状态沉积到固体表面的技术。

注：气相沉积是利用加热或电子束照射将固体物质(通常为金属)气化，并将衬底暴露在气体中进行沉积，从而得到薄膜的技术。薄膜的纯度依赖于腔体内的压力，由于薄膜仅靠附着力黏附，所以，附着力较小且晶体结构不完

整。因此,为了提高附着力并改善晶体结构,有时将衬底进行预热来促进沉积后的化学反应。

[IEC 62047-1:2005,定义 2.5.29]

3.5.12

物理气相沉积工艺 physical vapor deposition process,PVD

利用热能或等离子体能量将淀积靶材料从固态变为气态,并再变成固态沉积在基底的过程。

注:物理气相淀积工艺主要包括原子的真空蒸发,和惰性或反应气氛下的单靶或多靶溅射淀积(例如 RF 磁性溅射、离子束溅射、分子束外延、激光消融)。

3.5.13

化学气相沉积工艺 chemical vapor deposition process,CVD

把含有构成薄膜元素的气态反应剂或液态反应剂的蒸汽及反应所需其他气体引入反应室,在衬底表面发生化学反应生成薄膜的过程。

[IEC 62047-1:2005,定义 2.5.31]

3.5.14

刻蚀工艺 etching process

用化学和(或)物理方法有选择的去除部分薄膜或者基底材料的加工工艺。

[IEC 62047-1:2005,定义 2.5.18]

3.5.15

牺牲层刻蚀 sacrificial etching

在几种不同材料的多层组合结构中,选择性地去除一层材料的工艺。

3.5.16

体微加工工艺 bulk micromachining

通过选择性去除部分基底材料实现微结构的微机械加工方法。

注:体微机械工艺是通过化学方法刻蚀去除基底不需要部分的加工方法。通过使用 SiO_2 或 Si_3N_4 掩模可以保护表面不被刻蚀。硼掺杂层也可以停止表面层以下部分的刻蚀。

3.5.17

湿法刻蚀 wet etching

利用与待刻材料可产生化学反应的溶液对薄膜或器件结构进行腐蚀的技术。

注:在进行湿法刻蚀时,将不需要腐蚀的一部分掩模,暴露其余的部分,然后将材料浸入反应溶液中。可分为各向同性刻蚀和各向异性刻蚀。

[IEC 62047-1:2005,2.5.19]

3.5.18

干法刻蚀 dry etching

利用可产生物理和/或化学反应的气体或等离子体进行刻蚀的技术,通常又称为干法刻蚀。

注:电子能量所产生的可反应气体与衬底反应并移除材料,形成所需的形状或尺寸。干法刻蚀可分为利用化学反应的各向同性腐蚀(等离子刻蚀)和利用物理反应的直接刻蚀(离子刻蚀)。

[IEC 62047-1:2005,定义 2.5.20]

3.5.19

各向同性刻蚀 isotropic etching

刻蚀速度不随晶向或能量束方向改变的腐蚀过程。

[IEC 62047-1:2005,定义 2.5.21]

3.5.20

各向异性刻蚀 anisotropic etching

随晶向或能量束方向不同,刻蚀速度不同的刻蚀过程。

[IEC 62047-1:2005,定义 2.5.22]

3.5.21

停蚀 etch stop

防腐蚀层,停止过多的腐蚀。

注:对于硅的腐蚀,停蚀主要利用在硅中掺杂其他元素(例如硼)来实现。硅的氮化层或氧化层同样可以实现停蚀。

3.5.22

圆片去除工艺 lost wafer process

一种利用选择性刻蚀来去除大部分衬底材料而留下部分扩散层的工艺技术。

[IEC 62047-1:2005,定义 2.5.24]

3.5.23

化学机械抛光 chemical-mechanical polishing

化学腐蚀和机械磨削相结合的工艺技术。

3.5.24

LIGA 工艺 LIGA process

利用基于 X 射线(同步辐射)和电铸成型的深层光刻获得微观结构的工艺。

注 1:LIGA 是德语中的光刻、电铸成型和注塑成型,即:Lithographie、Galvanoformung、Abformung 的首字母简写。

注 2:LIGA 加工的特点包括可以大量生产宽度在 1 μm~10 μm,深度为几百微米的高深宽比的结构,LIGA 技术可用于硅半导体、陶瓷、金属和塑料等各种材料。

[IEC 62047-1:2005,定义 2.5.12]

3.5.25

UV-LIGA

利用极紫外线代替 X 射线的 LIGA 技术。

[IEC 62047-1:2005,定义 2.5.13]

3.5.26

电铸成型 electroforming

通过在模型或模具上电镀,模型或模具随后与淀积的物体分离,进行的物品的生产或复制。

注:通过非电镀使树脂或其他模具具有导电性,该模具作为电镀中的阴极,快速进行厚金属的电镀,通过分离模具得到产品。

[IEC 62047-1:2005,定义 2.5.31]

3.5.27

热压加工 hot embossing process

将硬模挤轧在加热软化后的衬底上,从而将模具的微结构复制到衬底的加工过程。

[IEC 62047-1:2005,定义 2.5.33]

3.5.28

微注成型 micromoulding

将液化后的材料注入模型,从而得到希望的细微零件形状的加工过程。

[IEC 62047-1:2005,定义 2.5.34]

3.5.29

微电火花加工 micro-electrodischarge machining

利用在微电极和材料之间进行放电而实现的加工过程。

[IEC 62047-1:2005,定义 2.5.32]

3.5.30

能量束加工 beam process

利用高密度能量束进行的加工技术。

注:在微机械加工中使用的高密度能量束包括:激光束、电子束、离子束(典型的离子束是聚焦离子束,也就是 FIB)和分子或原子束。

[IEC 62047-1:2005,定义 2.5.15]

3.5.31

聚焦离子束加工　focused ion beam machining

利用加速并聚焦的离子溅射,将材料表面的细微部分去除的技术。

注:利用直径大约在 0.1 μm 的聚焦离子束,可以加工高精度的微孔,加工各种探针,或加工、修改非球面透镜面。通过测量从材料反射的次级电子或离子的强度的变化,可以精确的控制加工的深度。缺点是加工的速度很慢,另外,为了获得高真空环境,需要相对复杂的设备。

[IEC 62047-1:2005,定义 2.5.17]

3.5.32

扫描隧道显微镜加工　scanning tunneling microscope machining

利用扫描隧道显微镜(STM)进行的原子和分子级的表面加工(原子操作)。

[IEC 62047-1:2005,定义 2.5.35]

3.5.33

键合　bonding

将两层或多层硅片(或其他材料)叠放在一起,用一定外界手段促使其在接触面结合为一体的技术。

3.5.34

晶圆键合　wafer bonding

硅膜或者带玻璃的硅膜整体表面相连接的一种技术。

3.5.35

粘接键合　adhesive bonding

利用聚合物材料作为粘合剂,将两片材料键合在一起的技术。

3.5.36

阳极键合　anodic bonding

利用含有可移动离子的玻璃衬底和硅、金属等衬底进行的键合的技术。将晶片加热,并以硅作为正极,在两片衬底间施加高压,产生静电引力从而完成键合。

[IEC 62047-1:2005,定义 2.6.3]

3.5.37

扩散键合　diffusion bonding

加热到熔点之下,通过原子间的相互扩散将处于固体状态的材料粘结在一起的技术。

[IEC 62047-1:2005,定义 2.6.4]

3.5.38

硅融熔键合　silicon fusion bonding

硅、氧化硅等亲水衬底通过表面间氢键键合在一起,当高温退火后,变为 Si-O-Si 键键合的技术。

[IEC 62047-1:2005,定义 2.6.5]

3.5.39

超声键合　ultrasonic bonding

一种使用超声能量和压力焊接两种材料的工艺。

3.6　封装与组装术语

3.6.1

封装　packaging

为了保护元器件,将其安装在具有连接端子的外壳的操作。

[IEC 62047-1:2005,定义 2.6.8]

3.6.2

圆片级封装 wafer level packaging

在划片前完成的封装。

[IEC 62047-1:2005,定义 2.6.9]

3.6.3

多芯片封装 multichip package

指能装载若干块芯片并通过几个导体图形层将它们互连在一起的一种电子封装。

3.6.4

封装延迟 package delay

与完成组成逻辑电路的元件间的互连有关的时间延迟、它的量值取决于材料和距离。

3.6.5

可键合性 bond ability

当用超声或热压引线键合其中任何一种方法时,为使互连材料达到满意的键合,键合面必须具有的表面特性和洁净度。

3.6.6

引线键合工艺 wire bonding

为了使半导体元件互连或与封装引线连接,常采用金属丝将它们互连的方法。

3.6.7

芯片粘接 die attach

整个芯片背面与一个涂有粘结胶的封装面进行粘接。

3.6.8

芯片间的连接 interchip wiring

为实现某种功能把一块芯片上的电路与另一块芯片上的电路用导线连接成通路。

3.6.9

微组装 microassembling

微技术结构单元和具有封装面的微结构元件进行的组装,或将这些元件安装在带有外壳且有电信号接触的其他产品上进行的连接。

3.6.10

非接触操作 non-contact handling

采用非接触方式抓取并转移物体。

[IEC 62047-1:2005,定义 2.6.7]

3.6.11

微操纵器 micromanipulator

用于操纵微小零件和微小工具、基因、细胞等细小物体的器械。

注:微操纵器可以由机械、气动、液压(油压或水压),电磁或压电执行器或电动马达进行驱动。用于对细胞进行操纵动的微操纵器一般由两个独立驱动组成:距离的微调和粗调方式。大部分微操纵器通过显微镜或摄像系统的视频图像来手动调节距离。

[IEC 62047-1:2005,定义 2.6.6]

3.6.12

附加镀 additive plating

混合电路基板通过掩模依次镀涂导体、电阻和绝缘材料的工艺,由此确定线条、焊盘和元件的区域(部位)。

3.6.13

钎焊 braze

两种不同材料通过在其界面形成液相而形成连接。

3.6.14

载带自动焊 tape automated bonding,TAB

一种采用热压键合技术将硅芯片与聚合物载带上带图形的金属(如覆铜的聚酰亚胺)焊接在一起,然后用外引线键合技术焊接到基板或电路板上的工艺。诸如测试、包封、老炼等中间工艺可用带状形式完成,然后从带上切下每个封装。

3.6.15

带凸焊点的载带 bumped tape

用于TAB工艺的一种载带,即把内引线键合区上的金属凸焊点做在带上,而不是做在芯片上。这就保证了内引线键合和被焊芯片的无焊点区之间的机械和电气隔离。

3.6.16

片式载体 chip carrier

封装半导体器件的一种专门的包封或封装形式,其电端点排布在它的周边,或是在四周的下面排布焊盘,而不是扩展的引线框架或插脚。

3.6.17

芯片 chip

管芯 die

晶片的一部份(或整体),可完成一种或若干功能。

[GB/T 2900.66-2004,定义 521-05-30]

3.6.18

板上芯片 chip-on-board

用引线键合的方法把一块芯片直接粘接到电路板或基板进行的电连接。

3.6.19

已测合格芯片 known good die

封装前已测试的芯片,其功能符合要求。

3.6.20

倒装芯片 flip Chip

包含有电路元件的一种无引线单片结构,通过适当数量的凸焊点,在这些焊点上面再覆盖导电粘接剂,使其电气或机械互连到混合电路上。此外,也可以带接触焊盘的芯片面朝下用焊料进行焊接。

3.6.21

导电胶 conductive adhesive

粘接材料,通常是环氧,其中添加金属粉以增加其电导率,常用的添加材料是银(Ag)。

3.6.22

共面引线 coplanary leads

从电路封装的侧面引出的带状引线,为了便于表面安装,所有的引线均在同一平面上。

3.6.23

包封 encapsulation

密封或涂覆元件或电路的工艺,以便于机械及环境保护。

3.6.24

共晶 eutectic

应用于两种或两种以上物质的混合物的术语,该混合物具有这些组分之间可能的最低熔点。

3.6.25

玻璃釉烧结　frit

把玻璃组分研磨成粉末，作为厚膜组分，烧结熔化，使其与基板粘接，并与导体组分固着在一起。

3.6.26

玻璃化温度　glass transition temperature

在聚合物和玻璃化学中，相应于玻璃向液相转变的温度。在该温度以下，热膨胀系数较小，而且接近常数；在该温度以上，热膨胀系数很大。

3.6.27

接地面　ground plane

基板上或埋置在基板中的导体层，它连接许多点到一个或多个接地电极上。

3.6.28

混合模块　hybrid module

混合微电路和其他元件互连成一体或是互连成电子子系统的一个部件的模块，这里所说的混合模块也叫做含有厚膜和薄膜的复合型模块。

3.6.29

激光焊接　laser soldering

通常是用长波长 YAG 或 CO_2 激光器将焊料加热到再流焊温度，使其进行焊料互连的技术。这种焊接方法具有依次加热、迅速冷却的特点。

3.6.30

引线框架　lead frame

一种在其上进行芯片粘接，引线键合，然后模塑封装的片状金属框架。

3.6.31

无引线片式载体　leadless-chip carrier

一种周边带有金属化触点（而不是金属引线）的表面安装型封装。这些金属化触点可与印制板或基板上的金属化触点相焊接。

3.6.32

硅片效率　silicon efficiency

所有硅芯片的总面积与总的封装面积之比。

3.6.33

烧结　sintering

对金属或陶瓷粉末加热，使它们的颗粒粘接在一起而形成一种单体结构。

3.7　测量技术术语

3.7.1

光学显微镜　optical microscope

利用光学原理，把人眼所不能分辨的微小物体放大成像，以供人们提取微细结构信息的光学仪器。

3.7.2

干涉显微镜　interference microscope

采用通过样品内和样品外的相干光束产生干涉的方法，把相位差（或光程差）转换为振幅（光强度）变化的显微镜。

3.7.3

体视显微镜　stereomicroscope

一种具有正像立体感的目视仪器。

3.7.4

荧光显微镜 fluorescence microscope

以紫外线或其他光为光源,测量具有荧光特性的物体的显微镜。

3.7.5

工具显微镜 tool microscope

工具显微镜又称工具制造用显微镜,是一种工具制造时所用高精度的二次元坐标测量仪。

3.7.6

扫描探针显微镜 scanning probe microscope

利用原子尺寸的探针针尖在靠近样品表面的光栅图形内进行扫描,根据测得的探针与样品表面的物理量获得图像的显微镜。

[IEC 62047-1:2005,定义 2.7.1]

3.7.7

原子力显微镜 atomic force microscope

悬臂梁顶端与被测物之间产生原子力,造成悬臂梁的移动。通过检测悬臂梁的位移得到被测物体表面几何形状的一种显微镜。

[IEC 62047-1:2005,定义 2.7.2]

3.7.8

扫描隧道显微镜 scanning tunneling microscope

保持探针与被测物之间的隧道电流为一常量,通过检测探针来获得物体表面几何形状的显微镜。

[IEC 62047-1:2005,定义 2.7.3]

3.7.9

近场显微镜 near-field microscope

近场显微镜利用距待测物体非常接近的针孔测量电磁和超声辐射强度,并通过检测针孔内的光栅获得高解析图像。

[IEC 62047-1:2005,定义 2.7.4]

3.7.10

扫描电子显微镜 scanning electron microscope

通过收集电子束与样品相互作用所激发出的各种信息,经电子线路处理后得到样品表面结构图像的电子光学仪器。

3.7.11

透射电镜 transmission electron microscope

透射电镜是以电子束透过样品经过聚焦与放大后所产生的物像,投射到荧光屏上或照相底片上进行观察。

3.7.12

表面轮廓仪 surface profilometer

通过触针或光学探针对被测表面形貌进行测量的仪器。

注:表面轮廓仪一般分为接触轮廓仪和非接触轮廓仪。

3.7.13

纳米压痕仪 nano indenter

通过触针以一定压力接触被测表面进行测量的仪器。

3.7.14

深宽比 aspect ratio

立体结构的垂直尺寸(高)与水平尺寸(宽)的比例,该参数用来表征结构的相对厚度。

[IEC 62047-1:2005,定义 2.7.5]

3.7.15

面内测量 in-plane measurements

对平行于底层表面(或 x-y 表面)进行的测量。

3.7.16

离面测量 out-of-plane measurements

对离面结构在 z 轴方向(就是指,垂直于底层结构的方向)上进行的测量。

3.7.17

片上测试 test on chip

将测试结构同测试装置集成在一块芯片上的测试方法,称为片上测试。

3.7.18

片外测试 test out-of-chip

测试结构独立于测试装置的测试方法,称为片外测试。

3.7.19

测试结构 test structure

为了测量材料性能或微结构的性能专门制作的微结构(例如,悬臂梁或者是固定梁)。

3.7.20

锚点 anchor

悬空结构与基底连接的点。

3.7.21

双端固支梁 fixed-fixed beam

一种机械结构,它由两端固定的梁构成。

3.7.22

结构层 structural layer

完成 MEMS 工艺后,作为机械结构最终留下且含有 MEMS 结构的层。

3.7.23

支撑区 support region

由锚点组成的区域。

3.7.24

底层 underlying layer

当移除牺牲层后直接位于结构层之下的层。

3.7.25

牺牲层 sacrificial layer

在结构层和底层之间最终被移除的那个层。

3.8 与器件相关的术语

3.8.1

MEMS 器件 MEMS devices

关键特征尺寸在亚微米至亚毫米之间的器件。

3.8.2

微传感器 microsensor

用于测量物理或化学量的 MEMS 器件。

注:微传感器包括机械量传感器(用于测量压力、加速度、触觉、位移等)、化学量传感器(用于测量离子、氧气等)、电

学量传感器(用于测量磁力、电流等)、生物传感器和光学传感器。微传感器通常具有以下特点:1)不易受环境破坏,2)可以对微小局部状态进行测量,3)与电路集成,4)低功耗。

[IEC 62047-1:2005,定义 2.4.10]

3.8.3

压阻式微传感器　piezoresistive microsensor

利用半导体材料的压阻效应进行测量的微传感器。

3.8.4

电容式微传感器　capacitive microsensor

利用电容的变化进行测量的微传感器。

3.8.5

隧道式微传感器　tunneling microsensor

利用隧道电流进行测量的微传感器。

3.8.6

场发生式微传感器　field-emissive microsensor

利用场发生电流进行测量的微传感器。

3.8.7

压电式微传感器　piezoelectric microsensor

利用压电材料的压电效应进行测量的微传感器。

3.8.8

谐振式微传感器　resonant microsensor

利用机械结构谐振频率的变化进行测量的微传感器。

3.8.9

磁敏微传感器　magnetic sensitive microsensor

利用磁场的变化进行测量的微传感器。

3.8.10

光学微传感器　optics microsensor

利用光学原理进行测量的微传感器。

3.8.11

离子敏感场效应微传感器　ion sensitive field effect transistor

利用场效应原理将离子敏感电极和场效应管(FET)集成的微传感器。

注:离子敏感电极的表层电压根据 pH 值或血液二氧化物的压力等因素的波动而产生变化。离子敏感场效应晶体管是利用与载流垂直的电场来控制多数载流子形成的电流通路。离子敏感场效应晶体管基于硅微加工技术将探测器与放大器集成在一片硅衬底上。

[IEC 62047-1:2005,定义 2.4.13]

3.8.12

压力微传感器　pressure microsensor

用于测量外界压力的微传感器,主要有压阻式和电容式。

3.8.13

惯性微传感器　inertial microsensor

用于测量惯性参量的微传感器,主要包括加速度微传感器与陀螺仪。

3.8.14

加速度微传感器　acceleration microsensor

微加速度计　microaccelerometer

用于测量加速度的微传感器。

注:加速度微传感器典型结构包括软弹簧和质量块。加速度微传感器感受加速质量块受运动惯量作用而产生的位

移，或测量消除这一位移需要的力来检测加速度。目前，加速度微传感器有：电容式、隧道式、压阻式、压电式。

［IEC 62047-1：2005，定义 2.4.14］

3.8.15

微型惯性测量组合　macro inertial measure unit

可以同时测量 X、Y、Z 轴的线加速度与角加速度的集成微传感器。

3.8.16

微陀螺仪　microgyroscope

用于测量角速度或角速率的微传感器。

注：微陀螺仪被期望用作导航、姿态测量等。主要有转动与振动陀螺，基于科里奥利力。

3.8.17

触觉微传感器　tactile microsensor

用于测量固体的接触压力或剪切力的微传感器，也是一种压力传感器。

3.8.18

声微传感器　sonic microsensor

用于检测声音引起的声压变化的压力微传感器，也叫做微麦克风。

3.8.19

微流传感器　microflow sensor

用于测量流速/流量的微传感器。

3.8.20

生物微传感器　bio-microsensor

对生物物质敏感并实现对生物物质的分析和检测的微器件。

注：典型的生物传感器利用，如：酶、抗体等可以鉴别被测目标的生物学特殊材料。器件测量与鉴别与反应有关的物理与化学量的变化。利用硅微加工工艺制备的半导体传感器或各种电极中的一种（如：ISFET、微氧电极和荧光探测光学传感器）可作为该器件。生物传感器用于血液分析系统、葡萄糖传感器等。

［IEC 62047-1：2005，定义 2.4.11］

3.8.21

化学微传感器　chemical microsensor

用于测量化学物质种类或含量的微传感器。

3.8.22

气敏微传感器　gas microsensor

用于测量特定气体的化学微传感器。

3.8.23

红外微传感器　infrared microsensor

用于测量物体红外辐射的微传感器。

3.8.24

微执行器　microactuator

将电能、化学能等各种能量转化为运动能量用于执行机械动作的 MEMS 器件。

注：例如，微静电执行器由微静电场驱动，微磁执行器由微磁场驱动，微压电执行器靠微压力场来传递位移或能量。

3.8.25

静电微执行器　electrostatic microactuator

利用静电力驱动的微执行器。

［IEC 62047-1：2005，定义 2.4.7］

3.8.26

梳齿驱动微执行器　comb drive microactuator

由一系列平行排列的固定梳齿和与其交叉布置的第二组活动梳齿组成的静电微执行器。

[IEC 62047-1:2005,定义 2.4.8]

3.8.27

微电机　micromotor

产生旋转或线性运动的微执行器,主要包括旋转运动微电机和线运动微电机。

3.8.28

静电微电机　electrostatic micromotor

利用静电力驱动的微电机。

3.8.29

旋转微电机　wobble micromotor

转子在偏心定子上产生旋转运动的变间隙静电微电机,主要包括线运动微电机合旋转运动微电机。

注:摇动电机又叫做谐波电机。这种电机包含的一个转子和一个定子。转子和定子都带有产生静电力的电极。转子或定子表面有一层绝缘层。转子绕旋转方向相反的方向进行旋转。摇动电机的特性包括:1)当转子周长与定子周长非常接近时,易于提供较低的转速和较高的转矩。2)不存在滑动件,所以不会出现摩擦和磨损现象。3)可以采用不同的材料。4)方便的增加转速比。另一方面,电机的旋转会导致不必要的振动。应用实例为:利用弹性连接支撑转子的摇动电机和利用 IC 工艺制成的转子在支点转动的摇动电机。

[IEC 62047-1:2005,定义 2.4.9]

3.8.30

电磁微执行器　electromagnetic microactuator

利用电磁力驱动的微执行器。

3.8.31

热微执行器　heat microactuator

利用热产生运动和(或)力的微执行器。

3.8.32

压电微执行器　piezoelectric microactuator

利用压电材产生运动和(或)力的微执行器。

注:压电执行器可分为单压电晶片元件、双压电晶片元件等各种类型。主要的压电材料是锆钛酸盐(PTZ)。其特点如下:1)响应快,2)单位体积应力输出大,3)结构简单,易于小型化,4)由于移动范围有限,易于实现微距控制,5)能量转换效率高。压电器件可用作微执行器,例如超声微电机、微位移环节、泵、扬声器。典型的应用是利用双压电晶片元件的谐振式移行式压电机构,和放大通过杆连接的若干压电器件的微位移的压电执行器。

[IEC 62047-1:2005,定义 2.4.4]

3.8.33

形状记忆合金微执行器　shape memory alloy microactuator

利用形状记忆合金产生运动和(或)力的微执行器。

3.8.34

溶胶-凝胶转化微执行器　sol-gel conversion microactuator

用溶胶状态(液态)与凝胶状态(固态)相互转化而实现驱动的微执行器。

[IEC 62047-1:2005,定义 2.4.6]

3.8.35

光驱动微执行器　light drive microactuator

以光作为控制信号或能量源的微执行器。

[IEC 62047-1:2005,定义 2.4.3]

3.8.36

微谐振器 micro resonator

产生谐振运动的微执行器,主要以交流静电驱动实现谐振。

3.8.37

微开关 microswitch

关键特征尺寸在亚微米至亚毫米之间的开关。

注:微开关的主要应用是微继电器。

[IEC 62047-1:2005,定义 2.4.21]

3.8.38

光微开关 optical microswitch

直接实现光的开与关的微器件。

[IEC 62047-1:2005,定义 2.4.22]

3.8.39

射频微开关 FR microswitch

实现射频信号的开与关的微器件。

3.8.40

微泵 micropump

通过压力变化实现少量流体输送的微器件。

注:微泵的关键特征尺寸在亚微米至亚毫米之间。

3.8.41

微阀 microvalve

控制液体在微通道中流动的微器件。

注:微阀的关键特征尺寸在亚微米至亚毫米之间。

[IEC 62047-1:2005,定义 2.4.25]

3.8.42

微夹具 microgripper

可以抓取微观尺度物体的微器件。

注:微夹具的关键特征尺寸在亚微米至亚毫米之间。

[IEC 62047-1:2005,定义 2.4.23]

3.8.43

微齿轮 microgear

关键特征尺寸在亚微米至亚毫米之间的齿轮。

3.8.44

微轴承 microbearing

关键特征尺寸在亚微米至亚毫米之间的轴承。

3.8.45

微弹簧 microspring

关键特征尺寸在亚微米至亚毫米之间的弹簧。

3.8.46

微悬臂梁 microcantilever

关键特征尺寸在亚微米至亚毫米之间的悬臂梁。

注:微悬臂梁经常用于如原子力显微镜等高解析率的显微镜。

3.8.47

膜结构　diaphragm structure

可产生变形的膜。

注：在微观领域，单晶硅、多晶硅、氮化硅、聚合物等材料用于制作膜结构。该结构通常利用各向异性刻蚀、聚合物微加工等得到，根据应用不同，结构的厚度可以控制在几微米到几十微米。

3.8.48

微通道　microchannel

关键特征尺寸在亚微米至亚毫米之间的通道。

注1：微通道的宽度一般在几微米到几百微米。

注2：微通道经常用于如片上实验室等流体器件。微通道中的流动与宏观意义上是不同的，微流体的计算方法是微科学工程研究中的关键问题之一。

注3：微通道可以用于声音、光、气体、液体等传导。

3.8.49

微反射镜　micromirror

可以控制反射角度的微镜。

[IEC 62047-1:2005，定义2.4.19]

3.8.50

扫描微镜　scanning micromirror

用于扫描光束的微镜。

注：扫描镜可以用于激光打印机、光学传感器的扫描部分、显示屏等。可以利用微加工工艺将扫描镜阵列与执行器做在一片硅晶片上。扫描镜可望成为微机械技术的一项实际应用。

[IEC 62047-1:2005，定义2.4.20]

3.8.51

微电极　microelectrode

一种利用微加工工艺制作的可用于对生物组织进行电刺激或记录生物组织电活动的微型电极。

3.8.52

微电极阵列　microelectrode array

一种利用微加工工艺制作的能实现对多点生物组织进行电刺激或生物电活动进行记录的电极结构，它具有二维平面结构和三维立体结构。

3.8.53

微型燃料电池　micro-fuel cell

通过电化学过程直接将化学能转化为电能的MEMS器件。

[IEC 62047-1:2005，定义2.4.27]

3.8.54

生物芯片　bio-chip

在固体表面有序排列微阵列测试点，允许多种生物测试物质(多靶标)在同一时间被测试，以实现高通量和快速检测的集成微器件。

3.8.55

细胞芯片　cell chip

将细胞按照特定的方式固定在载体上用于生物监测的微型器械或观察细胞间相互作用的微器件。

3.8.56

组织芯片　tissue chip

将组织切片等按照特定的方式固定在载体上用于研究免疫组织化学反应的微器件。

3.8.57

芯片实验室　lab on chip

一种将加热器、微泵、微阀、微电极等微器械在芯片上进行集成，能实现生化反应、样品制备、监测和分析的微系统。

参 考 文 献

[1] IEC 62047-1:2005 Semiconductor devices Micro-electromechanical devices Part 1:Terms and definitions

索　引

汉语拼音索引

Z

英文对应词索引

A

B

C

H

I

K

L

M

N

S

T

U

V

W

X

ICS 31.200
L 55

中华人民共和国国家标准

GB/T 26112—2010

微机电系统(MEMS)技术 微机械量评定总则

Micro-electromechanical system technology—General rules for the assessment of micro-mechanical parameters

2011-01-10 发布

2011-10-01 实施

中华人民共和国国家质量监督检验检疫总局
中国国家标准化管理委员会 发布

前言

本标准按照GB/T 1.1—2009给出的规则起草。

本标准由全国微机电技术标准化技术委员会(SAC/TC 336)提出并归口。

本标准起草单位:天津大学、中机生产力促进中心、西安交通大学、大连理工大学、太原理工大学、中原工学院。

本标准主要起草人:胡晓东、丁红宇、刘伟、张苹、景蔚宣、蒋庄德、刘冲、张文栋、赵则祥。

微机电系统(MEMS)技术
微机械量评定总则

1 范围

本标准规定了微机械量的评定基本原则、评定要素、评定程序、评定方法以及评定规则。

本标准适用于企业、研究机构、检测机构从事微机电技术及产品的研究、设计、生产、检测及使用。

2 规范性引用文件

下列文件对于本文件的应用是必不可少的。凡是注日期的引用文件,仅所注日期的版本适用于本文件。凡是不注日期的引用文件,其最新版本(包括所有的修改单)适用于本文件。

GB/T 26111 微机电系统(MEMS)技术 术语

3 术语和定义

GB/T 26111 界定的以及下列术语和定义适用于本文件。

3.1

微机械量 micro-mechanical parameters

泛指一切与微机械性质和状态相关的物理量,包括几何量、流量、温度、声学、力学和运动等物理量;由于几何量、流量、温度、声学等物理量进行了专门的分类,因此微机械量是指位移、速度、加速度、振动等运动特性参量,以及与运动特性相关的力学参量。

3.2

微位移 Microscale displacement

描述质点在微米级尺度下位置变化的物理量,其大小等于起点至终点的直线距离,方向由起点指向终点。

注1:微结构在受到一定激励的条件下会产生位置的变化,典型的位置变化有两种形式,平移和转动,分别对应线位移和角位移。

注2:如果将微结构基底作为一个参考平面,与这个参考平面面平行的位移为面内位移,否则称为离面位移。

3.3

振动 vibration

物体的往复运动。按照往复运动的方向可分为线振动和角振动。评定微结构的振动特性主要包括:振动幅度、谐振频率、振动模态、品质因子。

3.4

残余应力 residual stress

在微加工处理完成后,在没有外力的作用下,在微机械结构内部保持平衡而存留的应力,称为残余应力,是内应力、外应力和热应力的综合作用。

3.5

应力梯度 stress gradient

微机械结构残余应力在厚度方向的非均匀分布,悬空式微机械结构在下部牺牲层释放后会由于残余应力梯度的存在而发生弯曲。

4 评定基本原则

微机械量评定宜遵从冗余原则和适应性原则。

冗余原则：

——任何测量系统都存在误差，当减小阿贝误差、热变形最小等方法不能提高测量精度时，要考虑采用冗余测量，如用测量次数的增加、测量传感器的增加等测量方式的改变来提高测量精度；

——合理设计冗余度；

——在机械量测量中，可利用冗余对测量信息进行诊断，剔出粗大误差。

适应性原则：

——测量结构的设计应符合现有工艺准则；

——应对可行的测量方法进行比较，选择最适合的测量方法。

5 评定要素

微机械量的评定要素（见表1）主要包括：运动特性参数、力学特性参数两类。

表1 评定要素分类表

类　别	评定要素
运动特性参数	微位移
	速度
	振动幅度
	谐振频率
	振动模态
	品质因子
力学特性参数	应力

6 评定程序

微机械量评定的基本程序（见图1）如下：

a) 根据评定要素确定测量任务，对于不能直接进行测量的评定要素，可以通过计算转化等方法采用间接测量方法进行；

b) 根据可行性和现有条件，确定合适的测量方法（框2）；

c) 根据测量方法，明确测量步骤，进行测量（框3）；

d) 按照所选方法确定测量次数，将测量数据（框4）进行误差分析及误差处理（框5），如需要进行相应计算转化才能得到评定要素，则按照给定的计算方法进行计算（框6）得到计算结果；

e) 根据测量过程等因素，进行测量不确定度概算（框7）；

f) 选定合适的评定规则、评定指标对处理后的测量结果进行评定（框8），得出评定结论（框9）。

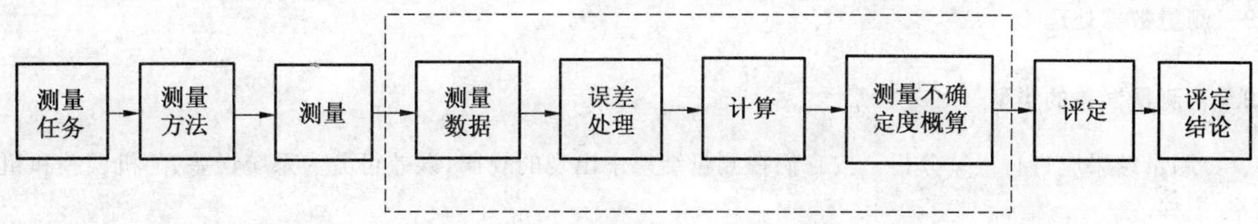

图 1　微机械量评定的基本程序框图

7　测量样品

凡使用的测量样品需给出测量样品规范。测量样品规范应包括样品的结构几何特征尺寸、表面特征等对测量样品特征进行描述的文字(如需要可以加图形进行描述),确保使用者可以明确测量样品的结构特征和激振方式。

8　测量方法

8.1　测量方法概述

微结构的运动特性参数的测量可采用的测量方法有:计算机微视觉技术、显微干涉技术、激光多普勒技术。(参见附录 A 中的 A.1)

微结构的力学特性参数测量可采用的测量方法有:无外加载荷静态弯曲法、外加载荷动态弯曲法、拉曼光谱法、X 射线衍射法。(参见附录 A 中的 A.2)

表 2　测量方法与评定要素对应表

测试方法 \ 评定要素	微位移	速度	振动幅度	谐振频率	振动模态	品质因子
计算机微视觉技术	√	√	√	√	○	√
显微干涉技术	√	√	√	√	√	√
激光多普勒技术	√	√	√	√	√	√

注 1:√表示测量方法可用于此评定要素的测量,○表示测量方法不可用于此评定要素的测量。

注 2:计算机微视觉技术一般是基于微结构的平面特征实施测量,故只能对平面的 2 维运动特性进行评定。

注 3:显微干涉技术和激光多普勒技术获取的是微结构的离面运动信息,故只能对离面运动特性进行评定。

注 4:激光多普勒技术一般是获得微结构单点的离面运动信息,为了实现振动模态的测量需要进行逐点扫描测量。

8.2　测量条件

需给出明确的测量条件(如测量环境、仪器等)。

凡所使用的测量仪器和设备需经国家计量部门校准且在校准期内使用。

9 测量数据处理

9.1 测量误差的类型

测量结果应进行误差分析。按它们在测量结果中出现的规律，误差可分为系统误差、随机误差和粗差、漂移。

——在重复条件下，对同一被测量进行无限多次测量所得结果的平均值与被测量的真值之差，称为系统误差；

——测量结果在可重复条件下，对同一被测量进行无限多次测量所得结果的平均值之差，称为随机误差；

——由测量过程中不可重复的突发事件所引起的误差，称为粗大误差；

——漂移是一种随时间或随使用次数而改变的误差，由不受控的影响量的系统影响所引起的。

9.2 测量数据误差处理

对上述四类误差进行判别之后，进行正确的处理，以减小误差对测量结果的影响。

——根据系统误差的特征，采用合适的方法进行判别，找出产生系统误差的原因，并采取有效措施来减小系统误差的影响；

——根据随机误差的性质，对随机误差宜运用相关的概率理论进行分析处理，得出测量结果的置信概率与置信区间；

——根据粗差特点，采用合适的判断准则，从测量数据中正确地找出粗差，并剔出；

——漂移可采用处理系统误差的方法处理。

9.3 测量数据计算

对已经进行误差处理之后的数据，如果需要进行相应的计算之后才能得到评定要素的值，则按照给定的公式进行计算，得到计算结果。

9.4 测量不确定度概算

为了验证是否符合要求，应把测量不确定度考虑进去，对测量结果进行不确定度概算，并在测量结果的完整表述中，给出测量不确定度，必要时还应说明有关影响量的取值范围。

10 评定规则

在对计算结果进行评定时，需要按照测量对象和方法给出相应的评定规则。

11 评定结论

应根据测量任务要求给出明确的唯一的评定结论，并对评定结果进行简要说明。评定结论中应给出尽可能多的信息，避免用户错误的使用评定结果。

附 录 A
（资料性附录）
微机械量基本测量方法

A.1 运动特性参数测量

A.1.1 显微干涉技术测量微结构的离面位移、速度、振幅、谐振频率、振动模态、品质因子

方 法	说 明
光学显微干涉原理图见图 A.1。 光学显微干涉装置采用三种显微干涉光路结构，分别为迈克尔逊(Michelson)显微干涉结构、米劳(Mirau)显微干涉结构、林尼克(Linnik)显微干涉结构。干涉测量方法主要包括：相移干涉法、白光扫描干涉法、傅里叶变换干涉法。相移干涉法测量分辨率最高，可达到 0.1 nm；白光扫描干涉法测量分辨率其次，一般为 1 nm；傅里叶变换干涉法最低，一般为 10 nm。 在利用显微干涉技术测量微结构离面运动参数之前必须对测量系统测量表面高度的不确定度进行评定。一般是通过测量经过计量部门标定的纳米台阶样品来进行实施的。 测量微结构离面运动的前提条件是微结构在进行离面运动时不存在面内运动或面内运动能够被测量，以保证离面运动参数的测量过程中微结构表面高度差的比较是针对于微结构表面同一点进行的。对于微结构面内运动参数的测量参考 A.1.2。 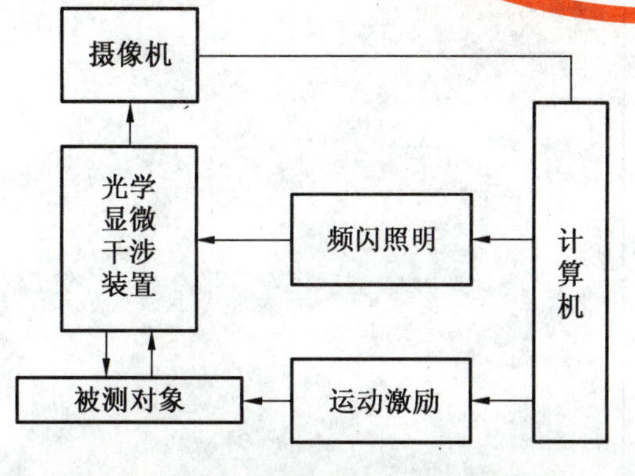 图 A.1 光学显微干涉测量示意图	显微干涉技术一般只用于离面运动参数的测量。 MEMS 的运动频率很高，一般为 1 kHz～1 MHz。为了获得微结构在不同运动位置的干涉图像，最直接的方法是采用高速摄像机，采集干涉图像的时间应该尽可能短，以保证在一次采集图像的过程中微结构的离面位移量很小，相对于待测量的位移可忽略。采用高速摄像机在一个运动位置只能采集一幅干涉图像，而一幅干涉图像解析出表面形貌的精度较低，因此只能应用于测量精度要求不高的场合。对于离面周期运动的微结构，可采用频闪照明，频闪照明的频率与运动的频率相同，在每一不同的运动位置都可获得多幅干涉图像，这多幅干涉图像可分别应用相移干涉和白光扫描干涉法计算得到表面形貌，对不同运动位置的表面形貌进行比较就可得到离面位移量。 在计算得到微结构不同运动位置的离面位移量之后，结合干涉图像采集的时间计算出离面速度。 对于微结构离面振动幅度的测量，要提高一个运动周期内干涉图像采集的数量，以便采集到最大振幅时微结构的干涉图像，某一点表面形貌变化的最大差值为该点的振动幅度。通过测量不同振动频率下微结构的振幅，振幅的最大值对应的频率为被测微结构的谐振频率。依据测量视场内各点在不同频率下的振动幅度测量结果就可确定被测微结构的振动模态。

A.1.2 计算机微视觉技术测量微结构的面内位移、速度、振幅、谐振频率、品质因子

<table>
<tr><th>方　法</th><th>说　明</th></tr>
<tr><td>高速摄像机获取不同运动瞬间的图像，运动激励可独立施加。（见图 A.2）

频闪照明条件下利用常规摄像机获取不同运动瞬间的图像，MEMS 器件运动激励的频率与频闪照明的频率必须一致，两者的相位差必须可控制。（见图 A.3）

在利用图像运动估计算法计算位移量前必须采用平面尺寸标准对光学放大系统进行标定，以确定图像中单个像素对应的尺寸。

图像运动估计算法的评价应该采用静态离散位移测量的方法来实施，即采用经过位移量标定的微定位器带动微结构产生一系列离散位移量，在每次位移量达到之后采集一幅图像，再运用所采用的图像运动估计算法计算出位移量，最后与微定位器给出的位移量进行比较来评价图像运动估计算法的性能，包括位移测量的分辨率和不确定度。位移测量的分辨率应该不低于 0.1 像素。

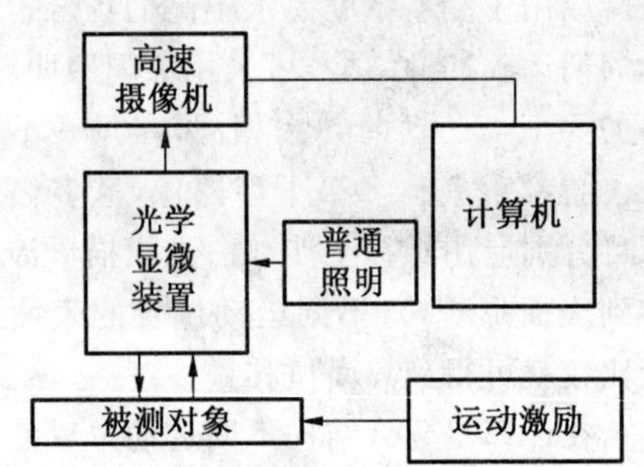

图 A.2　普通照明计算机微视觉示意图

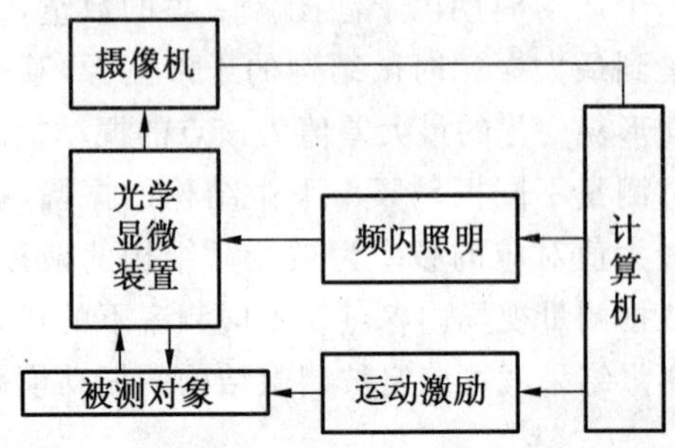

图 A.3　频闪照明计算机微视觉示意图</td><td>计算机微视觉技术方法只能用于面内运动参数的测量。

MEMS 的运动频率很高，一般为 1 kHz～1 MHz。为了获得微结构在不同运动位置的图像，最直接的方法是采用高速摄像机，采集图像的时间应该尽可能短，以保证在一次采集图像的过程中微结构的位移量很小，相对于待测量的位移可忽略。对于采集得到的图像序列，运用图像运动估计算法计算位移量，图像运动估计算法包括块匹配法、数字相关法、相位相关法、光流法。对于平面周期运动的微结构，可采用频闪照明，频闪照明的频率与运动的频率相同，获得不同运动位置的图像，再利用图像运动估计算法计算出位移量。

在计算得到微结构不同运动位置的面内位移量之后，结合图像采集的时间计算出面内速度。

微结构面内振动幅度的测量，要提高一个运动周期内图像采集的数量，以便采集到最大振幅时微结构的图像，位置变化的最大差值为振动幅度。通过测量不同振动频率下微结构的振幅，振幅的最大值对应的频率为被测微结构的谐振频率。同时，通过幅频曲线可计算出品质因子。</td></tr>
</table>

A.1.3 激光多普勒技术测量微结构的离面位移、速度、振幅、谐振频率、振动模态、品质因子

<table>
<tr><th>方　法</th><th>说　明</th></tr>
<tr><td>激光多普勒测振仪(见图 A.4)的光斑尺寸一般在毫米量级,为了应用于微结构运动参数的测量,需要将测量光束通过显微光学装置后再入射到被测结构表面,以将光斑尺寸缩小到微米量级。
在利用激光多普勒技术测量微结构运动参数之前必须对测量系统测量速度的不确定度进行评定。一般是将使用的激光多普勒测振仪送到计量部门进行检定。
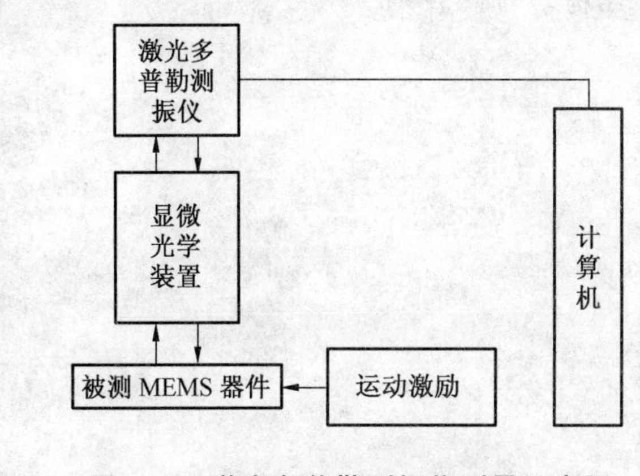

图 A.4　激光多普勒测振仪测量示意图</td><td>激光多普勒技术一般用于离面运动参数的测量。
激光多普勒技术能够获得微结构瞬时速度,但是属于点测量,即速度测量结果是测量光束在被测微结构表面照射点的瞬时速度。
在测量得到微结构在不同运动瞬间的离面速度之后,结合采集的时间计算出离面位移。
对于微结构离面振动幅度的测量,要提高一个运动周期内瞬时速度采集的数量,以便采集到最大振幅时微结构的瞬时速度。如果速度测量值少,计算出来的位移值将存在较大误差。通过测量不同振动频率下微结构的振幅,振幅的最大值对应的频率为被测微结构的谐振频率。为了实现振动模态的测量,需要将测量光点在微结构表面进行扫描,对每一点的振幅进行综合后得到振动模态。</td></tr>
</table>

A.2 微结构应力测量方法

A.2.1 无外加载荷静态弯曲法测量微结构应力

<table>
<tr><th>方　法</th><th>说　明</th></tr>
<tr><td>设计和制作不同形状的悬空微结构,在牺牲层释放后由于应力的释放将导致悬空微结构产生变形,通过测量牺牲层释放前后的变形量来计算应力。
微结构图形的设计应该考虑应力的表现形式,以使得通过牺牲层释放后结构发生变形,并利用该变形量计算应力的模型是可建立和可靠的。
微结构变形的测量应该采用非接触的方法,以避免测量力的存在导致微结构再次产生变形,例如:面内变形的测量可采用微视觉的方法,离面变形的测量可采用显微干涉的方法。
除了需要测量变形量外,一般还需要对微结构的几何形状和弹性模量进行测量。如通过微悬臂梁的弯曲挠度来计算应力时还需要测量悬臂梁的长度、宽度、厚度和弹性模量。</td><td>薄膜工艺是 MEMS 的基本工艺,再辅以光刻和腐蚀工艺来获得不同形状的悬空结构。悬空微结构在牺牲层释放后产生变形,薄膜工艺产生的应力可能被基本或部分释放,通过变形量计算出的应力数据不是微结构的残余应力,而是反映薄膜工艺所产生的应力,应该主要用作工艺的评价。
微结构的不同形状对应着不同的应力计算方法,为了使得计算方法可建立,要求被测试的对象具有简单的结构。</td></tr>
</table>

A.2.2 外加载荷动态弯曲法测量微结构应力

方　法	说　明
设计和制作不同形状的固支悬空微结构，在牺牲层释放后由于边界的固定将使得应力不能释放，通过外界激励使得该结构产生弯曲或谐振，通过测量施加力与变形量的关系来计算出残余应力，或通过测量谐振频率来计算残余应力。 微结构图形的设计应该考虑应力的表现形式，以使得通过在一定外加载荷条件下的变形或谐振频率来计算应力的模型是可建立和可靠的。 外加载荷的方式有：静电、压电、光热、声波、气压差、机械加载等。为了保证施加力的准确性和可控性，建议使用纳米压痕仪或原子力显微镜实施微探针的机械加载和针对薄膜的气压差加载。 微结构变形和谐振频率的测量应该采用非接触的方法，以避免测量力的存在导致微结构再次产生变形或引起谐振频率的变化，例如：面内变形的测量可采用微视觉的方法，离面变形的测量可采用显微干涉的方法，离面谐振频率可采用激光多普勒测振法。然而如果外加载荷是通过微探针直接施加的，微探针的位移量可基本看作为加载点的变形量。 除了需要测量变形量外，一般还需要对微结构的几何形状和弹性模量进行测量。如通过微固支梁的力加载弯曲来计算应力时还需要测量悬臂梁的长度、宽度、厚度和弹性模量。	薄膜工艺是MEMS的基本工艺，再辅以光刻和腐蚀工艺来获得不同形状的悬空结构。固支悬空微结构在牺牲层释放后仍将存在较大的残余应力。 微结构的不同形状对应着不同的力加载方式和应力计算方法，为了使得力加载可实施、计算方法可建立，要求被测试的对象具有简单的结构。

A.2.3 X射线衍射法测量微结构应力

方　法	说　明
测量出X射线的衍射角，得到衍射晶面间距的变化，参照无应力状态下的晶面间距计算出残余应力。在测量X射线的衍射角时可选用不同的测量方式，如：固定X射线入射角方式，固定衍射晶面方位角方式，然后通过相应的扫描获得衍射角。	X射线衍射法检测量残余应力的依据是弹性力学及X射线晶体学理论。晶体在无应力的状态下，不同方位的晶面间距是相等的，而存在一定的残余应力时，晶面间距随晶面方位及应力的大小发生有规律的变化，从而使X射线衍射角发生偏移，因此所测材料必须为结晶态。 测得残余应力为X射线光斑照射面积上的平均残余应力，该方法可直接对实际的MEMS器件实施测量，不需要像A.2.1和A.2.2得制作专门的测试结构。

A.2.4 拉曼光谱法测量微结构应力

方　法	说　明
拉曼光谱仪发出激光经显微物镜照射微结构，激光光子与微结构原子相互碰撞造成激光光子的散射，非线性碰撞的散射光形成拉曼光谱，拉曼谱线的移动与微结构残余应力呈一定关系，可以通过求解 Secular 方程得到。	拉曼散射光谱的产生跟微结构原子本身的振动相关，当微结构存在拉或压的残余应力时，其原子的键长会相应地伸长或缩短，因而原子的振动频率会减小或增大，拉曼光谱的峰值会向低频或高频移动。 使用显微物镜可以使得拉曼光谱仪有很好的空间分辨率。该方法可直接对实际的 MEMS 器件实施测量，不需要像 A.2.1 和 A.2.2 得制作专门的测试结构。 拉曼光谱峰值的频移量反映了残余应力的大小，因此需要无应力的同等材料作为标准物质，以其拉曼光谱峰值作为参考值，而目前可获得的无应力标准物质的材料种类很有限。

参 考 文 献

[1] 王伯雄,陈非凡,董瑛.微纳米测量技术[M].北京:清华大学出版社,2006

[2] 倪育才.实用测量不确定度[M].北京:中国计量出版社,2009

[3] ASTM E2245-02 标准测试方法:使用光学干涉仪测量反射薄膜残余应力

[4] ASTM E2246-06 标准测试方法:使用光学干涉仪测量反射薄膜的应变梯度

[5] GB/T 18779.1—2004 产品几何量技术规范(GPS)工件与测量设备的测量检验 第1部分:按规范检验合格或不合格的判定规则

ICS 31.200
L 55

中华人民共和国国家标准

GB/T 26113—2010

微机电系统(MEMS)技术 微几何量评定总则

Micro-electromechanical system technology—General rules for the assessment of micro-geometrical parameters

2011-01-10 发布 2011-10-01 实施

中华人民共和国国家质量监督检验检疫总局
中国国家标准化管理委员会
发布

前言

本标准按照 GB/T 1.1—2009 给出的规则起草。

本标准由全国微机电技术标准化技术委员会(SAC/TC 336)提出并归口。

本标准主要起草单位:中机生产力促进中心、西安交通大学、天津大学、中原工学院。

本标准主要起草人:丁红宇、张苹、刘伟、蒋庄德、景蔚萱、胡晓东、赵则祥。

微机电系统(MEMS)技术
微几何量评定总则

1 范围

本标准规定了微几何量的评定基本原则、评定要素、评定程序、评定方法以及评定规则。

本标准适用于企业、研究机构、检测机构等从事微机电技术及产品的研究、设计、生产、检测。

2 规范性引用文件

下列文件对于本文件的应用是必不可少的。凡是注日期的引用文件,仅所注日期的版本适用于本文件。凡是不注日期的引用文件,其最新版本(包括所有的修改单)适用于本文件。

GB/T 3505 产品几何技术规范(GPS) 表面结构 轮廓法术语、定义及表面结构参数

GB/T 18779.2 产品几何量技术规范(GPS) 工件与测量设备的测量检验 第2部分:测量设备校准和产品检验中GPS测量的不确定度评定指南

GB/T 26111 微机电系统(MEMS)技术 术语

3 术语和定义

GB/T 3505 和 GB/T 26111 中给出的术语和定义以及下列术语和定义适用于本文件。

3.1

微几何要素 micro-geometrical feature

构成微结构几何特征最基本的点、线、面。

3.2

微几何量 micro-geometrical parameter

MEMS 构件的几何特征参数。

3.3

尺寸特征 feature of size

由一定大小的线性尺寸或角度尺寸确定几何形状。

3.4

表面结构 surface structure

几何表面的重复性或偶然性偏差,这些偏差形成该表面的三维形貌。

3.5

表面(结构)参数 surface (structure) parameter

表示表面微观几何特性的参数。

3.6

形状特征 characteristic of form

单一实际要素的形状所允许的变动全量。

3.7

位置特征 characteristic of position

实际要素的方向或位置相对于基准所允许的变动全量。

4 评定基本原则

4.1 冗余原则

任何测量系统都存在误差,当通过减小阿贝误差、热变形等方法不能提高测量精度时,要考虑采用冗余测量,如测量次数的增加、测量方式的改变、测量传感器数量的增加等来提高测量精度。

——微几何量评定宜遵从冗余原则。

——当采用冗余原则时,应合理设计冗余度。

——在测量过程中,可利用冗余对测量信息进行诊断,剔除粗大误差。

4.2 测量特征参数原则

测量实际要素上具有代表性的参数-特征参数,用这些特征参数的差异来表示被测实际要素的相应误差。

5 评定要素

微几何量主要是反映特征尺寸在微米级别的 MEMS 结构的尺寸和质量特征。微几何量评定要素(见表 1)主要包括:尺寸特征、形位特征、表面结构特征等三类。

表 1 评定要素分类关系

类 别	评定要素
尺寸特征	尺寸
	半径
	角度
	距离
形位特征	直线度
	圆度
	平面度
	平行度
	垂直度
	倾斜度
	同心度
	位置度
	对称度
表面结构特征	原始轮廓
	粗糙度轮廓
	波纹度轮廓
	表面缺陷

6 评定程序

微几何量评定的基本程序(见图1)如下:

1) 根据评定要素确定测量任务,对于不能直接进行测量的评定要素,可以通过计算转化等方法采用间接测量方法进行。

2) 根据可行性和现有条件,确定合适的测量方法(框2);

3) 根据测量方法,明确测量步骤,进行测量(框3);

4) 按照所选方法确定测量次数,将测量数据(框4)进行误差分析及误差处理(框5),如需要进行相应计算转化才能得到评定要素,则按照给定的计算方法进行计算(框6)得到计算结果;

5) 根据测量过程等因素,进行测量不确定度概算(框7);

6) 选定合适的评定规则、评定指标对处理后的测量结果进行评定(框8),得出评定结论(框9)。

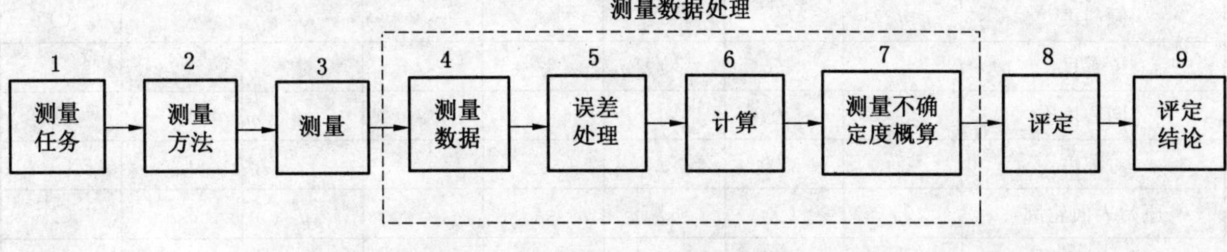

图1 微几何量评定程序流程图

7 测量样品

凡使用的测量样品需给出测量样品规范。测量样品规范应包括样品的结构几何特征尺寸、表面特征等对测量样品特征进行描述的文字(如需要可以加图形进行描述),确保使用者可以明确测量样品的结构特征。

8 测量方法

8.1 测量方法概述

微几何量评定要素可采用测量方法主要有:光学显微视觉测量法、扫描电子显微镜测量法、接触式探针轮廓测量法、光学探针轮廓测量法、光学干涉显微测量法、扫描探针显微镜测量法、椭圆偏振膜厚测量法、光反射膜厚测量法等(参见附录A)。

表2 测量方法与评定要素对应表

评定要素 \ 测量方法	光学显微视觉测量法	扫描电子显微镜测量法	接触式探针轮廓测量法	光学探针轮廓测量法	光学显微干涉测量法	扫描探针显微镜测量法	椭圆偏振膜厚测量法	光反射膜厚测量法
尺寸	√	√	√	√	√	√	○	○
半径	√	√	√	√	√	√	○	○
距离	○	○	√	√	√	√	√	√

表 2（续）

评定要素 \ 测量方法	光学显微视觉测量法	扫描电子显微镜测量法	接触式探针轮廓测量法	光学探针轮廓测量法	光学显微干涉测量法	扫描探针显微镜测量法	椭圆偏振膜厚测量法	光反射膜厚测量法
角度	√	√	√	√	√	√	○	○
直线度	√	√	√	√	√	√	○	○
圆度	√	√	√	√	√	√	○	○
平面度	○	○	√	√	√	√	○	○
平行度	√	√	√	√	√	√	○	○
垂直度	√	√	√	√	√	√	○	○
倾斜度	√	√	√	√	√	√	○	○
位置度	√	√	√	√	√	√	○	○
同心度	√	√	√	√	√	√	○	○
对称度	√	√	√	√	√	√	○	○
原始表面轮廓	○	○	√	√	√	√	○	○
粗糙度轮廓	○	○	√	√	√	√	○	○
波纹度轮廓	○	○	√	√	√	√	○	○
表面缺陷	√	√	√	√	√	√	○	○

注 1：√表示测量方法可用于此评定要素的测量，○表示测量方法不可用于此评定要素的测量。

注 2：光学显微视觉测量法和扫描电子显微镜测量法属于 2 维测量，只能对平面的 2 维几何量特征要素进行评定。

注 3：接触式探针轮廓测量法、光学探针轮廓测量法、光学干涉显微测量法、扫描探针显微镜测量法属于 2.5 维测量，微结构侧壁轮廓的测量还不能很好的实现，应用于 3 维几何量特征要素的评定有一定的限制条件。

注 4：椭圆偏振膜厚测量法和光反射膜厚测量法只适用于薄膜厚度的测量，对应于“距离”评定要素。

8.2 测量条件

需给出明确的测量条件（如测量环境、仪器等）。

凡所使用的测量仪器和设备需经国家计量部门校准，且仪器须在校准期内使用。

9 测量数据处理

9.1 测量误差的类型

对测量结果应进行误差分析。按它们在测量结果中出现的规律，误差可分为系统误差、随机误差和粗大误差、漂移等。

——系统误差：在重复条件下，对同一被测量进行无限多次测量所得结果的平均值与被测量的真值之差，称为系统误差。

——随机误差：在可重复条件下，对同一被测量进行无限多次测量所得结果的平均值之差，称为随机误差。

——粗大误差：由测量过程中不可重复的突发事件所引起的误差，称为粗大误差。

——漂移：漂移是一种随时间或随使用次数而改变的误差，由不受控的影响量的系统影响所引起的。

9.2 测量数据误差处理

对上述四类误差进行判别之后，进行正确的处理，以减小误差对测量结果的影响。

——根据系统误差的特征，采用合适的方法进行判别，找出产生系统误差的原因，并采取有效措施来消除系统误差的影响。

——根据随机误差的性质，对随机误差宜运用相关的概率理论进行分析处理，得出测量结果的置信概率与置信区间，并减小该类误差。

——根据粗大误差的特点，采用合适的判断准则，从测量数据中正确地找出并剔出该类误差。

——根据漂移的特点，可采用处理系统误差的方法对该类误差进行处理。

9.3 测量不确定度概算

为了验证测量结果是否符合要求，应把测量不确度考虑进去，对测量结果进行不确度概算，并在测量结果的完整表述中给出测量不确定度，必要时还应说明有关影响量的取值范围。

10 评定规则

在对计算结果进行评定时，需要按照测量对象和方法给出相应的评定规则。对微几何量评定时应遵循 GB/T 18779.2。

11 评定结论

应根据测量任务要求给出明确的唯一的评定结论，并对评定结果进行简要说明。评定结论中应给出尽可能多的信息，以避免用户错误的使用评定结果。

附 录 A
（资料性附录）
微几何量基本测量方法

A.1 光学显微视觉方法

方 法	说 明
光学显微视觉测量法有两种实现方式： 方式一：被测微结构置于光学显微镜样品台，显微镜成像后经摄像机采集和数字化后将图像送入计算机，由计算机软件对数字图像进行处理，通过图像的特征计算微结构的平面几何特征参数。 方式二：被测微结构置于可读数的 xy 位移台和旋转台上，用光学显微镜目镜分划板上的刻线与微结构的点或线特征进行对准，通过 xy 位移台和旋转台移动被测微结构，使得刻线与微结构其他位置的点或线特征再次对准，通过位移台和旋转台的读数和对准特征的情况来计算微结构的平面几何特征参数。	这种方法的特点是实现相对简单，横向分辨率一般可达亚微米级。方式一的测量范围是光学显微镜的成像视场，视场直径一般小于 1 mm；方式二的测量范围是 xy 位移台的移动范围，可达到数百毫米，但是目视对准容易引入粗大误差。 该方法虽然可通过聚焦的方法来估算表面的高度，但是测量分辨率低，故不建议用于测量离面几何特征参数。

A.2 扫描电子显微镜测量方法

方 法	说 明
扫描电子显微镜是用聚焦电子束在试样表面逐点扫描，得到反映试样表面形貌的二次电子像，再运用数字图像处理方法，通过图像的特征计算微结构的平面几何特征参数。	扫描电子显微镜的分辨率与电子束的加速电压和真空度密切相关，目前其最高分辨率可达到 1 nm。 被测对象的表面必须是非绝缘体。

A.3 接触式探针轮廓仪测量方法

方 法	说 明
接触式探针轮廓仪的探针接触被测表面，并使探针沿被测表面移动，被测表面的微观凹凸不平使探针上下移动，其移动量由与探针组合在一起的位移传感器测量，从而得到被测对象的表面轮廓，对表面轮廓的分析可获得相应的微几何量特征参数。	接触式探针轮廓仪纵向分辨率最高可达 0.1 nm，横向分辨率一般为数十纳米，测量的最大高度差可达 10 mm 左右，单线轮廓扫描长度可达到 200 mm，面扫描范围一般都低于 1 mm，线扫描可测离面距离，面扫描可测表面结构。 在测量过程中需考虑测量力影响。

A.4 光学探针轮廓仪测量方法

方法	说明
光学探针的作用是将光束聚焦到被测对象表面，将光学探针在被测对象进行扫描实现表面轮廓测量。依据信号的获取条件有两种方式：一种是共焦测量方式，被测对象表面的起伏将导致光学探针的焦点产生偏离，通过控制光学探针与被测对象相对位置来保持共焦状态，而相对位置的控制量则反映出被测对象表面高度起伏的信息；另一种是离焦测量方式，光学探针与被测对象的相对位置保持不变，被测对象表面的起伏将导致光学探针的焦点产生偏离，直接通过这一偏移量来计算被测对象表面高度起伏的信息。表面轮廓测量完成后进行相应的分析可获得其他微几何量特征参数。	光学探针轮廓仪的纵向分辨率最高可达 1 nm，横向分辨率一般为 1 μm。测量范围由扫描的工作台的移动范围决定。 共焦测量方式的测量分辨率稍低于离焦测量方式，但是其高度测量范围仅受限于扫描台的工作范围，一般为几十毫米，远高于离焦测量方式，应用更为广泛。

A.5 光学显微干涉测量方法

方法	说明
光学显微干涉是依据被测对象表面反射或散射的测量光与参考光产生干涉，对干涉所包含的位相信息进行解析来测量被测对象表面的形貌，从而计算出表面结构等参数。 光学显微干涉的主要测量方法有：相移显微干涉法、白光扫描干涉法、全息显微干涉法。 相移显微干涉法和白光扫描干涉法可采用三种显微干涉光路结构，分别为迈克尔逊(Michelson)显微干涉结构、米劳(Mirau)显微干涉结构、林尼克(Linnik)显微干涉结构。迈克尔逊干涉显微干涉结构工作距离最短；米劳显微干涉结构具有较好的抗干扰能力；林尼克显微干涉结构工作距离较长。	相移显微干涉法垂直测量分辨率最高，可达到 0.1 nm，但只能用于反射性好表面的测量；全息显微干涉法垂直测量分辨率可达到 0.5 nm 左右，对测量表面的反射性没有任何限制；白光扫描干涉法测量分辨率一般为1 nm，对测量表面反射性的要求介于相移显微干涉法和全息显微干涉法之间。

A.6 扫描探针显微镜(SPM)测量方法

SPM 主要包括扫描隧道显微镜(STM)、原子力显微镜(AFM)等，其中 AFM、STM 的测量特点如下。

A.6.1 扫描隧道显微镜(STM)测量方法

方　法	说　明
STM的针尖与导电的被测表面之间相距很近的距离(小于1 nm)时,在两者之间加上0.1 V左右的小电压,就会产生1 nA的微小隧道电流。在表面形貌的测量中,一般是控制扫描针尖随着表面高低起伏上下运动,以保持隧道电流恒定,针尖上下运动量就反映出被测表面的形貌变化。	扫描隧道显微镜的纵向和横向分辨率分别为0.01 nm和0.1 nm,平面扫描范围一般在100 μm以下,离面扫描范围一般可达到5 μm。 扫描隧道显微镜测量法不适合非导电材料样品的测量。

A.6.2 原子力显微镜(AFM)测量方法

方　法	说　明
原子力显微镜有两种主要工作模式:一是接触模式;二是轻敲模式。 接触模式:微悬臂梁探针一端固定,另一端有一个微小的针尖,并与样品表面接触;探针在被测对象扫描的过程中,由于针尖端原子与样品表面原子间存在的作用力,样品表面的高低起伏就会使微悬臂梁的弯曲量产生变化,通过控制微悬臂梁探针随着表面高低起伏上下运动,以使得微悬臂梁弯曲量的恒定,探针上下运动量就反映出被测表面的形貌变化。 轻敲模式:用一个压电陶瓷元件驱动微悬臂梁探针振动,其振动频率等于探针的共振频率;当把这种受迫振动的探针逼近到样品表面时,探针与样品表面之间的作用力将会改变微悬臂梁探针的振动幅度,表面高度不同对振动幅度的影响也不同;探针在被测对象表面进行扫描,通过控制微悬臂梁探针随着表面高低起伏上下运动,以使得微悬臂梁振动的幅度恒定,探针上下运动量就反映出被测表面的形貌变化。	原子力显微镜(AFM)的纵向和横向分辨率分别为0.05 nm和0.02 nm,平面扫描范围一般在100 μm以下,离面扫描范围一般可达到5 μm。 原子力显微镜既可以用于测量绝缘体、半导体,也可以用于测量导体,而且微悬臂梁探针可以在液体环境下工作。

A.7 椭圆偏振膜厚测量方法

方　法	说　明
将样品放置在测试台上,用已知偏振态的椭圆偏振光斜照射到样品表面时,入射光与材料相互作用,使得样品反射光的偏振状态相对入射光相位和幅度发生变化,而通过光电传感器可测得反射光的偏振态变化(幅度和相位)。将偏振态变化、入射光波长和材料折射率输入偏振方程,可计算和拟合出薄膜的厚度。	测量厚度一般为1 nm～1 mm,测量厚度精度与量程和波长范围有关,可达0.1 nm。 待测样品为透明或半透明状(对测量波长而言)的单层或多层膜。

A.8 光反射膜厚测量方法(光学膜厚探针)

方　法	说　明
以单层薄膜为例,样品放置测试台,将初始光强为 $I_0(\lambda)$光束垂直入射到样品表面,样品上表面(空气/薄膜)反射光强 $I_1(\lambda)$和样品下表面(薄膜/衬底)反射光强 $I_2(\lambda)$叠加成为 $I(\lambda)$被光电探测器所接收,使用公式 $R(\lambda)=I(\lambda)/I_0(\lambda)$所计算出来的反射率同时又是薄膜厚度 d,薄膜折射率 $n(\lambda)$,薄膜消光系数 $k(\lambda)$的函数,在该薄膜材料对应不同波长下的 n,k 值已知的情况下,测出不同波长下的 $R(\lambda)$曲线,可以通过计算机数学运算得到薄膜厚度。	测量厚度一般为 1 nm～1 mm,测量厚度精度与量程有关,最好为 1 nm。需要材料光学常数库支持。 薄膜样品表面光滑,且为透明或半透明状(对测量波长而言)的单层或多层膜(衬底不透光),测试光斑大小一般为 100 μm×100 μm 以下。

ICS 73.120
J 77

中华人民共和国国家标准

GB/T 26114—2010

液体过滤用过滤器　通用技术规范

Filter for liquid filtration—General technical specification

2011-01-10 发布　　2011-10-01 实施

中华人民共和国国家质量监督检验检疫总局
中国国家标准化管理委员会 发布

前言

本标准由中国机械工业联合会提出。

本标准由全国分离机械标准化技术委员会(SAC/TC 92)归口。

本标准负责起草单位:飞潮(无锡)过滤技术有限公司、新乡市平原工业滤器有限公司。

本标准参加起草单位:合肥通用机械研究院、航空工业总公司过滤与分离机械产品质量监督检测中心。

本标准主要起草人:樊丽琴、唐静、秦望峰、何向阳、孙瑞林、周进、杜立鹏。

液体过滤用过滤器 通用技术规范

1 范围

本标准规定了液体过滤用过滤器(以下简称过滤器)的型式、基本参数、技术要求、试验方法、检验规则、标志、包装、运输和贮存。

本标准适用于非液压系统用袋式过滤器、芯式过滤器、篮式过滤器和盘式过滤器。

2 规范性引用文件

下列文件中的条款通过本标准的引用而成为本标准的条款。凡是注日期的引用文件,其随后所有的修改单(不包括勘误的内容)或修订版均不适用于本标准,然而,鼓励根据本标准达成协议的各方研究是否可使用这些文件的最新版本。凡是不注日期的引用文件,其最新版本适用于本标准。

GB 150 钢制压力容器

GB/T 699 优质碳素结构钢

GB/T 700 碳素结构钢(GB/T 700—2006,ISO 630:1995,NEQ)

GB/T 711 优质碳素结构钢热轧厚钢板和钢带

GB 713 锅炉和压力容器用钢板(GB 713—2008,ISO 9328-2:2004,NEQ)

GB/T 2100 一般用途耐蚀钢铸件(GB/T 2100—2002,eqv ISO 11972:1998)

GB/T 2346 流体传动系统及元件 公称压力系列(GB/T 2346—2003,ISO 2944:2000,MOD)

GB/T 3280 不锈钢冷轧钢板和钢带

GB/T 4237 不锈钢热轧钢板和钢带

GB/T 4774 分离机械 名词术语

GB/T 8163 输送流体用无缝钢管

GB/T 9439 灰铸铁件(GB/T 9439—2010,ISO 185:2005,MOD)

GB/T 11352 一般工程用铸造碳钢件(GB/T 11352—2009,ISO 3755:1991,MOD,ISO 4990:2003,MOD)

GB/T 12771 流体输送用不锈钢焊接钢管

GB/T 14408 一般工程与结构用低合金铸钢件

GB/T 14976 流体输送用不锈钢无缝钢管

GB/T 17446 流体传动系统及元件 术语(GB/T 17446—1998,idt ISO 5598:1985)

GB/T 18853 液压传动过滤器 评定滤芯过滤性能的多次通过方法(GB/T 18853—2002,ISO 16889:1999,MOD)

JB/T 4709 钢制压力容器焊接规程

JB/T 4711 压力容器涂敷与运输包装

JB 4726 压力容器用碳素钢和低合金钢锻件

JB 4728 压力容器用不锈钢锻件

JB/T 4730.2～4730.6 承压设备无损检测

TSG R0004—2009 固定式压力容器安全技术监察规程

3 术语和定义

GB/T 4774 和 GB/T 17446 确立的以及下列术语和定义适用于本标准。

3.1

滤袋　filter bag

将过滤介质制成袋状的过滤元件。

3.2

滤篮　filter basket

将过滤介质制成篮状的过滤元件。

3.3

袋式过滤器　bag filter

以滤袋作为过滤元件的加压过滤器。

3.4

芯式过滤器　cartridge filter

以滤芯作为过滤元件的加压过滤器。

3.5

篮式过滤器　basket filter

以滤篮作为过滤元件的加压过滤器。

3.6

盘式过滤器　disc filter

以滤盘作为过滤元件的加压过滤器。

3.7

压降-流量特性　pressure drop-flow characteristics

过滤器压降随流量的变化而变化的特性曲线。

3.8

过滤比　filtration ratio

过滤前单位体积液体内大于某给定尺寸 x 的固体颗粒数与过滤后单位体积液体内大于同样尺寸的固体颗粒数的比值。用 β_x 表示。

即：$\beta_x = N_b / N_a$

N_b——过滤器过滤前单位体积中所含大于 x 微米的颗粒数。

N_a——过滤器过滤后单位体积中所含大于 x 微米的颗粒数。

3.9

过滤精度　filtration rating

过滤器能有效捕获($\beta_x \geqslant 100$ 时)的最小颗粒尺寸 x,以微米为计量单位,用 μm 表示(也可以由具体技术要求确定过滤比值)。

4　型式与基本参数

4.1　结构型式

4.1.1　根据过滤器的安装形式分为立式和卧式。

4.1.2　根据过滤器的过滤元件不同分为:

a)　袋式过滤器(见图 1);

b)　芯式过滤器(见图 2);

c)　篮式过滤器(见图 3);

d)　盘式过滤器(见图 4)。

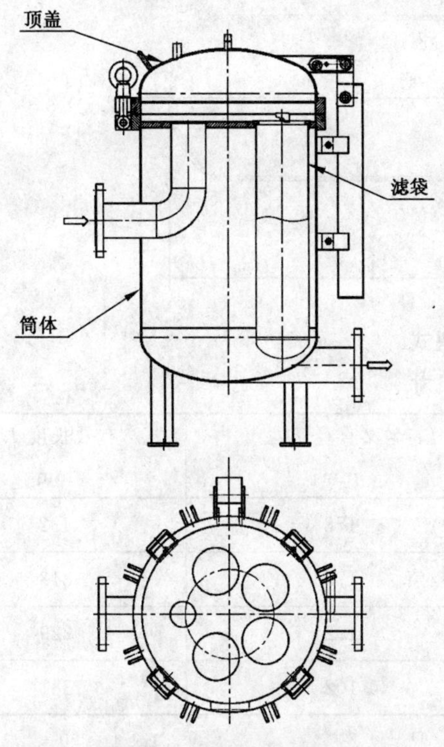

图 1 袋式过滤器

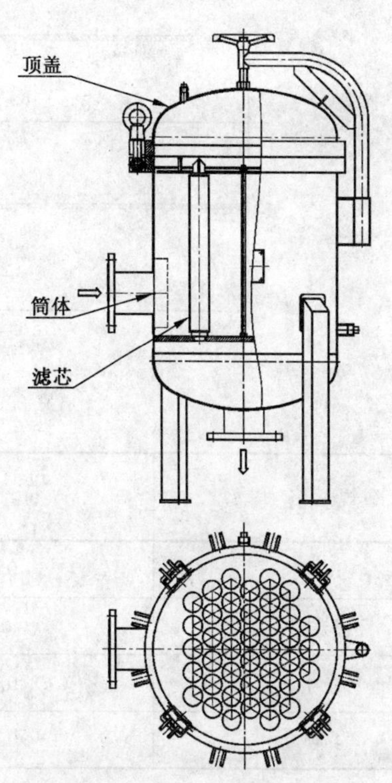

图 2 芯式过滤器

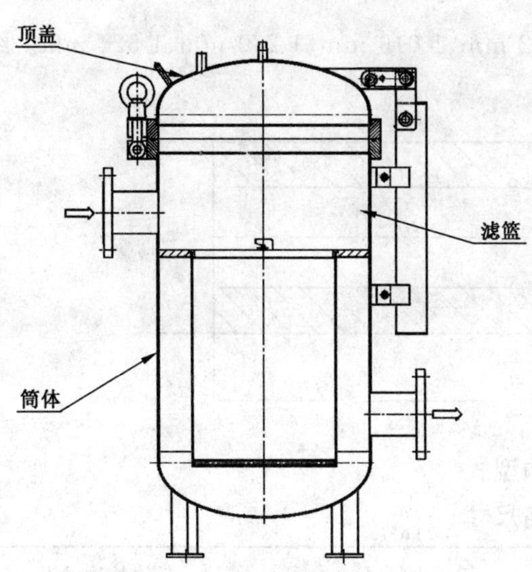

图 3 篮式过滤器

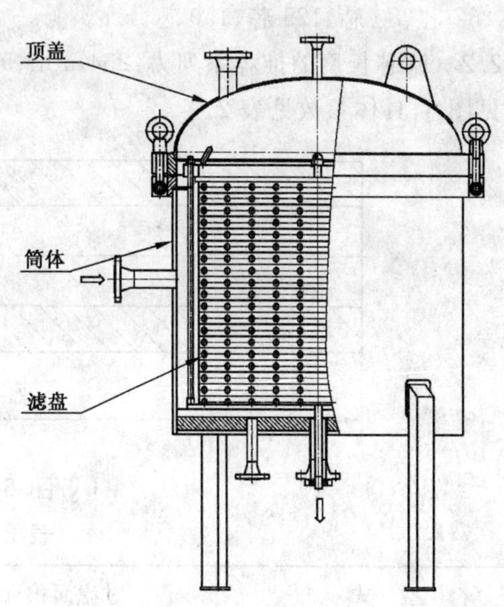

图 4 盘式过滤器

4.2 基本参数

4.2.1 袋式过滤器

4.2.1.1 袋式过滤器滤袋数量的推荐系列为:1 袋、3 袋、4 袋、6 袋、8 袋、12 袋、17 袋、23 袋。

4.2.1.2 滤袋型号的推荐系列为:1 号、2 号、3 号、4 号。结构型式见图 5,具体参数见表 1。

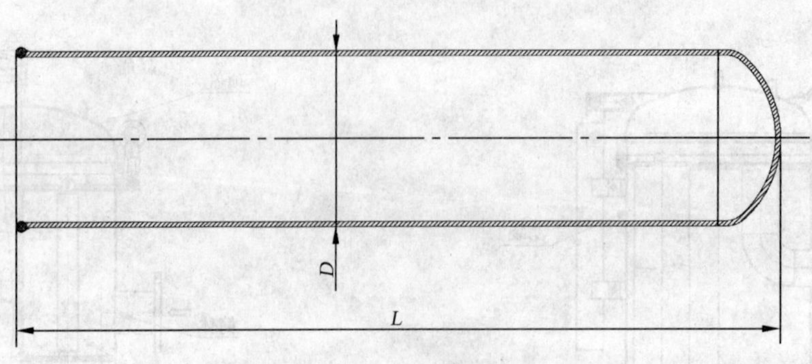

图 5　滤袋结构型式

表 1　滤袋规格尺寸

规　格	过滤面积/m²	名义直径 D/mm	有效长度 L/mm
1号	0.25	178	432
2号	0.5	178	813
3号	0.08	102	229
4号	0.15	102	381

4.2.2　**芯式过滤器**

4.2.2.1　芯式过滤器滤芯数量的推荐系列为:1芯、3芯、5芯、7芯、11芯、15芯、21芯、27芯、40芯、52芯、62芯、80芯、125芯、150芯。

4.2.2.2　滤芯长度的推荐系列为:254 mm、508 mm、762 mm、1 016 mm、1 270 mm、1 524 mm。结构型式见图6,具体参数见表2。

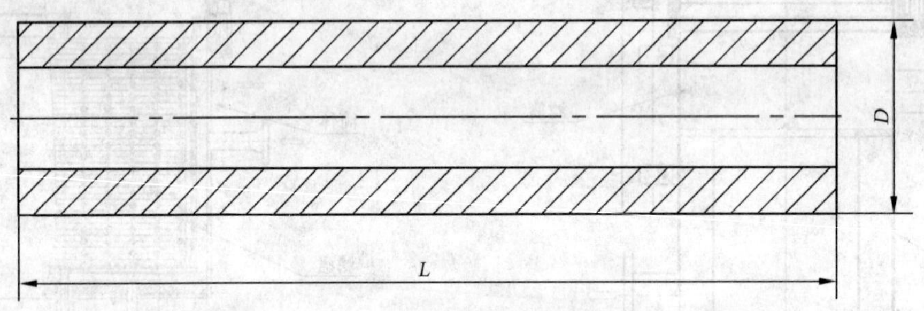

图 6　滤芯结构型式

表 2　滤芯规格尺寸

型　式	过滤面积/m²	名义直径 D/mm	有效长度 L/mm
非折叠滤芯	0.05	64	254
非金属折叠滤芯	0.5	68	254
金属折叠滤芯	0.25	60	254

4.2.3　**篮式过滤器**

4.2.3.1　篮式过滤器的推荐系列为:1篮、3篮、4篮、6篮、8篮、12篮、17篮、23篮。

4.2.3.2　滤篮的推荐系列为:1号、2号、3号、4号。结构型式见图7,具体参数见表3。

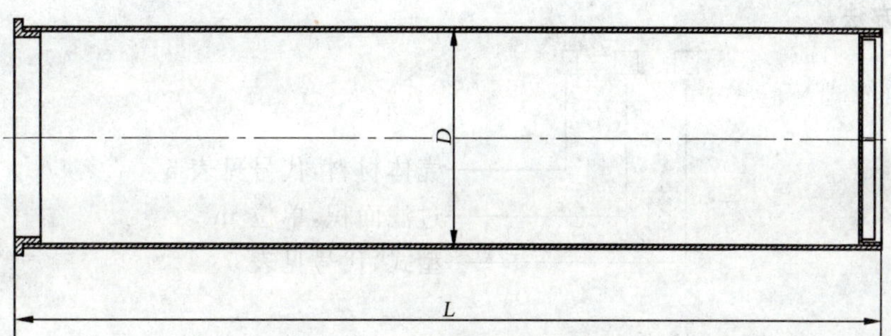

图 7 滤篮结构型式

表 3 滤篮规格尺寸

规 格	过滤面积/m^2	直径 D/mm	长度 L/mm
1号	0.25	170	380
2号	0.5	170	710
3号	0.08	102	200
4号	0.15	102	350

4.2.4 盘式过滤器

4.2.4.1 盘式过滤器过滤面积的推荐系列为：2 m^2、3 m^2、5 m^2、10 m^2、15 m^2、20 m^2、25 m^2、30 m^2、40 m^2、50 m^2、60 m^2、70 m^2、80 m^2、90 m^2、100 m^2。

4.2.4.2 滤盘直径的推荐系列为：400 mm、500 mm、600 mm、800 mm、900 mm、1 000 mm、1 100 mm、1 200 mm、1 300 mm、1 400 mm。结构型式见图 8，具体参数见表 4。

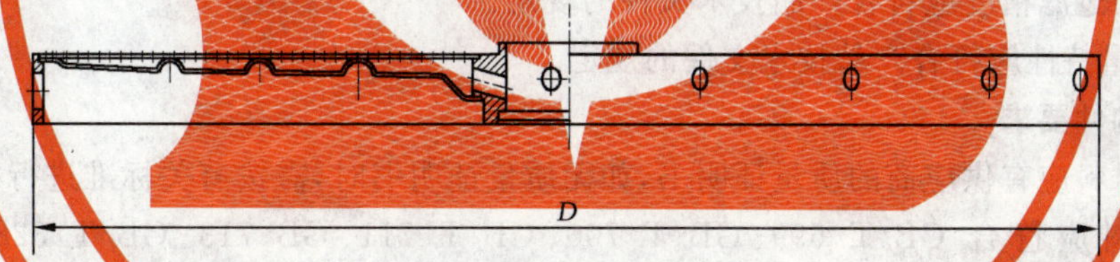

图 8 滤盘结构型式

表 4 滤盘规格尺寸

直径 D/mm	400	500	600	700	800	900	1 000	1 100	1 200	1 300	1 400
过滤面积/m^2	0.125	0.2	0.25	0.4	0.5	0.6	0.785	1	1.125	1.25	1.5

4.3 过滤器型号表示方法

过滤器型式代号、过滤面积和壳体材料代号应符合表 5 的规定。

表 5 过滤器型号表示方法

型 式		主参数		壳体材料	
名称	代号	名称	单位	名称	代号
袋式过滤器	D	过滤面积	m^2	碳钢	G
芯式过滤器	X			耐蚀钢	N
篮式过滤器	L			非金属	F
盘式过滤器	P				

4.4 型号编制方法

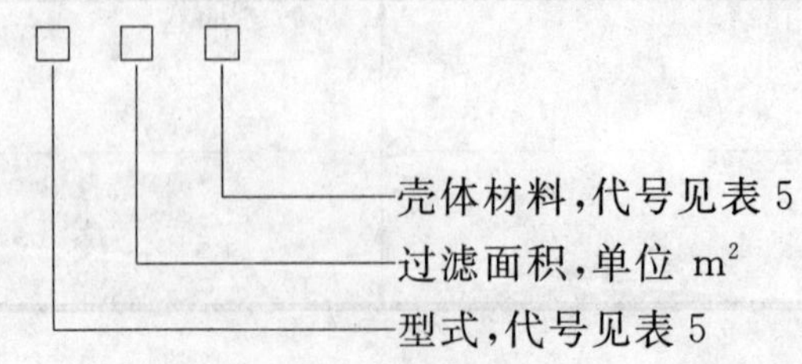

4.5 标记示例

示例1:袋式过滤器,过滤面积2 m^2,材料碳钢。

型号为:D2G

示例2:芯式过滤器,过滤面积3 m^2,材料非金属。

型号为:X3F

示例3:篮式过滤器,过滤面积5 m^2,材料耐蚀钢。

型号为:L5N

示例4:盘式过滤器,过滤面积5 m^2,材料耐蚀钢。

型号为:P5N

5 技术要求

5.1 基本要求

过滤器应符合本标准的规定,并按经规定程序批准的图样及技术文件制造。

5.2 技术参数要求

5.2.1 过滤器的设计压力应符合产品技术文件的规定,按 GB/T 2346 中的规定选择。

5.2.2 过滤器的设计温度应符合产品技术文件的规定。

5.2.3 过滤器的过滤精度应符合产品技术文件的规定。

5.2.4 压降-流量特性应符合产品技术文件的规定。

5.3 材料和外购件要求

5.3.1 采用的材料应有供应商的质量证明书,如无质量证明书时,需按有关标准进行检验,合格后方能使用。金属材料应符合 GB/T 699、GB/T 700、GB/T 711、GB 713、GB/T 3280、GB/T 4237、GB/T 8163、GB/T 14976、GB/T 12771 等的规定;非金属材料应符合相应的国家标准和行业标准规定。

5.3.2 铸件应符合 GB/T 2100、GB/T 9439、GB/T 11352、GB/T 14408 等的规定。

5.3.3 锻件应符合 JB 4726、JB 4728 等的规定。

5.3.4 材料的选用应与需过滤的物料相容且符合应用行业要求。

5.3.5 材料代用时,应选用性能相同或较优的材料,并需经设计部门同意。

5.3.6 外购件应有供应商提供的合格证。

5.4 结构要求

5.4.1 结构上要方便固定、更换过滤元件并实现可靠密封。

5.4.2 结构上应避免需过滤的物料直接冲射过滤元件。

5.4.3 筒体、顶盖和固定件的强度和刚度应能承受在管路连接和更换过滤元件时的外力。

5.5 制造要求

5.5.1 焊接

5.5.1.1 焊接应符合 JB/T 4709 的要求。

5.5.1.2 焊接接头的无损检测应符合 GB 150 的要求。

5.5.2 过滤器的密封性

过滤器在规定压力试验条件下,各部件密封处、各结合面及焊接接头无任何渗漏。

5.5.3 外观质量

5.5.3.1 碳钢过滤器内外表面除锈，外表面应涂敷，符合 JB/T 4711 的规定。

5.5.3.2 耐蚀钢过滤器内外表面要经酸洗钝化，必要时进行蓝点检测，无蓝点为合格。

5.5.3.3 整个过滤器表面应无尖角、毛刺、锐边，法兰密封面不得有划伤和撞痕。

5.6 安全要求

5.6.1 快开门式过滤器的快开门设置安全连锁装置。

5.6.2 顶盖开启采用铰链结构的过滤器，应设置保险机构，防止顶盖开启后，发生回落或整体倾覆。

6 试验方法

6.1 技术参数检测

6.1.1 过滤精度

过滤精度试验按照 GB/T 18853 的规定进行。

6.1.2 压降-流量特性

6.1.2.1 方法概述

在规定的压力下，使试验液通过被测试过滤器，测量过滤器压降随流量的变化的数值。

6.1.2.2 器材和设备

6.1.2.2.1 试验装置

试验装置如图 9 所示。

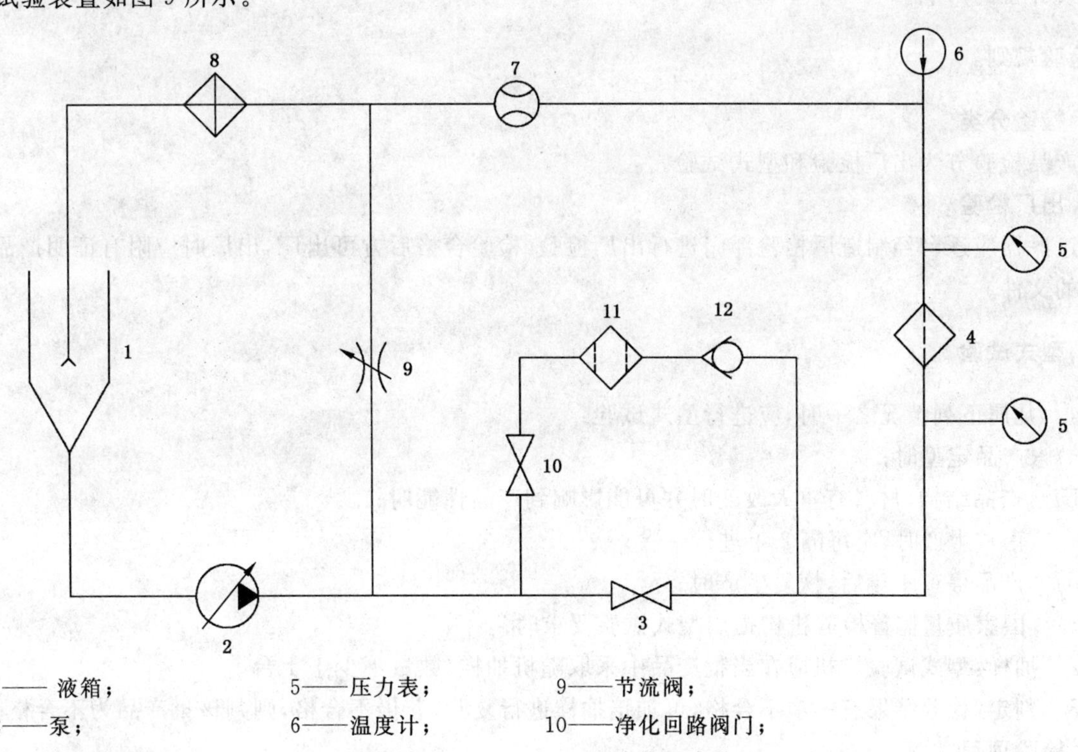

1—— 液箱；
2——泵；
3——试验回路阀门；
4——被测试过滤器；
5——压力表；
6——温度计；
7——流量计；
8——热交换器；
9——节流阀；
10——净化回路阀门；
11——净化过滤器；
12——单向阀。

图 9 试验原理图

6.1.2.2.2 试验液

试验液应为 25 ℃±2 ℃的洁净水（奥氏体不锈钢过滤器试验用水，氯离子含量应不大于 25 mg/L）或符合试验要求的其他试验液。

6.1.2.3 试验程序

6.1.2.3.1 打开系统净化回路阀门 10，启动泵，将系统试验液净化达到要求后，关闭净化回路阀门 10。

6.1.2.3.2 打开试验回路阀门3,使试验液通过被测试过滤器。

6.1.2.3.3 在试验液规定温度±2 ℃范围内,使试验流量从零逐渐增大到被测试过滤器额定值,其间按合适的相等的增量测量不小于6个点的流量,同时记录各流量点对应的过滤器压降;过滤器额定值从最大减小到零,以相等的减量不小于6个点的流量重复前述操作。

6.1.2.3.4 关闭试验系统,试验结束。

6.1.2.4 数据处理

根据各流量点对应的过滤器压降,绘制压降-流量曲线图。

6.2 无损检测

焊接接头按JB/T 4730.2~4730.6进行无损检测。

6.3 压力试验

6.3.1 凡属于压力容器类别的过滤器,按GB 150的规定进行。

6.3.2 不属于压力容器类别的过滤器,按下列规定进行水压试验。

6.3.2.1 水压试验压力为设计压力的1.5倍。

6.3.2.2 奥氏体不锈钢过滤器水压试验用水,氯离子含量应不大于25 mg/L。

6.3.2.3 试验时容器顶部应设排气口,充液时应将容器内的空气排尽。试验过程中,应保持容器观察表面的干燥。

6.3.2.4 试验时压力应缓慢上升,达到规定试验压力后,保压时间不少于5 min。不得有渗漏、可见的变形及异常的声响。

7 检验规则

7.1 检验分类

产品检验分为出厂检验和型式试验。

7.2 出厂检验

过滤器应逐台经制造厂检验部门进行出厂检验,检验合格后方可出厂,出厂时应附有证明产品质量合格的文件。

7.3 型式试验

7.3.1 凡属下列情况之一时,应进行型式试验:

a) 产品定型时;

b) 产品结构、材料有重大改变时并可能影响到产品性能时;

c) 正常生产时,应每隔2年进行一次;

d) 产品停产1年后,恢复生产时;

e) 国家质量监督检验机构提出型式试验要求时。

7.3.2 抽样:型式试验样机应在当批产品中采取随机抽样,数量不少于1台。

7.3.3 判定:检验结果有一项不合格,可加倍抽样进行复验,若仍不合格,则判该批产品为不合格品。

7.4 检验项目

过滤器的各类检验应符合表6的规定。

表6 检验项目

序号	试验项目	技术要求条款	试验方法条款	出厂检验	型式试验
1	几何尺寸	5.1	尺	√	√
2	外观质量	5.5.3	目视	√	√
3	过滤精度	5.2.3	6.1.1	×	√

表 6（续）

序号	试验项目	技术要求条款	试验方法条款	出厂检验	型式试验
4	压降-流量特性	5.2.4	6.1.2	×	√
5	无损检测(焊接质量)	5.5.1	JB/T 4730.2～4730.6	√	√
6	压力试验	5.2.1、5.5.2	6.3	√	√
注：√表示必须检测；×表示不需要检测。					

8 标志、包装、运输和贮存

8.1 标志

8.1.1 每台标准过滤器应在明显部位固定铭牌，铭牌内容包括：

a) 产品型号、名称。

b) 物料名称。

c) 主要技术参数：

设计压力，单位为 MPa；

设计温度，单位为 ℃；

过滤面积，单位为 m^2；

过滤精度，单位为 μm。

d) 设备质量，单位为 kg。

e) 出厂编号。

f) 出厂日期。

g) 制造单位。

8.1.2 属于压力容器类别的过滤器，应符合 TSG R0004—2009 的规定。

8.1.3 过滤器进出口作指示标记。

8.2 随机附带下列技术文件

a) 产品合格证；

b) 竣工图；

c) 产品说明书；

d) 随机附件清单；

e) 装箱单。

8.3 包装、运输

过滤器的包装与运输应符合 JB/T 4711 的规定，过滤元件独立包装。

8.4 贮存

过滤器应存放在没有介质腐蚀的有遮蔽场所。

ICS 23.080
J 71

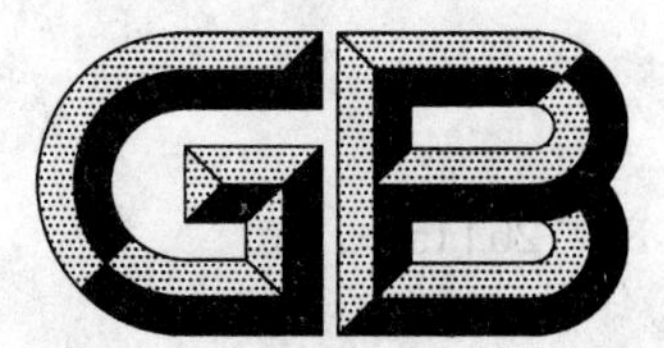

中华人民共和国国家标准

GB/T 26115—2010

离心式 纸浆泵

Centrifugal pulp pump

2011-01-10 发布 2011-10-01 实施

中华人民共和国国家质量监督检验检疫总局
中国国家标准化管理委员会 发布

前　言

本标准的附录E为规范性附录，附录A、附录B、附录C、附录D、附录F和附录G为资料性附录。

本标准由中国机械工业联合会提出。

本标准由全国泵标准化技术委员会(SAC/TC 211)归口。

本标准起草单位：江苏迎浪科技集团有限公司、合肥华升泵阀有限责任公司、杭州碱泵有限公司、广东省佛山水泵厂有限公司、上海东方泵业集团有限公司、沈阳水泵研究所。

本标准主要起草人：陈进、柴立平、李进富、莫宇石、刘卫伟、郑梦海、周民、王志翔、杨敏官、钱夏扬。

离心式　纸浆泵

1　范围

本标准规定了电动机驱动的卧式单级单吸和单级双吸离心式纸浆泵的产品分类、设计、材料、工厂检查和试验及发运准备。

本标准适用于造纸或制浆工业流程中浆体介质温度≤104 ℃,浓度≤8%的离心式纸浆泵(以下简称泵)。

2　规范性引用文件

下列文件中的条款通过本标准的引用而成为本标准的条款。凡是注日期的引用文件,其随后所有的修改单(不包括勘误的内容)或修订版均不适用于本标准,然而,鼓励根据本标准达成协议的各方研究是否可使用这些文件的最新版本。凡是不注日期的引用文件,其最新版本适用于本标准。

GB/T 191　包装储运图示标志(GB/T 191—2008,ISO 780:1997,MOD)

GB/T 3215　石油、重化学和天然气工业用离心泵(GB/T 3215—2007,ANSI/API 610:2004,IDT)

GB/T 3216　回转动力泵　水力性能验收试验　1级和2级(GB/T 3216—2005,ISO 9906:1999,MOD)

GB/T 5656　离心泵　技术条件(Ⅱ类)(GB/T 5656—2008,ISO 5199:2002,IDT)

GB/T 5661　轴向吸入离心泵　机械密封和软填料用空腔尺寸(GB/T 5661—2004,ISO 3069:2000,MOD)

GB/T 5662　轴向吸入离心泵(16bar)　标记、性能和尺寸(GB/T 5662—1985,idt ISO 2858:1975)

GB/T 7021　离心泵名词术语

GB/T 9113.1　平面、突面整体钢制管法兰

GB/T 13384　机电产品包装通用技术条件

GB/T 17241.6　整体铸铁法兰

JB/T 4297　泵产品涂漆技术条件

JB/T 6880.1　泵用灰铸铁件

JB/T 6880.2　泵用铸钢件

JB/T 8097　泵的振动测量与评价方法

JB/T 8098　泵的噪声测量与评价方法

3　术语和定义

GB/T 7021确立的以及下列术语和定义适用于本标准。

3.1

腐蚀磨损裕量　corrosion and abrasion allowance

被输送液体浸蚀的零件,其壁厚超出理论壁厚的部分,理论壁厚是为经受住所给出的在最恶劣工作条件下的压力极限及磨损所需要的壁厚。

4　产品分类

4.1　产品基本型式

泵可分为单级单吸悬臂式和单级双吸轴向剖分式。

4.2 产品基本型号

4.2.1 型号的表示方法

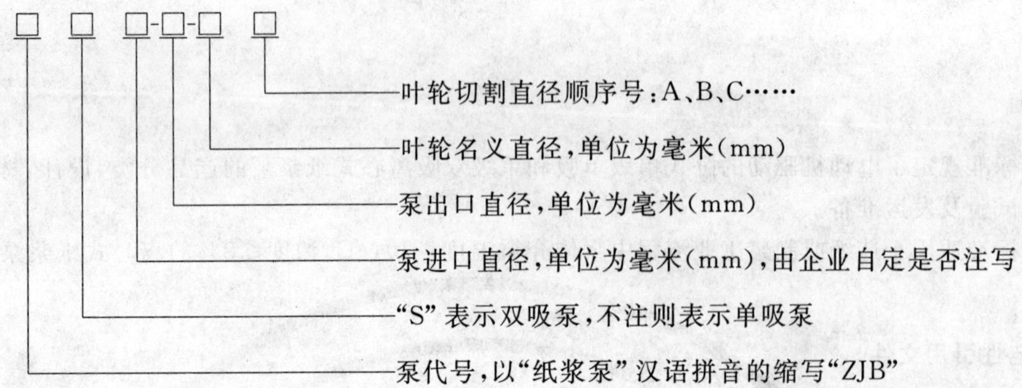

4.2.2 示例

进口直径为 150 mm，出口直径为 100 mm，叶轮名义直径为 350 mm 的单级单吸泵型号表示为：

ZJB 150-100-350

5 设计

5.1 总则

5.1.1 文件

每当多个文件中含有相抵触的技术要求时，应按下列次序决定它们的适用性：

a) 购货订单或询价单(如果没有发出购货订单)(见附录 A 和附录 B)；

b) 数据表(见附录 C)；

c) 本标准的技术要求；

d) 购货订单或询价单(如果没有发出购货订单)中作为参考的其他标准。

5.1.2 基本性能参数

在清洁冷水条件下，单级单吸泵的基本性能参数应符合表 1 的规定，单级双吸泵的基本性能参数应符合表 2 的规定。

输送浆体介质时，泵的性能参数参照附录 D 进行修正及换算。

需方对泵有特殊要求时，应在购货订单或询价单中予以说明。

表 1 单级单吸泵性能参数

流量 $Q/(m^3/h)$	扬程 H/m	转速 $n/(r/min)$	效率 $\eta/\%$	必需汽蚀余量 NPSHR/m
12.5	8	1 450	57	2.00
	12.5		52	1.98
	20		46	1.96
	32		39	1.92
25	8		67	2.00
	12.5		63	1.98
	20		58	1.95
	32		50	1.93

表 1（续）

流量 Q/(m³/h)	扬程 H/m	转速 n/(r/min)	效率 η/%	必需汽蚀余量 NPSHR/m
50	8	1 450	72	2.50
	12.5		70	2.40
	20		66	2.32
	32		62	2.30
100	12.5		70	1.50
	20		67	1.40
	32		64	1.30
	50		61	1.26
200	20		79	2.50
	32		76	2.30
	50		72	2.10
400	20		81	4.00
	32		79	3.85
	50		75	3.70
800	12.5	970	83	4.00
	20		81	3.80
	32		78	3.70
1 200	20		84	5.50
	32		81	5.00
	50		78	4.60
25	32	2 900	64	1.70
	50		59	1.65
	80		50	1.62
	125		40	1.60
50	32		70	2.30
	50		68	2.15
	80		61	2.00
	125		52	1.90
100	32		76	4.00
	50		73	3.80
	80		70	3.50
	125		64	3.30
200	50		78	6.30
	80		75	5.80
	125		72	5.50
400	80		81	10.00
	125		77	8.50

表 2 单级双吸泵性能参数

流量 $Q/(m^3/h)$	扬程 H/m	转数 $n/(r/min)$	效率 $\eta/\%$	汽蚀余量 NPSHR/m
485	14	1 450	84.8	3.8
	24			3.5
	39		82.6	3.2
	65		77.6	2.8
790	12		83.8	5.5
	19		85.8	5.2
	32			4.7
	58		83	4.4
	90		78.6	4
1 260	16		84.3	6.9
	26		86.5	6.7
	44			6.2
	75		84	5.6
	125		79.5	5.2
2 020	13	970	83	6.0
	22		85	5.4
	35		88	5.1
	59		83	4.6
	98		79.5	4.3
3 170	22		84	7.2
	32		86	7.0
	47			6.7
	75		88	6.2
	100		84	5.8
5 500	22	730	88	10.2
	32			9.5
	47			9.0
	76			8.2

5.1.3 必需汽蚀余量(NPSHR)

必需汽蚀余量(NPSHR)应按 GB/T 3216 的规定以清洁冷水作为试验介质确定。

5.1.4 户外安装

泵应适合于在 0 ℃～50 ℃及 pH 值为 pH=5～pH=7 环境条件下的户外安装。

需方如果要求泵必须适合于高温或低温、腐蚀性环境、沙暴等异常环境条件时，则应予指明。

5.2 电动机

泵配套电动机的选取应考虑浆体介质的浓度、密度及其他连接条件的影响，其输出功率按式(1)

确定：

$$P \geqslant K_1 K_2 P_a \quad \cdots\cdots\cdots\cdots\cdots\cdots (1)$$

式中：

P——选用电动机的输出功率，单位为千瓦(kW)；

K_1——电动机额定输出功率与额定条件下泵输入功率的百分比，按图1查取；

K_2——浆体介质浓度系数，按图2查取；

P_a——额定条件下泵的输入功率，单位为千瓦(kW)。

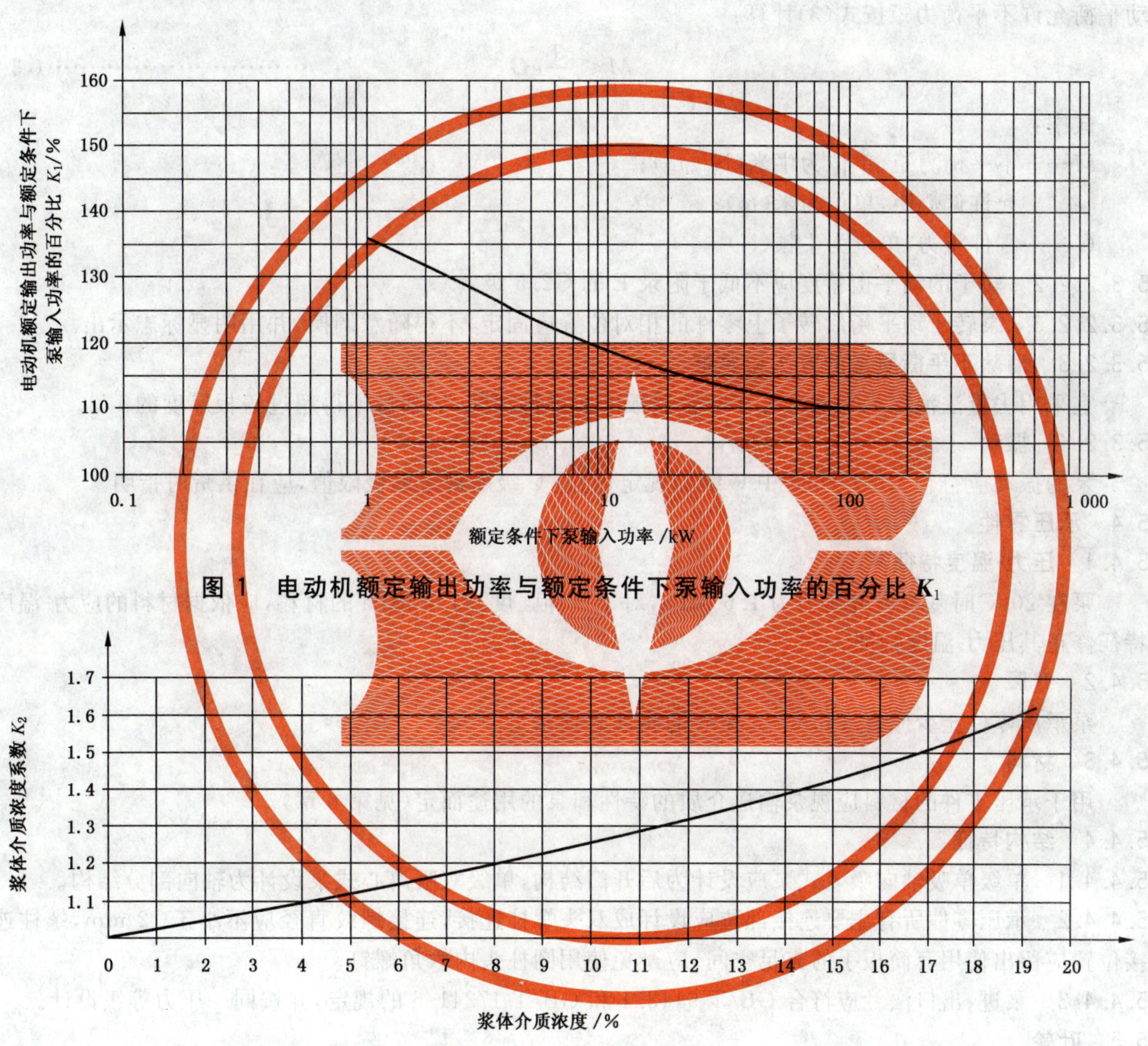

图1　电动机额定输出功率与额定条件下泵输入功率的百分比 K_1

图2　浆体介质浓度系数 K_2

5.3　临界转速、平衡和振动

5.3.1　临界转速

在运行条件下，连接上商定的电动机时，转子的实际第一横向临界转速至少应高出最高允许连续转速的10%。

5.3.2　平衡和振动

5.3.2.1　静平衡

5.3.2.1.1　主要旋转零件如叶轮等应做静平衡试验，静平衡精度不低于附录E的G6.3级。静平衡允许不平衡力矩按式(2)计算：

$$M \leqslant eG \quad \cdots\cdots\cdots\cdots\cdots\cdots (2)$$

式中：

M——不平衡力矩，单位为牛米（N·m）；

e——允许偏心距，单位为米（m）；

G——零件重力，单位为牛顿（N）。

5.3.2.1.2 平衡用芯棒的质量不应超过被平衡零件的质量。

5.3.2.2 动平衡

5.3.2.2.1 当泵在转速 $n>1\ 800$ r/min，且叶轮径宽比 $D_2/b_2>6.0$ 时，其转子部件应做动平衡试验。动平衡允许不平衡力矩按式（3）计算：

$$M \leqslant \frac{1}{2}eG \qquad \cdots\cdots\cdots(3)$$

式中：

M——不平衡力矩，单位为牛米（N·m）；

e——允许偏心距，单位为米（m）；

G——零件重力，单位为牛顿（N）。

5.3.2.2.2 转子的动平衡精度应不低于附录 E 的 G2.5 级。

5.3.2.2.3 泵转子动平衡后转子上零件的相对位置应固定，不得随意调换，并用明显标志示出。

5.3.2.3 消除不平衡质量的方法和要求

宜采用去重法消除不平衡。可在叶轮盖板侧面进行切削，切削量不得超过盖板厚度的 1/3。

5.3.2.4 振动

泵的振动应符合 JB/T 8097 中 C 级的规定，超过 C 级所规定的极限值，应在供货时指明。

5.4 承压零件

5.4.1 压力-温度特征

泵在 20 ℃时基本设计压力为 1.6 MPa，对于拉伸强度≥1.6 MPa 的材料，应依据材料的应力-温度特征修正其压力-温度特征。

5.4.2 壁厚

泵承压零件至少应有 3 mm～5 mm 的腐蚀磨损裕量。

5.4.3 材料

用于承压零件的材料应视泵输送介质的特性和泵的用途而定（见第 6 章）。

5.4.4 结构特征

5.4.4.1 单级单吸轴向吸入式泵应设计为后开门结构，单级双吸离心式泵设计为轴向剖分结构。

5.4.4.2 承压零件所有主要连接部位应设计成双头螺柱连接，连接螺纹直径应不小于 12 mm，螺柱连接位置应留出使用套筒板手的充足空间，应避免使用圆柱头内六角螺钉。

5.4.4.3 泵进、出口法兰应符合 GB/T 9113.1 和 GB/T 17241.6 的规定，并按同一压力等级设计。

5.5 叶轮

5.5.1 叶轮设计

根据用途可以选择闭式、半开式、开式单体结构铸造叶轮。

5.5.2 叶轮的固定

叶轮应有可靠的固定，以防止运转时发生圆周方向和轴向移动。

5.5.3 轴向调整

对半开式、开式叶轮，与其保持一定间隙的前、后盖板应通过外部调整装置进行间隙的调整。

5.6 密封环或作用相当的构件

闭式叶轮应装设密封环。密封环应可更换并被牢固地锁定以防止转动。

5.7 运转间隙

5.7.1 在确定静止部分和运动部分之间的运转间隙时，应考虑工作条件以及这些零件所用材料的性能

(如硬度、抗擦伤性和抗咬合性等)。间隙的大小应能防止在工作条件下相互接触及浆体介质的堵塞卡死。

5.7.2 对铸铁、青铜、11%～13%淬硬铬钢及类似具有较低咬合倾向的材料应使用表 3 给出的最小间隙值。对 150 mm 以上的直径,最小直径间隙应为 0.43 mm+0.025 mm,其中 0.025 mm 是直径每增加 25 mm 或其分数时间隙的增量。对咬合倾向较大的材料,上述直径间隙应再增加 0.125 mm。

如使用铸铁和/或青铜这类材料,输送例如温度在 50 ℃以下的水这样洁净冷流体时,制造厂可以采用较表 3 值小的间隙。

表 3 最小运转间隙

单位为毫米

间隙处旋转部分直径	最小直径间隙	间隙处旋转部分直径	最小直径间隙
50	0.25	90～99.99	0.40
50～64.99	0.28	100～114.99	0.40
65～79.99	0.30	115～124.99	0.40
80～89.99	0.35	125～149.99	0.43

5.8 轴和轴套

5.8.1 总则

轴应具有足够的尺寸和刚性以保证:

a) 传递电动机额定功率;

b) 使填料或密封性能的不良程度降至最低;

c) 使磨损和卡住的危险降至最小;

d) 对静、动径向负荷,临界转速(见 5.3.1)和启动方法以及有关的惯性负荷能给予应有的考虑。

5.8.2 表面粗糙度

轴封函体、机械密封和油封处的轴和轴套表面的粗糙度 Ra 应不大于 1.6 μm。

5.8.3 轴的挠度

在泵的允许工作范围内,计算在通过轴封函体外端面(或内装式机械密封端面)的径向平面处由泵工作时产生的径向负荷引起的轴的挠度,不应该超过 50 μm。

5.8.4 直径

与轴封接触的这部分轴或轴套的直径应符合 GB/T 5661 的规定。

5.8.5 轴的径向跳动

轴和轴套的制造和装配,应保证在通过轴封函体外端面的径向平面处的轴跳动:

——对公称直径小于 50 mm 的,跳动不大于 50 μm;

——对公称直径为 50 mm～100 mm 的,跳动不大于 80 μm;

——对公称直径大于 100 mm 的,跳动不大于 100 μm。

5.8.6 轴套的固定和密封

轴套与轴的连接应采用平键连接。

轴和轴套之间应该有密封,以防止外部泄漏。

5.8.7 轴套的配置

采用填料密封的轴套端部应伸至填料压盖的外端面以外,采用机械密封的轴套端部应伸至密封端盖以外。这样轴和轴套之间的泄漏就不会与经过填料或机械密封端面的泄漏相混淆。

对于外装机械密封、多重机械密封及其他密封型式的配置,则应详尽描述。

5.9 轴承、轴承体和润滑

5.9.1 轴承的选用

泵应选用深沟球轴承或角接触球轴承与圆柱滚子轴承组合。不允许采用带防尘盖或密封圈型式的轴承。

轴承应能承受泵在所有规定情况下连续工作,包括最大压差时。

5.9.2 **轴承的安装**

轴承应该用轴肩、轴环或其他可靠的定位装置定位在轴上,不允许使用开口环或弹簧垫圈;角接触球轴承在轴上固定应采用带舌形止动垫圈的锁紧螺母;角接触球轴承应该是成对的单列轴承,并采用背对背安装。

轴承应当使用过盈配合安装到轴上,并沿直径方向稍留间隙地装入轴承箱内。

5.9.3 **轴承温度**

为使轴承温度保持在轴承制造厂家所给出的极限范围内,制造厂家应规定是否需要冷却或加热措施。

5.9.4 **轴承寿命**

当泵是在容许工作范围内工作时,轴承的设计基本额定寿命(L10)至少应为12 500 h。

5.9.5 **轴承体**

为了防止损失或污染,不得使用加垫片或带螺纹的接合面来隔离润滑剂与冷却或加热流体。

轴承体的所有开孔均应设计成可以防止污物侵入和在正常工作条件下润滑剂的漏失。

在使用稀油润滑的情况下,应设计带丝堵的放油孔。

轴承体兼作润滑油室时,则应使用油位计或油面恒定油杯。推荐的油位或油面恒定油杯定位线的标记应是永久性的和明显易辨认的,并应指明油位是静态的还是动态的。

使用可重新加油脂的轴承,则应设置油脂溢出装置。

5.9.6 **润滑**

泵宜采用稀油润滑或油脂润滑。

使用说明书中应介绍使用的润滑剂种类和使用周期。

5.10 **轴封**

5.10.1 **总则**

泵的设计应允许使用下列所有可替换的密封:

——软填料(P);

——单端面机械密封(S);

——多重机械密封(D)。

泵的设计均应允许使用一个或多个上述可替换的密封。

密封腔的尺寸应符合GB/T 5661的规定,除非工作条件另有要求。

当浆体介质中固体杂质含量大于5%时,可采用背叶片密封加动态密封,见附录F。

5.10.2 **选择密封的工作条件判断依据**

用以选择机械密封、软填料密封和动态密封的基本工作条件判断依据:

——泵输送介质的种类和化学性质;

——预期的最低和最高密封压力;

——密封处液体的温度和物理性质;

——特殊工作条件(包括启动、停机、温度激增、机械冲击、清洗和循环);

——轴径和转速。

关于机械密封的补充判断依据:

——泵的旋转方向。

5.10.3 **轴封函体**

结构设计应考虑能安装填料环。如需要有出口接管,需方或供方应作出规定。要留出足够的空间使不必移动或拆下除填料压盖部件或防护装置以外的任何零件即可更换填料。即使填料失去可压缩性，也要绝对保持压盖部件不动。

5.10.4 机械密封

应符合 GB/T 5656 的规定。

5.11 标牌

5.11.1 铭牌

5.11.1.1 产品铭牌应包括如下内容：

——需方的设备编号；

——产品名称、型号；

——进口允许最大压力，单位为兆帕(MPa)；

——流量，单位为立方米每小时(m^3/h)；

——扬程，单位为米(m)；

——必需汽蚀余量，单位为米(m)；

——额定转速，单位为转每分(r/min)；

——配套电动机功率，单位为千瓦(kW)；

——制造厂名；

——出厂编号及日期；

——产品质量，单位为千克(kg)；

——叶轮直径，单位为毫米(mm)。

5.11.1.2 产品铭牌及安装应符合下列要求：

产品铭牌文字及符号应清晰、耐磨，在泵的使用期限内不被磨损。

产品铭牌应固定在泵体指定的部位，固定铆钉的材质应与铭牌的材质相同。

5.11.2 转向标志

转向标志应清晰、明显、耐磨，在泵的使用期限内不被磨损。转向标志牌应牢固地固定在轴承体可见部位上，固定铆钉材质应与标志牌的材质相同。

5.12 联轴器及联轴器护罩

泵应通过弹性联轴器与电动机连接。联轴器及联轴器与轴的连接应根据最大的电动机转矩来确定，且应留有足够的安全裕度。

当不需要移动电动机就可以拆卸泵的转子时应提供加长联轴器。联轴器加长段的长度取决于为拆卸泵所需的两轴端之间的距离，并应符合 GB/T 5662 的要求。

如果联轴器的组成零件是一起作平衡的，则应当用永久的、明显可见的标记表示出其原有装配位置。

联轴器和加长段应与泵的叶轮具有相同的平衡等级。

联轴器安装时的径向和角向误差及运转时的径向和角向补偿量应不超过联轴器相关标准规定的极限值。选择联轴器应考虑诸如温度、转矩变化、启动次数、管路负荷等各种工作条件以及泵和底座的刚性。

联轴器护罩应符合 GB/T 3215 的要求。

5.13 底座

5.13.1 总则

底座分为整体式底座和分体式底座两种结构型式。

底座的设计应有足够的强度及刚性，应符合 GB/T 5656 的要求。

底座的材料(例如铸铁、结构钢、混凝土)及其安装方法(灌浆与否)应由需方与供方共同商定。

5.13.2 不灌浆底座

不灌浆底座应有足够的刚性可承受独立式安装或在不需灌浆的基础上用螺栓安装的负荷。

5.13.3 **灌浆底座**

需要灌浆的底座应设计成能保证有良好的灌浆，例如应防止空气被截留。

如果必需有灌浆孔，则灌浆孔的直径应不小于 100 mm 或与此相当的面积。位于放液区域内的灌浆孔应有凸起的边缘。灌浆水泥应采用膨胀水泥。

5.14 **外部管路系统的安装**

5.14.1 应通过外部装置支撑确保其重力不直接作用在泵连接法兰上。

5.14.2 应保证不产生使泵运行时出现因聚集空气而发生断流、共振等不良影响。

5.15 **专用工具**

供方应提供专门为调整、装配或拆卸泵而设计的专用工具。

6 材料

6.1 材料的选择

材料选用参照附录 G。如果材料是由需方选定的，但供方认为另外的材料更为合适，则应由供方根据数据表上规定的工作条件把这些材料作为替代材料提出。

6.2 材料成分和质量

材料的化学成分、力学性能、热处理和焊接方法应符合 JB/T 6880.1 和 JB/T 6880.2 的要求。

如要求对上述性能进行试验和证实，则需方和供方应对试验和证实的方法达成一致意见(见第 7 章)。

6.3 修补

采用焊接或其他方法进行修补，应符合 JB/T 6880.1 和 JB/T 6880.2 的要求。禁止用堵塞、锤击、涂漆或浸渍来修补承压零件中的裂缝和缺陷。

7 工厂检查和试验

7.1 总则

7.1.1 需方可以要求进行下列试验项目中的任何一项或全部，如果有此要求，则应在数据表(见附录 C)中作出规定。此类试验可以是目睹证实或证书证实。目睹证实试验的试验记录单应由需方和供方代表共同签字。

7.1.2 如果规定需进行检查，则应准许需方的代表在双方商定的时间进入供方的车间，并应给予适当的方便和资料以便能满意地进入检查。

7.2 检查

7.2.1 承压零件在完成试验和检查之前不得涂漆，防腐底漆除外。

7.2.2 可能需要进行下列检查：

——装配前零部件的检验；

——经试验运转后泵体和密封环的内部检验；

——安装尺寸；

——铭牌上的信息(见 5.11.1.1)；

——辅助管路和其他附件。

7.3 试验

7.3.1 **总则**

需方应规定在试验中所希望参与的程度，见以下的试验：

a) “目睹试验”是指采用与需方一起对生产过程和所进行的试验进行检查的一种同步进行的试验。这通常意味着双重试验。

b) “观测试验”是指需方要求预先通告试验时间的一种试验。然而，试验是按计划进行的，并且如果需方代表不到现场，供方可以进行下一步工作。由于仅排定一次试验，所以需方预期停留在厂内的时间应比目睹试验时停留在厂内的时间要长。

7.3.2 材料的试验

如果询价单和购货订单上有要求，则应提供如下的试验证书：

——化学成分，根据供方的标准规范，或以每批熔料的试样为准；

——力学性能，根据供方的标准规范，或以每批熔料和热处理的试样为准；

——对晶间腐蚀的敏感性（如可适用的话）；

——无损检验（泄漏、超声波、染色渗透、磁粉、X射线照相、光谱鉴别等）。

7.3.3 水压试验

7.3.3.1 所有的承压零件（例如泵体、泵盖和密封端盖），包括它们的紧固件在内，均应进行试验压力为基本设计压力1.5倍的水压试验。试验应使用清洁冷水进行（试验碳钢材料时最低温度为15 ℃），保持压力的时间至少应为10 min，无可见的渗漏。

7.3.3.2 选择隔板装置应小心，以避免在试验时对零件增加应力及由试验压力引起变形时产生附加载荷或制约。隔板装置不应遮蔽住任何渗漏。除非穿透螺栓是正常结构组成部分，不应使用连接。

7.3.3.3 如果进行试验的零件，在工作温度时其材料强度比在室温时的材料强度低，则该零件的水压试验压力应该用其压力-温度特性曲线调整到室温时的最大允许工作压力的1.5倍，除非其水压试验是在高温下进行的。数据表应该列出实际的水压试验压力。

7.3.3.4 如果规定对整台装配好的泵进行水压试验，则应避免诸如填料或机械密封这类辅助配件过度应变。经由软填料或临时机械密封的泄漏是允许的。

7.3.4 水力性能试验

7.3.4.1 试验介质为清洁冷水。

7.3.4.2 性能试验应按照GB/T 3216进行，供需双方应就所需的试验等级进行商定。

7.3.4.3 如果需要，汽蚀试验应按GB/T 3216进行（见5.1.3）。

7.3.4.4 在性能试验中，可能对下列附加情况进行检查：

——振动；

——轴承温度；

——密封泄漏。

7.3.4.5 泵的振动测量方法应符合JB/T 8097的规定，其精度要求应符合5.3.2.4的规定。

7.3.4.6 如果要求做噪声试验，则应按JB/T 8098规定的方法进行，其精度应符合JB/T 8098中C级的要求。

7.4 最终检查

应进行最终检查。根据购货订单证实所供给的设备是否正确和完整，包括零部件标识、涂漆、防护和文件资料的检查。

8 发运准备

8.1 轴封

除非另有商定，否则应该将软填料密封和机械密封安装到泵上。如果轴封函体没有装上填料，则应以警示标签牢固地附于泵上。

8.2 运输和贮存的防护处理

应当在发货之前将泵腔内的积水放尽，并用防锈剂进行处理。

应按JB/T 4297的规定涂漆。

轴承和轴承体应用与润滑剂相容的防锈油加以防护。稀油润滑的轴承在启动前，轴承体中必须充油至适当油位，并以警示标签牢固地附于泵上。

有关防锈剂以及它们的去除方法的介绍应牢固地附于泵上，还应兼顾当地有关防护剂的使用规则。

8.3 运输中旋转零部件的固定

为了避免运输过程中由于振动而损坏轴承，旋转零部件应根据其运输方式和运输距离、转子质量和轴承类型按不同要求加以固定。在这种情况下，应将警告标签牢固地附上。

8.4 孔口

所有通向压力室的孔口都应装上坚实得足以经受住意外损坏和耐风雨侵蚀的封堵物。

8.5 标识

泵和所有随其散装提供的零部件均应清楚地和永久性地以规定的识别号标记。

8.6 包装及标志

8.6.1 包装

8.6.1.1 当需要包装时，泵的包装应符合 GB/T 13384 的规定。

8.6.1.2 包装箱内应附存下列随机文件和附件：

——装箱单；

——产品合格证；

——产品使用说明书；

——必要的随机附件。

8.6.2 包装标志

8.6.2.1 包装箱的标志应符合 GB/T 191 的规定。

8.6.2.2 包装箱外面的文字和标志应包括如下内容：

——发货站及制造厂名称；

——收货站及收货单位名称；

——产品名称、规格型号；

——外形尺寸及毛重；

——防雨、易碎等标志；

——吊装位置。

8.7 运输

产品可采用整箱或裸运方式运输，运输和装卸时应防止碰撞、摔跌。

附　录　A
（资料性附录）
询价单、投标书、购货订单

A.1　询价单

询价单应包括数据表。

A.2　投标书

投标书应包括下列技术信息：

——填完的数据表；

——初步外形图；

——典型的剖面图；

——特性曲线。

A.3　购货订单

购货订单应包括下列技术信息：

——填完的数据表；

——所需的文件。

附 录 B
（资料性附录）
订货之后的文件提供

B.1 应当在商定的时间内按商定的份数向采购商提供下列合格文件的复制本。

任何要求提供特殊种类或形式的文件，均需通过协议规定。

B.2 通常提供的文件有：

——数据表；

——说明书，应包括有关安装、试运转（首次起动设备）、运行、停机、维护（检查、保养、大修）方面的资料，附有零件明细表和运转间隙的装配图；如有必要，还应包括专门针对特殊工作条件而做的说明；

——性能曲线；

——备件明细表。

B.3 提供的文件须清楚地用下列号码加以识别：

——项目号，

——购货订单号，

——制造商/供货商订单号。

附 录 C
（资料性附录）
纸浆泵数据表

编号：____________

表 C.1 纸浆泵数据表

使用工况名称			顾客的设备编号		
介质运动状况	从		泵送到		
介质			浓度范围(以质量计)/%		
系统压力/MPa			介质温度/℃		
最高扬程/m			最大流量/(m^3/h)		
介质含汽量/%			最小流量/(m^3/h)		
介质内杂质情况					
运行模式	连续□	间歇□	每小时开机次数(次)		
电动机型号及要求					
特殊的吸入口条件					
轴封选用	□单端面机械密封		□多重机械密封	□填料密封	□副叶轮动力密封
材料要求					
表面颜色					
其他要求					
电机生产厂家					
机械密封生产厂家					
试验	材料	水压	检查	性能	NPSH
引用标准					
执行见证试验单位					
发货方式	自提□ 送货□ 托运□				
备注					

附 录 D
（资料性附录）
输送浆体介质时管路压头损失及黏度计算

D.1 输送浆体介质时管路压头损失计算

中浓纸浆在管道中的压头损失与流速、管径的幂级数成正比，预测计算方法如下。

D.1.1 浓度为18%以下的纸浆压头损失预测按波德海曼（Bodeheimer）公式，如式（D.1）：

$$\Delta h_1 = 164u^{0.15}c^{2.5}d^{-1} \qquad \cdots\cdots\text{(D.1)}$$

式中：

Δh_1——每100 m管长的压头损失，单位为米（m）；

u——流速，单位为米每秒（m/s）；

c——浓度，%；

d——管径，单位为毫米（mm）。

D.1.2 磨木浆的压头损失按达菲（G. Duffy）公式，如式（D.2）：

$$\Delta h_1 = 7.15u^{0.27}c^{2.37}d^{-0.85} \qquad \cdots\cdots\text{(D.2)}$$

式中：

Δh_1——每100 m管长的压头损失，单位为米（m）；

u——流速，单位为米每秒（m/s）；

c——浓度，%；

d——管径，单位为毫米（mm）。

D.2 黏度换算说明

鉴于造纸行业所输送的介质多为有黏度的液体或浆液，为方便选择输送用泵，特殊性能换算按图D.1换算。

本方法为美国水力协会采用的换算方法，根据吸入管径 $\phi 50$ mm～$\phi 200$ mm 的单级离心泵的大量实验数据，利用修正雷诺数 $Re=QH/V$ 进行整理绘成，本方法不适合固体颗粒较多及纤维含量15%以上的非牛顿型液体。

图D.1的使用方法：

a） 根据介质动力黏度和比重计算出介质的运动黏度。

b） 根据泵在清水下的额定流量值 Q_n 对应的流量坐标，作向上垂线与泵的额定扬程线 H_n 相交，作水平线与介质运动黏度线相交，从该交点再作垂线向上，与 K_H、H_Q、H_η 三条曲线相交，所得三个交点可从左边纵坐标上得出换算值 K。

c） 输送该黏度介质时：

泵的流量按式（D.3）计算：

$$Q_V = K_Q Q_W \qquad \cdots\cdots\text{(D.3)}$$

式中：

Q_V——输送黏度介质时的流量，单位为立方米每小时（m^3/h）；

K_Q——流量修正系数；

Q_w——输送水时的流量，单位为立方米每小时（m^3/h）。

泵的扬程按式(D.4)计算：

$$H_V = K_H H_W \tag{D.4}$$

式中：

H_V——输送黏度介质时的扬程，单位为米(m)；

K_H——扬程修正系数；

H_W——输送水时的扬程，单位为米(m)。

泵的消耗功率按式(D.5)计算：

$$N_V = \frac{r_V Q_V H_V}{12\eta_V} \times 3.6 \tag{D.5}$$

式中：

N_V——输送黏度介质时的轴功率，单位为千瓦(kW)；

r_V——黏度介质的比重，单位为克每立方米(g/m^3)；

Q_V——输送黏度介质时的流量，单位为立方米每小时(m^3/h)；

H_V——输送黏度介质时的扬程，单位为米(m)；

η_V——输送黏度介质时的效率，%。

泵的效率按式(D.6)计算：

$$\eta_V = K_\eta \eta_W \tag{D.6}$$

式中：

η_V——输送黏度介质时的效率，%；

K_η——效率修正系数；

η_W——输送水时的效率，%。

流量修正系数 K_Q；效率修正系数 K_η；扬程修正系数 K_H/%
100
90
80
70
60
100
90
80
70
60
50
40
30
20
K_H
0.6 Q
0.8 Q
1.0 Q
1.2 Q
K_Q
K_η
黏度 T/厘斯
10
15
20
34
43
65
88
132
176
220
330
440
660
880
1 320
1 760
2 200
3 300
180
90
46
21
12
6
单级扬程 H/m
120
60
31
18
9
5
30
40
50
80
100
200
300
400
500
800
1 000
2 000
Q/(m³/h)

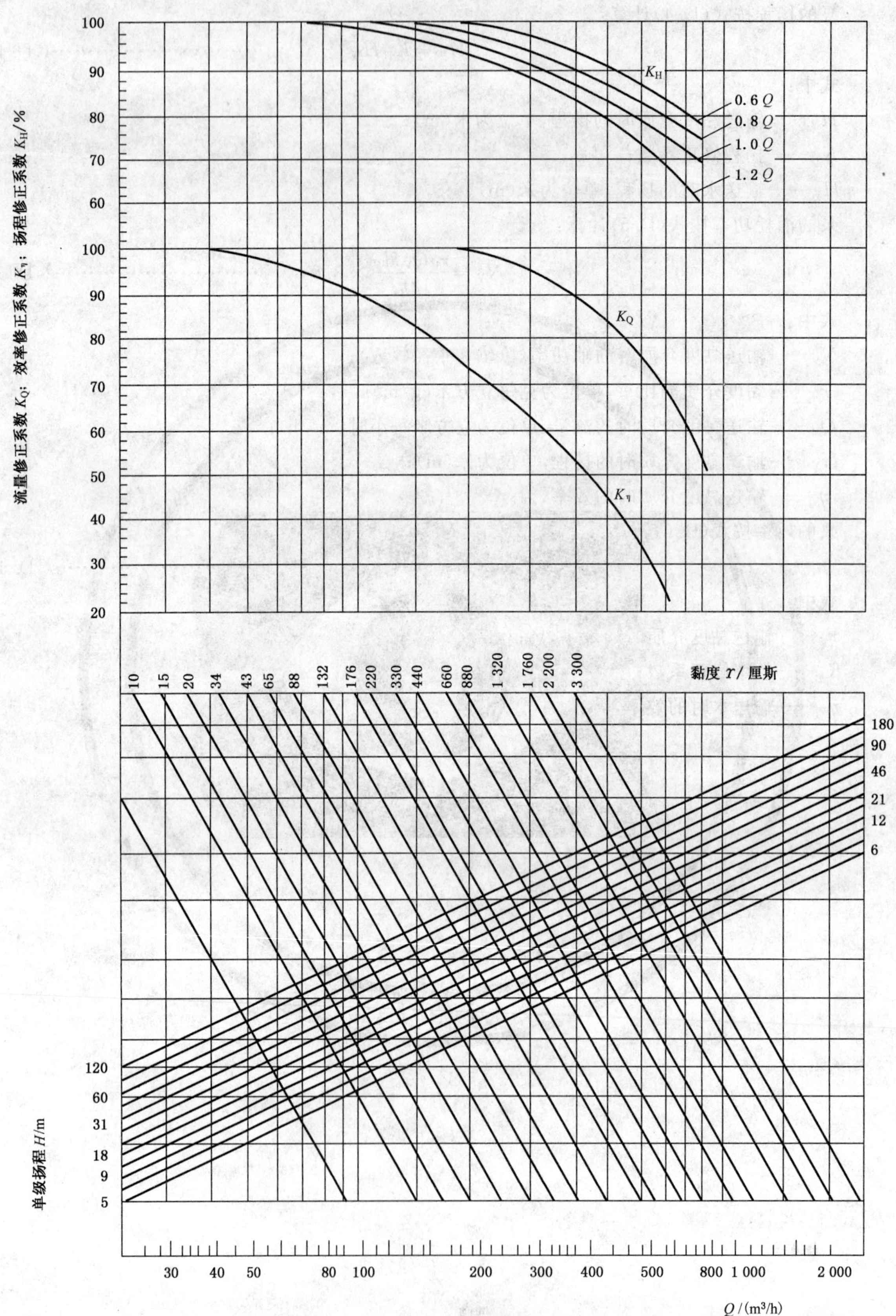

图 D.1 黏度换算图

附　录　E
（规范性附录）
允许偏心距

E.1　允许偏心距见图 E.1。

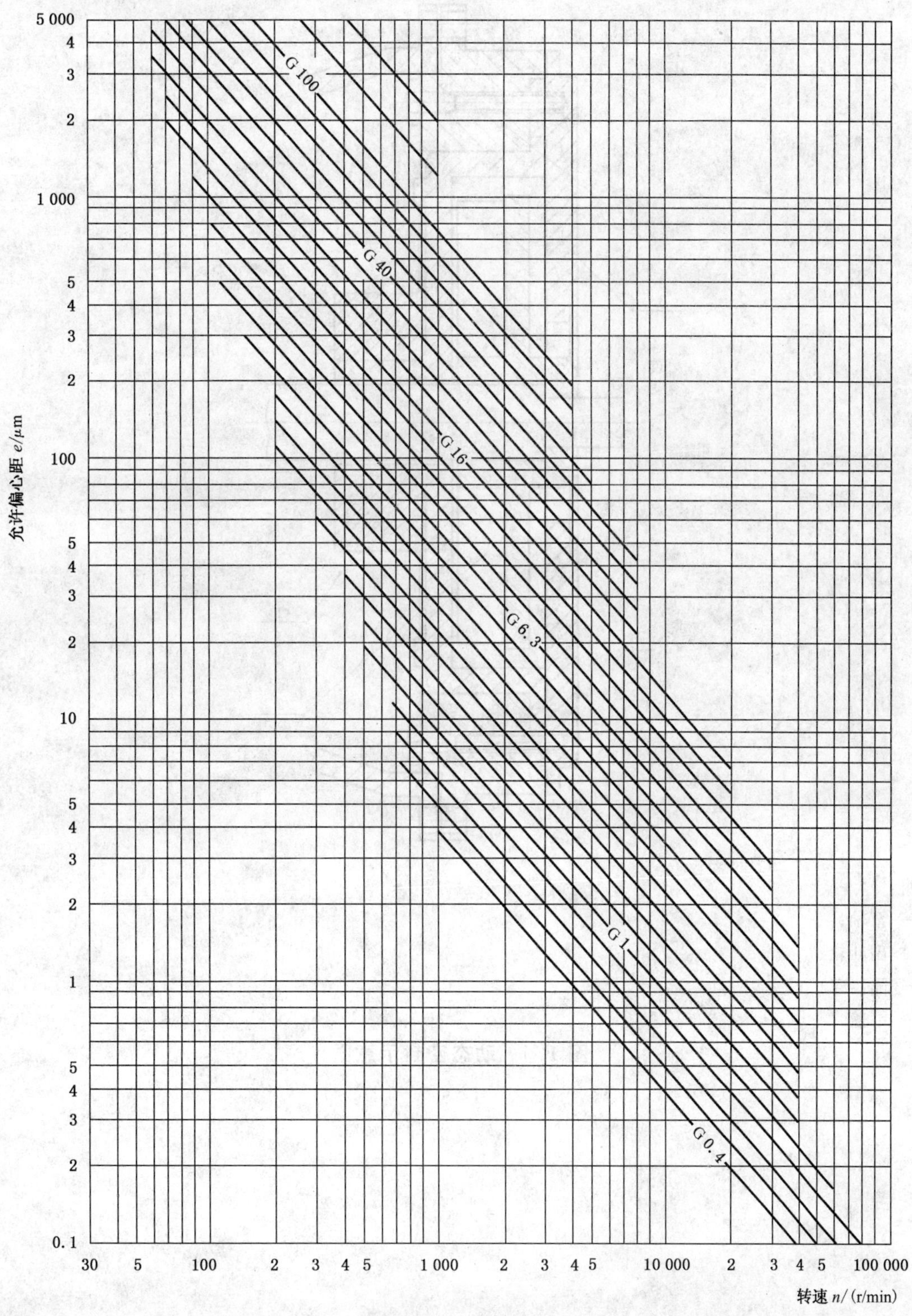

图 E.1　允许偏心距

附 录 F
（资料性附录）
动态密封配置示例

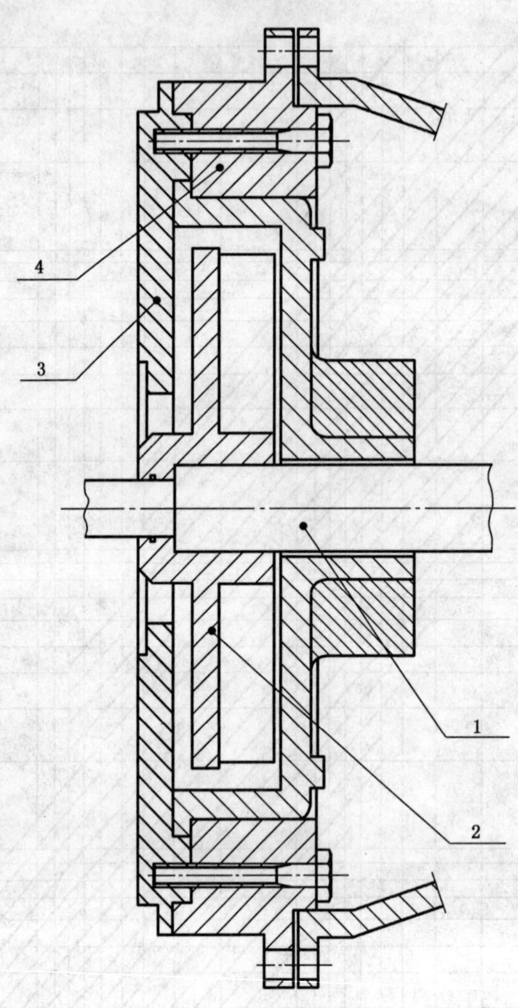

说明：

1——泵轴；

2——副叶轮；

3——隔离盖；

4——泵盖。

图 F.1 动态密封示意图

附 录 G
（资料性附录）
纸浆泵材料的选用

表 G.1 零部件材料选择

零件名称	选材类别			
	Ⅰ	Ⅱ	Ⅲ	Ⅳ
泵体	HT250 ZG230-450	QT400-18 ZG270-500	0Cr17Ni11Mo2	0Cr27Ni12Mo3
泵盖	HT250 ZG230-450	QT400-18 ZG270-500	0Cr17Ni11Mo2	0Cr27Ni12Mo3
前耐磨衬	0Cr18Ni9 ZG230-450	0Cr18Ni9 QT400-18	0Cr17Ni11Mo2	0Cr27Ni12Mo3
后耐磨衬	0Cr18Ni9 ZG230-450	0Cr18Ni9 QT400-18	0Cr17Ni11Mo2	0Cr27Ni12Mo3
叶轮	0Cr18Ni9 ZG230-450	0Cr18Ni9 QT400-18	0Cr17Ni11Mo2	0Cr27Ni12Mo3
轴 轴套	2Cr13 45	2Cr13 45	2Cr13	3Cr13
轴承体	HT250			

表 G.2 不同类别材料浆泵的应用场合

材料类别	应用场合
Ⅰ	清水、白水
Ⅱ	含少量颗粒状杂质，pH 值介于 pH=6～pH=8，压力≤0.6 MPa，污水处理
Ⅲ	含较多的颗粒状杂质，有腐蚀性、高压，制浆厂、食品工业
Ⅳ	含大量腐蚀性和颗粒状杂质、高压

ICS 23.080
J 71

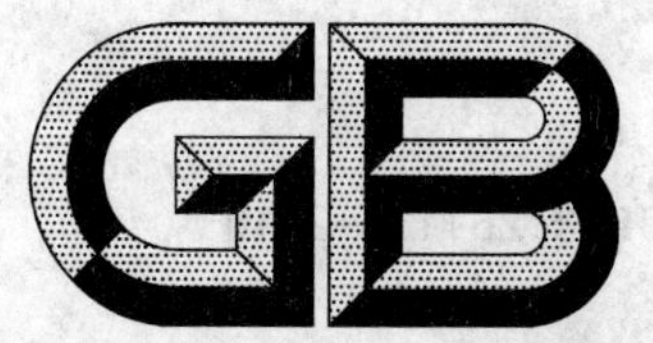

中华人民共和国国家标准

GB/T 26116—2010

内燃机共轴泵　试验方法

Internal combustion engine coaxial pump test method

2011-01-10 发布　　2011-10-01 实施

中华人民共和国国家质量监督检验检疫总局
中国国家标准化管理委员会　发布

前　言

本标准的附录 A 为资料性附录。

本标准由中国机械工业联合会提出。

本标准由全国泵标准化技术委员会(SAC/TC 211)归口。

本标准起草单位:农业部水泵质量监督检验测试中心、合肥华升泵阀有限责任公司、同泰泵业有限公司、富士特有限公司、重庆宗申通用动力机械有限公司、重庆合盛工业有限公司、重庆科业动力机械制造有限公司、苏州市吴中区双马机电有限公司。

本标准主要起草人:杨懿、杨明江、巫建波、彭定泽、陈建康、李勇刚、陶波、文勇、唐德友、任宏生。

内燃机共轴泵　试验方法

1　范围

本标准规定了内燃机共轴泵(以下简称泵)试验实施、试验数据分析、参数测量、汽蚀试验、噪声测量、振动测量、自吸试验的方法。

本标准适用于内燃机共轴泵的试验。

2　规范性引用文件

下列文件中的条款通过本标准的引用而成为本标准的条款。凡是注日期的引用文件,其随后所有的修改单(不包括勘误的内容)或修订版均不适用于本标准,然而,鼓励根据本标准达成协议的各方研究是否可使用这些文件的最新版本。凡是不注日期的引用文件,其最新版本适用于本标准。

GB/T 1859　往复式内燃机　辐射的空气噪声测量　工程法及简易法(GB/T 1859—2000,idt ISO 6798:1995)

GB/T 3214　水泵流量的测定方法

GB/T 3216　回转动力泵　水力性能验收试验　1级和2级(GB/T 3216—2005,ISO 9906:1999,MOD)

GB/T 7021　离心泵名词术语

GB/T 21404　内燃机　发动机功率的确定和测量方法　一般要求(GB/T 21404—2008,ISO 15550:2002,IDT)

JB/T 6664.3　自吸泵　第3部分:自吸性能试验方法

3　术语、定义和符号

GB/T 7021和GB/T 3216确立的以及下列术语、定义和符号适用于本标准。

3.1

燃油消耗量　fuel consumption

泵在规定环境状况和规定功率下,每单位时间内所消耗的燃油量。

3.2

燃油消耗率　specific fuel consumption

泵每单位输出功率和单位时间内所消耗的燃油量。

表1　用作符号的基本字母表(按字母顺序排列)

符号	量	单位
B	燃油消耗量	g/h
b	燃油消耗率	g/(kW·h)
H	扬程	m
M	扭转力矩	N·m
n	转速	r/min
NPSH	汽蚀余量	m
p	压力	Pa

表 1（续）

符号	量	单位
Q	体积流量	m^3/h
T	温度	℃
V	振动烈度	mm/s
Φ	相对湿度	—
η	效率	—

4 试验实施

4.1 一般要求

4.1.1 试验地点

泵性能试验应在符合 GB/T 3216 和本标准规定的试验装置上进行。

4.1.2 试验人员

测量的精确性不仅取决于所使用的测量仪表的质量，同时也取决于试验时对测量仪表装置进行操作和读数的人员的能力和熟练技术。因此对被委托做测量的人员的选择应当像选择试验用的仪器一样谨慎。

对复杂测量装置的操作和读数，应由在测量操作方面具有丰富经验的专家来完成。简单测量仪表的读数可以交由助手来完成，他们通过预先训练被认为能够相当仔细地以要求的精度进行读数。

应当由有关各方共同任命在测量操作方面有足够经验和资历的人担任试验主管。

试验过程中所有负责执行测量的人员均应服从于试验主管，后者指导和监督测量工作的进行，并报告试验情况和试验结果，撰写试验报告。所有与测量以及执行测量有关的问题均须由试验主管来决定。

4.1.3 试验大纲

试验需要遵循的大纲和方法应由试验主管制定。

只有要求的工作数据才是试验的基本数据，试验过程中由测量得出的其他数据仅起指示性（资料性）的作用，如果大纲中包括这些数据，则应说明此点。

4.1.4 试验设备

在决定测量方法时，应同时规定所需测量和记录的仪器仪表设备。

试验主管应负责检查仪器仪表设备安装的正确性及功能适合性。

凡用于测量的仪器仪表均应有检定证书或报告，并在有效期内。

各类测量仪表的准确度应满足 GB/T 3216 和本标准对各测量参数系统不确定度的容许值的规定。

4.1.5 记录

所有试验记录和记录图表均应由试验主管、试验人员签名。

试验结果的计算应随同试验一起进行，并且在试验装置和仪表设备拆除之前完成，以便能够对持有怀疑的测量结果立即进行复测。

4.1.6 试验报告

试验结果经检查后整理成试验报告，试验报告应由试验主管和试验人员签字。试验报告内容至少包括：

a) 试验地点和时间；

b) 环境状况；

c) 试验燃油和润滑油类型；

d) 制造厂家名称，泵的型号、名称、产品编号及制造日期；

e) 泵的规定性能参数；

f) 试验设备和测量仪表名称、型号、规格及准确度；

g) 读数，试验结果的计算和分析；

h) 结论。

4.2 性能试验

4.2.1 试验介质

泵试验介质为清洁冷水。清洁冷水的特性应在表 2 指定的范围内。

表 2 清洁冷水的特性

特性	单位	最大值
温度	℃	40
运动黏度	m^2/s	1.75×10^{-6}
密度	kg/m^3	1 050
不吸水的游离固体含量	kg/m^3	2.5
溶解于水的固体含量	kg/m^3	50

4.2.2 试验燃料

在没有关于使用什么样的试验燃油及其对应低热值的专门协议的情况下，试验用燃油应按表 3 选用。

表 3 试验燃油

燃油类型	燃油型号	低热值/(kJ/kg)
汽油	90＃	43 960
	93＃	
柴油	0＃	42 500

4.2.3 标准基准状况

确定泵的能效水平，应采用下列基准状况：

大气压力：p_r＝1 000 hPa；

相对湿度：Φ_r＝30％；

大气温度：T_r＝25 ℃。

4.2.4 试验装置

当泵的型式数 $K\leqslant1.2$ 时，采用的试验装置应符合 GB/T 3216 的有关规定。当 $K>1.2$ 时，建议采用模拟现场条件试验。试验装置除试验回路、电气系统、参数测量系统外还应包括供油系统。

4.2.4.1 试验回路、电气系统及参数测量系统应符合 GB/T 3216 的规定。

4.2.4.2 供油系统

供油系统应有如下特性：

a) 供油系统装置的安装在任何情况下都不能干扰或改变泵供油系统的供油情况。应考虑燃油供给管路的压力降、横截面尺寸和管路长度。

b) 油箱、油耗仪的位置、安装要求以及油路接法应符合油耗仪的使用要求。

4.2.5 试验

4.2.5.1 运转条件

测试前，泵应在规定工况下进行预热运行。内燃机润滑油温度恒定后方可进行测试。

所有的测量均应在稳定运转条件下或不超出表5给定范围的不稳定运转条件下进行。当未能获得这些条件时，有关各方协议是否进行测量。

试验的持续时间应足够长以获得与谋求达到的准确度等级相一致的结果。

4.2.5.2 转速控制

泵的试验转速应在规定转速的±5%范围内。

试验过程中，泵试验转速未在规定转速范围时，允许不借助工具调节内燃机油门/节气门开度，使其试验转速保持在规定转速范围内。如果调节后的试验转速仍然达不到规定转速范围，则按实际转速进行试验。

4.2.5.3 测量点分布

测量点分布参见附录A。

4.2.6 运转的稳定性

4.2.6.1 读数的波动幅度

读数的容许波动幅度应在表4规定的范围内。如果读数的波动幅度过大，则可采用专门的仪器来进行测量。这种仪器能够提供至少是全波动周期内的观测总和。必要时也可以有限度地在测量仪表及其连接管路中装设稳定装置(缓冲器)来减小波动。

表4 读数容许波动幅度(以被测量的平均值的百分数表示)

测量值	容许波动幅度	
	1级/%	2级/%
流量	±3	±6
扬程		
燃油消耗量	±3	±6
转速	±1	±2

注1：如果使用差压装置测量，所观测的差压的容许波动幅度，1级应为±6%，2级应为±12%。在分别测量入口总压力和出口总压力的情况下，最大容许波动幅度应该根据扬程进行计算。

注2：波动是指在取一次读数的时间内，一个物理量的测量值相对其平均值的短周期变动。

4.2.6.2 观测组数

4.2.6.2.1 稳定条件

如果对一个试验工况点至少是在10 s内观测到的每一量的变化不超过表5上部给出的值，即可认为试验条件是稳定的。如果满足此条件，并且其波动值又小于表4中给出的容许值，则对所研究的试验点而言只需记录各独立量的一组读数即可。

4.2.6.2.2 不稳定条件

在试验条件的不稳定性导致对试验的精度产生怀疑的情况下，应按以下程序进行处理。

对每一试验工况，应以随机的时间间隔(但不少于10 s)重复取各个测量量的读数，最低限度应取3组读数，并应记录每一个独立读数的值和由每组读数导出的总效率值。每一量的最大值与最小值的百分率差不得大于表5给出的值。如果读数次数增加，允许有较大的相差。

这些最大容许差异用以保证由于读数分散所致的不确定度与表6中给出的系统不确定度总合后的总的测量不确定度不会大于表7给出的值。

应当取每一量的所有读数(除最大值和最小值)的算术平均值作为该量的实际测量值。

如果达不到表5给出的值，则应查明原因，调整试验条件并取一组新的完整读数，亦即原先一组的所有读数应全部予以废弃。

表 5 同一量重复测量结果之间的变化限度(基于95%置信水平)

条件	读数组数	每一量的最大读数和最小读数之间相对平均值的容许差异			
		流量、扬程、燃油消耗量		转速	
		1级/%	1级/%	1级/%	1级/%
稳定	1	0.6	1.2	0.2	0.4
—	3	0.8	1.8	0.3	0.6
	5	1.6	3.5	0.5	1.0
	7	2.2	4.5	0.7	1.4
	9	2.8	5.8	0.8	1.6
	13	2.9	5.9	0.9	1.8
	≥20	3.0	6.0	1.0	2.0
注：重复读数的最大值与最小值的容许差异用如下百分数表示：$\frac{最大值-最小值}{平均值}\times 100\%$。					

在读数变化过大不是由于测量方法或仪表误差所致因而无法加以消除的情况下，可以用统计分析方法计算误差限。

5 试验数据分析

5.1 试验数据处理

泵性能试验均以实际转速为基准，不换算(即实测值)。

5.2 测量不确定度

5.2.1 总则

即使使用的测量方法和仪表以及分析方法完全遵循现行规则，特别是遵循本标准的要求，每一测量也仍不可避免地存在不确定度。

5.2.2 随机不确定度的确定

对本标准来说，一个变量的测量随机不确定度取为该变量标准偏差的2倍。

当各项分误差(它们的总合得出不确定度)是彼此独立、小而多并呈高斯分布曲线时，则真实误差(即测得值与真实值之间的差异)小于不确定度的概率为95%。

5.2.3 最大容许系统不确定度

一个测量的不确定度部分是与使用的仪表或测量方法的残余不确定度有关。凡是通过校准或参照其他标准已知其测量的系统不确定度不会超过GB/T 3216和表6规定的最大容许值的仪表设备或方法均可使用。但这些仪表或方法还应为有关各方所认可。

表 6 系统不确定度的容许值

测定量	容许值	
	1级/%	2级/%
流量	±1.5	±2.5
扬程	±1.0	
转速	±0.35	±1.4
燃油消耗量	±1.0	±2.0

5.2.4 总的测量不确定度

总的测量不确定度应通过计算系统不确定度与随机不确定度的平方和的平方根(方和根)值得出。

总的测量不确定度应尽可能在试验之后并考虑与试验有关的测量和运转条件来加以确定。

如果遵照5.2.3给出的有关系统不确定度建议以及如本标准给出的有关试验方法的所有要求，则可以假定总的不确定度(在95%的置信水平下)将不会超过表7给出的值。

表7 总的测量不确定度容许值

量	容许值	
	1级/%	2级/%
流量	±2.0	±3.5
扬程	±1.4	±3.0
转速	±0.5	±2.0
燃油消耗量	±2.0	±4.0

5.2.5 能效测量不确定度的确定

泵能效不确定度应该按下式计算：

$$e=\sqrt{e_Q^2+e_H^2+e_B^2} \quad \cdots\cdots(1)$$

式中：

e——泵能效的总的不确定度；

e_Q——泵流量的总的不确定度；

e_H——泵扬程的总的不确定度；

e_B——泵燃油消耗量的总的不确定度。

利用表7给出的值进行计算即得出表8所给的结果。

表8 能效的测量不确定度导出值

量	1级/%	2级/%
泵能效(由Q、H、和B计算得出)	±3.2	±6.1

表7和表8所给的不确定度表示一个量的测量值与其真值之间的可能偏差。

5.3 容差系数

由于完工过程中制造的不确定度，每台泵均会发生几何形状不符合图样的情况。

在对试验结果与规定点进行比较时，应允许有一定的容差，包括试验的泵与没有任何制造不确定度的泵二者在工作数据方面的可能偏差。

泵的工作性能的这些容差只与实际的泵有关并不涉及试验条件和测量不确定度。

为简化规定点的证实，引入容差系数。

泵流量、扬程、总效率的容差系数分别为$\pm t_Q$、$\pm t_H$和$\pm t_\eta$，适用于规定点Q_G、H_G、η_G。

容差系数值应符合产品标准的规定，在没有关于使用什么样的容差系数数值的专门协议的情况下，应用表9给出的值。

表9 容差系数数值

量	符号	1级/%	2级/%
流量	t_Q	±7.5	±10
扬程	t_H	±7	±8
总效率	t_η	±9	±10

燃油消耗率不引入容差系数。

5.4 总效率能效衡量

用总效率衡量泵的能效时，采用以下方法进行。

5.4.1 输出功率计算

$$P_u=\frac{\rho g Q H}{3.6\times10^6} \quad \cdots\cdots(2)$$

式中：

P_u——泵输出功率，单位为千瓦(kW)；

ρ——工作液体密度，单位为千克每立方米(kg/m^3)；

g——重力加速度，单位为米每二次方秒(m/s^2)；

Q——流量，单位为立方米每小时(m^3/h)；

H——扬程，单位为米(m)。

5.4.2 功率的修正

输出功率的修正，按 GB/T 21404 的规定进行。修正后的功率即为标准环境状况下功率 P_r。

5.4.3 输入功率计算

用燃油消耗量计算泵输入功率：

$$P=\frac{B\times H_u}{3.6\times 10^6} \qquad \cdots\cdots(3)$$

式中：

P——泵输入功率，单位为千瓦(kW)；

B——燃油消耗量，单位为克每小时(g/h)，燃油为混合油时，燃油消耗量应按混合油的混合比除去润滑油消耗量；

H_u——燃油低热值，单位为千焦每千克(kJ/kg)，查表 3。

5.4.4 总效率计算

$$\eta=\frac{P_r}{P} \qquad \cdots\cdots(4)$$

式中：

η——泵总效率；

P_r——标准环境状况下泵的输出功率；

P——泵输入功率。

5.4.5 绘制能量特性曲线

用实际转速下测量得到的流量 Q、扬程 H、燃油消耗量 B、总效率 η，绘制它们对流量 Q 的关系曲线。与各测量点拟合最佳的曲线代表泵的性能曲线，见图 1。

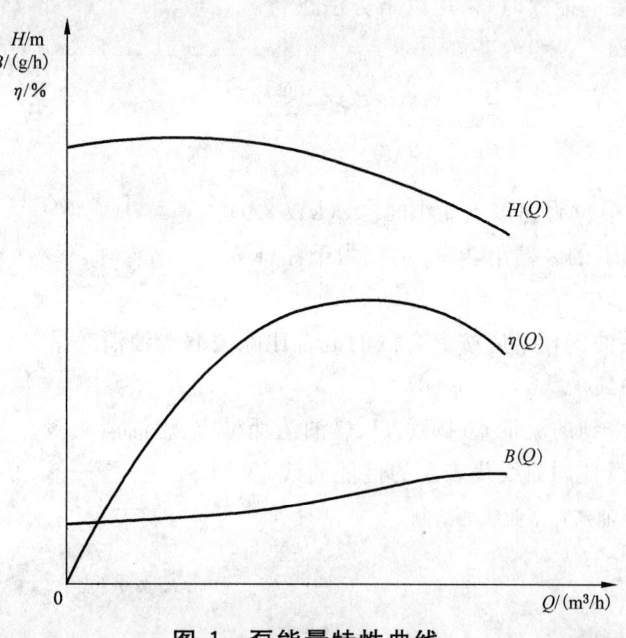

图 1 泵能量特性曲线

5.4.6 规定流量、扬程和总效率的判定

通过规定点 Q_G、H_G 以水平线段 $\pm t_Q \cdot Q_G$ 和垂直线段 $\pm t_H \cdot H_G$ 作出容差的十字线，见图 2。

如果 $H(Q)$ 曲线与垂直线段和/或水平线段相交或相切，则认为泵达到了规定流量和扬程的要求。

总效率应按照由通过规定性能点 Q_G、H_G 和 QH 坐标轴原点的直线与测得的 $H(Q)$ 曲线的交点作一条与流量坐标相垂直的线与 $\eta(Q)$ 曲线相交得到。

如果该交点的总效率值高于或至少等于 $\eta_G(1-t_\eta)$，则认为泵达到了规定总效率的要求。

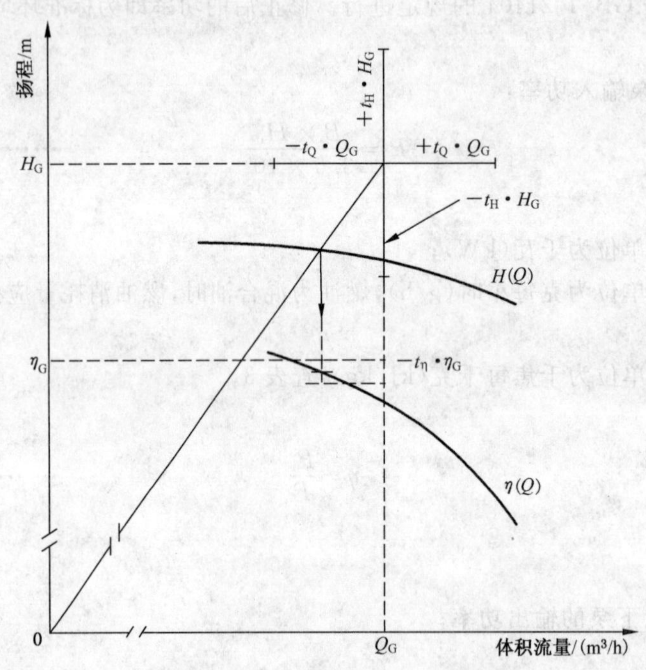

图 2 对流量、扬程和总效率的判定

5.5 燃油消耗率能效衡量

用燃油消耗率衡量泵的能效时，采用以下方法进行。

5.5.1 燃油消耗率计算

$$b=\frac{B}{P_r} \quad \cdots\cdots(5)$$

式中：

b——燃油消耗率，单位为克每千瓦小时[g/(kW·h)]；

P_r——标准环境状况下的泵输出功率，单位为千瓦(kW)；

B——燃油消耗量，单位为克每小时(g/h)。

燃油为混合油时，燃油消耗量应按混合油的混合比除去润滑油消耗量。

5.5.2 绘制能量特性曲线

用实际转速下测量得到的流量 Q、扬程 H、燃油消耗量 B、燃油消耗率 b，绘制它们对流量 Q 的关系曲线。与各测量点拟合最佳的曲线代表泵的性能曲线，见图 3。

注：零流量点不参与燃油消耗率曲线的绘制。

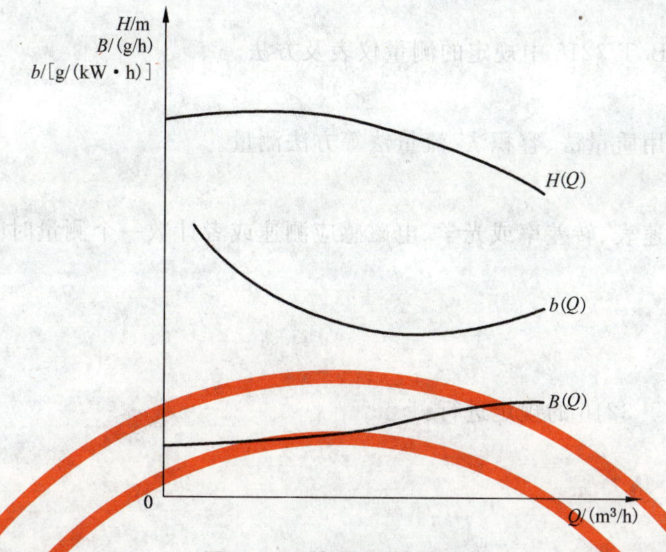

图 3　泵能量特性曲线

5.5.3　规定燃油消耗率判定

燃油消耗率应按照由通过规定性能点 Q_G、H_G 和 QH 坐标轴原点的直线与测得的 $H(Q)$ 曲线的交点作一条与流量坐标相垂直的线与 $b(Q)$ 曲线相交得到。

如果该交点的燃油消耗率值低于或等于 b_G，则认为泵达到了规定燃油消耗率的要求，见图 4。

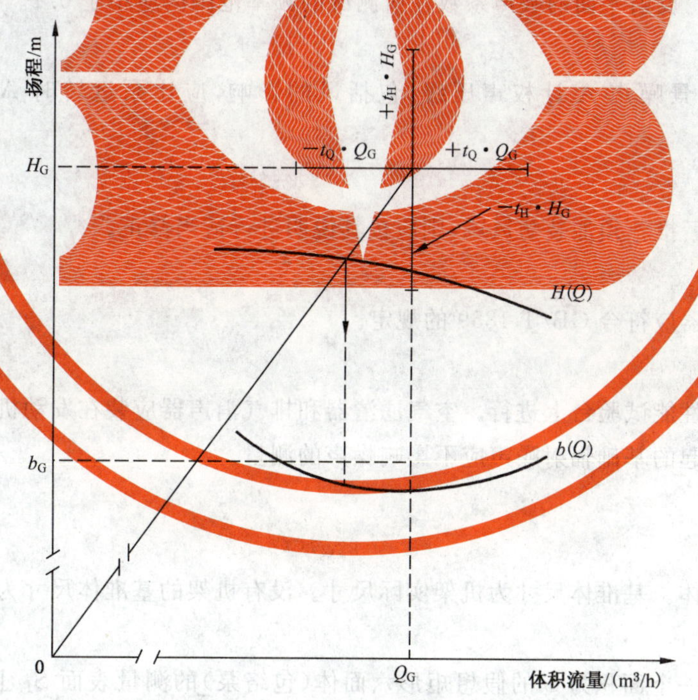

图 4　对燃油消耗率的判定

6　参数测量

6.1　参数读取

测量时各仪表读数尤其是流量、扬程、转速和燃油消耗量的读数应同步读取。

6.2　流量测量

流量的测量采用 GB/T 3214 中规定的测量仪表及方法。

6.3 扬程测量

扬程的测量采用 GB/T 3216 中规定的测量仪表及方法。

6.4 燃油消耗量测量

泵的燃油消耗量采用质量法、容积法、流量法等方法测量。

6.5 转速测量

通过直接显示的转速表、转差率或光学、电磁感应测速或者计数一个测量时间间隔内汽油机点火次数来测量泵的转速。

7 汽蚀试验

汽蚀试验按照 GB/T 3216 的规定进行。

8 噪声测量

8.1 测量量

泵噪声采用 A 计权声压级测量，单位 dB(A)。

8.2 声学环境

8.2.1 声学条件

除反射面(地面)外，不得有非被测声源部分的反射体位于包络测量表面之内。反射面不会由于振动而有明显的声辐射。反射平面的吸声系数在所测试的频率范围内应小于 0.1。

8.2.2 背景噪声

传声器位置处背景噪声 A 计权声压级，包括风的影响，应比泵运转时 A 计权声压级至少低 3 dB(A)。

8.2.3 风

如传声器按制造厂推荐须加装防风罩，则应按其说明进行适当修正。

8.3 测量仪器

测量声压级的仪器应符合 GB/T 1859 的规定。

8.4 安装条件

泵噪声测量应在性能试验台上进行。空气滤清器和排气消声器应装在发动机上。

试验装置振动引起的基础辐射噪声应不影响噪声的测量。

8.5 传声器位置

8.5.1 基准体

泵以机架为基准体。基准体尺寸为机架实际尺寸。没有机架的基准体尺寸为泵的外形尺寸。

8.5.2 测量表面

测量位置分布在一个面积为 S 的假想矩形六面体(包络泵)的测量表面 S_1 上，矩形六面体的各测面平行于基准体的各侧面，间距为 d(测量距离)。d 应为 0.5 m$\leqslant d \leqslant$1.0 m，没有特殊要求时取 d=1 m。

8.5.3 测量点数目和分布

泵噪声测量传声器位置如图 5 所示有 9 个，测量位置编号为 1～9。测量位置 1～4 在距反射面高为$(l_3+d)/2$ 的水平矩形各边上，测量位置 5～9 距发射平面高为(l_3+d)。

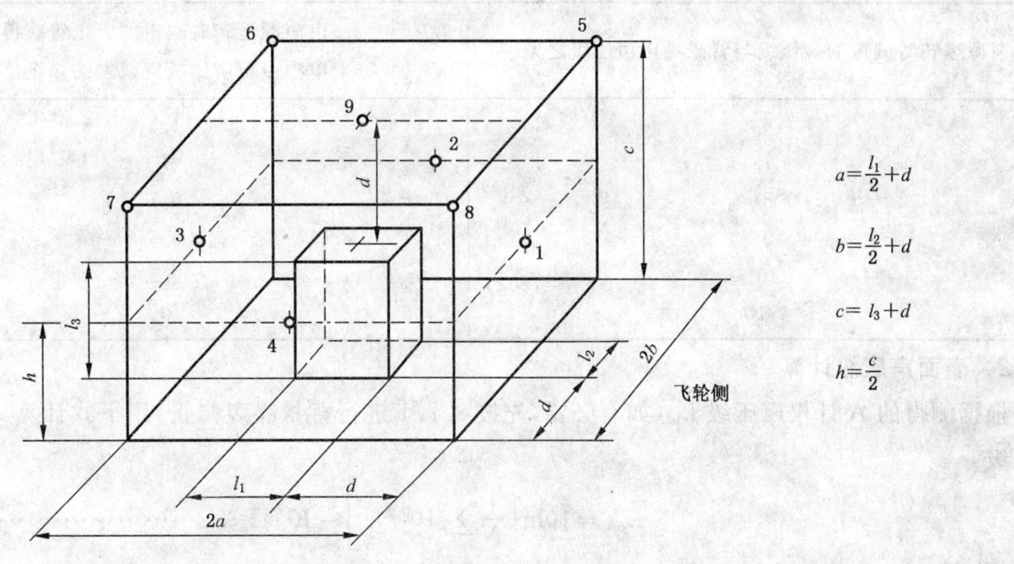

图 5　测点布置及测量表面

8.6　测量

8.6.1　概述

环境条件可能对测量用传声器有不利影响，应通过正确选择或放置传声器以避免其影响(如：强电场或强磁场、风、被测泵的排气冲击、高温或低温)。传声器取向应始终与校准时的声波入射角相同，并且还应遵循测量仪器说明书中对不利环境条件的提示。

8.6.2　使用声级计测量

如果使用声级计，应用"S"慢档时间计权特性。用"S"特性时声级计的读数波动小于±3 dB(A)，对本标准来说可认为噪声是稳态的。

稳态噪声，取观测周期内最大和最小的声级平均值作为测量值。

用等效连续声压级测量的真值积分，则积分时间必须等于观测周期。

8.6.3　泵运转时测量

泵噪声的测量应在规定工况下进行。

对于降低(或提高)转速试验的噪声测量，不能作为评价的依据。

泵噪声使用声级计测量每个传声器位置处的 A 计权声压级，除在专用噪声测试规范中说明，每个传声器位置处所有测量的观测周期至少 4 s。

8.6.4　背景噪声测量

应测量泵不运转时每个传声器位置处的 A 计权声压级。观测周期应与泵运转时测量的相同。

8.7　表面声压级的计算

8.7.1　背景噪声修正

泵运转时在每个传声器位置处测得的 A 计权声压级应首先按表 10 修正背景噪声的影响。

表 10　背景噪声声压级修正

声源运转时测得的声压级与背景噪声声压级之差	由声源运转时测得的声压级获得 单独声源声压级应减去的修正值
3	3
4	2.2
5	1.7

表 10（续）

声源运转时测得的声压级与背景噪声声压级之差	由声源运转时测得的声压级获得单独声源声压级应减去的修正值
6	1.3
7	1
8	0.7
9	0.6
10	0.5
>10	0

8.7.2 **表面声压级计算**

根据测得的 A 计权声压级 L_{pi}（如有必要，先按 8.7.1 进行背景噪声修正）用下式计算 A 计权表面声压级：

$$\overline{L}_{pA}=10\lg\left[\frac{1}{N}\sum_{i=1}^{N}10^{0.1L_{pi}}\right]-K \qquad \cdots\cdots(6)$$

式中：

$\overline{L}_{pA}$——A 计权表面声压级，单位为 dB(A)（基准值：20 μPa）；

L_{pi}——背景噪声修正后第 i 个测点处 A 计权声压级，单位为 dB(A)（基准值：20 μPa）；

N——测量位置总数；

K——测量表面平均环境修正值，单位为 dB(A)。

具体的测试环境和测试用测量表面的 K 值在确定环境的合适性时测得。对本标准来说，环境修正值 K 的最大允许范围为 0～7 dB。如果没有特殊要求取 $K=7$ dB(A)。

8.7.3 **准确度等级说明**

准确度等级取决于背景噪声修正值和测试环境的 K 值。

只有背景噪声修正值≤3 dB(A)和 $K\leqslant7$ dB(A)才能满足本标准的要求。

9 振动测量

9.1 测量量

振动试验测量泵振动速度，单位为 mm/s。

9.2 试验装置

泵振动测量应在性能试验台上进行。试验装置的固有频率应不同于泵的旋转频率或不发生任何显著的谐振。

9.3 运行工况

在测量泵振动时，油箱应按要求加满油。在试验转速下，小流量（0.6 倍规定流量）、规定流量、大流量（1.2 倍规定流量）三个工况点分别进行测量，不能在汽蚀状态下进行测量。

9.4 测点与测量方向

泵振动测点选在内燃机油箱位置、内燃机底座位置、出水口连接位置和机架（泵提手柄）顶部，如图 6，测点位置编号分别为 1～4。内燃机油箱处的测点为主要测点，把内燃机底座位置、机架（泵提手柄）顶部和出水口连接处的测点称为辅助测点。

每个测点都要在三个相互垂直的方向（水平、垂直、轴向）进行振动测量。

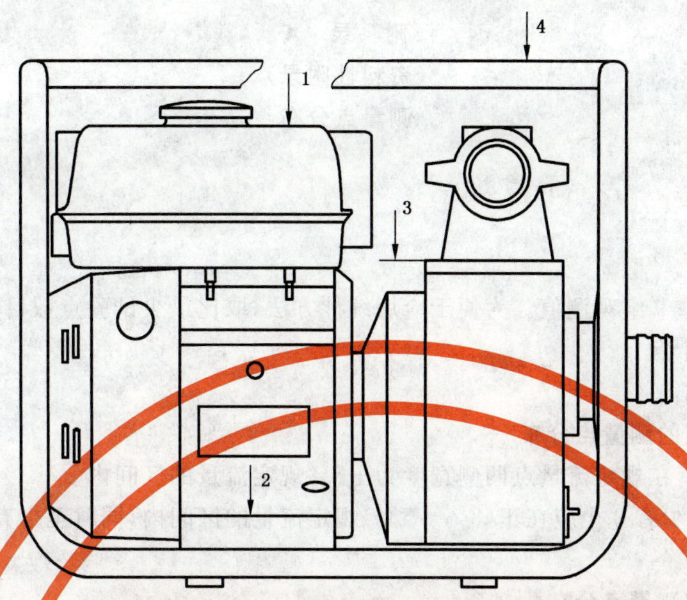

图 6 泵振动测点分布图

9.5 测量仪器

测量仪器应该有测量振动宽频带有效值的能力,其通频响应范围至少为 10 Hz～1 000 Hz。

测量仪器的使用应符合其使用说明书的要求。

应特别保证振动传感器被正确地固定,而这种固定不会降低测量精度。

9.6 数据处理

振动的试验结果为试验记录中各点振动测量值的最大值。

10 自吸试验

自吸试验按照 JB/T 6664.3 的规定进行。

附　录　A
（资料性附录）
测量点分布

A.1　测量点分布

A.1.1　测量组数

整个试验最少应取9组观测值。为便于应用统计方法，取比最少试验点数目多的试验点是有利的。如果可行，建议取20个点。

A.1.2　测量点的分布

A.1.2.1　针对规定点的测量点分布

流量的测量点应落在规定流量点两侧宽度为±5%规定流量的区间内。

这些测量点中，至少有3个应在正(3%～5%)规定流量的区间内，同时至少有3个在负(3%～5%)规定流量的区间内。

A.1.2.2　综合试验的测量点分布

流量的测量点应均匀分布在泵的流量范围内。

测量点应包括：零流量点、极小流量点、极大流量点以及均布在极小流量和极大流量之间的其余各点。

均匀分布在极小流量和极大流量之间的各点。其流量间隔计算公式为：

$$Q_{间隔}=\frac{Q_{极大}-Q_{极小}}{n-2}$$

式中：

$Q_{间隔}$——泵测量点的流量间隔；

$Q_{极大}$——测试管路系统中，出水管阀门全开所得到的流量值；

$Q_{极小}$——测试管路系统中，流量计能稳定测量的最小流量值；

n——测量点数目。

ICS 23.080
J 71

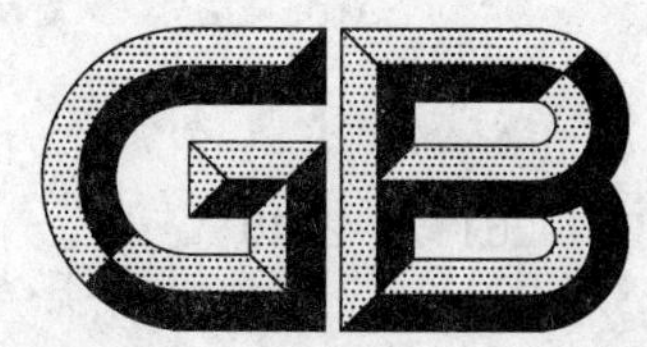

中华人民共和国国家标准

GB/T 26117—2010

微型电泵　试验方法

Testing method of micro electricpump

2011-01-10 发布　　　　2011-10-01 实施

中华人民共和国国家质量监督检验检疫总局
中国国家标准化管理委员会　发布

前言

本标准的附录A为资料性附录。

本标准由中国机械工业联合会提出。

本标准由全国泵标准化技术委员会(SAC/TC 211)归口。

本标准起草单位:浙江新界泵业股份有限公司、海城三鱼泵业有限公司、浙江丰球泵业股份有限公司、温岭市同泰泵业有限公司、合肥华升泵阀有限责任公司、农业部水泵质量监督检验测试中心、国家工业泵质量监督检验中心。

本标准主要起草人:许敏田、李璐璐、楼其锋、彭定泽、何玉杰、杨明江、陶洁宇、栾七一。

微型电泵 试验方法

1 范围

本标准规定了微型电泵的试验方法。规定了微型电泵的试验装置与测试仪表、微型电泵的试验条件、微型电动机的试验、微型电泵的性能试验、汽蚀试验、自吸泵的自吸性能试验、微型电泵的试验记录和试验报告等。

本标准适用于电源电压≤440 V,频率为50 Hz和60 Hz的各类电动机与泵共轴的微型电泵(以下简称泵)。

2 规范性引用文件

下列文件中的条款通过本标准的引用而成为本标准的条款。凡是注日期的引用文件,其随后所有的修改单(不包括勘误的内容)或修订版均不适用于本标准,然而,鼓励根据本标准达成协议的各方研究是否可使用这些文件的最新版本。凡是不注日期的引用文件,其最新版本适用于本标准。

GB/T 1032 三相异步电动机试验方法

GB/T 3216 回转动力泵 水力性能验收试验 1级和2级(GB/T 3216—2005,ISO 9906:1999,MOD)

GB/T 9651 单相异步电动机试验方法

GB/T 18149 离心泵、混流泵和轴流泵 水力性能试验规范 精密级(GB/T 18149—2000,eqv ISO 5198:1987)

JB/T 6664.3 自吸泵 第3部分:自吸性能试验方法

JB/T 8097 泵的振动测量与评价方法

JB/T 8098 泵的噪声测量与评价方法

JB/T 9615.1 交流低压电机散嵌绕组匝间绝缘试验方法

3 试验

3.1 试验内容

泵的试验项目按有关产品标准的要求进行。本标准规定了微型电动机试验、泵的性能试验、泵的汽蚀试验、振动和噪声的测定、自吸泵的自吸性能试验的试验方法。

3.2 试验装置与测试仪表

3.2.1 试验装置

应采用标准试验装置,如果测量截面处的液流具有如下特性,即可获得最佳的测量条件:

——轴对称的速度分布;

——等静压分布;

——无装置引起的旋涡。

对于1级和2级,因为实际上不可能完全满足这些要求,所以不需加以证实。

但是如避免在测量截面处附近(小于4倍管直径)存在任何弯头或弯头组合、任何横截面扩大或不连续性,则有可能防止出现非常不良的速度分布或旋涡。

对于从具有自由液面的池中或从设在闭式回路上液面静止的大容器中引水的标准试验装置,建议入口直管段长度 L 按下式确定:$L/D=K+5$,式中 D 为管路直径。这一点尤其适合1级试验。

上式也适用于在距离为 L 的上游处有一个未装导流片的简单直角弯头装置。在这样的条件下,就不一定要在弯头与泵之间的管路设置整流装置。但是对于在紧接泵的上游处既无水池也无静液面容器的闭式回路,则必须保证进入泵的液流没有由装置引起的旋涡,并具有法向对称的速度分布。

可以采取以下措施来避免明显的旋涡:

——精心设计测量截面上游的试验回路;

——因地制宜使用整流装置;

——取压孔设置得合适,使其对测量的影响减至最小。

建议不在吸入管路中安装节流阀。如果不可避免,例如汽蚀试验时,则阀和泵入口之间的直管段长度应符合 GB/T 3216 的要求。

3.2.2 测试仪器仪表

凡用于测量的仪器仪表均应有检定证书或报告,并应按规定周期检定或校准。各类测量仪表的测量精度应满足表1对各测量参数系统不确定度的规定。

表 1 系统不确定度的容许值

量	容许值	
	1级/%	2级/%
流量	±1.5	±2.5
扬程	±1.0	±2.5
电动机输入功率	±1.0	±2.0
转速	±0.35	±1.4

3.3 试验条件

3.3.1 运转的稳定性

3.3.1.1 一般说明

本标准应考虑下述两种情况:

a) 波动:在取一次读数的时间内,一个物理量的测量值相对其平均值的短周期变动;

b) 变化:相邻两次读数之间发生的数值改变。

3.3.1.2 容许的读数波动及稳定装置的使用

3.3.1.2.1 测量系统传输信号的目视直接观测

表2给出了每个要测量的量的容许波动幅度。

如果泵的结构或运转使得信号出现大幅度的波动,则可以采用在测量仪表中或其连接管线中设置一种能使波动幅度降低到表2给定值范围内的缓冲器来进行测量。

表 2 容许波动幅度,以测量项目平均值的百分数表示

测量项目	容许波动幅度	
	1级/%	2级/%
流量 扬程 电机输入功率	±3	±6
转速	±1	±2

由于缓冲装置有可能显著影响读数的精度,故应使用对称和线型缓冲器,例如毛细管,须提供至少是一个完整的波动周期内的波动积分。

3.3.1.2.2 测量系统传输信号的自动记录或累积

当测量系统传输的信号是由测量装置自动进行记录或累积时,如果具备以下条件则这些信号的最大容许波动幅度可以较表2给出的值大:

a) 使用的测量系统有一个积算装置，它能以要求的精度自动求出为计算一个积分周期(它比对应的系统的响应时间要长得多)内的平均值所需的积分；

b) 计算平均值所需的积分可以在以后根据模拟信号 $x(t)$ 的连续或抽样记录来求得(抽样条件应在试验报告中作出规定)。

3.3.1.3 观测组数

3.3.1.3.1 稳定条件

如果所有涉及的量的平均值均不随时间而变化，即称该试验条件为稳定条件。实际上，如果对一个试验工况点至少是在 10 s 内观测到的每一量的变化不超过表 3 中给出的值，即可认为试验条件是稳定的。如果满足此条件，并且其波动值又小于表 2 中给出的容许值，则对所研究的试验点而言只需记录各独立量的一组读数即可。

3.3.1.3.2 不稳定条件

在试验条件的不稳定性导致对试验的精度产生怀疑的情况下，应按以下程序进行处理。

对每一试验点，应以随机的时间间隔(但不少于 10 s)重复取各个测量量的读数，只有转速和温度允许进行调整。节流阀、水位、填料函、平衡水的所有调节位置应完全保持不变。

同一量的这些重复读数之间的差异是衡量试验条件不稳定性的一种尺度，这种不稳定性除了试验装置因素外，试验中的泵至少也对试验条件有部分影响。

对每一试验点，最低限度应取 3 组读数，并应记录每一个独立读数的值和由每组读数导出的效率值。每一量的最大值与最小值的百分率差不得大于表 3 给出的值。需要注意，如果读数次数增加，允许有较大的相差。

这些最大容许差异用以保证由于读数分散所致的不确定度与表 5 中给出的系统不确定度总合后的总的测量不确定度不会大于表 6 给出的值。

应当取得每一量的所有读数的算术平均值作为试验得出的实际值。

如果达不到表 3 给出的值，则应查明原因，调整试验条件并取一组新的完整计数，亦即原先一组的所有读数应全部予以废弃。但是不可以因为读数超出限度为由剔除单个读数或剔除成组观测值中某些选定的读数。

表 3 同一量重复测量结果之间的变化限度(基于 95%置信限度)

条件	读数组数	第一量的最大读数和最小读数之间相对平均值的容许差异			
		流量、扬程、输入功率		转速	
		1 级/%	2 级/%	1 级/%	2 级/%
稳定	3	0.8	1.8	0.3	0.6
	5	1.6	3.5	0.5	1.0
	7	2.2	4.5	0.7	1.4
	9	2.8	5.8	0.8	1.6
	13	2.9	5.9	0.9	1.8
	>20	3.0	6.0	1.0	2.0

在读数变化过大不是由于测量方法或仪表误差所致因而无法加以消除的情况下，可以用统计分析方法计算误差限。

3.3.2 扬程的调节

扬程的调节采用在出口管路中进行节流来获得试验条件。

3.3.3 试验介质

试验介质为“清洁冷水”，其特性应在表 4 所指的范围内。

表 4 “清洁冷水”特性

特　　性	单　　位	最 大 值
温度	℃	40
运动黏度	m^2/s	1.75×10^{-6}
密度	kg/m^3	1 050
不吸水的游离固体含量	kg/m^3	2.5
溶解于水的固体含量	kg/m^3	50

3.4 微型电动机试验

3.4.1 绝缘电阻的测定

测量所有绕组对机壳的冷态绝缘电阻，测量后应将绕组对地放电。

3.4.2 电动机绕组冷态直流电阻的测定

3.4.2.1 测量时电动机内部温度应与周围环境温度一致，电动机转子应静止不动。定子绕组的电阻应在电动机引出电缆端上测量。

3.4.2.2 每一线间电阻应测量三次，每次读数与三次读数的平均值之差应在平均值的±0.5%之内，以平均值作为电阻的实际值。

检查试验时，每一电阻可仅测量一次。

3.4.2.3 对单相电动机应分别测量主、副绕组的电阻。

3.4.2.4 对三相电动机，各相电阻值应按公式(1)～公式(7)计算：

$$R_{med}=\frac{R_{ab}+R_{bc}+R_{ca}}{2} \qquad (1)$$

星形接法时：

$$R_a=R_{med}-R_{bc} \qquad (2)$$

$$R_b=R_{med}-R_{ca} \qquad (3)$$

$$R_c=R_{med}-R_{ab} \qquad (4)$$

三角形接法时：

$$R_a=\frac{R_{bc}R_{ca}}{R_{med}-R_{ab}}+R_{ab}-R_{med} \qquad (5)$$

$$R_b=\frac{R_{ca}R_{ab}}{R_{med}-R_{bc}}+R_{bc}-R_{med} \qquad (6)$$

$$R_c=\frac{R_{ab}R_{bc}}{R_{med}-R_{ca}}+R_{ca}-R_{med} \qquad (7)$$

式中：

R_{ab}——引出电缆端 A 与 B 间测得的电阻值，单位为欧(Ω)；

R_{bc}——引出电缆端 B 与 C 间测得的电阻值，单位为欧(Ω)；

R_{cn}——引出电缆端 C 与 A 间测得的电阻值，单位为欧(Ω)。

如果各线间的电阻值与三个线间电阻的平均值之差，对星形接法绕组不大于平均值的 2%；对三角形接法绕组不大于平均值的 1.5%时，则各相电阻值可按公式(8)～公式(9)计算：

星形接法时：

$$R=\frac{1}{2}R_{av} \qquad (8)$$

三角形接法时：

$$R=\frac{3}{2}R_{av} \qquad (9)$$

式中：

R_{av}——三个线间电阻平均值，单位为欧(Ω)。

3.4.3 **电动机的空载试验**

3.4.3.1 空载电流和空载损耗的测定

型式试验时，电动机不带负载进行，对单相电容运转电动机型式试验时应在起动后将副绕组开路，在额定电压、额定频率下运转 0.5 h～1 h，使机械耗达到稳定，即输入功率相隔 15 min 的两个读数之差不大于前一个读数的 3%时，即可开始试验。

试验时施于定子绕组上的电压从 1.1～1.3 倍额定电压开始，逐步降低到可能达到的最低电压值，即电流开始回升为止。其间测取 7～11 点读数。每点应取下列数值：电压、电流（对三相电动机应取三相电压、三相电流）、输入功率。

试验结束应立即在引出电缆端测量定子绕组的直流电阻。

单相电动机转子等值电阻的测量，对单相电动机当空载试验结束测量定子主绕组电阻后，在转子静止状态下，主绕组施以低值电压，使绕组流过的电流接近额定值，测得此时的电流 I'_k 及输入功率 P'_k，转子绕组等值电阻 R'_{20} 按公式(10)计算：

$$R'_{20}=\frac{P'_k}{(I'_k)^2}-R_{m0} \qquad (10)$$

式中：

R'_{20}——试验测得的转子绕组等值电阻，单位为欧(Ω)；

R_{m0}——空载试验后测得的定子主绕组电阻，单位为欧(Ω)。

对单相电容运转电动机，应测定主、副绕组的有效匝数比 K。此时应将电动机空载运转，并将副绕组开路，对主绕组施加额定电压 U_m，并测量副绕组感应电动势 E_a，然后将电压 U_a($U_a \geqslant 118\% E_a$)施于副绕组上，主绕组开路，电动机空载运转，测量主绕组的感应电动势 E_m，其 K 可按公式(11)计算：

$$K=\left(\frac{U_a \times E_a}{E_m \times U_m}\right)^{\frac{1}{2}} \qquad (11)$$

式中：

K——主、副绕组的有效匝数比；

U_m——施加于主绕组的额定电压，单位为伏(V)；

U_a——施加于副绕组的电压，单位为伏(V)；

E_m——测得的主绕组感应电动势，单位为伏(V)；

E_a——测得的副绕组感应电动势，单位为伏(V)。

3.4.3.2 空载损耗的计算

a) 三相电动机定子绕组 I^2R 损耗 P_{0cul} 按公式(12)计算：

$$P_{0cul}=3I_0^2R_{10} \qquad (12)$$

式中：

P_{0cul}——空载试验时定子绕组的 I^2R 损耗，单位为瓦(W)；

I_0——定子相电流，单位为安(A)；

R_{10}——空载试验后定子绕组的相电阻，单位为欧(Ω)。

b) 单相电动机定、转子绕组的 I^2R 损耗 P_{0cul} 按公式(13)计算：

$$P_{0cul}=I_0^2(R_{10}+0.5R'_{20}) \qquad (13)$$

式中：

P_{0cul}——定子主绕组和转子绕组 I^2R 损耗，单位为瓦(W)；

I_0——空载试验时定子主绕组电流，单位为安(A)。

c) 铁耗 P_{Fe} 和机械耗 P_{fw} 之和 P'_0 按公式(14)计算：

$$P'_0=P_0-P_{0cul} \qquad (14)$$

式中：

P_0'——铁耗和机械耗之和，单位为瓦(W)；

P_0——空载试验时电动机输入功率，单位为瓦(W)。

3.4.3.3 绘制空载特性曲线 $P_0=f\left(\frac{U_0}{U_N}\right)$、$P_0'=f\left[\left(\frac{U_0}{U_N}\right)^2\right]$、$I_0=f\left(\frac{U_0}{U_N}\right)$(图1)，分离铁耗 P_{Fe}(W)和机械耗 P_{fw}(W)。

作曲线 $P_0=f\left[\left(\frac{U_0}{U_N}\right)^2\right]$，延长曲线的直线部分与纵坐标轴交于 P 点，P 点的纵坐标即为电动机的机械耗。

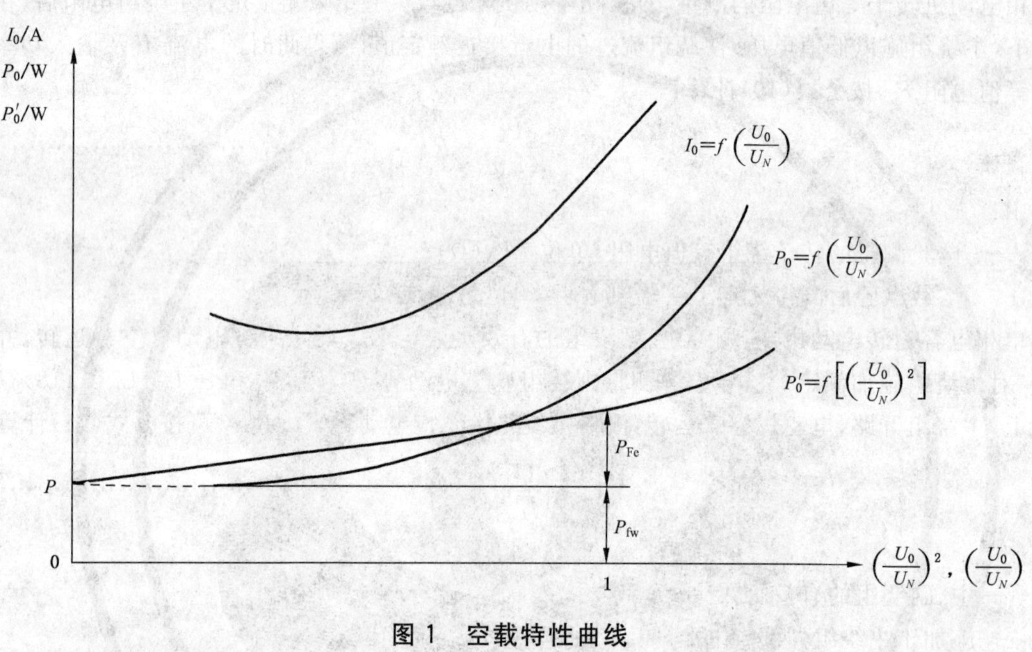

图1 空载特性曲线

3.4.4 电动机的温升试验

3.4.4.1 测量方法

测量方法包括：

a) 采用电阻法测取定子绕组的温度。试验时绕组冷、热态电阻必须在相同的电缆引出线端测量。

b) 电动机在额定频率、额定电压和额定功率(或标牌电流)下按照不同结构型式和功率分别运行1.5 h～2 h，直至达到热稳定为止。每隔15 min记录下电压、电流和输入功率，待所测数据稳定后可停机测量。

c) 停机并开始计时，连续测定一段时间间隔 t_1、t_2……t_n 时相应的电阻值，直至电阻变化缓慢为止。测得第一点电阻值的时间应尽可能短，一般不超过15 s。

d) 采用半对数坐标绘出电阻 R 随时间 t 变化的曲线(图2)。电阻标在对数坐标轴上，曲线外延与坐标相交，其交点即为断电瞬间电阻值 R_f。如停机后电阻值连续上升，则应取测得的电阻最大值作为断电瞬间的电阻值。

e) 电动机断电后如能在15 s内测得第一点读数，则以该值计算温升，而不需外推至断电瞬间，否则应按c)和d)的内容进行测量。

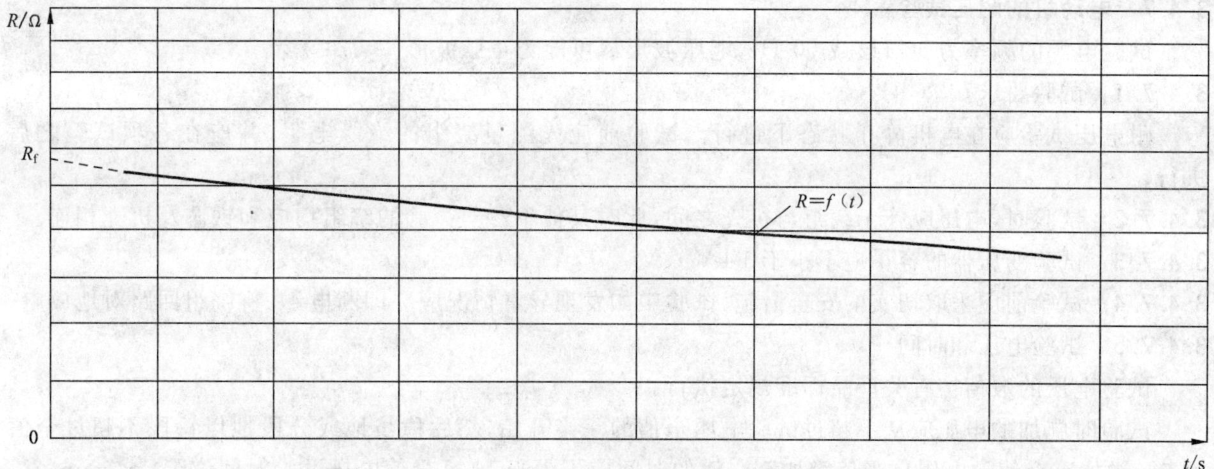

图 2　电动机温升曲线

3.4.4.2　试验结果的计算

试验结果的计算包括：

a)　电动机定子绕组的温升按公式(15)计算：

$$\Delta\theta=\frac{R_t-R_0}{R_0}(K_a+\theta_0)+\theta_0-\theta_t \qquad \cdots\cdots(15)$$

式中：

$\Delta\theta$——试验时电动机定子绕组的温升，单位为开尔文(K)；

R_t——试验结束时的绕组电阻，单位为欧(Ω)；

R_0——试验开始时绕组的冷态电阻，单位为欧(Ω)；

K_a——常数，对铜绕组 $K_a=235$；对铝绕组 $K_a=225$(特殊规定除外)；

θ_0——试验开始时泵周围的环境温度，单位为摄氏度(℃)；

θ_t——试验结束时泵周围的环境温度，单位为摄氏度(℃)。

b)　额定功率时绕组温升 $\Delta\theta_N$ 按公式(16)、公式(17)换算：

当$\frac{I_t-I_N}{I_N}$在±(5～10)%之内时：

$$\Delta\theta=\Delta\theta\left(\frac{I_N}{I_t}\right)+\left[1+\frac{\Delta\theta\left(\frac{I_N}{I_t}\right)-\Delta\theta}{K_a+\Delta\theta+\theta_t}\right] \qquad \cdots\cdots(16)$$

当$\frac{I_t-I_N}{I_N}$在±5%之内时：

$$\Delta\theta_N=\Delta\theta\left(\frac{I_N}{I_t}\right)^2 \qquad \cdots\cdots(17)$$

式中：

$\Delta\theta_N$——额定功率时定子绕组的温升，单位为开尔文(K)；

I_N——满载电流，即额定功率时的电流，从电动机工作特性曲线上求得，单位为安(A)；

I_t——温升试验时的电流，取在整个试验过程的最后 1/4 时间内按相等时间间隔测得的几个电流的平均值，单位为安(A)；

$\Delta\theta$——对应于 I_t 时的定子绕组温升，单位为开尔文(K)。

3.4.5　电动机的堵转试验

电动机的堵转试验参照 GB/T 1032 和 GB/T 9651 规定的方法执行。

3.4.6　电动机的最大转矩和最小转矩的测定

电动机的最大转矩和和最小转矩的测定参照 GB/T 1032 和 GB/T 9651 规定的方法执行。

3.4.7 **电动机的耐压试验**

试验电源的频率为 50 Hz 或 60 Hz,电压波形尽可能为正弦波形。

3.4.7.1 试验要求

耐电压试验应在电机静止状态下进行。试验前应先测量绕组的绝缘电阻,并应在各项试验之后进行。

3.4.7.2 试验时,电压应施于绕组与机壳之间,此时其他不参与试验的绕组均应和铁芯及机壳相连。

3.4.7.3 试验变压器的容量应不小于 1 kV·A。

3.4.7.4 试验前应采取切实的安全措施,试验中如发现异常情况应立即断电,并将绕组回路对地放电。

3.4.7.5 试验电压和时间

试验电压的数值按有关产品标准规定执行。

试验时施加的电压应从不超过试验电压全值的一半开始,然后稳步地或分段地以每段不超过全值的 5%增加至全值。电压自半值增加至全值的时间应不少于 10 s,全值电压试验时间应维持 1 min。

对大批连续生产的电动机进行检查试验时,允许用规定的试验电压数值的 120%,历时 1 s 进行试验。

3.4.8 **电动机绕组匝间冲击耐电压试验**

电动机绕组匝间冲击耐电压试验方法按 JB/T 9615.1 执行。试验电压的数值按有关产品标准的规定。

3.5 **性能试验**

3.5.1 **试验方法**

试验的持续时间应足够长以获得与要求达到的精度等级相一致的结果。

所有的测量均应在稳定运转条件下或在不超出表 3 给定范围的不稳定运转条件下进行。

当未能获得这些条件时,关于是否进行测量的决定应作为有关各方面协议的问题。

在做出厂抽查试验时至少需要记录 3 个点(2 级试验)或 5 个点(1 级试验)。

在做监督检查时至少需要记录 11 个点,才能获得保证点的证实,测量点应是均匀地分布在保证点附近,例如在 $0.7Q_G \sim 1.2Q_G$ 之间。

如果由于特殊的原因,需要确定某一工作条件范围内的性能,则应取足够多的测量点以确定测量不确定度范围内的性能。

3.5.2 **流量的测量**

3.5.2.1 **称重法测量**

称重法得出的只是在充注称重容器这段时间内流量的平均值,此法可以被认为是最精确的流量测量方法。这种方法受到如下一些误差的影响:称重误差、液体充注时间测量误差、考虑温度的流体密度确定误差,可能还有与液体转向(静态法)或称重时的动态现象(动态法)有关误差。称重法的流量计算按公式(18):

$$Q=\frac{m}{\rho t} \qquad \cdots\cdots(18)$$

式中:

m——在 t 秒内注入容器内的液体质量,单位为千克(kg);

t——注入液体所需时间,单位为秒(s)。

3.5.2.2 **容积法**

容积法具有与称重法相近的精度,并且也类似地只是给出在注满标准容量这一段时间内的流量平均值。贮存容器的校准可以采用逐次向容器注入一定体积的水后测量水位的方法来进行,倒入的水的体积可用称重或用标准量管确定。

容积法受到以下一些误差的影响:贮液容器校准误差、液体测量误差、液体充注时间测量误差,以及与液流转向有关的误差。此外,还需检查容器的不漏水性,如有必要应进行泄漏修正。

容积法的流量计算按公式(19)：

$$Q=\frac{V}{t} \qquad \cdots\cdots(19)$$

式中：

V——在 t 秒内注入量筒内的液体的体积，单位为立方米(m^3)。

3.5.2.3 **涡轮流量计**

涡轮流量计由涡轮流量传感器与前置放大器显示仪表组成，用来测量液体在一定时间内的平均流量。涡轮流量计不需要很长的上游直管段长度(在大多数情况下5倍管子直径的长度即够)，而且可获得很好的精度。当涡轮流量计是永久的安装在试验设施上时，则应考虑定期检查其校准情况的可能性。流量计流量按公式(20)计算：

$$Q=\frac{f}{\zeta_0} \qquad \cdots\cdots(20)$$

式中：

Q——体积流量，单位为升每秒(L/s)；

f——显示仪表的显示频率，次/s；

ζ_0——平均仪表常数，次/L。

3.5.2.4 **电磁流量计**

电磁流量计是非节流型、流速式流量计。由传感器和转换组成。传感器前后直管段较短，可节省试验空间，具有阻力小、耐腐、耐磨、测量范围广等特点，测量精度比较高，但仅适于用来测量导电的并且是非磁性的液体，特别适合低扬程、大流量的场合使用。

电磁流量计测量的流量一般由转换器直接转换并显示出流量值，无需计算。只有当测量出感应电动势 E 时，其在圆形管道中的流量值(体积流量)按公式(21)计算：

$$Q=\frac{\pi D^2}{4}\bar{V} \qquad \cdots\cdots(21)$$

式中：

$\bar{V}$——平均流速，单位为米每秒(m/s)；

Q——体积流量，单位为立方米每秒(m^3/s)。

3.5.3 **扬程的测量**

3.5.3.1 **测量原理**

扬程应根据 GB/T 3216 给出的定义进行计算。以泵输送液体的液柱高度表示，它相当于泵传递给每单位质量液体的能量。

扬程的各种测量方法应视泵的安装条件和回路的布置方式而定，可以采用多种方法加以确定：如可以分别测量入口和出口的总水头，或是测量出口与入口之间的压差再加上速度水头差。总水头也可以根据输送管路中的压力测量值或进水池和出水池的水位测量值推算得出。

3.5.3.2 **扬程计算公式**

扬程的计算为：出口总水头 H_2 与进口总水头 H_1 的代数差及考虑期间的管路摩擦损失，故扬程应由公式(22)给出：

$$H=H_2-H_1+H_{J1}+H_{J2} \qquad \cdots\cdots(22)$$

式中：

H_1——进口总水头，$H_1=Z_1+\frac{p_1}{\rho g}+\frac{U_1^2}{2g}$；

H_2——出口总水头，$H_2=Z_2+\frac{p_2}{\rho g}+\frac{U_2^2}{2g}$；

H_{J1}——入口液体水头损失；

H_{J2}——出口液体水头损失。

3.5.3.3 测量截面的确定

3.5.3.3.1 入口测量截面

当泵是在如GB/T 3216中所述的标准试验装置上进行试验时，在入口管路长度允许的情况下，入口测量截面一般应设在与泵入口法兰相距2倍管路直径的上游处。要是直管段长度不够使用(例如在短喇叭管的情况下)，如无预先商定，应将可利用的直管段长度加以划分，以求尽可能好地利用测量截面的上游和下游局部条件(例如按上游和下游之比2∶1)。

入口测量截面应该设在与泵入口法兰同直径同轴的直管段截面处，以求液流条件尽可能接近3.2.1所建议的那些条件。如果在测量截面上游短距离处存在一个弯头，并且仅使用一个或两个取压孔(2级试验)，则这些取压孔应是垂直于弯头所在平面。

对于2级试验，如果入口速度水头与扬程之比很小(小于0.5%)，并且已经知道入口总水头本身不很重要(亦即不是指NPSH试验这种情况)，则足可以将取压孔设在入口法兰自身位置上而不是上游2倍直径的距离处。

入口总水头由测得的表压力水头、测量点相对基准面的高度以及视吸入管中速度分布是普遍均匀来计算的速度水头三项之和得出。

在部分流量工况下由于预旋会使泵入口总水头的测量产生误差。这些误差要以按如下所述进行检测并加以修正：

a) 如果泵是从一个具有自由液面的水池中吸水，池里水位和作用在水面上的压力均是恒定的，则水池至入口测量截面处的沿程水头损失在没有预旋的情况下按流量的二次方规律变化。入口总水头的值也应遵循同一规律。但在小流量工况下预旋的影响导致偏离这一关系曲线时，即需对测得的入口总水头进行修正以考虑这一差额。

b) 如果泵不是从具有恒定水位和压力的水池中吸水，则应在足够远的已知没有预旋的上游处另行选择测量截面，然后即有可能用上述同样的方法预测两截面间的水头损失(但不是直接关于入口总水头的)。

3.5.3.3.2 出口测量截面

出口测量截面一般应设在与泵出口法兰相距2倍管路直径的下游处。对出口速度水平小于扬程的5%的泵，2级试验，出口测量截面可以设在出口法兰处。

出口测量截面应设在与泵出口法兰同轴同直径的直管段截面处。当仅使用一个或两个取压孔时(2级试验)，取压孔应垂直于蜗壳的平面或泵壳内的任何弯头的平面。

出口总水头由测得的表压力水头、测量点相对基准面的高度以及视排出管中速度分布似乎是普遍均匀来计算的速度水头三项之和得出，由泵引起的旋涡流或不规则的速度或压力分布可能会影响出口总水头的确定。因此可以将取压孔设在下游距离更远些的地方。此时应考虑出口法兰与测量截面之间的水头损失。

3.5.3.3.3 带连接管路附件一起试验的泵

如果是对泵及视为泵组成部分的其全部或部分上游和下游连接管路附件的组合体进行试验，用于连接管路附件的入口和出口法兰，而不是泵的入口和出口法兰。这样的处理就使连接管路附件引起的所有水头损失都归在泵上，即泵的扬程被扣去了一部分，用来抵消损失。

然而，如果保证仅是指泵的性能，则入口总水头测量截面与入口法兰之间的摩擦水头损失和可能的局部水头损失 H_{J1}，以及出口法兰与出口总水头测量截面之间的摩擦水头损失和可能的局部水头损失 H_{J2}，应按“入口和出口的摩擦损失”所述的测量方法进行确定，并将它们计入扬程的计算中。

如果连接管路附件是装置的组成部分而不是泵的组成部分，上述规则同样适用。

3.5.3.3.4 入口和出口的摩擦损失

GB/T 3216中的保证条款适用于泵的入口和出口法兰，而压力测量点通常与这些法兰有一段距离。因此可能有必要将测量点和泵法兰之间由于摩擦所致的水头损失(H_{J1}和 H_{J2})加到测得的扬程上。

但是仅当:$H_{J1}+H_{J2}\geqslant 0.005H$ 对2级试验;或

$H_{J1}+H_{J2}\geqslant 0.002H$ 对1级试验,

才需进行这一修正。

如果测量点与法兰之间的管路是具有不变圆形横截面和长度 L 的无阻碍的直管,则按公式(23):

$$H_J=\lambda\frac{L}{D}\cdot\frac{U^2}{2g} \quad\cdots\cdots(23)$$

λ 值应从公式(24)导出:

$$\frac{1}{\sqrt{\lambda}}=-2\lg\left[\frac{2.5L}{Re\sqrt{\lambda}}+\frac{k}{3.7D}\right] \quad\cdots\cdots(24)$$

式中:

k——管路当量均匀粗糙度;

D——管路直径;

k/D——相对粗糙度(纯数值)。

如果管路不是具有不变圆形横截面和无阻碍的直管,可应用的修正值应是合同专门协议的问题。

3.5.3.4 水位的测量

3.5.3.4.1 测量截面的安排

测量位置处的液流应是稳定和没有任何局部扰动的。如果自由水面有小的波浪扰动,则视使用的测量仪器,可能有必要设置一个静井或静箱,它通过一个多孔板与水池连通,板上的孔应该足够小(直径约 3 mm～5 mm)以缓冲压力波动。

3.5.3.4.2 测量仪器

根据具体情况(自由液面是可以接近还是不可接近,是稳定还是扰动等)和考虑扬程测量需要的精度,可以使用各种型式水位测量仪器。最常用的有:

a) 沿壁固定的竖的或斜的水位尺;

b) 针形或钩型水位计,这种情况一定得有静井和支持架,支持架安在靠近自由液面的上方;

c) 板规,由挂在带刻度的钢尺上的一个水平金属盘组成;

d) 浮规,只能在静井中使用;

e) 绝对式或差示式液柱压力计;

f) 起泡器,用压缩空气吹入;

g) 浸入式压力传感器。

最后3种特别适用于自由液面不能接近的场合。

3.5.3.5 压力的测量

3.5.3.5.1 取压孔

对于1级试验,每一测量截面应设四个取静压孔,沿圆周方向对称布置。

对于2级试验,每一测量截面通常仅设一个取静压孔即够,但当液流可能会受旋涡或非对称流影响时,也许需要两个或更多个取静压孔。如图3所示。

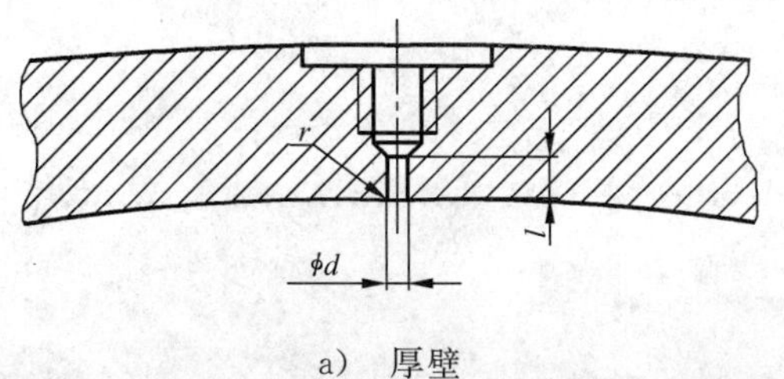

a) 厚壁

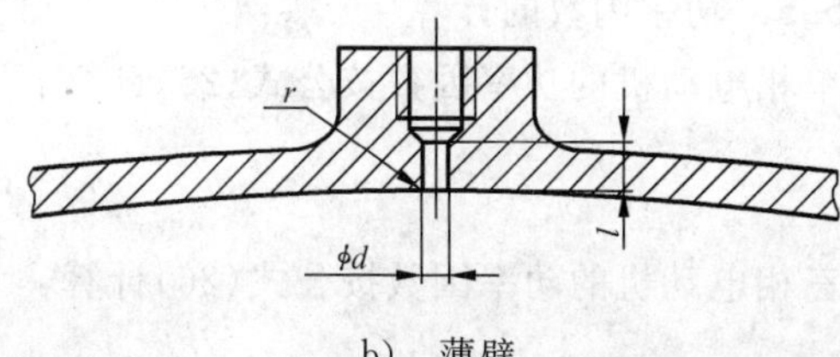

b) 薄壁

图3 取压孔要求

除了特定情况，即取压孔的位置是由回路的布置来确定的以外，一般取压孔不宜设在或接近于横截面的最高或最低点。

取静压孔应遵照图3所示的要求制做，并且应是无毛刺和凹凸不平，垂直于管的内壁并与其齐平。

取压孔的直径应为3 mm～6 mm之间或等于管路直径的1/10，取两者较小值。取压孔的深度应不小于2.5倍取压孔直径。

设有取压孔的管子内径应清洁光滑，并且耐泵输送液体的化学作用。敷在管子内壁上任何如油漆类涂层应完好无缺损。如果是纵向焊接管子，取压孔应尽可能避开焊缝。

当使用几个取压孔时，各个取压孔均应通过单独的节流旋塞与一环形汇集管相连通，这样，需要时即可以测量取自任一取压孔的压力。环形管的横截面积应不小于所有取压孔横截面积的总和。在进行观测之前，应在泵的正常试验条件下逐个测取各取压孔单独开启时的压力。如果某一读数与4个测量值的算术平均值之差超过总水头的0.5%或超过1倍测量截面处的速度水头，应在实际试验开始之前查明读数分散的原因并调整测量条件。当同样的取压孔用于NPSH测量时，该偏差不得超过NPSH值的1%或1倍入口速度水头。连接取压孔与可能有的缓冲装置以及仪表的连接管的孔径至少要与取压孔的孔径同大。整个系统应不存在泄漏。

在连接管线上的任何高点处均应设置一个放气阀，以避免测量过程中气泡聚留形成气阱。

建议只要可能，就使用半透明管以确定管内是否有空气。

3.5.3.5.2 **压力测量仪表**

常用压力测量仪表有：

a) 液柱压力计；

b) 精密弹簧压力表；

c) 压力传感器；

d) 压力测量仪表准确度等级应不低于0.4级。

3.5.4 **转速的测量**

3.5.4.1 转速的测量优先采用感应线圈法，也可使用其他方法，但所使用的转速传感元件不得使功率消耗有明显的增加或影响泵的进口吸入条件。

3.5.4.2 感应线圈法是将一只带铁芯的多匝线圈密封后紧贴在被试电动机机壳的上部或下部。线圈与磁电式检流计或阴极示波器或数字转差仪相连。试验时测定检流计光点摆动或示波器波形全摆动次数和所需的时间以及电源频率。

3.5.5 **电参量的测量**

3.5.5.1 电动机的输入功率

电动机的输入功率应使用准确度不低于0.5级的瓦特表进行测量。

3.5.5.2 电动机的输入电流

电动机的输入电流应使用准确度不低于0.5级的电流表进行测量。

3.5.5.3 电动机的输入电压

电动机的输入电压应使用准确度不低于0.5级的电压表进行测量。

3.5.5.4 电流、电压、输入功率也可采用电参量测量仪进行测量。

3.5.5.5 功率因数的计算

单相电动机的功率因数按公式(25)计算：

$$\cos\varphi=\frac{P}{UI} \qquad (25)$$

三相电动机的功率因数按公式(26)计算：

$$\cos\varphi=\frac{P}{\sqrt{3}\times U_{\mathrm{L}}I_{\mathrm{L}}} \qquad (26)$$

式中：

P——电动机输入功率，单位为瓦(W)；

U_L——线电压，单位为伏(V)；

I_L——线电流，单位为安(A)。

3.5.6 试验结果的分析

3.5.6.1 试验结果的换算为以规定转速(或频率)和密度为基准的数据。

在与规定转速 n_{sp} 相偏离的转速 n 下得到的所有试验数据均应换算为以规定转速 n_{sp} 为基准的数据。

如果试验转速 n 与规定转速 n_{sp} 的差异不超过转速 50%～120%规定的容许变动范围，并且试验液体与规定液体的差异在"清洁冷水"规定的范围以内，则有关流量 Q、扬程 H、输入功率 P 和泵总效率 η 的测量数据可按公式(27)、公式(28)进行计算：

a) 泵的输出功率：

$$P_U=\rho QgH\times10^{-3} \tag{27}$$

b) 泵总效率：

$$\eta=\frac{P_U}{P_{gr}}\times100\% \tag{28}$$

c) 流量 Q、扬程 H、输入功率 P、机组效率 η 按公式(29)～公式(32)换算到规定转速：

$$Q_T=Q\frac{n_{sp}}{n} \tag{29}$$

$$H_T=H\left(\frac{n_{sp}}{n}\right)^2 \tag{30}$$

$$P_T=P\left(\frac{n_{sp}}{n}\right)^3\times\frac{\rho_{sp}}{\rho} \tag{31}$$

$$\eta_T=\eta \tag{32}$$

d) NPSHR 的测量结果按公式(33)进行换算：

$$(\text{NPSHR})_T=(\text{NPSHR})\left(\frac{n_{sp}}{n}\right)^2 \tag{33}$$

3.5.7 测量不确定度

即使使用的测量方法和仪表以及分析方法完全遵循现行规则，特别是遵循本标准的要求，每一测量也仍不可避免地存在不确定度。

3.5.7.1 随机不确定度的确定

对本标准来说，一个变量的测量随机不确定度取为该变量标准偏差的 2 倍。根据 GB/T 18149，对任何测量均可以照此计算和表示其不确定度。

当各项分误差是彼此独立，小而多并呈高斯分布曲线时，则真实误差(即测得值与真实值之间的差异)小于不确定度的概率为 95%。

标准偏差按公式(34)式计算：

$$S_{(qk)}=\sqrt{\frac{\sum_{k=1}^{n}(q_k-\bar{q})^2}{n-1}} \tag{34}$$

式中：

$S_{(qk)}$——实验(观测)值的标准偏差；

q_k——是第 k 次测量结果；

$\bar{q}$——是 n 次测量的算数平均值。

随机不确定度按公式(35)计算：

$$(e_R)_{95}=\pm 2S_{(qk)} \qquad (35)$$

3.5.7.2 最大容许系统不确定度

一个测量的不确定度部分是与使用的仪表或测量方法的残余不确定度有关。当通过校准，仔细的测量尺寸和正确的安装等将已知的所有误差统统消除之后，仍然会留有误差，它永远不会消失，并且如果仍使用同一仪表和同样测量方法，也不能通过重复测量使其降低。这部分误差分量被称为"系统不确定度"。按试验要求的精度范围1级和2级确定流量、扬程、转速、泵输入功率和NPSHR值可使用的各种测量方法和仪表设备。凡是通过校准或参照其他标准已知其测量的系统不确定度不会超过表5给出的最大容许值的仪表设备或方法均可使用。但这些仪表或方法还应为有关各方所认可。

测量点的不确定度按公式(36)计算：

$$\text{测量点的不确定度}=\frac{\text{量程}}{\text{测量时的示值}}\times\text{仪表的不确定度} \qquad (36)$$

系统不确定度 e_s 用公式(37)计算：

$$e_s=\text{测量点的不确定度} \qquad (37)$$

表5 系统不确定度的容许值

量	容许值	
	1级/%	2级/%
流量	±1.5	±2.5
扬程	±0.35	±1.4
转速	±0.9	±2.0
电动机输入功率	±1.0	±2.0

3.5.7.3 总的测量不确定度的确定

总的测量不确定应通过计算系统不确定度与随机不确定度的平方和的平方根(方和根)值得出。

总的测量不确定度应尽可能在试验之后并考虑与试验有关的测量和运转条件来加以确定。

如果遵照最大容许系统不确定度给出的有关系统不确定度建议以及本标准给出的有关试验方法的所有要求，则可以假定总的不确定度(在95%的置信水平下)将不会超过表6给出的值。按公式(38)计算：

$$e=\sqrt{(e_s)^2+(e_R)_{95}^2} \qquad (38)$$

表6 总的测量不确定度容许值

量	符　号	1级/%	2级/%
流量	e_Q	±2.0	±3.5
转速	e_n	±0.5	±2.0
扬程	e_H	±1.5	±3.5
电动机输入功率	e_{pgr}		

3.5.8 保证的流量、扬程和效率的证实

应按GB/T 3216的规定将测量结果换算到规定的转速(或频率)下，然后绘制它们对流量 Q 的曲线关系。与各测量点拟合最佳的曲线代表泵的性能曲线。

通过保证点 Q_G、H_G 以水平线段 $\pm t_Q\cdot Q_G$ 和垂直线段 $\pm t_H\cdot H_G$ 作出容差十字线。

如果 $H(Q)$ 曲线与垂直线段和/或水平线段(见图4)相交或至少相切，则对扬程和流量的保证即得到满足。

效率值应由通过规定的工作点 Q_G、H_G 和 QH 坐标轴的原点的直线与测得的 $H(Q)$ 曲线的交点作一条垂直线与 $\eta(Q)$ 曲线相交得到。

如果该交点的效率值高于或至少等于 $\eta_G(1-t_\eta)$(见图 4),则对效率的保证条件的满足是在容差范围内。

$\pm t_Q$、$\pm t_H$、$\pm t_\eta$,分别为流量、扬程和泵的总效率的容差系数,应适用于保证点 Q_G、H_G。容差系数数值见表 7。

表 7　容差系数数值

量	符　号	1 级/%	2 级/%
流量	t_Q	±8	±10
扬程	t_H	±6	±8
泵的总效率	t_η	−5	−6

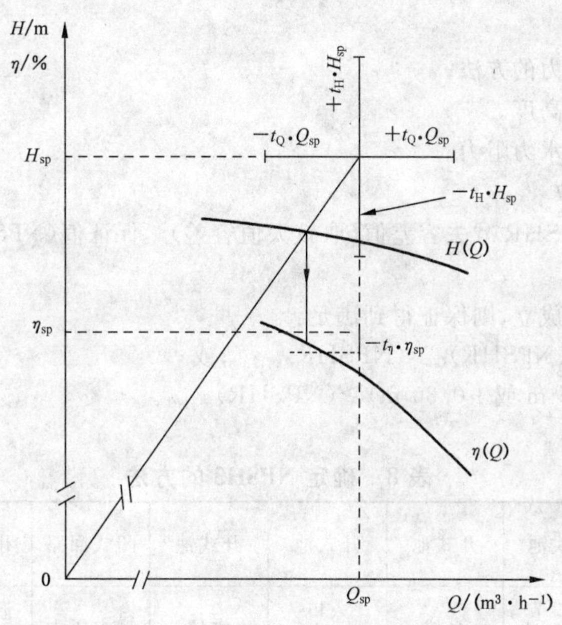

注：如果测得的 Q 和 H 值大于保证值 Q_G 和 H_G,但仍在容差 $Q_G+(t_Q\cdot Q_G)$ 和 $H_G+(t_H\cdot H_G)$ 范围内,且效率也在容差范围内,则实际的输入功率可能要大于数据表中记载的值。

图 4　对流量、扬程和效率规定值的判定

3.6　汽蚀试验

3.6.1　试验类型

3.6.1.1　在规定的 NPSHA 下保证的特性的证实

可以简单地做一次检查以确定在规定的 NPSHA 下泵的水力性能而不探究有什么样的汽蚀效应。

如果根据在规定的流量和规定的 NPSHA 下得到保证的扬程和效率,泵即满足要求。

3.6.1.2　在规定的 NPSHA 下性能没有受到汽蚀影响的证实

可以做一次检查以表明在规定的工作条件下泵的水力性能没有受到汽蚀的影响。

如果在比规定的 NPSHA 高的 NPSHA 值下进行的试验得出在同一流量下相同的扬程和效率,泵即满足要求。

3.6.1.3　NPSH3 的确定

进行这种试验时,采用逐渐降低 NPSH 直至恒定流量下的(第一级)扬程的下降 3%。此时的 NPSH 值即为 NPSH3(见表 8 和图 5)。

对扬程非常低的泵,可以商定一个大一些的扬程下降量。

3.6.2　**汽蚀试验装置**

3.6.2.1　**闭式试验回路装置**

泵安装在一个闭合的管回路中，通过改变压力、液位或温度，在不影响扬程或流量情况下改变NPSH直到泵内发生汽蚀。

为了保持需要的温度，可能需要有对回路中的液体进行冷却或加热的装置，而且可能还需要有气体分离罐。为避免试验罐中出现不能接受的温度差异可能需要有一条液体再循环回路。

罐的尺寸应足够大，并应设计成能够阻止气体被裹挟到泵入口液流中去。此外，如果平均速度超过0.25 m/s，罐内可能还需要稳定栅。

3.6.2.2　**液位可以调节的开式池**

泵通过无阻碍的吸入管路从具有自由液面的液位可以调节的池中抽取液体。

3.6.2.3　**装有节流阀的开式池**

用安装在吸入管路中实际最低位置上的节流阀调节进入泵的液体的压力。

3.6.3　**汽蚀试验方法**

3.6.3.1　改变吸入液面压力的方法。

3.6.3.2　改变吸入液面的高度。

3.6.3.3　改变吸入侧管道水力阻力。

3.6.4　**NPSHR的容差系数**

测得额定转速下的NPSHR减去容差值(取较大值容差)≤保证值$(\mathrm{NPSHR})_G$。

3.6.5　**NPSHR的证实**

利用下列判别式，如果成立，则保证得到满足：

$(\mathrm{NPSHR})_G + t_{\mathrm{NPSHR}} \cdot (\mathrm{NPSHR})_G \geq (\mathrm{NPSHR})_{测得的}$；或

$(\mathrm{NPSHR})_G +$(为0.15 m或+0.30 m)$\geq (\mathrm{NPSHR})_{测得的}$。

确定NPSH3方法见表8。

表8　确定NPSH3的方法

<table>
<tr><td>装置类型</td><td>开式池</td><td>开式池</td><td>开式池</td><td>开式池</td><td>开式池</td><td>闭式回路</td><td>闭式回路</td><td>闭式回路</td><td>闭式槽或闭式回路</td></tr>
<tr><td>独立变化的量</td><td>入口节流阀</td><td>出口节流阀</td><td>水位</td><td>入口节流阀</td><td>水位</td><td>罐中压力</td><td>温度(汽化压力)</td><td>罐中压力</td><td>温度(汽化压力)</td></tr>
<tr><td>恒定的量</td><td>出口节流阀</td><td>入口节流阀</td><td>入口和出口节流阀</td><td>流量</td><td>流量</td><td>流量</td><td>流量</td><td colspan="2">入口和出口节流阀</td></tr>
<tr><td>随调节而变的量</td><td>扬程、流量、NPSHA水位</td><td>扬程、流量、NPSHA水位</td><td>扬程、流量、NPSHA</td><td>NPSHA扬程、出口节流阀(为使流量恒定)</td><td>NPSHA扬程、出口节流阀</td><td>扬程、NPSHA出口节流阀(当扬程开始下降时为使流量恒定)</td><td>NPSHA扬程、出口节流阀(当扬程开始下降时为使流量恒定)</td><td colspan="2">NPSHA:汽蚀达到一定程度时扬程和流量</td></tr>
<tr><td>扬程-流量和扬程-NPSH特性曲线</td><td colspan="4">见图5a)</td><td colspan="3">见图6a)</td><td colspan="2">见图7a)</td></tr>
<tr><td>NPSH-流量特性曲线</td><td colspan="4">见图5b)</td><td colspan="3">见图6b)</td><td colspan="2">见图7b)</td></tr>
</table>

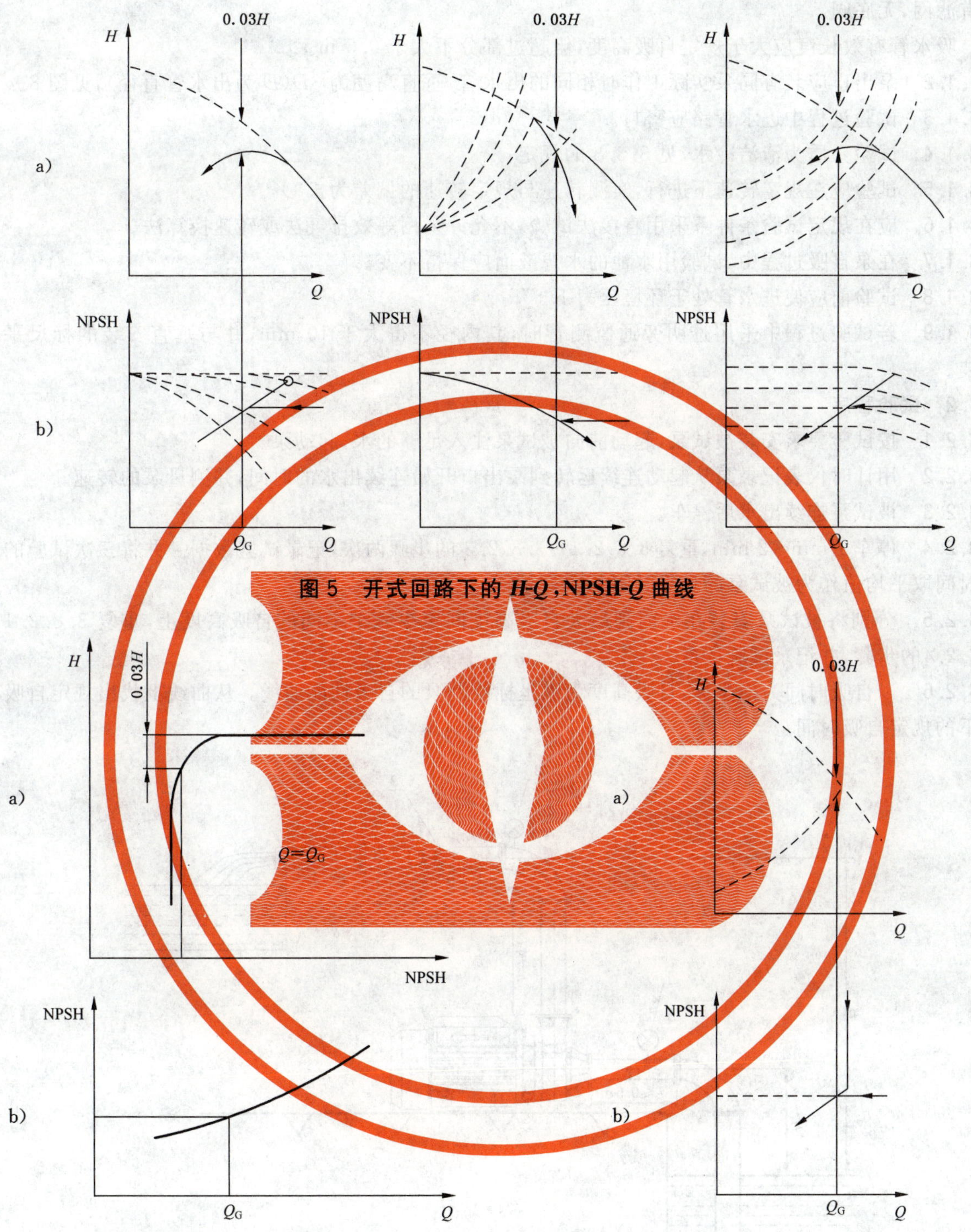

图5 开式回路下的 *H-Q*，NPSH-*Q* 曲线

图6 恒定量为流量的 *H-Q*，NPSH-*Q* 曲线

图7 闭式回路下的 *H-Q*，NPSH-*Q* 曲线

3.7 泵振动和噪声的测定

泵的噪声测定方法应符合 JB/T 8097 的规定。

泵的振动测定方法应符合 JB/T 8098 的规定。

3.8 自吸泵自吸性能的试验

3.8.1 自吸性能试验条件

3.8.1.1 泵进口应装有与进口直径相同的吸水管，进口水平管段的长度应不大于 0.5 m，进水管下端应有滤网，无底阀。

吸水管有效长度应大于规定自吸高度，但超过部分不大于 0.5 m。

3.8.1.2　泵出口应装有同泵实际工作时相同的出水管，垂直高度为 3*D*(*D* 为出水管直径)，见图 8。

3.8.1.3　试验过程中进水管路应密封。

3.8.1.4　试验介质为清洁冷水，见 3.3.3 的规定。

3.8.1.5　试验应在规定转速下进行，实测转速与规定转速的偏差为±3%。

3.8.1.6　应在规定试验条件下采用直接法试验，不允许采用等效排气法或转速换算法。

3.8.1.7　在泵自吸过程中，试验用水池的水源液面应保持不变。

3.8.1.8　试验前应使进水管处于环境压力下。

3.8.1.9　若试验过程中采用透明旁通监测管时，其内径不得大于 10 mm，并与垂直安装的标尺平行安装。

3.8.2　试验程序

3.8.2.1　按试验要求安装被试泵，起动前向被试泵注入足够的水，起动泵。

3.8.2.2　用计时仪表记录泵从起动连续运转到泵出口开始连续出水的时间，并测量泵的转速。

3.8.2.3　被试泵连续出水后停车。

3.8.2.4　停车 1 min～2 min，重复 3.8.2.1～3.8.2.3 的步骤两次，记录试验数据。并将三次试验的自吸时间取平均值作为被试泵的自吸时间。

3.8.2.5　分别将被试泵安装在水面到最大自吸高度间至少六个不同的自吸高度上，重复 3.8.2.1～3.8.2.4的步骤，并记录试验数据。

3.8.2.6　以自吸时间为横坐标，自吸高度为纵坐标绘制泵的自吸性能曲线。从曲线上找出规定自吸高度下的规定自吸时间。

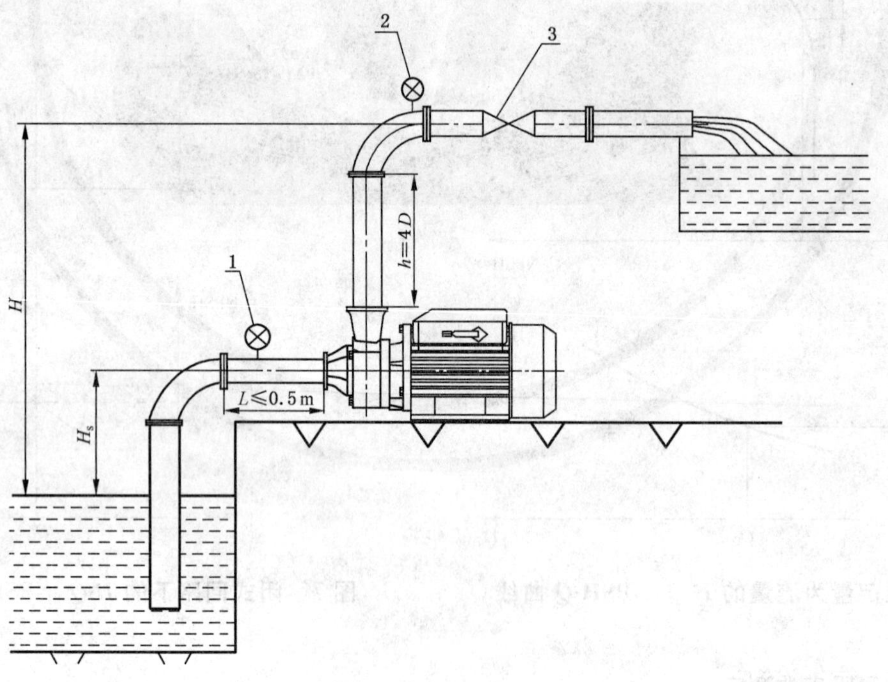

说明：

1——负压表；

2——压力表；

3——闸阀。

图 8　自吸试验装置

4 试验记录和试验报告

4.1 记录

所有试验记录和记录图表均应由试验主管、制造厂家或供方和买方双方的代表(如在场)签名。

试验结果的计算应尽可能随同试验的进行一起完成,并且无论如何,也要在试验装置和仪表设备拆除之前完成,以便可以对持有怀疑的测量结果立即进行复测。

4.2 试验报告

试验结果经仔细检查之后,应整理成报告,并由测试员、试验主管单独签字,或由制造厂家或供方和买方的代表共同签字。

合同规定所有各方均应获得一份报告副本。

试验报告应含下列信息:

a) 验收试验的地点和日期;

b) 制造厂家名称,泵的型号、编号,以及可能的话,还有制造年份;

c) 保证的特性,验收试验时的运转条件;

d) 配套电动机的功率、电流、电压、频率;

e) 有关试验方法和所使用的测量仪表(包括校准数据)的说明;

f) 读数;

g) 试验结果的计算和分析;

h) 结论:

——试验结果与所保证的量的比较,验收或拒收的结论;

——采取与任何已签订的特别协议有关的确定;

——由于采取与任何已签订的特别协议有关的行动而作出的陈述。

附录 A 中给出了作为指导泵试验的记录表。

附 录 A
（资料性附录）
试验记录

企业名称：________________

产品型号：________________

出厂编号：________________

试验人员：________________

审核人员：________________

试验日期：________________

试验报告记录表

产品名称			出厂编号		样机编号	
项目	记录内容	测试前后情况记录		记录内容	测试前后情况记录	
测试样机	封样状况是否完好			附件是否齐全		
	样机状况			整机完整性状况		
	样机状况描述：					
测试仪器仪表	编号	名称、型号	精度	检定有效期	测试前后情况记录	
检测条件						
检测依据						
备注						

试验员：　　　　审核：

试验结果汇总表

共4页　第2页

序号	检 测 项 目	单位	保证值	测定值（1）	判定	测定值（2）	判定	备注
1	过载保护							
2	接地装置、接地标志							
3	绝缘电阻	MΩ						
4	匝间冲击耐电压试验	V						
5	耐电压试验	V						
6	泵的振动测定	mm/s						
7	泵的噪声测定	dB						
8	电动机定子温升	K						
9	规定点流量	m^3/h						
10	规定点扬程	m						
11	泵总效率	%						
12	汽蚀余量	m						
13	自吸高度	m						
14	自吸时间	s						
备注	扬程容差：		流量容差：			效率容差：		

试验员：　　　　审核：

报告编号：

泵性能试验记录

产品型号：			电源频率：			进口测压管直径：			出口测压管直径：			进口压力表位高：		出口压力表位高：	
序号	测量数据								计算数据			换算至额定转速：$n=$　r/min			
	进口压力/MPa	出口压力/MPa	流量/(m^3/h)	转速/(r/min)	功率因数 $\cos\phi$	电压/V	总电流/A	输入功率/W	动扬程/m	总扬程/m	水功率/W	流量/(m^3/h)	扬程/m	输入功率/W	机组效率/%
1															
2															
3															
4															
5															
6															
7															
8															
9															
10															
11															
12															
13															
结论	规定流量 Q_{sp}： 实测规定扬程点流量 Q： 实测流量(交点流量)：				规定扬程 H_{sp}： 实测规定流量点扬程 H： 实测扬程(交点扬程)：				规定机组效率 η_{sp}： 实测机组效率 η 流量、扬程判别(级别)：				实测输入功率：			

试验员：　　　　审核：

报告编号：

产品型号：

水泵工作性能曲线

试验员：　　　　　　　　　　　　　　　　　　　　　　　　　　　　　　审核：

ICS 13.110
J 09

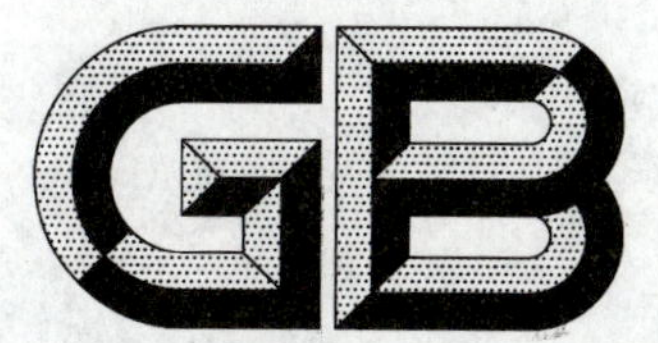

中华人民共和国国家标准

GB/T 26118.1—2010

机械安全 机械辐射产生的风险的评价与减小 第1部分:通则

Safety of machinery—Assessment and reduction of risks arising from radiation emitted by machinery—Part 1: General principles

2011-01-10 发布　　2011-10-01 实施

中华人民共和国国家质量监督检验检疫总局
中国国家标准化管理委员会　发布

前　言

GB/T 26118《机械安全　机械辐射产生的风险的评价与减小》由以下三部分组成：

——第1部分：通则；

——第2部分：辐射排放的测量程序；

——第3部分：通过衰减或屏蔽减小辐射。

本部分是GB/T 26118的第1部分。

本部分按照GB/T 1.1—2009给出的规则起草。

本部分等同采用欧洲标准EN 12198-1：2000《机械安全　机械辐射产生的风险的评价与减小　第1部分：通则》(英文版)。

本部分等同翻译EN 12198-1：2000。为便于使用，本部分做了下列编辑性修改：

——用"本部分"代替"本欧洲标准"；

——删除了EN前言，重新编写了前言；

——按照GB/T 1.1—2009的要求修改了范围中条款的表述顺序；

——将规范性引用文件的导语按GB/T 1.1—2009进行了修改，并将EN 12198-1：2000引用的标准改为对应的国家标准；

——删除了规范性引用文件EN 1070；

——用IEC 61000-6-1代替规范性引用文件EN 50082-1；

——删除了资料性附录ZA。

本部分的附录A、附录B为规范性附录，附录C为资料性附录。

本部分由全国机械安全标准化技术委员会(SAC/TC 208)提出并归口。

本部分起草单位：如皋市包装食品机械有限公司、深圳市华测检测技术股份有限公司、中机生产力促进中心、南京林业大学光机电仪工程研究所。

本部分主要起草人：史传民、郭冰、李勤、宁燕、王立、居荣华、吴健、张晓飞、孙华山、富锐、陈能玉、刘治永、赵茂程。

引　言

由电源供电或含有辐射源的机械可能排放辐射或产生电场和/或磁场。辐射排放以及场的频率和量级将有所不同。

机械的设计和制造应使得任何辐射排放都限制在机械运行所必需的范围内且对暴露人员不存在影响，或者将对暴露人员的影响降低到无危险的等级(GB/T 15706.2—2007)。

为了评价来自机器的辐射排放和场造成伤害的风险，有必要知道对健康可能产生不利影响的辐射排放类别、排放水平和排放强度。

本部分的目的是为制造商和C类标准制定者提供如何识别机器的辐射排放，如何确定其量级和重要性，如何评价风险以及使用何种方法避免或降低机械辐射排放的建议。

本部分给出了识别和评价机械辐射排放的通则。GB/T 26118 的第 2 部分给出了辐射排放的具体测量方法。本 GB/T 26118 的第 3 部分给出了通过降低排放和提供信息来避免或降低人员暴露于辐射的保护措施细节。

机械排放的辐射可能是设计用于加工过程的，也可能是意外产生的。本部分的第 7 章要求制造商应确定机器的设计辐射排放类别。对不良的辐射排放，辐射排放水平宜降低到与 0 类相对应的数值。

功能性辐射排放应被限制在机器运行所必需的范围内。

应对剩余的排放水平进行评价，并确定排放类别。如有必要，还应采用保护措施。

根据 GB/T 15706.1，本部分为 B1 类标准。

机械安全　机械辐射产生的风险的评价与减小　第1部分:通则

1　范围

GB/T 26118 的本部分适用于机械的辐射排放。辐射排放可能是用于加工过程的功能性排放,也可能是不良排放。

本部分给出了在没有相关C类标准时制造商制造安全的机械的建议,也给出了C类标准制定者如何识别辐射排放或场[1)],如何确定其重要性和强度,如何评估可能的风险和避免或减小辐射排放的建议。

注1:此建议宜作为评价要求在具体机器的C类标准中详述。

本部分适用于 GB/T 15706.1—2007 中 3.1 定义的机械,也适用于所有类型的电磁非电离辐射的排放。

注2:电离辐射可能在其他标准或者修订本部分时予以规定。

本部分不适用于激光辐射的排放以及固定在机械中只用于照明的辐射源排放,也不适用于电磁兼容性问题。

2　规范性引用文件

下列文件对于本文件的应用是必不可少的。凡是注日期的引用文件,仅注日期的版本适用于本文件。凡是不注日期的引用文件,其最新版本(包括所有的修改单)适用于本文件。

GB/T 2900.65—2004　电工术语　照明(IEC 60050-845)

GB/T 15706.1—2007　机械安全　基本概念与设计通则　第1部分:基本术语和方法(ISO 12100-1:2003)

GB/T 15706.2—2007　机械安全　基本概念与设计通则　第2部分:技术原则(ISO 12100-2:2003)

GB/T 16856.1　机械安全　风险评价　第1部分:原则(ISO 14121-1)

GB 17799.3　电磁兼容　通用标准　居住、商业和轻工业环境中的发射标准(IEC 61000-6-2)

GB/T 26118.2—2010　机械安全　机械辐射产生的风险的评价和减小　第2部分:辐射排放的测量程序

GB/T 26118.3—2010　机械安全　机械辐射产生的风险的评价和减小　第3部分:通过衰减或屏蔽减小辐射

IEC 61000-6-1　电磁兼容　通用标准　居住、商业和轻工业环境中的抗扰度试验

3　术语和定义

GB/T 15706.1—2007 和 GB/T 2900.65—2004 中界定的以及下述术语和定义适用于本文件。

1)　本部分的其余内容中,一般术语"辐射"包括由机器排放的各种不同类型的辐射(即光辐射)、场(即电磁场和/或磁场)或波(即电磁波)。

3.1

功能性辐射排放 functional radiation emission

在加工区域内，机械功能需要的辐射排放。

注：用于厚度测量的辐射束是功能性辐射排放的示例。

3.2

不良辐射排放 undesirable radiation emission

除功能性辐射排放以外，所有排放到加工区域以外的辐射排放。

注：使用紫外线辐射固化油墨的打印机辐射泄漏是不良辐射排放的示例。

3.3

微量辐射排放 trivial radiation emission

强度很低的，不影响根据第7章对机器分类的辐射排放和辐射场。

3.4

可达表面 accessible surface

包络机械的假想表面，测量点定位于此表面上。

4 辐射排放的分类

4.1 根据频率和波长对辐射分类

在本部分中，根据频率、波长或者能量对辐射的分类在表1中给出。

表1 非电离辐射的分类

种 类	类 型	频率/波长
电场和/或磁场	极低频率和低频率	$0<f<30$ kHz
电磁波	无线电频率	30 kHz$<f<$300 GHz
光辐射	红外	1 mm$>\lambda>$780 nm
光辐射	可见光	780 nm$>\lambda>$380 nm
光辐射	紫外	380 nm$>\lambda>$100 nm
f——频率； λ——波长。		

注：上表规定的辐射频率和波长区间可能与其他有关辐射的标准有差异。

4.2 辐射排放的特征

辐射排放的特征也可以是其强度、持续时间、频率、空间和光谱分布，例如：

——连续波；

——调制的、脉冲的；

——宽频带(包含几种频率)；

——连续或者离散光谱(线谱)；

——几何特征；

——相干、非相干；

——偏振。

5 一般程序

机器的制造商应根据 GB/T 16856.1 进行风险评价。这包括机械限制的确定、所有危险的识别、风险评估和风险评定。风险评价后,如有必要,应采取减小不可接受风险的措施。然后,还可能有必要再进行风险评价,或者只重复其中一部分。

对于与机器辐射排放有关的风险,制造商应进行的风险评价和风险减小过程包括:

——评价由所有辐射类型排放引起的风险(见第 6 章);

——为达到排放要求,采取适当的措施消除或减小辐射排放(见第 7 章和第 8 章);

——验证是否符合 GB/T 26118 的要求(见第 9 章)。

将"验证"环节并入"风险评价"程序可能也是合理的(见 6.2)。

当制定特定机器或者机器组的 C 类标准时,应包括风险评价程序的细节。

6 风险评价

6.1 概述

机器制造商应识别辐射排放和评价这些辐射排放引起的风险。该评价应包括机器寿命周期内所有阶段的排放对暴露人员引起的任何可预见的风险(见附录 A)。

辐射排放可能产生于:

a) 整个机器或者其部件;

b) 机器加工的材料;

c) 机器和机器加工的材料之间的交互作用。

注 1:GB/T 15706.1—2007 和 GB/T 16856.1 中给出了风险评价方法的细节。

注 2:风险等级取决于辐射的特性、发生人员暴露的可能性和暴露程度。辐射暴露对健康的影响取决于辐射类型、强度和暴露持续时间。这些影响可能是短期的,也可能是长期的,可能是可逆的,也可能是不可逆的。

6.2 风险评价程序

6.2.1 概述

机械辐射排放的风险评价程序包括以下步骤:

——识别辐射排放(辐射源、辐射类型、排放的大致水平等)。

进行下述风险评价程序步骤以及第 7 章、第 8 章、第 9 章、第 10 章中描述的步骤时,可以忽略微量排放。如果没有相关的 C 类标准,则制造商应根据技术专家的经验、计算或测量来判断排放是否是微量的。技术专家的结论应记录在技术数据文件中。

——在正常使用期间,所有可能存在人员暴露的点都应测量或详细预测排放的水平;

——识别机器所有的使用阶段中每种辐射类别的最大排放(见附录 A)。还应考虑这些阶段中可预见的误用(见 GB/T 15706.1—2007 的 3.22)。

6.2.2 程序

——根据 7.1 确定机器使用过程中运行、设置和清洗阶段的辐射排放类别。确定排放类别应以测量、适当的不确定性(见 GB/T 26118.2)和/或对所有相关点的辐射排放预测为基础。

——检查机器使用过程中可达表面上的排放水平是否足够低,从而保证不超过 7.1 中 0 类排放的界限。

如果机器的辐射排放不属于0类(见7.1),则应按以下步骤进行:

——评价机器预定使用期间可能的暴露情况[暴露人员(成年人、儿童、知情的、不知情的等)、暴露时间、暴露频率、离排放源的距离、预期的或非预期的辐射排放等]。

——评价为机器运行、设置和清洗阶段确定的辐射排放类别对于所评价的暴露情况是否是可接受的。

——识别二次危险(产生的有害物质,如臭氧、塑料降解物,对起搏器和其他植入式电气设备的干扰,由周围安全相关电气设备电磁干扰造成的危险)(见IEC 61000-6-1和GB 17799.3)。

6.2.3 结论

根据7.1确定机器的总体排放类别。

7 要求

7.1 根据辐射排放水平对机器分类

制造商应根据辐射排放水平确定机器辐射排放的类别。可考虑表2中的三种类别。

对于每种类型的辐射,附录B规定了辐射排放水平与辐射排放类别之间的关系。

表2 根据辐射排放水平对机器分类

类别	限制和保护措施	信息和培训
0	无限制	不需要信息
1	限制:接近限制,可能需要保护措施	关于危险、风险和副作用的信息
2	特殊限制和基本保护措施	关于危险、风险和副作用的信息;可能有必要进行培训

应确定机器使用过程中的设置、运行和清洗阶段辐射排放的类别。

应确定所有类型的辐射排放的类别。制造商应考虑到辐射排放可能随环境、运行条件和机器工作循环的变化而变化。机器的总体类别是机器使用过程中,设置、运行和清洗阶段对各种不同类型的辐射排放确定的类别中等级最高的类别。

7.2 设计要求

7.2.1 功能性辐射排放

所有功能性辐射排放应设定为足以保证机器使用过程中设置、运行和清洗阶段正常功能的最低水平。应测量剩余的辐射排放(见GB/T 26118.2)并确定排放类别(见7.1和附录C)。必要时,应采取保护措施(见第8章、附录C和GB/T 26118.3)。

7.2.2 不良辐射排放

宜避免机器的不良辐射排放。

如果不能避免机器的不良辐射排放,则不宜超过7.1中0类规定的值。

如果机器的不良辐射排放超过0类规定的值,则应采取适当的保护措施(见第8章和第10章)。

注:C类标准可能将特定类型的机器限定为0类或1类。

8 消除或减小辐射排放风险的保护措施

8.1 原则

应同时满足下列要求：

——在加工区域，功能性辐射排放应设定为足以保证机器在不同使用阶段能正常运行的最低水平；

——在其他区域，应消除辐射排放或将其减小至对暴露人员不存在影响的水平，或者限制在无危险的水平。

根据上述要求，制造商应采取适当的保护措施。如果保护措施不够充分并且根据所确定的机器辐射排放类别，机械使用者可能还需要采取附加保护措施。制造商应为机器使用者提供必要的信息。

0类

不需要采取特别的保护措施。

1类

根据机器制造商提供的技术文件以及机器周围不同区域剩余辐射排放水平的有关信息，制造商应在使用信息中规定应采取的适当保护措施。

2类

有必要采取保护措施。需要采取何种保护措施根据排放水平、如何使用机器和其他因素来确定。应提供关于危险、风险和副作用的信息。可能有必要进行培训。

特殊类型的机器或机械组的C类标准应包含必要的保护措施。

注：无论是哪个类别的机器，特定人群(如对光高度敏感的人员或植入了电气或铁磁性装置的人员)可能都需要采取附加保护措施。

8.2 合适措施的选择

在选择最合适的措施时，需要考虑技术发展水平。在选择最合适的方法来减小辐射时，制造商应采取措施在尽可能靠近排放源的位置减小辐射排放。制造商应(尽可能)按下列顺序采取措施：

a) 通过设计消除或防止暴露的风险；

b) 如果不能消除风险，则按下列顺序减小风险：

- 减小排放(减小辐射的能量)；
- 通过防护罩或者其他工程方法减小；
- 通过隔离加工单元与在控制单元上的操作来减少暴露。

c) 将遗留风险告知使用者并规定必需采取的附加措施。

注：附录C给出了可采取的措施的清单。GB/T 26118.3详细描述了减小辐射排放的程序。

8.3 防止二次危险的保护措施

如果风险评价(见6.2)过程中识别出二次危险，则应采取适当的保护措施。采取何种保护措施取决于二次危险的特性，并且应针对每种特殊情况具体规定。二次危险和适当的保护措施应在C类标准中予以规定。

9 验证与要求的一致性

验证与第7章中的要求的一致性包括以下步骤：

——按照GB/T 26118.2进行测量和/或预测辐射排放；

——将结果与第7章中的技术规范进行比较(消除排放、减小到规定值或与使用和维护信息中规定的值相比较)；

——声明每种类型辐射的排放类别；

——声明总体类别。

10 使用和维护信息

10.1 使用信息

10.1.1 制造商应在机器的使用说明书中规定机器的预定使用、辐射排放的类别和操作程序。如有必要，制造商应规定通过训练所需达到的能力水平。当机器的设置和操作条件使排放减小时，制造商应在说明书中给出适当的细节。

如果辐射排放为1类或2类，则制造商应附加说明机器可排放的辐射类型和水平。

10.1.2 根据辐射排放类别，使用信息应包含以下声明之一：

a) 辐射排放为0类。当单独使用该机器时，不需要采取其他保护措施(见8.1)。在其他情况下(如果两台或多台机器向同一个点辐射)可能有必要采取限制措施和/或附加保护措施。

b) 辐射排放为1类。当在工作场所单独使用机械时，不需要限制辐射。在其他情况下(如果两台或多台机器向同一个点辐射)可能有必要采取限制和/或额外保护措施。

c) 辐射排放为2类。应采取合适的保护措施。

10.1.3 当为机器提供有减小排放的措施时，机械制造商应提供正确机器使用的信息以及可能对其性能产生不利影响的因素。

10.1.4 当没有提供减小排放的措施时，制造商应规定适用的且经验证的减小排放的方法和/或试验方法。

10.1.5 制造商应提供是否有必要使用个体防护装备的信息。如果有必要使用个体防护装备，制造商应给出个体防护装备种类的详细信息。

10.2 维护信息

10.2.1 机械制造商应提供充足的、适当的并对健康无风险的机器维护说明。

10.2.2 尤其维护过程中在移除了作为机器部件的保护设备(如防护罩、防护装置等)情况下，应给出合适的替换保护措施说明。

10.2.3 在机器恢复正常使用之前有必要测量辐射排放水平时，制造商应在维护说明中予以规定。

10.2.4 如果预计存在辐射泄露或不可控制的辐射释放，则制造商应提供如何限制排放范围以及尽快重新达到充分控制的信息。适当时，该信息还宜包括能用来安全识别排放源并进行维修的紧急程序和合适的保护设备。

11 标志

确定为1类和2类的机器应进行标识。

标志由以下部分组成：

——提醒辐射排放类型的安全符号(磁场、电磁、光辐射)；

——类别号(1类或2类)；

——本标准的编号：GB/T 26118。

图1、图2和图3给出了标志的示例。

磁场排放
1类
(GB/T 26118)

图1　磁场排放安全标志(1类)

电磁排放
2类
(GB/T 26118)

图2　电磁排放安全标志(2类)

光辐射排放
1类
(GB/T 26118)

图3　光辐射排放安全标志(1类)

如果有必要采取附加安全措施(见第8章),则宜在机器上标明相关信息。

如果在维护过程中辐射水平可能超过机器正常使用时规定的水平,则所有这些较高的辐射水平都应明确标识,例如在作为机器部件的保护设备(防护罩、防护装置等)上面或下面进行标识。

12　信号和警告装置

如果需要,应使用视觉信号(如:闪光灯)和声学系统(如:警笛)来警告使用者存在辐射。

附 录 A
（规范性附录）
机器“寿命”阶段

机器“寿命”阶段分为（根据 GB/T 15706.1—2007 中 5.3a））：

1） 制造；

2） 运输和试运转：

——装配、安装；

——调整；

3） 使用：

——设定、示教/编程或过程转换；

——运行；

——清洗；

——故障查找；

——维护；

4） 停用、拆除和任何与安全有关的处置。

附　录　B
（规范性附录）
辐射排放水平和辐射排放类别之间的相关性

本附录规定了测量每种辐射的排放水平时，测量点与机器可达表面之间的距离。假定在大多数情况下，以该距离测得的结果代表了机器周围最高的排放水平。但在某些情况下，辐射排放可能集中在距机器更远的一个点，使得最高排放水平所处的距离大于本附录中的规定距离。此时，除了应按照 B.1～B.4 中规定的距离进行测量之外，另还应在出现最大排放水平的点上测量。应采用二者中的较大值确定辐射排放类别。

为了对辐射排放进行分类，本附录规定了一个平均时间。这意味着不仅要进行辐射排放的测量，还应确定在规定的平均时间内的平均排放值。如果辐射排放是恒定的或者是周期性的，则没有必要在整个平均时间内都进行测量。此时，只需在某些典型的排放时间段内进行测量，并计算在规定平均时间内的值。

对于光辐射(B.1、B.2 和 B.3)，只有辐射排放强度在平均时间内为恒定或者只是平稳变化时，辐射排放水平和辐射排放类别之间的相关性才适用。规定的相关性不适用于持续时间小于 10 s 的光辐射排放，例如单一或重复的脉冲。此时，辐射排放类别应使用峰值强度来确定。

当存在针对特定机器或者机器组的 C 类标准时，应使用在 C 类标准中规定的关于测量的所有要求(例如：距离、平均时间等)来确定辐射排放类别。

更详细的测量信息在 GB/T 26118.2 中规定。

B.0　符号和定义

在 B.1、B.2 和 B.3 中使用了下列符号和单位：

λ ——波长，m(或米的倍数)；

E ——辐照度，$W \cdot m^{-2}$；

E_λ ——光谱辐照度，$W \cdot m^{-2} \cdot nm^{-1}$；

E_{eff}——有效辐照度，$W \cdot m^{-2}$；

$\Delta\lambda$ ——带宽，nm；

S_λ ——相对光谱有效性；

L ——辐照能，$W \cdot m^{-2} \cdot sr^{-1}$；

L_λ ——光谱辐照能，$W \cdot m^{-2} \cdot sr^{-1} \cdot nm^{-1}$；

L_{eff}——有效辐照能，$W \cdot m^{-2} \cdot sr^{-1} \cdot nm^{-1}$；

t ——时间，s；

l ——辐射源长度，m；

r ——观察距离，m；

α ——观测角 $\alpha=\frac{1}{r}$，rad。

B.1　介于 180 nm～400 nm 的紫外线辐射和可见光辐射

测量条件

紫外线辐射的有效辐照度 E_{eff} 或者各自的光谱辐照度 E_λ 应在距离机器可达表面 10 cm 处测量。

测量的方向应沿着辐射排放强度最大的方向。没有规定测量仪器的孔径。但应使用一个有余弦采集特征的探测器。测量平均时间应为 8 h。如果测量的结果相同,则允许缩短平均时间。

有效辐照度的确定

有效辐照度 E_{eff} 可在 180 nm～400 nm 波段直接测量,或者根据测得的光谱辐照度 E_λ 采用以下公式计算确定:

$$E_{eff}=\sum_{\lambda=180\ nm}^{\lambda=400\ nm} E_\lambda S_\lambda \Delta\lambda$$

在表 B.1 中查出相对光谱有效性 S_λ 的值。

表 B.1 波段在 180 nm～400 nm 之间的相对光谱有效性 S_λ

波长/nm	相对光谱有效性 S_λ
180	0.012
190	0.019
200	0.030
205	0.051
210	0.075
215	0.095
220	0.120
225	0.150
230	0.190
235	0.240
240	0.300
245	0.360
250	0.430
255	0.520
260	0.650
265	0.810
270	1.000
275	0.960
280	0.880
285	0.770
290	0.640
295	0.540
300	0.300
305	0.060
310	0.015
315～400	0.003

相关性

有效辐照度 E_{eff} 与辐射排放类别的相关性在表 B.2 中给出。

表 B.2 有效紫外辐照度和辐射排放类别对应关系

E_{eff}(180 nm～400 nm) $W \cdot m^{-2}$	辐射排放类别
$E_{eff} \leqslant 0.1 \times 10^{-3}$	0
$0.1 \times 10^{-3} < E_{eff} \leqslant 1.0 \times 10^{-3}$	1
$E_{eff} > 1.0 \times 10^{-3}$	2

B.2 介于 400 nm～700 nm 的可见光辐射

测量条件

可见光辐射的光谱辐照度 E_λ 或各自的光谱辐照能 L_λ 应在距离机器可达表面 0.10 m 处测量。测量的方向应沿着辐射排放强度最大的方向。测量仪器的孔径应为 7 mm。不需要余弦采集特征。测量平均时间应为 8 h。如果测量的结果相同,则允许缩短平均时间。

应从测量点确定辐射源的观测角 α。

有效辐照度和有效辐照能的确定

根据观测角 α,波段介于 400 nm～700 nm 的有效辐照度 E_{eff} 和各自的有效辐照能 L_{eff} 应按以下确定:

对于 $\alpha < 11$ mrad,有效辐照度 E_{eff} 应根据以下公式确定:

$$E_{eff} = \sum_{\lambda=400\ nm}^{\lambda=700\ nm} E_\lambda S_\lambda \Delta\lambda$$

对于 $\alpha \geqslant 11$ mrad,有效辐照能 L_{eff} 应根据以下公式确定:

$$L_{eff} = \sum_{\lambda=400\ nm}^{\lambda=700\ nm} E_\lambda S_\lambda \Delta\lambda$$

在表 B.3 中查出相对光谱有效性 S_λ 的值。

表 B.3 波段在 400 nm～700 nm 之间的相对光谱有效性 S_λ

波长/nm	相对光谱有效性 S_λ
400	0.1
405	0.2
410	0.4
415	0.8
420	0.9
425	0.95
430	0.98
435	1.00
440	1.00

表 B.3（续）

波长/nm	相对光谱有效性 S_λ
445	0.97
450	0.94
455	0.90
460	0.80
465	0.70
470	0.62
475	0.55
480	0.45
485	0.40
490	0.22
495	0.16
500	0.10
505	0.079
510	0.063
515	0.050
520	0.040
525	0.032
530	0.025
535	0.020
540	0.016
545	0.013
550	0.010
555	0.008
560	0.006
565	0.005
570	0.004
575	0.003
580	0.002
585	0.002
590	0.001
595	0.001
600～700	0.001

相关性

对应观测角 α 小于 11 mrad 的辐射源有效辐照度 E_{eff} 或对应观测角 α 大于或等于 11 mrad 的辐射源有效辐照能 L_{eff} 与辐射排放类别之间的相关性在表 B.4 中给出。

表 B.4 可见光有效辐照度以及各自的有效辐照能与辐射排放类别的相关性

E_{eff}(400 nm～700 nm) W·m^{-2}	L_{eff}(400 nm～700 nm) W·m^{-2}·sr^{-1}	辐射排放类别
$E_{eff} \leqslant 1.0\times10^{-3}$	≤10	0
$1.0\times10^{-3} < E_{eff} \leqslant 10\times10^{-3}$	≤100	1
$E_{eff} > 10\times10^{-3}$	>100	2

B.3 介于 700 nm～1 mm 的可见光辐射和红外辐射

测量条件

可见光辐射和红外辐射的辐照度 E 应在距离机器可达表面 0.10 m 处测量。

测量的方向沿着排放出辐射强度最大的方向。没有规定测量仪器的孔径。不要求余弦采集特征。测量平均时间应为 10 s。如果辐射排放强度随时间变化，则应选择包含最强辐射排放强度的 10 s 测量时间段。

确定波段在 700 nm～1 mm 的辐照度 E 时不应考虑光谱权重。

相关性

辐照度 E 与辐射排放类别之间的相关性在表 B.5 中给出。

表 B.5 辐照度 E 与辐射排放类别之间的相关性

E(700 nm～1 mm) W·m^{-2}	辐射排放类别
$E \leqslant 33$	0
$33 < E \leqslant 100$	1
$E > 100$	2

B.4 电场、磁场、电磁场和电磁波(最大至 300 GHz)

无线电频率辐射的功率通量密度或电场和/或磁场强度应在距离机械可达表面 0.25 m 处测量。

测量平均时间应为：

——6 min(频率高于 100 kHz 时)；

——1 s(频率低于 100 kHz 时)。

功率或场强与排放类别之间相关性在表 B.6 和表 B.7 中给出。

如果测得的场量未超过表 B.6 中给出的值，则辐射排放类别为 0 类。

如果测得的场量在表 B.6 和表 B.7 中给出的值之间，则辐射排放类别为 1 类。

如果测得的场量超过了表 B.7 中给出的值，则辐射排放类别为 2 类。

在此范围内，所使用的物理量和单位为：

E——电场强度，V·m^{-1}；

B——磁通密度，T；

H——磁场强度，A·m^{-1}；

S ——功率密度，W·m^{-1}；

f ——频率，Hz。

在近场条件下（f<300 MHz），应单独测量电场强度 E 和磁场强度 H（相应的磁通密度 B），并且每个物理量都应满足要求。

表 B.6 分类所用的物理量（0 类）

（无干扰有效值）

频率范围	场强 E V·m^{-1}	场强 H A·m^{-1}	场 B μT	等效的平面波 功率密度 P_{eq} W·m^{-2}
1 Hz～8 Hz	10 000	$3.2\times10^4/f^2$	$4\times10^4/f^2$	—
8 Hz～25 Hz	10 000	4 000/f	5 000/f	—
0.025 kHz～0.8 kHz	250/f	4/f	5/f	—
0.8 kHz～3 kHz	250/f	5	6.25	—
3 kHz～150 kHz	87	5	6.25	—
0.15 MHz～1 MHz	87	0.73/f	0.92/f	—
1 MHz～10 MHz	$87/f^{1/2}$	0.73/f	0.92/f	—
10 MHz～400 MHz	27.5	0.073	0.092	2
400 MHz～2 000 MHz	$1.375f^{1/2}$	$0.003\,7f^{1/2}$	$0.004\,6f^{1/2}$	f/200
2 GHz～300 GHz	61	0.16	0.20	10
注：计算与频率有关的值时，将 f 插入第一栏。				

表 B.7 分类所用的物理量（1 类）

（无干扰有效值）

频率范围	场强 E V·m^{-1}	场强 H A·m^{-1}	场 B μT	等效的平面波 功率密度 P_{eq} W·m^{-2}
1 Hz～8 Hz	20 000	$1.63\times10^5/f^2$	$2\times10^5/f^2$	—
8 Hz～25 Hz	20 000	$2\times10^4/f$	$2.5\times10^4/f$	—
0.025 kHz～0.82 kHz	500/f	20/f	25/f	—
0.82 kHz～65 kHz	610	24.4	30.7	—
0.065 MHz～1 MHz	610	1.6/f	2.0/f	—
1 MHz～10 MHz	$610/f^{1/2}$	1.6/f	2.0/f	—
10 MHz～400 MHz	61	0.16	0.2	10
400 MHz～2 000 MHz	$3f^{1/2}$	$0.008f^{1/2}$	$0.01f^{1/2}$	f/40
2 GHz～300 GHz	137	0.36	0.45	50
注：计算与频率有关的值时，将 f 插入第一栏。				

附　录　C
（资料性附录）
消除或减少辐射暴露的措施示例

本附录中的示例可能包含在机械设计过程中，或者可能作为信息提供给使用者。

C.1　消除暴露

消除辐射排放是消除人员因暴露在辐射下引起的风险的一种方法。消除辐射排放的措施有：

a)　通过以下方法消除辐射源：
   1)　选择另一种生产工艺流程；
   2)　选择另一种操作；
b)　采用全封闭的工艺流程和处理系统。

C.2　减少暴露

可以通过减小辐射排放或组织措施减少人员在辐射下的暴露。

C.2.1　减小排放

减小排放的措施可包括：

——封闭的材料处理系统；
——防止辐射泄露和不可控释放；
——防护罩、屏蔽、过滤；
——接地；
——过程控制，例如：使用与联锁系统相连的辐射测量装置。

更多细节，也可见 GB/T 26118.3。

C.2.2　通过管理或隔离减少暴露

采用以下措施可达到通过管理或隔离减少暴露的目的：

——禁止随意进入受辐射区域；
——将危险操作和无危险操作分开，例如：部分封闭、结构分开；
——远程控制和过程自动化；
——减少暴露时间；
——增加机器与操作者之间的距离。

C.3　遗留风险和其他措施的信息

示例如下：

a)　关于剩余辐射排放类型和水平的信息；
b)　关于合适的个体防护装备的信息；
c)　关于说明书和对合适人员进行培训的足够信息；

d） 关于可能由辐射副作用产生的危险信息，例如：

- 干扰心脏起搏器和其他有源植入式医疗器械；
- 产生臭氧或其他有害物质；
- 与附近其他电子设备发生电磁干扰产生的危险。

ICS 13.110
J 09

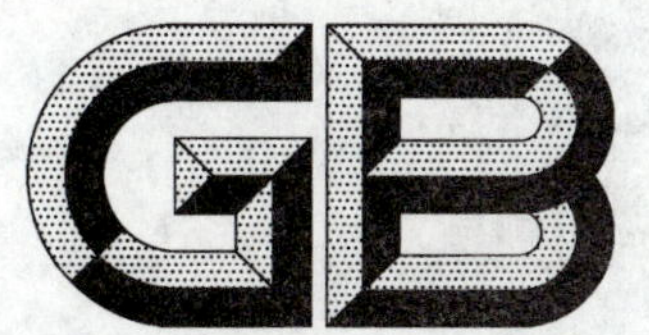

中华人民共和国国家标准

GB/T 26118.2—2010

机械安全　机械辐射产生的风险的评价与减小　第2部分：辐射排放的测量程序

Safety of machinery—Assessment and reduction of risks arising from radiation emitted by machinery—Part 2: Radiation emission measurement procedure

2011-01-10 发布　　2011-10-01 实施

中华人民共和国国家质量监督检验检疫总局
中国国家标准化管理委员会　发布

前　言

GB/T 26118《机械安全　机械辐射产生的风险的评价与减小》由以下三部分组成：

——第1部分：通则；

——第2部分：辐射排放的测量程序；

——第3部分：通过衰减或屏蔽减小辐射。

本部分是GB/T 26118的第2部分。

本部分按照GB/T 1.1—2009给出的规则起草。

本部分等同采用欧洲标准EN 12198-2:2002《机械安全　机械排放的辐射所产生风险的评价与降低　第2部分：辐射排放的测量程序》(英文版)。

本部分等同翻译EN 12198-2:2002。为便于使用，本部分做了下列编辑性修改：

——用"本部分"代替"本欧洲标准"；

——删除了EN前言，重新编写了前言；

——将规范性引用文件的导语按GB/T 1.1—2009进行了修改，并将EN 12198-2:2002引用的标准改为对应的国家标准；

——删除了规范性引用文件EN 1070；

——删除了第4章中的"(见EN 292-1:1991，附录A的1.5.10)"；

——删除了附录ZA。

本部分的附录A为资料性附录。

本部分由全国机械安全标准化技术委员会(SAC/TC 208)提出并归口。

本部分起草单位：如皋市包装食品机械有限公司、深圳华测检测有限公司、中机生产力促进中心、南京林业大学光机电仪工程研究所。

本部分主要起草人：史传民、朱平、李勤、宁燕、王立、李波、居荣华、吴健、张晓飞、富锐、陈能玉、刘治永、宋小宁。

引　言

由电源供电或含有辐射源的机械可能排放辐射或产生电场和/或磁场。辐射排放以及场的频率和量级将有所不同。

GB/T 26118.1 给出了机械辐射排放的风险评价通则。

GB/T 26118.3 给出了通过减小排放和提供信息来避免或减少人员暴露于辐射的保护措施细节。

设计者宜根据 GB/T 26118.1 中规定的通则，识别由机械产生的辐射危险。为了评价风险并对辐射排放进行分类，设计者需要将危险量化。

按照本部分的要求进行测量，以便：

——检查机械设计的安全完整性等级；

——根据 GB/T 26118.1 的 7.1 给出分类的依据；

——在制造商规定的条件下进行设置和维修操作时，评价机械在对人员无任何危险的条件下运行、设置和维护的能力；

——探测和测量任何辐射泄露；

——确定辐射排放可能危及健康和安全的区域；

——使潜在使用者能够对不同机械的辐射排放进行比较。

在有特殊困难的情况下，测量可辅之以适当的合理计算。

附录 A 给出了不同类型辐射的测量技术相关信息。随着技术不断发展，其他标准中将规定标准测量方法。随着其他方法和探测器的发展，本部分的附录中未包含这些方法和探测器但并不排除使用它们。

如果不存在标准测量方法，则宜采用公认的科学程序并给出适当的细节。

根据 GB/T 15706.1，本部分属于 B1 类标准。

C 类标准可补充或修改本部分的条款。

注：对于属于 C 类标准范围并根据该 C 类标准设计和制造的机器，优先采用 C 类标准。

机械安全　机械辐射产生的风险的评价与减小　第2部分:辐射排放的测量程序

1　范围

GB/T 26118 的本部分规定了测量和报告与机械辐射排放有关的量的基本技术和通用程序。本部分适用于 GB/T 26118.1 中定义的各种辐射排放。

本部分适用于 GB/T 15706.1—2007 的 3.1 中定义的机械。

2　规范性引用文件

下列文件对于本文件的应用是必不可少的。凡是注日期的引用文件,仅注日期的版本适用于本文件。凡是不注日期的引用文件,其最新版本(包括所有的修改单)适用于本文件。

GB/T 4365—2003　电工术语　电磁兼容(IEC 60050-161:1990,IDT)

GB/T 2900.60—2002　电工术语　电磁学(IEC 60050-121:1998,EQV)

GB/T 2900.61—2008　电工术语　物理和化学(IEC 60050-111:1996,MOD)

GB 23821—2009　机械安全　防止上下肢触及危险区的安全距离(ISO 13857:2008,IDT)

GB/T 26118.1—2010　机械安全　机械辐射产生的风险的评价与减小　第1部分:通则

IEC 60050-881:1983　国际电工术语　第881章:放射线与放射物理学

3　术语和定义

GB/T 15706.1 和 GB/T 26118.1—2010 中界定的以及下列术语和定义适用于本文件。

GB/T 2900.61—2008、GB/T 2900.60—2002、GB/T 4365—2003 和 IEC 60050-881:1983 中界定的术语和定义也适用于本文件。

3.1

运行条件　operating conditions

受检机器处于运行模式或运行过程中的条件,包括运行参数。

3.2

空载运行　no-load operation

机械在无任何材料加工时的运行,同时机械的所有元件和专用辅助设备都在运行(泵、液压装置、抽吸系统等)且所有运动部件(轴、工作台、支撑架等)也在其可能的范围内运行。

3.3

负载运行　operation under load

机械有加工材料且带有其所有元件和专用辅助设备时的运行。

3.4

运行阶段　phase of operation

机器执行特定功能的时间段。

3.5

运行周期　operating cycle

从加入加工材料到移除加工材料或者转换到下一工作地点的运行阶段完整序列。

3.6

测量时间 measurement time

测量辐射的时间段。

注：测量时间由测量的持续时间和测量时与机械运行阶段相关的时间点来确定。

3.7

平均周期 averaging period

进行特征评价的整个阶段。

注：为了考虑平均周期内排放的所有变化，测得的排放量是适当时间段内的平均值。

4 辐射的分类

GB/T 26118.1—2010 的第 4 章中给出了辐射的分类。

机械的设计和制造应使得所有辐射排放限制在机械运行所必需的范围内，并且不影响暴露人员或将影响降低到无危险的水平。

5 待测物理量

GB/T 26118.1—2010 的附录 B 中给出了待测物理量及其单位。

6 测量程序

6.1 警告

测量之前，宜对排放水平进行评估以确保无充分保护的人员不会暴露于危险的辐射排放中。这一评估也用来防止测量设备过载。

6.2 测量仪器

测量仪器的准确度、测量范围、选择性、方向性、时间分辨率和光谱灵敏度应适于测量辐射排放，并且使结果可与 GB/T 26118.1—2010 附录 B 规定的辐射类别值相比较。

测量设备和程序的选择应使得不会因设备的进入或测量人员的存在明显干扰测量中的辐射场。

测量设备应溯源到国家基准。

6.3 测量程序

6.3.1 概述

测量应在没有反射或者反射可忽略的条件下进行，以使辐射排放不会被过高估计。应清理机器周围任何机器运行不必要的且可能阻碍待测辐射自由传播的任何物体。

6.3.2 运行条件

测量期间，规定的运行条件应是机械预定使用期间典型的最大辐射排放。

如果制造商提供的文件已经规定运行条件代表最大的辐射排放，则可以使用模拟和/或简化的运行条件。

6.3.3 测量点

——分类的要求

为了充分反映机器周围(尤其是操作者和其他人员可能暴露的区域)辐射场的特征,应规定足够多的点作为测量点(数量和位置):

a) 应在 GB/T 26118.1—2010 的附录 B 规定的距离或点上进行测量;

b) 如果最大辐射排放的位置与可达表面的距离大于 GB/T 26118.1—2010 的附录 B 规定的测量距离,则应在发生最大排放的点上测量;

c) 如果外壳上存在操作者身体某部位可能进入的开口,则应在可进入的区域进行测量(见 GB 23821);

d) 如果操作者需要通过窗口或安装的光学装置观察外壳内部,则应测量眼睛处的辐射强度。

——附加要求

如果有关,应在如下测量点进行额外的测量:

- 操作者工作位置或人员可能位于辐射场的机器周围位置;
- 因为维护而移除外壳后,在外壳内部可能发生辐射泄露的位置(例如:通过屏蔽罩、接点等的渗透)以及在 C 类标准中规定的保养开口;
- 在机器外壳的表面;

或者,

- 由于探测器有较大敏感度或带有限位机构,在离探测器最近的距离处;
- 在一个或多个同等通量密度线的位置。

应规定所有的测量点,从而唯一确定这些测量点。

存在特殊困难的情况下,测量可辅之以详细的理论预测。

注:关于机器周围辐射排放模式的有用信息可按同等通量密度线的形式表达。

6.3.4 测量时间

测量时间的选择应考虑辐射的所有重要特性、测量仪器和机器运行条件。

此外,还应根据 GB/T 26118.1—2010 中附录 B 规定的任意平均周期来选择测量时间。

6.4 测量报告

测量结果应记录在报告中,并根据 GB/T 26118.1—2010 中第 10 章的要求提供报告。

该报告应至少给出以下信息:

——机械辐射排放的特征;

——测量点的位置;

——机械的运行条件;

——测量仪器的特征(包括类型和序列号);

——测量结果,包括不确定度;

——符合 GB/T 26118.1 的机器类别;

——任何排放理论预测的详细补充;

——所使用的测量技术(例如:详细描述或其他参考资料)。

注:该报告是 GB/T 26118.1—2010 中第 10 章“使用和维护信息”的基础。

附 录 A
（资料性附录）
不同种类辐射的测量技术

A.1 电场、磁场和电磁场

A.1.1 概述

一般情况下，测量系统包括一个可能是天线的传感器和一个探测器，该探测器连接一台分析经屏蔽的连接器或光纤传输的信号的分析仪。为了正确选择设备，需要预先了解以下关于待测辐射特征的知识：

——包括谐频在内的频率范围和值；

——发射能量；

——极化：电场和磁场方向；

——调制（平均值和峰值）；

——脉冲辐射周期：频率和振幅；

——辐射源的特征：类型、增益、带宽；

——离辐射源的距离；

——存在可能影响辐射传播的物体。

辐射频率、辐射源尺寸以及暴露点到辐射源之间的距离共同决定在近场或远场是否会发生暴露。

当根据 6.2 选择测量仪器时，下列因素很重要：

——宜采用专用的传感器和探测器测量物理量。

——传感器或探测器的存在不宜显著改变该辐射/场的特征。

——传感器和分析仪之间的连接不宜显著干扰待测场。

——探测器的频率响应宜覆盖出现的频率范围，并且不宜受光或其他规定频段以外的频率影响。

——对于近场测量，探测器的尺寸宜小于最高频率时波长的 1/4。这只适用于使用传导天线的情况。当使用阻抗大于电抗的电阻性偶极天线时，此要求不适用。

——宜了解仪器的响应时间。推荐值为 1 s，小于 1 s 适用于间歇场的探测。

——传感器宜能响应所有场的极化成分。这可通过探测器的各向同性响应或者沿着三条坐标轴移动探测器来实现。

——其他必要的特性：良好的电过载保护、内置电源、易于搬运和耐久性。

根据具体情况，由仪器测得的物理量有：

——电场强度 E：$\mathrm{V \cdot m^{-1}}$；

——磁通密度 B：T；

——磁场强度 H：$\mathrm{A \cdot m^{-1}}$；

——平均表面功率密度：$\mathrm{W \cdot m^{-2}}$。

电场强度传感器通常使用一个或多个偶极天线。单个偶极天线传感器给出所测场极化的信息。磁场传感器通常是环形的。

A.1.2 低频和极低频

这主要涉及伪静态场以及与供电网络频率相同（即 50 Hz 和 60 Hz）的场。是否测量电场强度或磁场强度或者两个都测量取决于待评价的辐射源类型。

电场

只要存在电势差就存在电场。使用自治仪器(即自由导体型仪表)进行测量,其探测器以电表连接两个半球或两个相对的金属板的形式形成传感器的主要部分。

磁场

只要有电流,在导体周围就会产生磁场。

将环形传感器或线圈垂直放入磁场测量磁场强度。可能还需使用霍尔效应探测器和磁门磁强计。

A.1.3 无线电频率

传感器类型:天线和环形传感器(见表 A.1)

表 A.1 传感器类型

传感器类型
——偶极:20 MHz～1 000 MHz ——双锥形:10 kHz～1 000 MHz ——鞭状:10 kHz～32 MHz ——磁环:150 kHz～300 MHz
——对数周期:200 MHz～1 GHz ——等角螺旋:200 MHz～1 GHz ——喇叭形:1 GHz～18 GHz

测量设备的性能(见表 A.2)

表 A.2 测量仪器的性能

名　称	限　值
响应时间	小于 3 s
传感器响应非线性——读取	小于读数的 20%
5 ℃～30 ℃时的外部温度影响	小于 1 dB
电源电压变化的影响	小于读数的 20%
待测频率波段之外的信号影响	最小
0 点漂移	每小时小于 10%
无永久损害的过载系数(平均)	大于 10

A.2 光辐射

A.2.1 概述

根据光源的光谱范围、强度、时间和空间特征,使用各种不同的仪器测量红外(IR)、紫外(UV)和可见光的光辐射。

为了评估宽频光源,一般需要确定其光辐射的光谱分布,该分布受以下因素影响:

——光路中光学元件(例如:投影光学系统)的过滤;

——位于视网膜危险光谱区(400 nm～1 400 nm)的光源的投影尺寸；

——辐照度随距离的变化。

通常使用日照强度表。它包括一个入射光学系统，连着产生电压、电流、电阻变化或者电量(由灵敏的静电计进行测量)的探测器。

A.2.2 红外辐射

有两种探测器：

——热量探测器(热电堆和热量计)；

——量子探测器(光电式、光敏式或光电放射式)。

对于辐照度测量，入射光宜具有余弦特征。

A.2.3 可见辐射——光

辐射照度计朝着光源反射方向或者选定表面。所用设备的接收角度范围宜在1°以内，并且如有可能，还宜装设反射瞄准装置，使仪器能准确定向并精确确定所测的区域。

A.2.4 紫外(UV)辐射

为了评估辐射能量密度(辐射暴露)或表面功率密度(照度)，可使用配备有光敏二极管或光电倍增器的集成式辐射照度表或分光辐射度计。当使用分光辐射度计时，存在所测波长和该波段以外波长相互影响的风险。为了避免此情况，需要选择合适的测量仪器。

集成式辐射照度表宜装设符合规定光谱的计权滤波器。

参 考 文 献

[1] GB/T 15706.1—2007 机械安全 基本概念与设计通则 第1部分:基本术语和方法

[2] GB/T 15706.2—2007 机械安全 基本概念与设计通则 第2部分:技术原则

[3] GB/T 26118.3 机械安全 机械辐射产生的风险的评价与减小 第3部分:通过衰减或屏蔽减小辐射

ICS 13.110
J 09

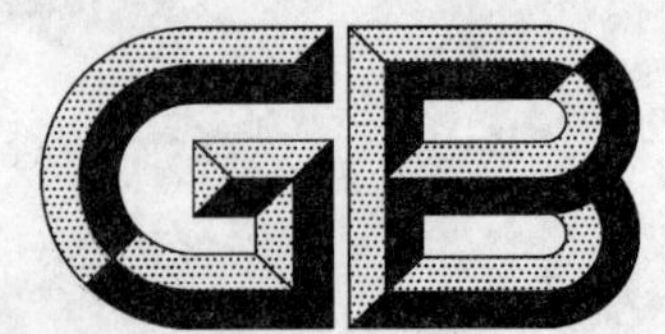

中华人民共和国国家标准

GB/T 26118.3—2010

机械安全　机械辐射产生的风险的评价与减小　第3部分:通过衰减或屏蔽减小辐射

Safety of machinery—Assessment and reduction of risks arising from radiation emitted by machinery—Part 3: Reduction of radiation by attenuation or screening

2011-01-10 发布　　2011-10-01 实施

中华人民共和国国家质量监督检验检疫总局
中国国家标准化管理委员会　发布

前　言

GB/T 26118《机械安全　机械辐射产生的风险的评价与减小》由以下三部分组成：

——第1部分：通则；

——第2部分：辐射排放的测量程序；

——第3部分：通过衰减或屏蔽减小辐射。

本部分是GB/T 26118的第3部分。

本部分按照GB/T 1.1—2009给出的规则起草。

本部分等同采用欧洲标准EN 12198-3：2002《机械安全　机械辐射产生的风险的评价与减小　第3部分：通过衰减或屏蔽减小辐射》(英文版)。

本部分等同翻译EN 12198-3：2002。为便于使用，本部分做了下列编辑性修改：

——用"本部分"代替"本欧洲标准"；

——删除了EN前言，重新编写了前言；

——按照GB/T 1.1—2009的要求修改了范围中条款的表述顺序；

——将规范性引用文件的导语按GB/T 1.1—2009进行了修改，并将EN 12198-3：2002引用的标准改为对应的国家标准；

——删除了规范性引用文件EN 1070；

——删除了第4章中的"(见EN 292-1：1991，附录A)"；

——删除了6.5中的"(在欧洲：北方－40℃～南方＋40℃)"；

——删除了附录ZA。

本部分由全国机械安全标准化技术委员会(SAC/TC 208)提出并归口。

本部分起草单位：如皋市包装食品机械有限公司、深圳市华测检测技术股份有限公司、中机生产力促进中心、南京林业大学光机电仪工程研究所。

本部分主要起草人：史传民、徐江、李勤、宁燕、王立、朱平、居荣华、吴健、富锐、张晓飞、陈能玉、刘治永、汪希伟、许蔷。

引　言

由电源供电或含有辐射源的机械可能排放辐射或产生电场和/或磁场。辐射排放以及场的频率和量级将有所不同。

本部分不涉及以较小的辐射源替代、增加距离或减少暴露时间等方法来减小辐射风险。

根据 GB/T 15706.1，本部分属 B1 类标准。

C 类标准可补充或修改本部分的条款。

注：对于属于 C 类标准范围并根据该 C 类标准设计和制造的机器，优先采用 C 类标准。

机械安全　机械辐射产生的风险的评价与减小　第3部分:通过衰减或屏蔽减小辐射

1　范围

GB/T 26118 的本部分规定了有辐射危险的机械的制造商设计和制造能有效防止辐射的安全防护装置的方法,其他标准中给出了针对不同种类的辐射和机器的屏蔽设计具体技术细节。

本部分给出了通过衰减或屏蔽降低辐射通量的设计策略。

本部分适用于 GB/T 15706.1 中定义的机械。

注:GB/T 26118.1 给出了机械排放的辐射风险评价的通则。GB/T 26118.2 详细给出了辐射排放的测量方法。

2　规范性引用文件

下列文件对于本文件的应用是必不可少的。凡是注日期的引用文件,仅注日期的版本适用于本文件。凡是不注日期的引用文件,其最新版本(包括所有的修改单)适用于本文件。

GB/T 2900.60—2002　电工术语　电磁学(IEC 60050(121):1998,EQV)

GB/T 2900.61—2008　电工术语　物理和化学(IEC 60050-(111):1996,MOD)

GB/T 4365—2003　电工术语　电磁兼容(IEC 60050(161):1990,IDT)

GB/T 8196—2003　机械安全　防护装置　固定式和活动式防护装置设计与制造一般要求(ISO 14120:2002,MOD)

GB/T 15706.1—2007　机械安全　基本概念与设计通则　第1部分:基本术语和方法(ISO 12100-1:2003,IDT)

GB/T 15706.2—2007　机械安全　基本概念与设计通则　第2部分:技术原则(ISO 12100-2:2003,IDT)

GB/T 16856.1—2008　机械安全　风险评价　第1部分:原则(ISO 14121-1:2007,IDT)

GB/T 18831—2002　机械安全　带防护装置的连锁装置　设计和选择原则(ISO 14119:1998,MOD)

GB 23821—2009　机械安全　防止上肢和下肢触及危险区的安全距离(ISO 13857:2008,IDT)

GB/T 26118.1—2010　机械安全　机械辐射产生的风险的评价与减小　第1部分:通则

GB/T 26118.2—2010　机械安全　机械辐射产生的风险的评价与减小　第2部分:辐射排放的测量程序

IEC 60050-881:1983,国际电工术语　第881章:放射线与放射物理学

3　术语和定义

GB/T 15706.1 和 GB/T 26118.1—2010 中界定的以及下列术语和定义适用于本文件。

3.1

屏蔽(常规定义)　shield (general definition)

设计用来减小、选择或吸收辐射的部件。此部件可能用于辐射防护或选择特定的辐射。

注:衰减器、屏障或过滤器是常见的屏蔽。

3.2

防护屏蔽　protection shield

用于人和/或设备防护辐射的屏蔽。

3.3

选择性屏蔽　selective shield

用于过滤辐射并可选择辐射的种类或能量的屏蔽。

3.4

局部屏蔽　shadow shield

按照辐射源不完全封闭,但在某些方向上阻止辐射自由通过的方式安装的屏蔽。

4　辐射的分类

GB/T 26118.1—2010 的第 4 章中给出了辐射的分类。

机械的设计和制造应使得所有辐射排放限制在机械运行所必需的范围内,并且不影响暴露人员或将影响降低到无危险的水平。

5　通过设计减小辐射排放水平的程序

通过衰减或屏蔽减小辐射的程序应包括以下步骤:

1) 根据 GB/T 26118.1—2010 的 7.2,通过规定一个不能超过且尽可能低的辐射排放水平来规定设计目标;
2) 描述所有辐射源的特征(见 GB/T 26118.1—2010 的第 4 章和 6.2);
3) 规定辐射场的预期方向和强度,以及受辐射区域的进入;
4) 检查是否存在有效的衰减或屏蔽材料;
5) 评价环境条件和对辐射源及屏蔽的影响;
6) 做出设计决策;
7) 制造样机;
8) 根据 GB/T 26118.1—2010 的第 6 章和 GB/T 26118.2—2010 进行测量;
9) 与第 1)步规定的期望水平相比较(见 GB/T 26118.1—2010 的第 7 章);
10) 如有必要,修改设计并重复第 6)步到第 10)步;
11) 为使用者准备技术文件。

在第 6 章中将详细描述这些步骤。

6　屏蔽的设计策略

6.1　设计目标

制造商根据 GB/T 26118.1—2010 的第 7 章设定 5.1)中规定的设计目标。

6.1.1　制造商设计机器时应考虑辐射的风险是最基本的要求。这可根据 GB/T 26118.1—2010 的 7.2,通过确定功能性辐射排放和不良辐射排放的最大期望排放水平来实现。

6.1.2　最大排放限值可由其他文件规定,例如国家的法规或国际推荐。如果没有此类文件,则制造商应决定设计应满足的安全准则。这些准则在机器使用的不同阶段可能不同(见 GB/T 15706.1—2007 的 5.2 和 5.3a),也可见 GB/T 16856.1)。

6.1.3　制造商还应考虑在运行环境条件或机器工作循环发生变化可能引起的辐射排放改变。

6.2 描述所有辐射源的特征

应考虑如下几点：

a) 辐射源的数量；

b) 辐射的特征：频谱、强度等(见 GB/T 26118.1—2010 的第 4 章)；

c) 每个辐射源的结构特征；

- 几何形状(点、线、圆柱、球形等)，包括尺寸；
- 辐射源敞开或封闭；
- 辐射发生器(切断电源将终止辐射排放)；
- 物理状态：固体、液体、气体、等离子体等；

d) 化学成分。

应特别注意以下情况：

e) 同一辐射源排放不同类型的辐射；

f) 辐射源的制造商已规定辐射源的功能寿命或安全工作寿命。

6.3 辐射场或波束的几何形状、进入和防护设计

制造商应考虑下列因素。

6.3.1 辐射场或波束的几何形状

a) 考虑到辐射和材料之间的相互作用区域以及该区域内需要的均匀性，场和波束的尺寸宜尽可能小。

b) 在考虑了发散性和场必需的任何进入之后，预期辐射场或波束不得不穿过的距离宜尽可能小。

6.3.2 进入照射区

只要可能，宜封闭场或波束，以防止意外进入辐射高于设计目标水平的区域。

作为机械日常维护或设置的一部分，可能需要测量场或波束的外形或强度。波束的位置可能还需要调整。

如果需要进入场或波束，则在设计阶段宜包括进入点。

进入点的结构不应产生高于设计目标规定等级的辐射泄露。

6.3.3 防护装置的设计

用来封闭场或波束的防护装置可能需要具备衰减性能或只是防止进入波束。如果防护装置用作屏蔽，则其设计还应遵循第 5 章中列出的步骤。如果只用来防止人员进入，则任何开口都应尽可能小，并适当遵循 GB 23821—2009 中的表 3、表 4 和表 5。

制造商宜认识到即使是通过很小的开口，也可能意外插入反射体。如果可能反射很大一部分波束而导致超过设计目标，则防护装置不应有开口。

6.4 检查是否有有效的衰减材料

6.4.1 制造商检查材料应考虑诸如吸收、衰减及其他特性。

特别应考虑到以下特性：

——化学成分；

——照射寿命终止后的稳定性；

——有效性；

——尺寸和重量(或质量)、人工或机械操作;
——刚性和抗冲击性能:是否自支持;
——耐久性:是否能承受给它的机械要求;
——加工、使用或废弃期间的毒性;
——机械加工性:机械加工是否容易、安全、便宜;
——电导率:接地和导电部件的电气连续性;
——可燃性:耐火性或在易燃气氛中使用机械;
——导热性:是否可安全的消除产生的热量。

注:环境保护和管理部门可能对某些材料的使用提出一些限制。

6.4.2 制造商应考虑如何使用部件,包括这些部件:
——是可移动的还是固定的;
——是否需要维护。

6.5 环境条件的评价

机器以及用于衰减辐射的材料和装置应能承受可预见环境和操作条件的影响。应至少特别考虑以下因素:
——允许机械放置的位置;
——湿度:最大限值和最小限值;
——温度:最高和最低环境温度;
——压力;
——酸度(pH);
——粉尘:定期清洗;
——空气的可燃性或易爆性;
——振动;
——润滑材料;
——冷却水的质量。

6.6 设计要求

设计机器时,制造商应检查6.1~6.5中的所有信息,并对以下细节做出决定。按以下方式对具体设计做出决定。

6.6.1 为了实现安全的屏蔽设计,制造商应考虑:
——辐射源的位置及其安装;
——安装过程中的泄漏和屏蔽的移位;
——辐射源和所有防护装置之间的联锁。

6.6.2 适当时,应满足以下要求:
——辐射源的定位应使其外壳无论在正常运行条件下还是在任何可导致排放特性改变的单一故障条件下都不能被损坏。如有必要,应进一步提供机械保护以实现这一目标;
——任何进一步的机械保护都不应增加辐射排放危险或由于其存在或其位置而造成的其他危险;
——如果进一步的机械保护干扰预期排放,则在排放特征的任何变化都可被探测并自动显示时,可忽略此因素;
——如果打开防护装置会给出自动"停止"指令,则在没有进一步操作的情况下,防护装置的关闭不应恢复排放(见GB/T 15706.1—2007的3.25.4,也可见GB/T 8196和GB/T 18831);
——辐射源或者其外罩应牢固安装。正常运行或单一故障条件下不应导致其脱落。外罩和安装支架的设计应便于在不对操作人员造成严重暴露的情况下更换辐射源；

——任何探测器、指示器、辐射源能量、开闭器或联动装置都应在“故障安全”的模式下运行（见GB/T 15706）。

注1：尽可能一开始就根据所考虑设计的预期性能做出设计决策。

注2：考虑很多因素将引起屏蔽设计的要求相互冲突，制造商将不得不多次反复迭代，直到达成仍然满足设计目标的折衷方案。

6.6.3 屏蔽上的接缝和保养开孔处应能够提供与本体材料相同的衰减水平。

6.6.4 如果在正常运行期间衰减器会退化，则制造商应：

——规定屏蔽需要更换的周期；

——安装探测性能退化并自动显示的装置。

如果屏蔽的性能退化使得辐射排放超过了设计目标水平，则：

——应关闭辐射源，或者

——应采用机械关闭器或其他方式限制排放。

6.6.5 屏蔽的定位和安装应使其无论在正常运行状态或任何可导致其衰减性能降低的单一故障状态下都不被损坏。

如果屏蔽的定位不能使其免受损坏，则应进一步提供机械保护。一般情况下，对于各向同性辐射源，屏蔽越靠近辐射源，实际需要的屏蔽越小。

如果设计的屏蔽或者屏蔽的部件在维护或保养时可移除，则紧固件的定位布局应确保正确复位。

6.6.6 如果移除屏蔽时辐射排放将超过设计目标水平，则：

——辐射源应自动关闭，或者

——用机械关闭器或者使用其他方法将排放限制在设计目标水平内。

如果这点无法达到，则屏蔽应：

——有需要工具才能松开的紧固件；

——应在上面固定合适的永久警告标识。

6.6.7 如果排放的变化导致超出设计目标水平，则：

——辐射源应自动关闭，或者

——应通过机械关闭器或者通过其他方法限制排放。

6.7 制造样机

由于所考虑的上述因素相互关系复杂，大多数情况下难以准确预知屏蔽的性能。需要靠经验来检验其性能。

样机的制造应充分体现辐射的防护设计。

6.8 确定屏蔽的有效性

应根据以下方式确定机器屏蔽防止辐射危险的有效性：

——按照GB/T 26118.2—2010在样机或模型上进行辐射测量；

——理论计算。

6.9 与设定的期望等级相比较且在必要时修改设计

如果测量结果超出设计目标水平，则有必要修改设计并重复第5章中的步骤5)到步骤9)。

6.10 为使用者准备文件

除了GB/T 15706.2—2007的第6章之外，使用信息还应包括对机器辐射防护方面的详细说明。

ICS 25.010
J 04

中华人民共和国国家标准

GB/T 26119—2010

绿色制造　机械产品生命周期评价　总则

Green manufacturing—Life cycle assessment for mechanical products—General

2011-01-10 发布　　2011-10-01 实施

中华人民共和国国家质量监督检验检疫总局
中国国家标准化管理委员会　发布

前　言

本标准按照 GB/T 1.1—2009 给出的规则起草。

本标准由全国绿色制造技术标准化技术委员会(SAC/TC 337)提出并归口。

本标准起草单位:中机生产力促进中心、山东大学、清华大学、广东省标准化研究院。

本标准主要起草人:丁红宇、奚道云、李方义、王晓伟、刘红旗、肖承翔、郭英玲、向东、刘华。

引　言

机械产品生命周期评价通过确定和评价机械产品全生命周期或指定阶段潜在的环境影响，为机械产品绿色制造决策提供科学依据。

机械产品生命周期评价基于全生命周期概念，通过对机械产品从原材料的获取、生产、储存、运输、使用到生命末期的处理、循环和最终处置在内的整个生命周期内的能源、物质消耗及废弃物排放数据的搜集与分析，量化及评价机械产品系统潜在的环境影响，改善机械产品的设计方案、工艺过程和方法等，实现机械产品的绿色制造。

机械产品生命周期评价包括以下四个阶段：

1） 目的和范围的确定；

2） 清单分析；

3） 影响评价；

4） 解释。

本标准中未给出数据收集、影响评价的详细要求。

绿色制造　机械产品生命周期评价　总则

1　范围

本标准规定了机械产品生命周期评价的基本原则与框架、评价方法及报告的一般要求。

本标准适用于机械产品生命周期评价研究与应用，用于评价机械产品全生命周期或指定阶段潜在的环境影响。

2　规范性引用文件

下列文件对于本文件的应用是必不可少的。凡是注日期的引用文件，仅注日期的版本适用于本文件。凡是不注日期的引用文件，其最新版本（包括所有的修改单）适用于本文件。

GB/T 24040—2008　环境管理　生命周期评价　原则与框架

GB/T 24044—2008　环境管理　生命周期评价　要求与指南

3　术语和定义

下列术语和定义适用于本文件。

3.1

生命周期　life cycle

机械产品从原材料的获取，到产品的设计、生产、包装、运输、使用、回收利用，直至最终处置的全过程。

3.2

生命周期评价　life cycle assessment(LCA)

对机械产品系统的生命周期中输入、输出及其潜在环境影响的汇编和评价。

3.3

生命周期清单分析　life cycle inventory analysis(LCI)

生命周期评价中对机械产品整个生命周期中输入和输出进行汇编和量化的阶段。

3.4

生命周期清单分析结果　life cycle inventory analysis result(LCI result)

生命周期清单分析的成果，据此对通过系统边界的能量流和物质流进行分类，并作为生命周期影响评价的起点。

[GB/T 24040—2008，定义 3.24]

3.5

生命周期影响评价　life cycle impact assessment(LCIA)

生命周期评价中理解和评价产品系统在产品整个生命周期中的潜在环境影响大小和重要性的阶段。

[GB/T 24040—2008，定义 3.4]

3.6

生命周期解释　life cycle interpretation

生命周期评价中根据规定的目的和范围的要求对清单分析和（或）影响评价的结果进行评估以形成

结论和建议的阶段。

[GB/T 24040—2008,定义 3.5]

3.7

产品系统　product system

拥有基本流和产品流,同时具有一种或多种特定功能,并能模拟产品生命周期或指定阶段的单元过程的集合。

[GB/T 24040—2008,定义 3.28,有修改]

3.8

单元过程　unit process

进行生命周期清单分析时为量化输入和输出数据而确定的最基本部分。

[GB/T 24040—2008,定义 3.34]

3.9

系统边界　system boundary

通过一组准则确定哪些单元过程属于产品系统的一部分。

注:在本标准中,术语"系统边界"与 LCIA 无关。

[GB/T 24040—2008,定义 3.32]

3.10

功能单位　functional unit

用来作为基准单位的量化的产品系统性能。

[GB/T 24040—2008,定义 3.20]

3.11

对比论断　comparative assertion

对于一种产品优于或等于具有同样功能的竞争产品的环境声明。

[GB/T 24040—2008,定义 3.6]

3.12

透明性　transparency

对机械产品生命周期评价过程相关信息的公开、全面和准确表述。

3.13

输入　input

进入一个单元过程的产品、物质或能量流。

注:产品或物质包括原材料、中间产品和共生产品。

[GB/T 24040—2008,定义 3.21]

3.14

输出　output

离开一个单元过程的产品、物质或能量流。

注:产品和物质包括原材料、中间产品、共生产品和排放物。

[GB/T 24040—2008,定义 3.25]

3.15

基本流　elementary flow

取自环境,进入所研究系统之前没有经过人为转化的物质或能量,或者是离开所研究系统,进入环境之后不再进行人为转化的物质或能量。

[GB/T 24040—2008,定义 3.12]

注:包括系统中自然资源的使用和向空气、水体和土壤中的排放以及辐射等。

3.16

产品流　product flow

产品从其他产品系统进入到本产品系统或离开本产品系统而进入其他产品系统。

[GB/T 24040—2008,定义 3.27]

3.17

能量流　energy flow

单元过程或产品系统中以能量单位计量的输入或输出。

注：输入的能量流称为能量输入；输出的能量流称为能量输出。

[GB/T 24040—2008,定义 3.13]

3.18

基准流　reference flow

在给定产品系统中，为实现一个功能单位的功能所需的过程输出量。

[GB/T 24040—2008,定义 3.29]

3.19

中间流　intermediate flow

介于所研究的产品系统的单元过程之间的产品、物质和能量流。

[GB/T 24040—2008,定义 3.22]

3.20

数据质量　data quality

数据在满足所声明的要求方面的能力特性。

[GB/T 24040—2008,定义 3.19]

3.21

影响类型　impact category

所关注的环境问题的分类，生命周期清单分析的结果可划归到其中。

[GB/T 24040—2008,定义 3.39]

3.22

影响类型参数　impact category indicator

对影响类型的量化表达。

注：为便于阅读，在本标准中使用缩略语“类型参数”。

[GB/T 24040—2008,定义 3.40]

3.23

类型终点　category endpoint

用于识别特定环境问题所涉及的自然环境、人体健康或资源的属性或组成，并给出相应的原因。

[GB/T 24040—2008,定义 3.36]

3.24

特征化因子　characterization factor

由特征化模型导出，用来将生命周期清单分析结果转换成类型参数共同单位的因子。

注：共同单位使类型参数结果的计算得以实现。

[GB/T 24040—2008,定义 3.37]

3.25

鉴定性评审　critical review

确保生命周期评价和生命周期评价标准的原则与要求一致的过程。

[GB/T 24040—2008,定义 3.45,有删节]

4 原则与框架

4.1 机械产品生命周期评价的原则

4.1.1 生命周期的观点

LCA 通常考虑产品的整个生命周期，即从原材料的获取、生产、运输、使用，到生命末期的处理、循环和最终处置，通过这种系统的观点，将产品生命周期各阶段的资源消耗、环境、人体健康与安全影响进行量化、评价和分析，就可以识别并可能避免生命周期各阶段或各环节的潜在环境负荷的转移。根据研究目的的需要，也可以应用于机械产品某一指定阶段(如工艺方案设计、再制造)的环境影响评价。

4.1.2 以绿色制造为焦点

LCA 关注产品系统中的资源属性、生态环境属性、人体健康与安全属性等因素，通常不考虑经济和社会因素及其影响，对机械产品进行综合性评价时，可将 LCA 评价与其他评价方法相结合。

4.1.3 以功能单位为基础

LCA 是围绕功能单位构建的一个相对的方法，清单分析的结果(即产品整个生命周期中的输入和输出)应量化到一个功能单位。

它能确保对不同的系统进行评价时，LCA 结果建立在一个共同的基础上进行比较。

4.1.4 透明性

为了评价结果的完整、准确、客观，对生命周期评价过程中结果、方法、数据、局限性和假设等应有详细的解释及书面说明。例如系统边界、单元过程的确定，未量化的输入、输出，评价范围修改，数据收集程序和范围的修改等。

4.1.5 科学方法优先

LCA 中的决策应以自然科学为基础，如果缺乏自然科学依据，则可以应用其他的科学方法(例如社会和经济科学)或者是参考国际惯例。如果上述依据均不存在，所做的决策可建立在价值选择的基础之上。

4.2 机械产品生命周期评价的阶段

LCA 分为以下 4 个阶段，各个阶段的主要内容及流程见图 1。

a) 目的和范围的确定：首先确定评价的目的，根据评价的产品特点和评价目的，明确定义评价的范围。

b) 清单分析：评价数据的形成阶段，是生命周期评价的关键阶段。该阶段对机械产品系统整个生命周期中输入和输出进行汇编和量化。如果清单数据不能很好地满足评价目的需要，可对数据收集程序或范围进行修改。

c) 影响评价：依据清单分析结果，对机械产品系统整个生命周期中的潜在环境影响的大小和重要性进行评价。

d) 解释：综合考虑清单分析和影响评价过程，对重要的输入、输出和方法的选择进行评价和敏感性检查、不确定性检查，并对结论、建议及其局限性进行说明。

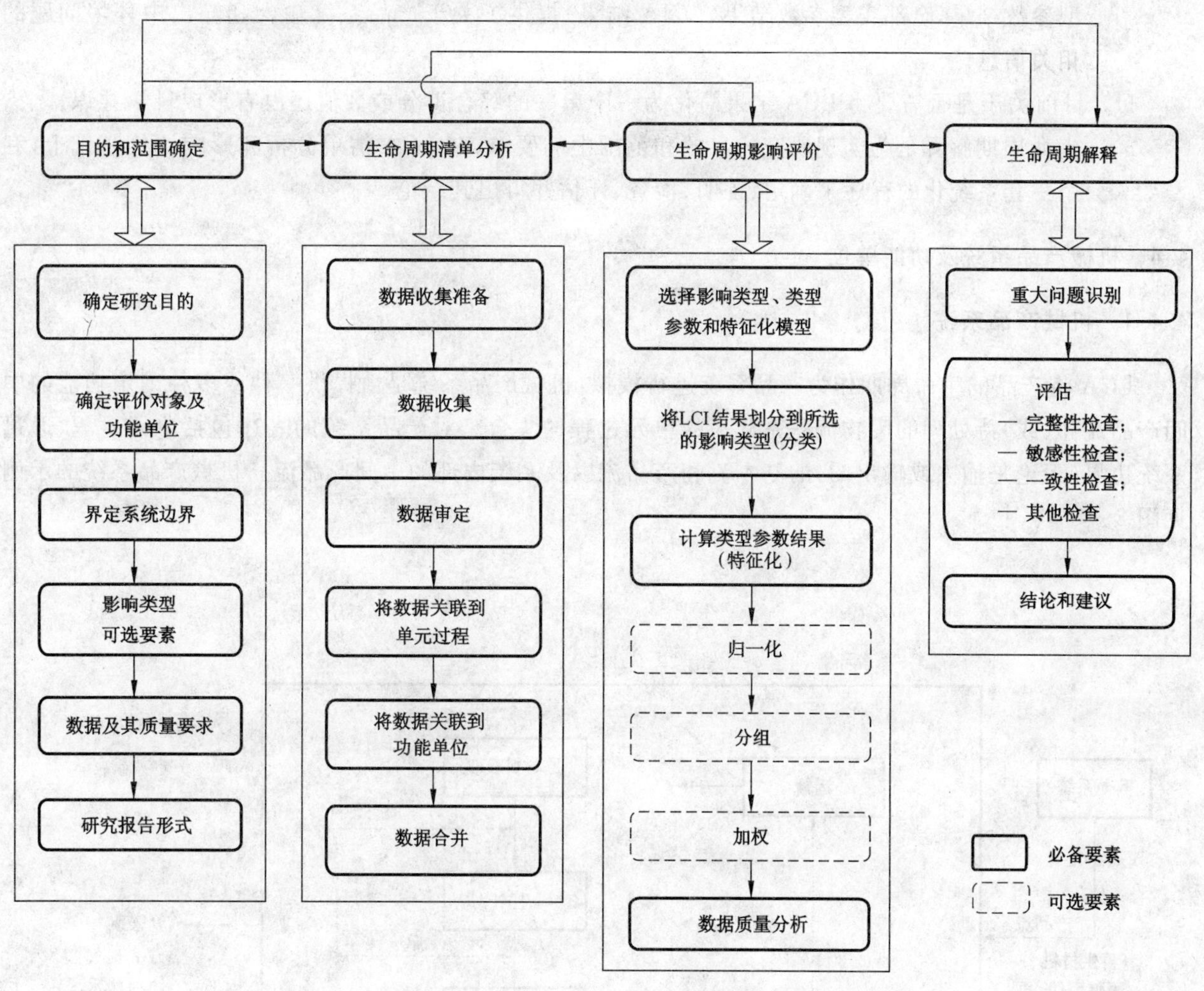

图 1　机械产品 LCA 流程框图

4.3　机械产品生命周期评价的主要特征

LCA 方法的主要特征包括：

a)　LCA 评价过程围绕所确定的评价目的展开，评价范围、影响评价及评价报告均需确定是否达到研究目的。

b)　LCA 是一个反复的过程，因 LCA 的每个阶段都可能与其他阶段的结果产生联系，为保证评价过程与评价报告具有全面性和一致性，在每个阶段中以及各阶段之间均可能应用反复的方法。

c)　按照 LCA 的评价目的，应对保密和所有权做出规定。

d)　LCA 关注潜在的环境影响，但 LCA 不预测绝对的或精确的环境影响，因为：

　　1)　它是基于功能单位对潜在环境影响的相对表述；

　　2)　它是对环境数据在空间和时间上的整合；

　　3)　它具有环境影响模拟中固有的不确定性；

　　4)　某些可能的环境影响明显是指未来影响。

e) LCIA 将 LCI 的结果划归到相应的影响类型，每种影响类型选择一个类型参数，并计算得出类型参数结果，全部类型参数结果(LCIA 结果)提供了关于产品系统输入和输出中环境问题的相关信息。

f) 目前关于是否需要将 LCA 结果简化为一个单一的综合得分或数值还没有形成科学共识。

g) 生命周期解释是为实现研究的目的和范围中的要求，在 LCA 清单分析和影响评价基础上，利用一套系统化的程序来确定、证明、检查、评估并得出其结论。

4.4 机械产品系统及功能单位

4.4.1 机械产品系统

LCA 将产品的生命周期作为产品系统进行模拟，机械产品系统是由提供一种或多种确定功能的中间产品流和(或)待处理的废物流联系起来的单元过程的集合。对产品系统的表述包括单元过程、通过系统边界(无论是输入或输出的)的基本流和产品流以及系统内部的中间产品流。机械产品系统的示例见图 2。

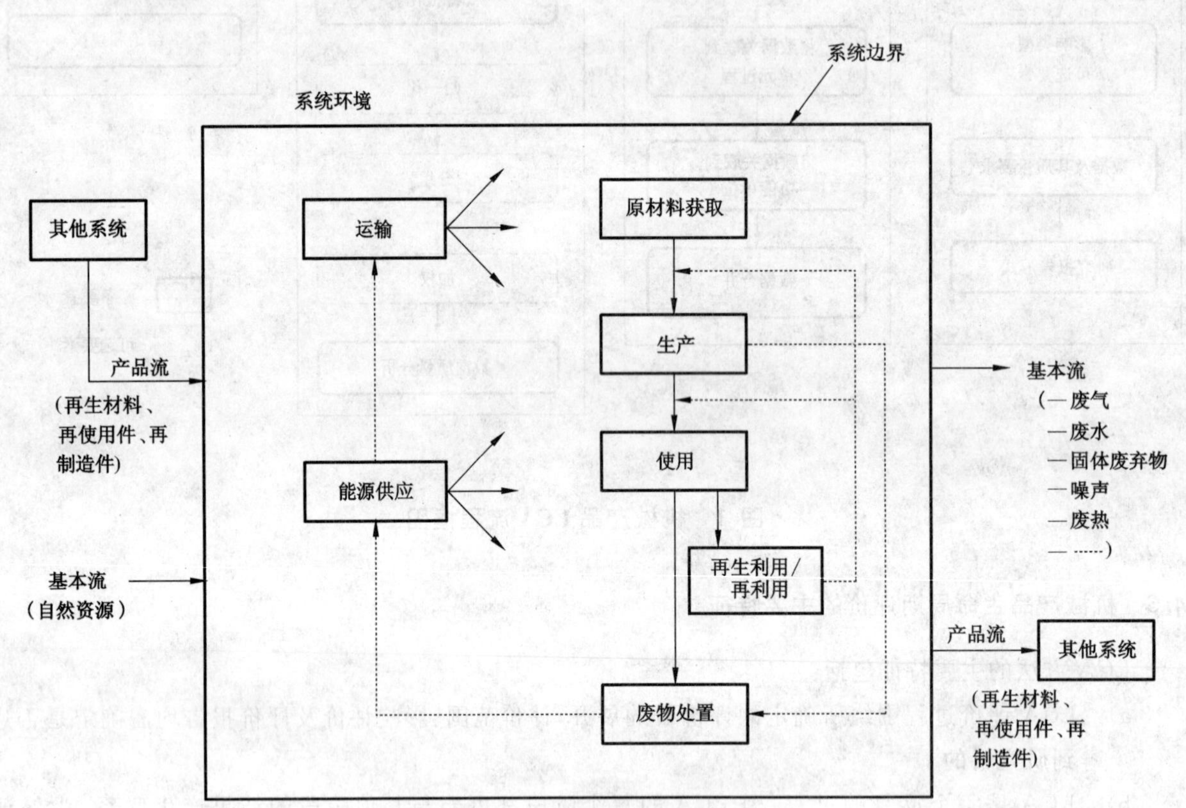

图 2 LCA 中机械产品系统示例

4.4.2 机械产品系统单元过程

机械产品系统按其零部件及主要工艺过程可分为若干个单元过程(示例见图 3)，如坯料形成(型材、铸造、锻压、焊接等)、机加工、热处理、使用、修理、回收、拆解、再制造等过程，单元过程细分的程度根据评价目的和范围确定。

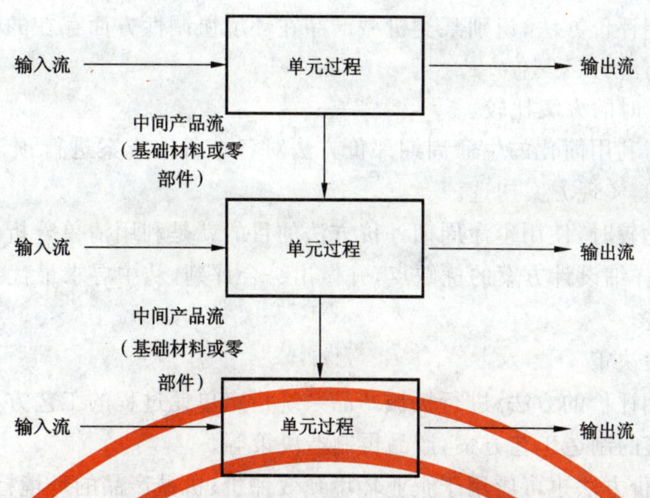

图 3　机械产品系统中单元过程示例

4.4.3　机械产品功能单位

功能单位的确定应与评价的目的和范围保持一致。功能单位的主要作用之一是为输入、输出数据的统一提供基准，以确保 LCA 结果的可比性。因此，应对功能单位做出明确的定义并使其可测算。

机械产品 LCA 功能单位的选取原则：

a) 当产品系统为单个承载某种使用功能的产品或两种及以上相同种类产品进行比较分析时，功能单位的选择可考虑产品个体，例如 1 台碎石机、1 组叶片等。

b) 当不同种类产品进行比较分析时，根据评价的目的和共同的功能特征确定功能单位。例如，两种不同的污水处理设备比较时，可选处理 1 t 相同的污水作为功能单位。

5　评价方法

5.1　机械产品生命周期评价总体要求

LCA 应包括目的和范围的确定、清单分析、影响评价及对结果的解释。

如果不进行影响评价就能满足研究目的需要，则可进行生命周期清单研究（LCI 研究），生命周期清单研究与生命周期评价研究（LCA 研究）相似，但不包括影响评价阶段。

注 1：LCI 研究不应与 LCA 研究中的 LCI 阶段相混淆。

注 2：单独的 LCI 不应用于向公众公布的对比论断的比较中。

5.2　机械产品生命周期评价目的和范围确定

5.2.1　评价目的

确定评价目的是生命周期评价的第一步，该步骤的作用就是让决策者或设计者决定用生命周期评价方法做什么，或者根据机械产品生命周期评价的结果确定如何进一步进行机械产品设计或改进，实现机械产品环境协调性。评价目的可以是一个，也可以是多个。通常进行机械产品生命周期评价的目的主要有（但不限于）下面四种：

a) 建立某类机械产品的参考标准

通过使用生命周期评价方法，同时依据专业人员的判断和获得的数据，来获取相关影响因素的筛选步骤，评估该类机械产品生命周期中或具体单元过程潜在的环境影响，并制定相应的参考标准。

b) 识别某类机械产品的改善潜力

利用生命周期评价方法，识别某类机械产品在环境协调性方面存在的问题，并判别对其进行改善的可能性与潜力。

c) 用于产品设计时的方案比较

在概念设计时利用简化的生命周期评价方法对各个备选方案进行预评估，只考虑最关键的功能单元和过程，实现方案初选。

在详细方案比较时，使用生命周期评价方法的目的就是利用清单分析中的信息、影响评价中的结果，寻找各详细设计方案的优缺点，并做出综合评判，从中寻求最优方案，提出改进意见并对方案进行改进。

d) 用于工艺方案决策

利用生命周期评价的方法，进行机械产品系统指定单元过程的工艺方案优化和决策，例如基于环境性能改善的制造工艺方案，产品再制造决策等。

此外，生命周期评价方法也可应用于企业环境绩效评价、机械产品的环境标志和声明等。

5.2.2 评价范围

5.2.2.1 评价范围应与评价目的相适应，根据需要可以对评价范围进行调整，调整的内容及理由宜进行书面说明。

5.2.2.2 定义 LCA 范围时，应考虑以下内容并对其做出清晰描述：

——所评价的产品系统；

——机械产品系统的功能，或在对比评价时系统的功能；

——功能单位；

——系统边界；

——时间边界；

——分配程序；

——LCIA 的方法与影响类型；

——解释；

——数据要求；

——假设；

——价值选择和可选要素；

——局限性；

——数据质量要求；

——鉴定性评审的类型(如果有)；

——评价报告的类型和格式。

5.2.2.3 为保证 LCA 研究的广度、深度和详尽程度足以适应所确定的评价目的，通常要确定以下评价内容：

a) 确定机械产品系统的主要功能和功能单位

产品系统之间的比较应建立在相同功能的基础之上，这些功能通过相同的功能单位进行量化，功能单位是从数学的角度为输入和输出数据的归一化提供基准。

b) 确定机械产品生命周期评价的系统边界

1) 依据一定的准则，确定要纳入产品系统的单元过程。对系统中的单元过程、单元对象、单元过程的输入和输出要求做出明确界定，并确定对这些单元过程研究的详略程度，确定评价的环境排放类型及其研究的详略程度。

注：单元对象包括加工设备、加工辅料、加工厂房、动力及配套设施、相关人员等内容。

2) 对单元过程、单元对象以及输入和输出的选择准则应予清晰表述，使之易于理解。

3) 建立产品系统模型时,应使其边界上的输入和输出均为基本流和产品流。

4) 一般情况下,随着研究的进展,还要在前期工作成果的基础上对初步确定的系统边界加以修改。

5) 确定系统边界所依据的准则对于保证评价结果的可靠性和实现研究目的具有决定性作用。在许多情况下,没有充足的时间、数据或资源对产品系统中全部的零部件及过程进行评价,对总体结论影响不大的生命周期内的阶段、过程或输入和(或)输出可不量化,但应予以明确陈述和论证。

c) 数据要求及数据质量要求

根据研究的目的和范围,规定数据要求及数据质量要求。

数据要求包括数据的种类和来源,收集、计算程序等。如输入系统的原生、再生、辅助材料,能量等;输出系统的排放物如二氧化碳、氮氧化物、生化需氧量、辐射、余热等。

数据质量要求包括数据源及数据的精度、完整性、代表性、一致性、可再现性、不确定性、缺失数据的处理等要求。

5.3 清单分析

5.3.1 清单分析内容及步骤

机械产品生命周期评价中的清单分析是对产品、工艺过程或其他活动等研究系统在整个生命周期阶段内,自然资源的使用及向环境排放废物进行定量的技术过程。清单分析基本步骤见图4(一些反复进行的步骤图中没有显示),机械产品清单分析示例见附录A。

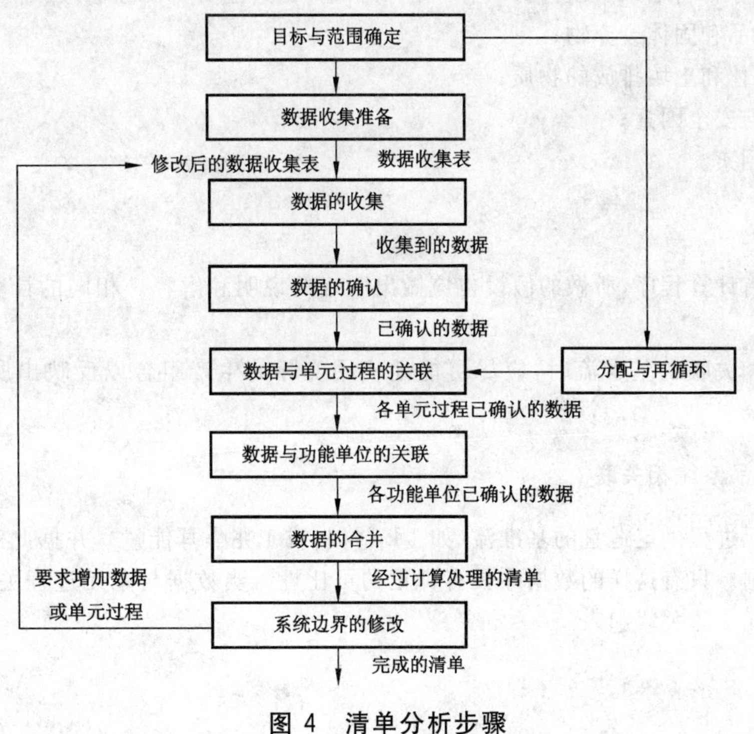

图4 清单分析步骤

5.3.2 数据收集的准备工作

LCA的目的和范围确定之后,产品系统及其有关的数据类型以及数据质量要求也就初步确定了。为了保证对产品系统及其数据的理解,在进行清单分析时,首先要进行数据收集的准备工作。主要包括:

a) 根据产品系统建立产品功能单元结构图和产品生命周期过程流程图,以描绘所有需要的功能单元和过程以及它们之间的相互关系；

b) 详细表述每个功能单元和单元过程，并列出与之相关的数据类型；

c) 编制计量单位清单，规范计量单位，实现计量单位之间的转换；

d) 结合产品系统的特点(如产品零部件的结构特性、单元过程的技术特性、操作环境等)，针对数据类型，进行数据收集技术和计算技术的表述，使数据提供者理解进行该产品生命周期评价所需要的信息；

e) 要求对所提供数据的特殊情况、异常点和其他问题进行明确的文件记录。

5.3.3 数据收集

数据收集方法的正确性在很大程度上决定了数据的准确性、完整性、一致性和实时性。在数据收集过程中必须检查数据的有效性。有效性的确认可通过建立物质和能量平衡和(或)进行排放因子的比较分析、编制平衡图来实现。

机械产品数据的收集一般以产品的装配关系(或功能单元和功能单位)为基础：

a) 将产品分解为零(部)件；

b) 列出零(部)件的单元过程；

c) 详细描述每个单元过程的输入输出数据；

d) 描述每个过程的所有数据收集和计算所需的技术；

e) 总结所有零件的单元过程形成产品的清单数据。

数据可归入的类型包括：

——能量输入、原材料输入、设备输入、辅助性物料输入、其他实物资源输入；

——产品、副产品和固体废弃物；

——向大气、水体和土壤排放的物质；

——人体健康与安全因素；

——其他环境因素。

5.3.4 数据计算

应书面说明所有计算程序，所做的假设也应做出明确的说明和解释。相同的计算程序宜在整个评价中保持一致。

当确定和生产相关联的基本流时，应尽可能地应用实际的生产组合以反映出所消耗的不同资源类型。

5.3.5 将数据与产品系统相关联

必须对每一单元过程确定适宜的基准流(如 1 kg 材料或 1 兆焦耳能量)，并据此计算出单元过程的定量输入和输出数据。只有这样的数据才具有真正的可比性。当数据与单元过程关联之后，还应该将单元过程与功能单元实体关联起来。

5.3.6 数据合并

数据合并是将产品各功能单元和过程中相同影响因素的数据求和，以获得该影响因素的总量，为产品级的影响评价提供必要的数据。由于产品全生命周期数据多为统计量，且受多种不确定因素的影响，因此在决策分析时，需要经过不确定性分析或通过实践论证进行修正。

5.3.7 物流、能量流和排放物的分配

在生命周期评价中获得的数据往往不是某个单一功能单元或过程所产生的，而是多个功能单元或

过程共同作用的结果，或者一个单元过程中不仅只产生一种产品，经常伴随着其他一些共生产品，并将中间产品和弃置的产品通过再循环用作原材料。因此，必须根据既定的程序将物流、能流和环境排放分配到各个产品或过程中。

5.4 机械产品生命周期影响评价

5.4.1 概述

生命周期影响评价(LCIA)是根据清单分析所提供的物质、能源消耗数据以及各种排放数据，对产品系统潜在的环境影响进行评价，为后面的生命周期解释阶段提供必要的信息。

根据 GB/T 24040—2008 规定，生命周期影响评价分为必备要素和可选要素。

5.4.1.1 必备要素包括：

——影响类型、类型参数和特征化模型的选择；

——将 LCI 结果分类并划分到相应的影响类型(分类)；

——类型参数结果的计算(特征化)。

5.4.1.2 可选要素指：根据基准信息对类型参数结果的大小进行归一化计算，对影响类型进行分类并排序，使用基于价值选择的权重因子对不同的影响类型结果进行转化和尽可能的合并。

5.4.2 必备要素

5.4.2.1 机械产品的影响类型、类型参数和特征化模型的选择

影响类型、类型参数和特征化模型的一般要求见 GB/T 24044—2008 中 4.4.2.2 规定。

机械产品系统生命周期内的环境影响类型、类型参数和特征化模型可参照(但不局限于)表 1 所列。

表 1 机械产品影响类型、类型参数和特征化模型示例

影响类型		类型参数	特征化模型
资源消耗	非金属矿产资源消耗	矿物消耗量(kg)	参考 ISO TC 207 SC3-N66 模型[1]
	金属矿产消耗	金属消耗量(kg)	参考 ISO TC 207 SC3-N66 模型[1]
	生物资源消耗	生物消耗量(kg)	参考 ISO TC 207 SC3-N66 模型[1]
	水资源消耗	水消耗量(kg)	参考 ISO TC 207 SC3-N66 模型[1]
	土地占用	土地变更的面积和时间($m^2 \cdot h$)	参考 ISO TC 207 SC3-N66 模型[1]
生态环境影响	全球气候变暖	红外线辐射强度(W/m^2)	政府间气候变化专业委员会(IPCC)：50 年或 100 年 GWP 基准线模型[2,3]
	同温层臭氧减少	臭氧减少量(kg)	世界气象组织(WMO)：稳态 ODP 模型[4]
	酸化影响	单位空间内 H^+ 含量(kg/m^3)	参考 AP 模型[5]
	富营养化影响	N 或 P 增加量(kg)	参考 PO_4^{3-} 当量模型[6]
	光化学氧化剂产生	O_3 或 PAN 量(kg)	参考 POCP 模型[7]
	生物多样性丧失	物种数量(个)	参考物种潜在消失比例(PDF)[8]
人体健康危害	致癌物质	致癌物质吸收量(g/kg)	参考伤残寿命折算模型，DALY[9]
	烟/粉尘危害	烟/粉尘浓度(g/m^3)	参考伤残寿命折算模型，DALY[9]
	噪声危害	等效声级 dB(A)	参考伤残寿命折算模型，DALY[9]
	辐射危害	剂量当量(SV)	参考伤残寿命折算模型，DALY[9]
注：所列特征化模型为参考模型，应用中可根据评价目的和范围界定选择其他特征化模型。			

5.4.2.2 **将 LCI 结果划分到所选的影响类型(分类)**

分类是将清单分析结果划分到影响类型的过程。在分类中当清单分析结果只与一种环境影响类型相关时,就直接将其归类。但当环境干扰因子与多种环境影响类型相关时,就需要考虑并联和串联问题。

a) 在并联机制中的区分(例如将 SO_2 按比例分配到人体健康和酸化两种影响类型);

b) 在串联机制中分配(例如可将 NO_x 分别划归到地面臭氧形成和酸化两种影响类型中)。

5.4.2.3 **类型参数结果的计算(特征化)**

参数结果的计算(特征化)即针对所确定的环境影响类型对数据进行分析和量化,包括对 LCI 结果进行统一单位换算,并在相同的影响类型内对换算结果进行合并。转化过程通常采用特征化因子,特征化的结果是一个量化指标。类型参数结果的计算示例见附录 B。

应对参数结果的计算方法,包括所使用的价值选择和假设,加以确定并进行书面说明。

如果 LCI 的结果无法获得,或者数据质量无法支持 LCIA 实现研究的目的和范围,则需要反复收集数据或调整目的和范围。

5.4.3 **可选要素**

根据机械产品 LCA 的目的和范围要求,必要时可以列出可选要素和信息,如图 1 所示。

归一化、分组和加权方法应做出书面说明以保证透明性。

5.5 解释

解释阶段包括三个要素:

a) 识别:根据 LCA 前几个阶段或 LCI 研究的结果,识别机械产品系统或指定阶段的重大问题。

b) 评估:包括完整性、敏感性和一致性检查。

  1) 完整性检查确保所需信息和数据全面完整;

  2) 敏感性检查确保数据及其计算结果的可靠性;

  3) 一致性检查确保所做假设、选择的方法和数据结果与研究的目的和范围一致,并且在生命周期评价过程中保持一致。

c) 结论:形成评价结论、解释评价的局限性并提出建议。

6 报告

报告是对 LCA 的各个阶段分别做出说明,LCA 研究报告应完整、准确、客观,报告应对评价的结果、数据、方法、假设和局限性及对初始范围的修改理由作出详细说明,报告一般应包括以下内容:

a) 评价的目的及沟通对象;

b) 功能单位;

c) 产品系统边界;

d) 单元过程划分及描述;

e) 数据形成过程;

f) 影响类型、特征化模型选择、类型参数结果;

g) 归一化、分组、加权及其他说明;

h) 评价的局限性说明及数据质量分析;

i) 评价结论及建议。

附 录 A
（资料性附录）
机械产品清单分析示例

以某零件粉末冶金和锻造两种工艺生命周期影响评价为例，表A.1为某零件清单分析示例（功能单位为1个零件）。

表A.1 零件生命周期清单分析结果

<table>
<tr><th colspan="3" rowspan="2">物 料</th><th rowspan="2">单位</th><th colspan="2">数 量</th></tr>
<tr><th>粉末冶金</th><th>锻造</th></tr>
<tr><td rowspan="5">输入</td><td colspan="2">铁矿石</td><td>g</td><td></td><td></td></tr>
<tr><td colspan="2">石油</td><td>g</td><td></td><td></td></tr>
<tr><td colspan="2">煤</td><td>g</td><td></td><td></td></tr>
<tr><td colspan="2">电</td><td>GJ</td><td></td><td></td></tr>
<tr><td colspan="2">水</td><td>L</td><td></td><td></td></tr>
<tr><td rowspan="17">输出</td><td rowspan="8">空气排放</td><td>氮氧化物</td><td>g</td><td></td><td></td></tr>
<tr><td>一氧化碳</td><td>g</td><td></td><td></td></tr>
<tr><td>二氧化碳</td><td>g</td><td></td><td></td></tr>
<tr><td>二硫化碳</td><td>g</td><td></td><td></td></tr>
<tr><td>粉尘</td><td>g</td><td></td><td></td></tr>
<tr><td>总固体颗粒物</td><td>g</td><td></td><td></td></tr>
<tr><td>甲烷</td><td>g</td><td></td><td></td></tr>
<tr><td>苯</td><td>g</td><td></td><td></td></tr>
<tr><td rowspan="4">固体排放</td><td>废渣</td><td>g</td><td></td><td></td></tr>
<tr><td>煤灰</td><td>g</td><td></td><td></td></tr>
<tr><td>回收油</td><td>g</td><td></td><td></td></tr>
<tr><td>油泥</td><td>kg</td><td></td><td></td></tr>
<tr><td rowspan="5">水体排放</td><td>COD</td><td>g</td><td></td><td></td></tr>
<tr><td>悬浮物</td><td>g</td><td></td><td></td></tr>
<tr><td>氢化物</td><td>g</td><td></td><td></td></tr>
<tr><td>硫</td><td>g</td><td></td><td></td></tr>
<tr><td>总氮</td><td>g</td><td></td><td></td></tr>
</table>

附 录 B
（资料性附录）
类型参数结果的计算示例

以全球气候变暖影响类型为例：大气中的 CO_2 和其他温室气体的增加会产生温室效应，导致全球平均气温升高，并引起气候变化，用全球变暖潜值(GWP)作为全球气候变暖影响类型的特征化因子，来衡量这些变暖物质对圈住地球的热量的贡献值。全球气候变暖影响评价采用相关因子方法（以 CO_2 为基准，当量因子为 1）来计算，各种相关气体的影响潜值为排放量与相关因子相乘得到的数值，各项影响潜值相加即得到这一类型参数的计算结果。表 B.1 为影响潜值的计算示例。

表 B.1 几种相关气体的影响潜值计算表

排放物质	排放量/ kg	当量因子/ (kg CO_2 eq. /kg)	影响潜值/ (kg CO_2)
二氧化碳	218.82	1	218.82
甲烷	0.55	21	11.55
氮氧化物	32.88	310	10 192.80
氟利昂	2.12	9 200	19 504.00
苯	0.86	63	54.18
合计			29 981.35

注 1：排放量即清单分析结果中一个功能单位的相关气体的排放量。

注 2：当量因子数据来源于 IPCC's1995GWP estimates。

参 考 文 献

[1] Pita Schenck. Using LCA for Procurement Decisions: A Case Study Performed for the U. S. Environmental Protection Agency. Environmental Progress. 2000,19(2): 110-116

[2] Houghton JT, Meira Filho LG, Lim B, Treanton K, Mamaty I, Bonduki Y, Griggs DJ and Callender BA (Eds). Revised 1996 IPCC Guidelines for National Greenhouse Gas Inventories: Emission Factor Database(EFDB). IPCC/DECD/IEA. UK Meteorological Office, Bracknell. Download from the web site:http// www. ipcc-nggip. iges. or. jp/EFDB/find_ef_main. 2005. 6. 16

[3] Houghton JT, Ding Y, Griggs DJ, Noguer M, van der Linden PJ and Xiao su D(Eds.). IPCC Third Assessment Report: Climate Change 2001: The Scientific Basis Cambridge University Press, Cambridge, UK,2001

[4] WMO(World Meteorological Organisation). Scientific assessment of ozone depletion: 1998. Global Ozone Research and Monitoring Project—Report no. 44. Geneva,1999

[5] Huijbregts M. Life cycle impact assessment of acidifying and eutrophying air pollutants: Calculation of equivalency factors with RAINS-LCA. Interfaculty Department of Environmental Science,Faculty of Environmental Science,University of Amsterdam, The Netherlands,1999

[6] Heijungs R, Guinee JB and Huppes G, etal. Environmental Life Cycle Assessment of products. Guide and Backgrounds. Center of Environmental Science- Leiden University(CML), the Netherlands,1992

[7] Derwent RG,Jenkin ME and Saunders SM. Photochemical Ozone creations Potentials for a Large Number of Reactive Hydrocarbons under European Conditions. Atmospheric Environment. 1996,30(2):181-199

[8] Hamers,T.,T. Aldenberg,T.& D. van de Meent. Definition report-Indicator Effects Toxic Substances(Itox). RIVM report number 60712800. 1996

[9] Murray,C. J. L.,Lopez,A. D.,The global burden of disease:A comprehensive assessment of mortality and disability from diseases,injuries,and risk factors in 1990 and projected to 2020. WHO/Harvard school of public health/World Bank, Harvard University Press,Boston,1996

ICS 23.040.60
J 15

中华人民共和国国家标准

GB/T 26120—2010

低压不锈钢螺纹管件

Pipework—Stainless steel threaded fittings

(ISO 4144:2003,Pipework—Stainless steel fittings threaded in accordance with ISO 7-1,MOD)

2011-01-10 发布 2011-10-01 实施

中华人民共和国国家质量监督检验检疫总局
中国国家标准化管理委员会 发布

前　言

本标准修改采用 ISO 4144:2003《管道系统　符合 ISO 7-1 螺纹标准的不锈钢管件》(英文版),与 ISO 4144:2003 相比主要有以下不同:

——修改了标准中英文名称;

——修改了材料要求;

——删除了螺纹检验的相关内容。

本标准由中国机械工业联合会提出。

本标准由全国管路附件标准化技术委员会归口。

本标准起草单位:中机生产力促进中心、浙江金字机械电器有限公司、建湖县特佳液压管件有限公司、上海威逊机械连接件有限公司。

本标准主要起草人:冯峰、李俊英、陈以浙、左学俊、房路军、缪德伟。

低压不锈钢螺纹管件

1 范围

本标准规定了密封螺纹符合 GB/T 7306.1 或 GB/T 7306.2 规定的不锈钢螺纹管件的型式及代号、压力-温度额定值、制造和材料、螺纹、尺寸、试验和检验、标志及标记。

本标准适用于输送工作压力不大于 2 MPa 的蒸汽、空气、燃气、水、油等介质的普通管路用不锈钢螺纹管件。

2 规范性引用文件

下列文件中的条款通过本标准的引用而成为本标准的条款。凡是注日期的引用文件，其随后所有的修改单(不包括勘误的内容)或修订版均不适用于本标准，然而，鼓励根据本标准达成协议的各方研究是否可使用这些文件的最新版本。凡是不注日期的引用文件，其最新版本适用于本标准。

GB/T 192 普通螺纹 基本牙型(GB/T 192—2003,ISO 68-1:1998,MOD)

GB/T 193 普通螺纹 直径与螺距系列(GB/T 193—2003,ISO 261:1998,MOD)

GB/T 196 普通螺纹 基本尺寸(GB/T 196—2003,ISO 724:1993,MOD)

GB/T 7306.1 55°密封管螺纹 第1部分:圆柱内螺纹与圆锥外螺纹(GB/T 7306.1—2000,eqv ISO 7-1:1994)

GB/T 7306.2 55°密封管螺纹 第2部分:圆锥内螺纹与圆锥外螺纹(GB/T 7306.2—2000,eqv ISO 7-1:1994)

GB/T 7307 55°非密封管螺纹(GB/T 7307—2001,eqv ISO 228-1:1994)

GB/T 9144 普通螺纹 优选系列(GB/T 9144—2003,ISO 262:1998,MOD)

GB/T 9443 铸钢件渗透检测(GB/T 9443—2007,ISO 4987:1992,IDT)

GB/T 16253—1996 承压钢铸件(eqv ISO 4991:1994)

3 管件的型式及代号

表1给出了12种管件的型式及代号。

表1 管件的型式及代号

示意图	型式	代号	图
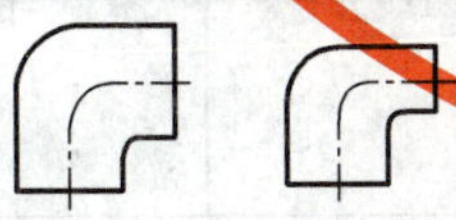	等径和异径弯头	E1 和 E2	图2和图3
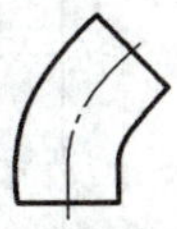	45°弯头	E3	图4
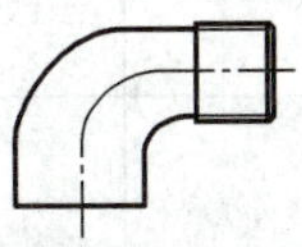	内外螺纹弯头	E4	图5
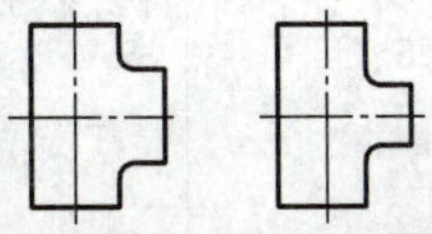	等径和异径三通	T1 和 T2	图2和图3

表 1（续）

示 意 图	型 式	代 号	图
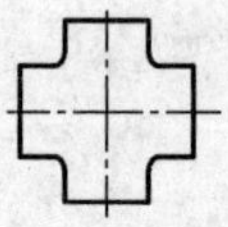	四通	X1	图 2
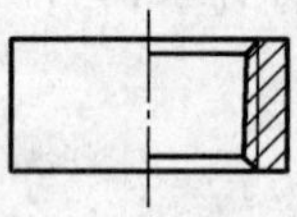	半外接头	S1	图 6
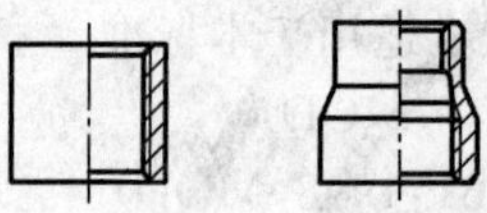	等径和异径外接头	S2 和 S3	图 7 和图 8
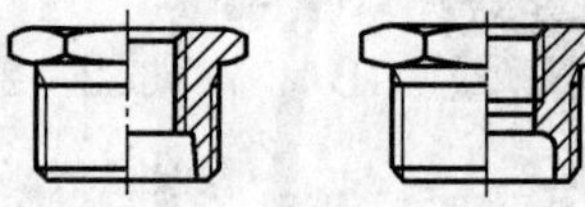	异径内外接头	B1	图 9
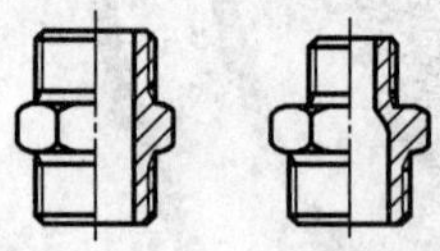	等径和异径内接头	N1 和 N2	图 10 和图 11
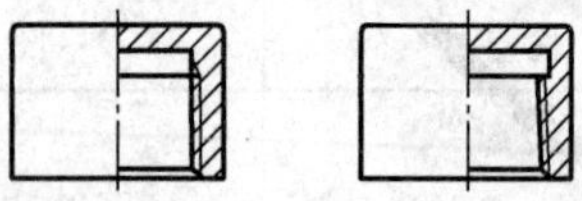	管帽	C1	图 12
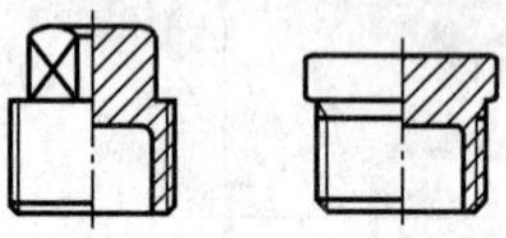	管堵	P1 和 P2	图 13
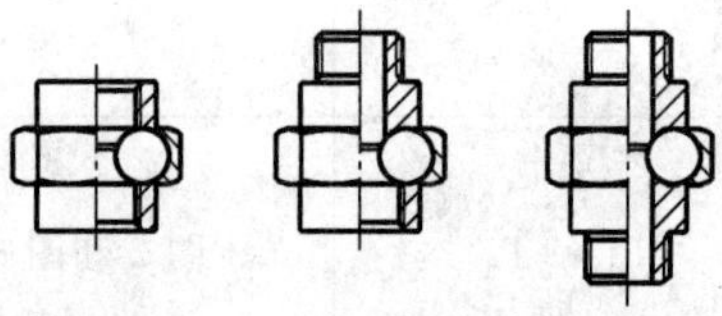	活接头	U1、U2、U3、U4、U5、U6	图 14

4 压力-温度额定值

压力-温度额定值见表 2。

表 2 压力-温度额定值

温度/℃	非冲击条件下的最大工作压力/MPa
-20～40	2
100	1.65
150	1.5
200	1.4
220	1.35
注 1：温度显示值之间各个温度下的压力值可通过内插法确定。 注 2：温度是指管件内部流体的温度。 注 3：管道的载荷、应力和力矩没有计算在内。	

5 制造和材料

管件应由铸件、轧件、锻件等制造。推荐选用 06Cr19Ni10 等奥氏体材料，如使用其他材料，其性能应不低于 06Cr19Ni10。铸件应按 GB/T 16253—1996 中 3.3.2 和表 1 的规定进行固溶处理。

6 螺纹

6.1 螺纹的选择

管件的密封螺纹应符合 GB/T 7306.1 或 GB/T 7306.2 的规定，外螺纹为圆锥形，内螺纹可以是圆柱形或圆锥形。活接头螺母和与螺母配合的紧固螺纹应符合 GB/T 192、GB/T 193、GB/T 196 、GB/T 7307 或 GB/T 9144 的规定。

6.2 倒角

管件螺纹端面应倒角。

7 尺寸

7.1 管件的尺寸应符合图 1～图 14 和表 3～表 16 的规定。未给出的尺寸由制造商确定。

7.2 连接处尺寸

管件连接处尺寸见图 1 和表 3。

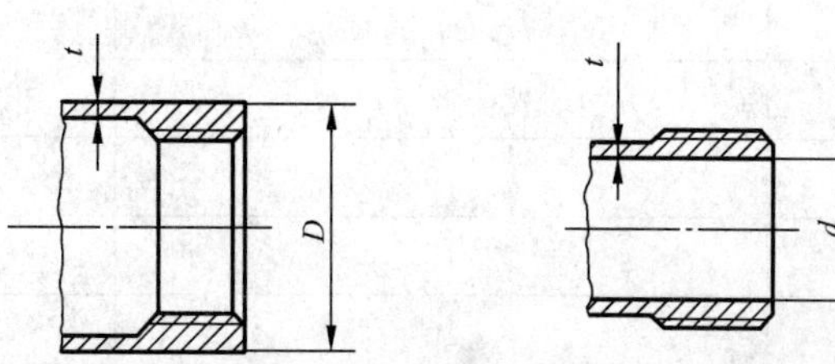

图 1 连接处尺寸

表 3 连接处尺寸

螺纹的尺寸代号	公称尺寸 DN	内螺纹端最小外径[a] D/mm	外螺纹端最大内径[b] d/mm	最小壁厚[c] t/mm
⅛	6	13.0	5.5	1.5
¼	8	16.5	8.0	1.5
⅜	10	20.0	11.5	1.5
½	15	24.5	15.0	1.6
¾	20	30.0	20.5	1.7
1	25	37.5	26.0	1.9
1¼	32	46.5	34.5	2.2
1½	40	53.0	40.0	2.4
2	50	65.5	51.0	2.7
2½	65	82.0	65.5	3.2
3	80	95.5	77.5	3.6
4	100	121.5	101.5	4.1

[a] D 相当于基准平面位置的内螺纹的大径加上 $2t$ 并圆整至 0.5 mm。

[b] d 相当于基准平面位置的外螺纹的大径减去 $2t$ 并圆整至 0.5 mm。

[c] 除铸件制造的管件外，壁厚可减至 $0.8t$。

7.3 弯头 E1、三通 T1 和四通 X1

弯头、三通和四通的尺寸见图 2 和表 4。

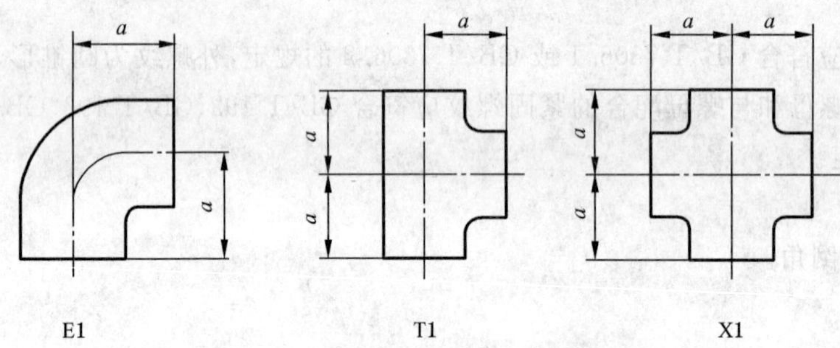

图 2 弯头 E1、三通 T1 和四通 X1

表 4 弯头 E1、三通 T1 和四通 X1 的尺寸

螺纹的尺寸代号	公称尺寸 DN	a_{min}/ mm
⅛	6	17
¼	8	19
⅜	10	23
½	15	27
¾	20	32
1	25	38
1¼	32	45

表 4（续）

螺纹的尺寸代号	公称尺寸 DN	a_{min}/ mm
1½	40	48
2	50	57
2½	65	69
3	80	78
4	100	96

7.4 异径弯头 E2 和异径三通 T2

异径弯头和异径三通的尺寸见图 3 和表 5。

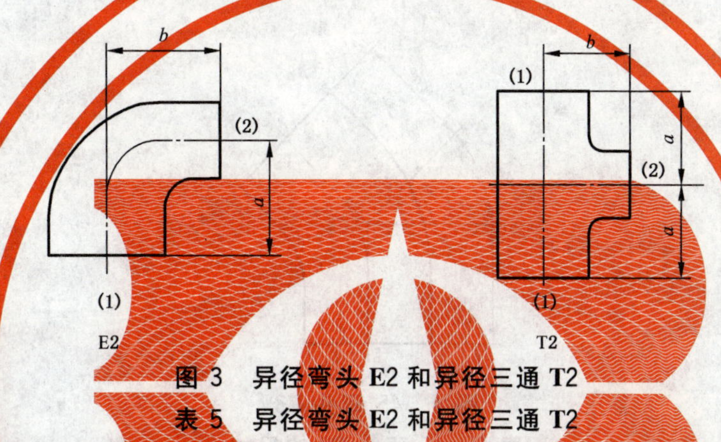

图 3 异径弯头 E2 和异径三通 T2

表 5 异径弯头 E2 和异径三通 T2

螺纹的尺寸代号		公称尺寸		a_{min}/ mm	b_{min}/ mm
(1)	(2)	DN_1	DN_2		
¼	⅛	8	6	18	18
⅜	¼	10	8	20	22
½	¼	15	8	24	24
	⅜		10	26	25
¾	⅜	20	10	28	28
	½		15	29	30
1	½	25	15	32	33
	¾		20	34	35
1¼	¾	32	20	38	40
	1		25	40	42
1½	1	40	25	41	45
	1¼		32	45	48
2	1¼	50	32	48	54
	1½		40	52	55
2½	1½	65	40	55	62
	2		50	60	65

表 5（续）

螺纹的尺寸代号		公称尺寸[a]		a_{min}/mm	b_{min}/mm
(1)	(2)	DN_1	DN_2		
3	2	80	50	62	72
	2½		65	72	75
4	2½	100	65	78	90
	3		80	83	91

[a] DN_1 为公称尺寸较大端，DN_2 为公称尺寸较小端。

7.5 45°弯头 E3

45°弯头的尺寸见图 4 和表 6。

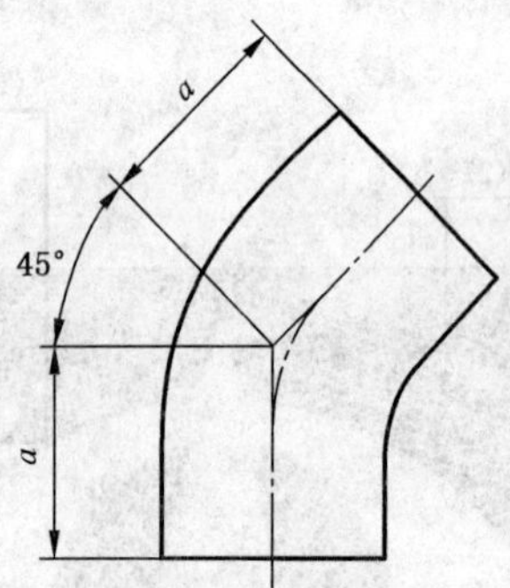

图 4 45°弯头 E3

表 6 45°弯头 E3 的尺寸

螺纹的尺寸代号	公称尺寸 DN	a_{min}/mm
⅛	6	16
¼	8	17
⅜	10	19
½	15	21
¾	20	25
1	25	29
1¼	32	33
1½	40	37
2	50	42
2½	65	49
3	80	54
4	100	64

7.6 内外螺纹弯头 E4

内外螺纹弯头的尺寸见图 5 和表 7。

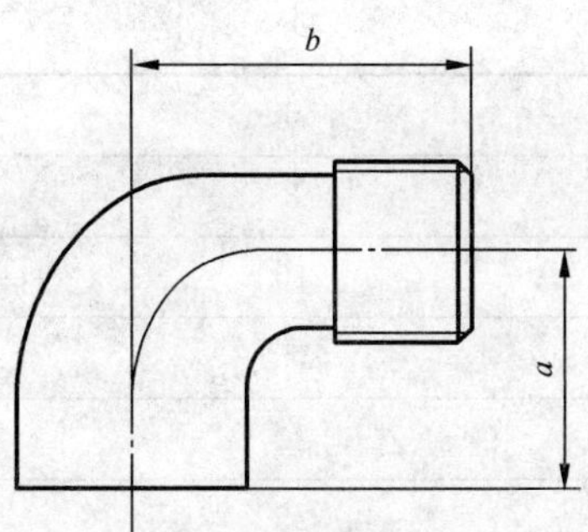

图 5 内外螺纹弯头 E4

表 7 内外螺纹弯头 E4 的尺寸

螺纹的尺寸代号	公称尺寸 DN	a_{min}/ mm	b_{min}/ mm
⅛	6	17	26
¼	8	19	27
⅜	10	23	29
½	15	27	35
¾	20	32	40
1	25	38	46
1¼	32	45	54
1½	40	48	57
2	50	57	70
2½	65	69	83
3	80	78	94
4	100	97	115

7.7 半外接头 S1

半外接头的尺寸见图 6 和表 8。

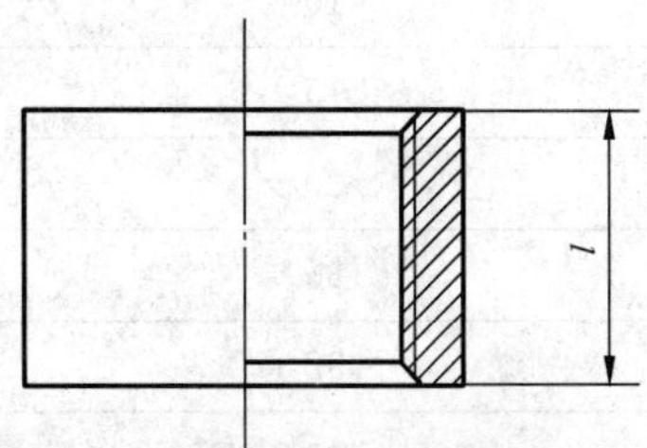

图 6 半外接头 S1

表 8 半外接头 S1 的尺寸

螺纹的尺寸代号	公称尺寸 DN	l_{min}/ mm
⅛	6	7.5
¼	8	11
⅜	10	11.5
½	15	15
¾	20	16.5
1	25	19.5
1¼	32	21.5
1½	40	21.5
2	50	26
2½	65	30.5
3	80	33.5
4	100	39.5

7.8 等径外接头 S2

等径外接头的尺寸见图 7 和表 9。

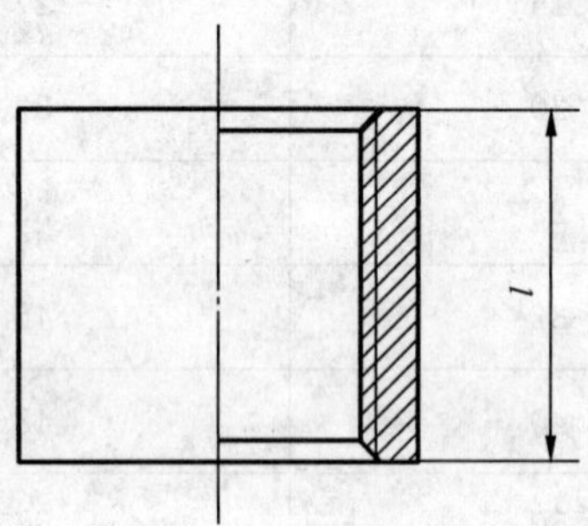

图 7 等径外接头 S2

表 9 等径外接头 S2 的尺寸

螺纹的尺寸代号	公称尺寸 DN	l_{min}/ mm
⅛	6	17
¼	8	24
⅜	10	25
½	15	32
¾	20	35
1	25	41
1¼	32	45
1½	40	45
2	50	54

表 9（续）

螺纹的尺寸代号	公称尺寸 DN	l_{min}/ mm
2½	65	63
3	80	69
4	100	81

7.9 异径外接头 S3

异径外接头的尺寸见图 8 和表 10。

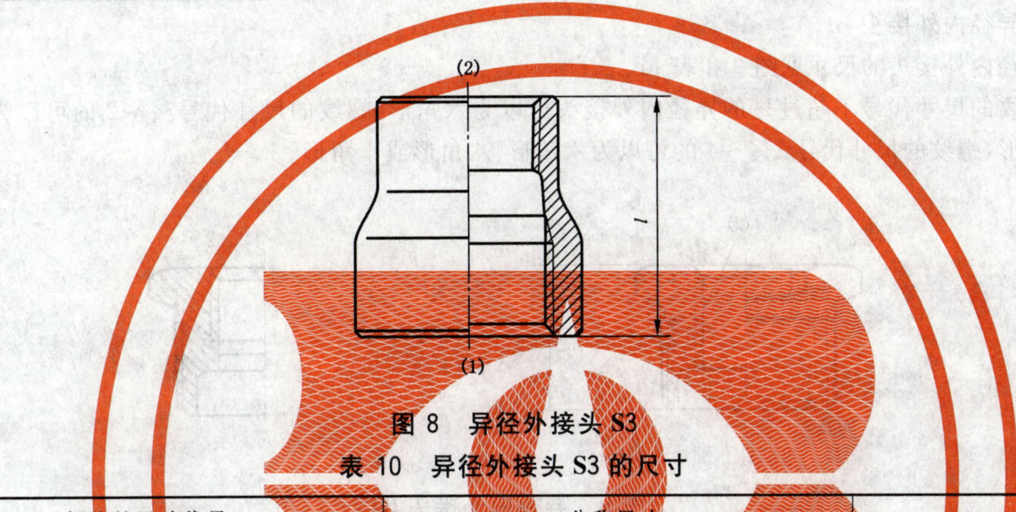

图 8 异径外接头 S3

表 10 异径外接头 S3 的尺寸

螺纹的尺寸代号		公称尺寸[a]		l_{min}/ mm
(1)	(2)	DN_1	DN_2	
¼	⅛	8	6	25
⅜	⅛	10	6	26
	¼		8	
½	¼	15	8	34
	⅜		10	
¾	⅜	20	10	36
	½		15	
1	½	25	15	42
	¾		20	
1¼	¾	32	20	48
	1		25	
1½	1	40	25	52
	1¼		32	
2	1¼	50	32	58
	1½		40	
2½	1½	65	40	65
	2		50	

表 10（续）

<table>
<tr><th colspan="2">螺纹的尺寸代号</th><th colspan="2">公称尺寸[a]</th><th rowspan="2">l_{min}/
mm</th></tr>
<tr><th>(1)</th><th>(2)</th><th>DN_1</th><th>DN_2</th></tr>
<tr><td rowspan="2">3</td><td>2</td><td rowspan="2">80</td><td>50</td><td rowspan="2">72</td></tr>
<tr><td>2½</td><td>65</td></tr>
<tr><td rowspan="2">4</td><td>2½</td><td rowspan="2">100</td><td>65</td><td rowspan="2">94</td></tr>
<tr><td>3</td><td>80</td></tr>
<tr><td colspan="5">[a] DN_1 为公称尺寸较大端，DN_2 为公称尺寸较小端。</td></tr>
</table>

7.10　异径内外接头 B1

异径内外接头的尺寸见图 9 和表 11。

螺纹的尺寸代号不超过½的异径内外接头可以为六角形，螺纹的尺寸代号¾～2 的可以为六角形或八角形，螺纹的尺寸代号 2½～4 的可以为六角形、八角形或十角形。

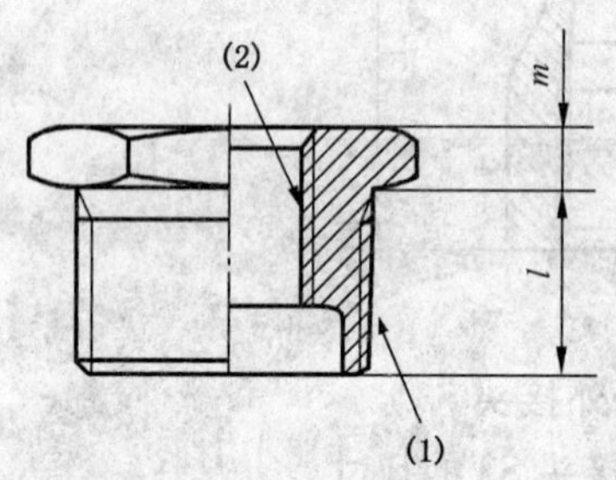

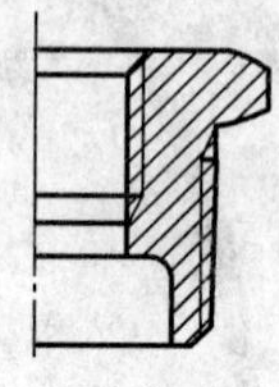

图 9　异径内外接头 B1

表 11　异径内外接头 B1 的尺寸

<table>
<tr><th colspan="2">螺纹的尺寸代号</th><th colspan="2">公称尺寸[a]</th><th rowspan="2">l_{min}/
mm</th><th rowspan="2">m_{min}/
mm</th></tr>
<tr><th>(1)</th><th>(2)</th><th>DN_1</th><th>DN_2</th></tr>
<tr><td>¼</td><td>⅛</td><td>8</td><td>6</td><td>10.5</td><td>4</td></tr>
<tr><td rowspan="2">⅜</td><td>⅛</td><td rowspan="2">10</td><td>6</td><td rowspan="2">11</td><td rowspan="2">5</td></tr>
<tr><td>¼</td><td>8</td></tr>
<tr><td rowspan="2">½</td><td>¼</td><td rowspan="2">15</td><td>8</td><td rowspan="2">14.5</td><td rowspan="2">5</td></tr>
<tr><td>⅜</td><td>10</td></tr>
<tr><td rowspan="2">¾</td><td>⅜</td><td rowspan="2">20</td><td>10</td><td rowspan="2">15.5</td><td rowspan="2">5.5</td></tr>
<tr><td>½</td><td>15</td></tr>
<tr><td rowspan="2">1</td><td>½</td><td rowspan="2">25</td><td>15</td><td rowspan="2">18</td><td rowspan="2">6</td></tr>
<tr><td>¾</td><td>20</td></tr>
<tr><td rowspan="2">1¼</td><td>¾</td><td rowspan="2">32</td><td>20</td><td rowspan="2">20.5</td><td rowspan="2">6.5</td></tr>
<tr><td>1</td><td>25</td></tr>
<tr><td rowspan="2">1½</td><td>1</td><td rowspan="2">40</td><td>25</td><td rowspan="2">20.5</td><td rowspan="2">6.5</td></tr>
<tr><td>1¼</td><td>32</td></tr>
<tr><td rowspan="2">2</td><td>1¼</td><td rowspan="2">50</td><td>32</td><td rowspan="2">25</td><td rowspan="2">7</td></tr>
<tr><td>1½</td><td>40</td></tr>
</table>

表 11（续）

螺纹的尺寸代号		公称尺寸[a]		l_{min}/mm	m_{min}/mm
(1)	(2)	DN_1	DN_2		
2½	1½	65	40	27	7
	2		50		
3	2	80	50	30	7.5
	2½		65		
4	2½	100	65	36	8
	3		80		

[a] DN_1 为公称尺寸较大端，DN_2 为公称尺寸较小端。

7.11　等径内接头 N1

等径内接头的尺寸见图 10 和表 12。

螺纹的尺寸代号不超过½的等径内接头可以为六角形，螺纹的尺寸代号¾～2 的可以为六角形或八角形，螺纹的尺寸代号 2½～4 的可以为六角形、八角形或十角形。

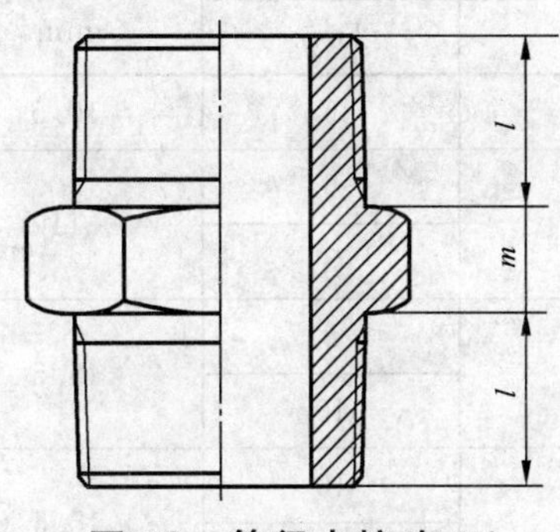

图 10　等径内接头 N1

表 12　等径内接头 N1 的尺寸

螺纹的尺寸代号	公称尺寸 DN	l_{min}/mm	m_{min}/mm
⅛	6	8	4
¼	8	10.5	4
⅜	10	11	5
½	15	14.5	5
¾	20	15.5	5.5
1	25	18	6
1¼	32	20.5	6.5
1½	40	20.5	6.5
2	50	25	7
2½	65	27	7
3	80	30	7.5
4	100	36	8

7.12 异径内接头 N1

异径内接头的尺寸见图 11 和表 13。

螺纹的尺寸代号不超过½的异径内接头可以为六角形，螺纹的尺寸代号¾～2 的可以为六角形或八角形，螺纹的尺寸代号 2½～4 的可以为六角形、八角形或十角形。

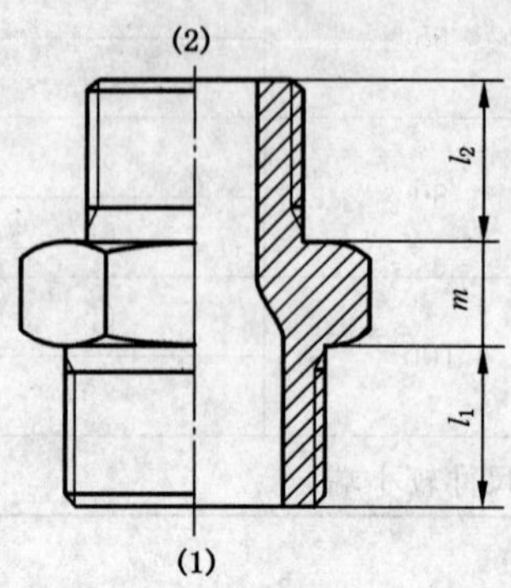

图 11　异径内接头 N1

表 13　异径内接头 N1 的尺寸

螺纹的尺寸代号		公称尺寸[a]		$l_{1\,min}$/mm	$l_{2\,min}$/mm	m_{min}/mm
(1)	(2)	DN_1	DN_2			
¼	⅛	8	6	10.5	8	4
⅜	⅛	10	6	11	8	5
	¼		8		10.5	
½	¼	15	8	14.5	10.5	5
	⅜		10		11	
¾	⅜	20	10	15.5	11	5.5
	½		15		14.5	
1	½	25	15	18	14.5	6
	¾		20		15.5	
1¼	¾	32	20	20.5	15.5	6.5
	1		25		18	
1½	1	40	25	20.5	18	6.5
	1¼		32		20.5	
2	1¼	50	32	25	20.5	7
	1½		40		20.5	
2½	1½	65	40	27	20.5	7
	2		50		25	
3	2	80	50	30	25	7.5
	2½		65		27	
4	2½	100	65	36	27	8
	3		80		30	

[a] DN_1 为公称尺寸较大端，DN_2 为公称尺寸较小端。

7.13 管帽 C1

管帽的尺寸见图 12 和表 14。

管帽形状由制造商确定，可以为圆形、六角形、八角形或十角形。

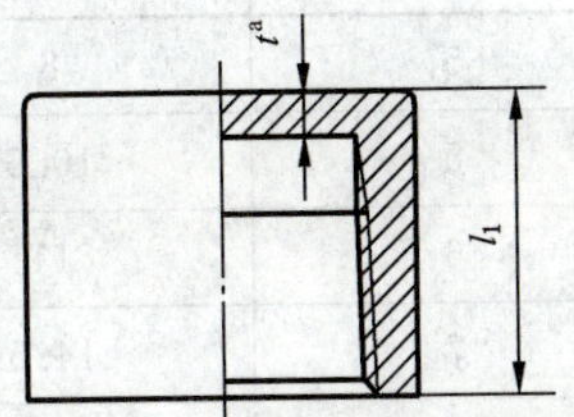

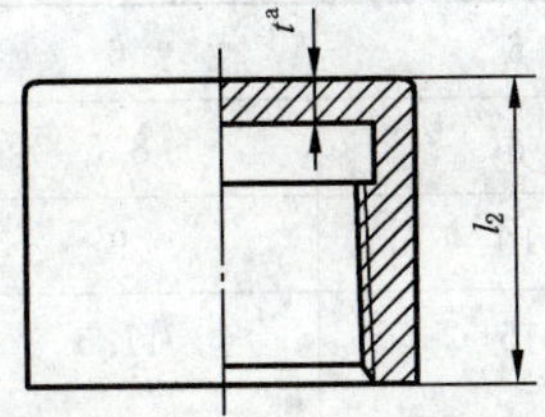

a 管帽的最小壁厚 t 不应小于表 3 规定的最小壁厚。

图 12 管帽 C1

表 14 管帽 C1 的尺寸

螺纹的尺寸代号	公称尺寸 DN	$l_{1\ min}$/ mm	$l_{2\ min}$/ mm
1/8	6	12.5	10.5
1/4	8	16	14
3/8	10	16.5	14.5
1/2	15	21	18.5
3/4	20	22.5	19.5
1	25	26	22.5
1¼	32	29	25.5
1½	40	29	25.5
2	50	33.5	30
2½	65	38.5	35
3	80	42	38.5
4	100	48.5	45

7.14 管堵 P1 和 P2

管堵的尺寸见图 13 和表 15。

管堵可以为实心的或空心的，由制造商确定。P2 的形状，螺纹的尺寸代号不超过½的可以为六角形，螺纹的尺寸代号¾～2 的可以为六角形或八角形，螺纹的尺寸代号 2½～4 的可以为六角形、八角形或十角形。

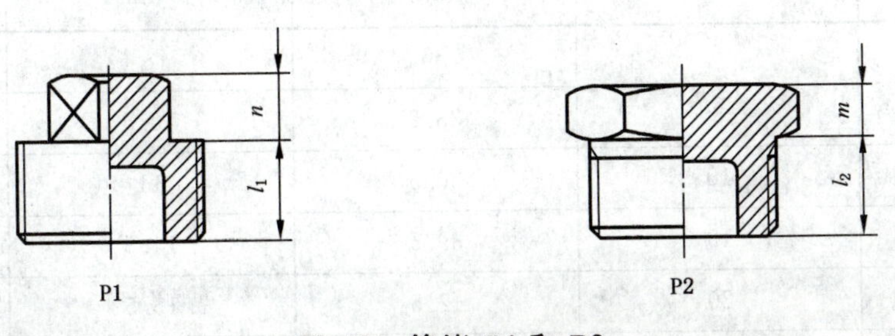

图 13 管堵 P1 和 P2

表 15 管堵 P1 和 P2 的尺寸

螺纹的尺寸代号	公称尺寸 DN	$l_{1\ min}$/ mm	n_{min}/ mm	$l_{2\ min}$/ mm	m_{min}/ mm
⅛	6	6	5	8	4
¼	8	8.5	5	10.5	4
⅜	10	9	6	11	5
½	15	11.5	7	14.5	5
¾	20	13	8	15.5	5.5
1	25	14.5	11	18	6
1¼	32	17	11	20.5	6.5
1½	40	17	12	20.5	6.5
2	50	21.5	13	25	7
2½	65	23.5	15	27	7
3	80	26.5	15	30	7.5
4	100	32.5	19	36	8

7.15 平座活接头 U1、U2 及 U3 和锥座活接头 U4、U5 及 U6

平座活接头和锥座活接头的尺寸见图 14 和表 16。

活接头螺母形状由制造商确定，可以为六角形、八角形或十角形。

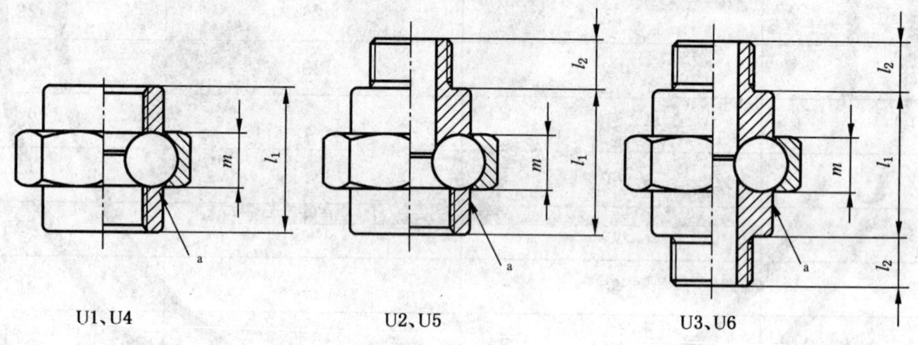

活接头螺母任何部位的壁厚不应小于表 3 规定的最小壁厚。

a 连接处型式（平座或锥座）由制造商确定。

图 14 平座活接头 U1、U2 及 U3 和锥座活接头 U4、U5 及 U6

表 16 平座活接头 U1、U2 及 U3 和锥座活接头 U4、U5 及 U6 的尺寸

螺纹的尺寸代号	公称尺寸 DN	$l_{1\ min}$/ mm	$l_{2\ min}$/ mm	m_{min}/ mm
⅛	6	30	8	13
¼	8	33.5	10.5	13.5
⅜	10	36.5	11	15
½	15	39.5	14.5	16
¾	20	42.5	15.5	17
1	25	50	18	20

表 16（续）

螺纹的尺寸代号	公称尺寸 DN	$l_{1\,min}$/mm	$l_{2\,min}$/mm	m_{min}/mm
1¼	32	54	20.5	22
1½	40	58	20.5	24
2	50	65	25	27
2½	65	75	27	29.5
3	80	83	30	31
4	100	110	36	34

8 试验和检验

8.1 可通过肉眼进行以下检验：

a) 管件的内外表面应光滑，无裂纹、有损害的刮痕、毛刺、砂眼或其他缺陷。

b) 管件的所有螺纹部分应完好，无凹痕、缺口或其他缺陷。

8.2 螺纹轴线应精确，测定轴线位置的角度偏差不超过±0.5°。

8.3 在产品检验时，为确保密封，应对每个管件进行气密性试验。试验时，封闭螺纹端，向管件内加压至0.6 MPa的空气压力，按照表17规定的时间保持压力并观测管件。

表 17 最短试验持续时间

螺纹的尺寸代号	最短试验持续时间/s
≤2	15
≥2½	60

8.4 如果用水压试验代替气密性试验，则压力应加压至3 MPa。试验方法和试验持续时间应符合8.3的规定。

8.5 由锻件、轧制棒材或挤压管等材料制造的管件，可以不进行泄漏检验。

8.6 用渗透探伤，以检测铸件表面的缺陷。被检测表面的缺陷程度和验收标准，由供需双方商定或按GB/T 9443的规定执行。当进行检测时，每热处理批次应取其中一个管件进行检验。

9 标志

管件应标有商标、材料代号或缩写及螺纹的尺寸代号。当空间不足时，可以省略标志。

10 标记

符合本标准的管件应按下列内容标记：

a) 管件的型式；

b) 标准编号，如：GB/T 26120；

c) 螺纹的尺寸代号；

d) 代号(见表1)；

e) 材料。

示例 1：等径弯头 E1，圆锥内螺纹 Rc，螺纹的尺寸代号 2，材料牌号为 06Cr19Ni10：

弯头 GB/T 26120-Rc2 E1 06Cr19Ni10

示例 2：异径三通 T2，圆锥内螺 Rc，主管螺纹的尺寸代号 2，支管螺纹的尺寸代号 1¼，材料牌号为 06Cr19Ni10：

异径三通 GB/T 26120-Rc2×1¼ T2 06Cr19Ni10

ICS 23.040.60
J 15

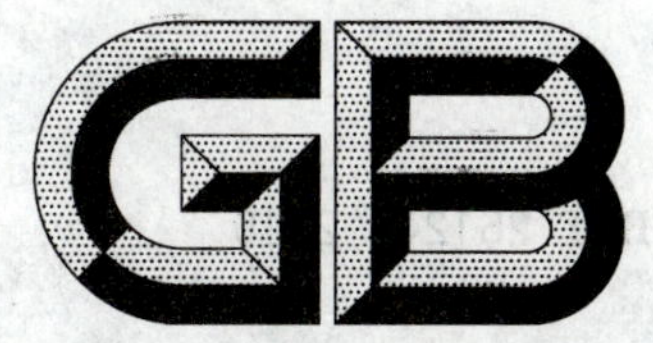

中华人民共和国国家标准

GB/T 26121—2010

可曲挠橡胶接头

Flexible rubber joint

2011-01-10 发布　　2011-10-01 实施

中华人民共和国国家质量监督检验检疫总局
中国国家标准化管理委员会　发布

前　言

本标准按照 GB/T 1.1—2009 给出的规则起草。

本标准由中国机械工业联合会提出。

本标准由全国管路附件标准化技术委员会归口。

本标准负责起草单位:河南力威管道设备有限公司、中机生产力促进中心、三河市瑞利橡胶制品有限公司。

本标准主要起草人:刘景利、冯峰、王惠风、王淑香、倪洁民。

可曲挠橡胶接头

1 范围

本标准规定了可曲挠橡胶接头(以下简称橡胶接头)的术语和定义,分类与标记,要求,试验方法,检验规则,标志,包装和贮运。

本标准适用于使用温度为-30 ℃~100 ℃,工作压力不大于4.0 MPa,公称尺寸不大于DN 4000的可曲挠橡胶接头。

2 规范性引用文件

下列文件对于本文件的应用是必不可少的。凡是注日期的引用文件,仅注日期的版本适用于本文件。凡是不注日期的引用文件,其最新版本(包括所有的修改单)适用于本文件。

GB/T 528 硫化橡胶或热塑性橡胶 拉伸应力应变性能的测定

GB/T 531.1 硫化橡胶或热塑性橡胶 压入硬度试验方法 第1部分:邵氏硬度计法(邵尔硬度)

GB/T 532 硫化橡胶或热塑性橡胶与织物粘合强度的测定

GB/T 700 碳素结构钢

GB/T 1682 硫化橡胶低温脆性的测定 单试样法

GB/T 1690 硫化橡胶或热塑性橡胶耐液体试验方法

GB/T 3287 可锻铸铁管路连接件

GB/T 3512 硫化橡胶或热塑性橡胶 热空气加速老化和耐热试验

GB/T 5563 橡胶和塑料软管及软管组合件 静液压试验方法

GB/T 5577 合成橡胶牌号规范

GB/T 8081 天然生胶 技术分级橡胶(TSR)规格导则

GB/T 9101 锦纶66浸胶帘子布

GB/T 9119 板式平焊钢制管法兰

GB/T 17219 生活饮用水输配水设备及防护材料的安全性评价标准

GB/T 19390 轮胎用聚酯浸胶帘子布

GB/T 20118 一般用途钢丝绳

JB/T 8870 喉箍

3 术语和定义

下列术语和定义适用于本文件。

3.1

可曲挠橡胶接头 Flexible rubber joint

由织物或其他材料增强的橡胶件与平形活接头或金属法兰等元件组成,用于管道系统的减震隔振、降低噪声和位移补偿的接头。

3.2

轴向位移　Axial movement

橡胶接头在该管道轴线方向上的伸长[见图 1a)]或压缩[见图 1b)]。

3.3

径向位移　Lateral movement

橡胶接头在与流体流动方向(即轴线方向)相垂直的两端面中心线之间发生的相对位移[见图 1c)]。

3.4

角向位移　Angular movement

橡胶接头两个端面的垂直中心线与原中轴线所形成的夹角之和[见图 1d)],即 α。

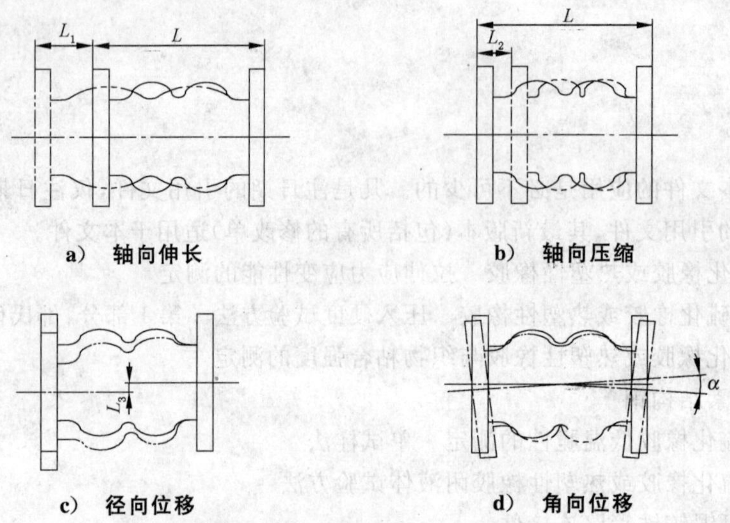

图 1　可曲挠橡胶接头的位移

4　分类与标记

4.1　分类

4.1.1　按使用性能分为普通接头和特种接头。

普通接头:适用于输送温度为－15 ℃～80 ℃的介质,浓度为 10%以下的酸碱溶液。

特种接头:适用于特殊性能要求的介质,如:耐油、耐热、耐寒、耐臭氧、耐磨或耐化学腐蚀等。

4.1.2　按结构形式分为:单球体、双球体、三球体、四球体、水泵内吸式球体和弯头体六种,球体橡胶接头又分为同心同径,同心异径和偏心异径三种形式。

4.1.3　按法兰密封面形式分为:突面法兰密封和全平面法兰密封。

4.1.4　按连接形式分为:法兰连接、螺纹连接和喉箍套管式连接。

4.1.5　按工作压力分为:0.25 MPa、0.6 MPa、1.0 MPa、1.6 MPa、2.5 MPa 和 4.0 MPa;按真空度分为:32 kPa、40 kPa、53 kPa、86 kPa 和 100 kPa。

4.2　结构形式

橡胶接头一般由内胶层、织物增强层(帘布)、中胶层、外胶层、端部加固用织物、钢丝绳圈或金属矩形钢环复合而成的橡胶件与法兰、平形活接头、金属喉箍组成。常见的结构形式见图 2～图 6。

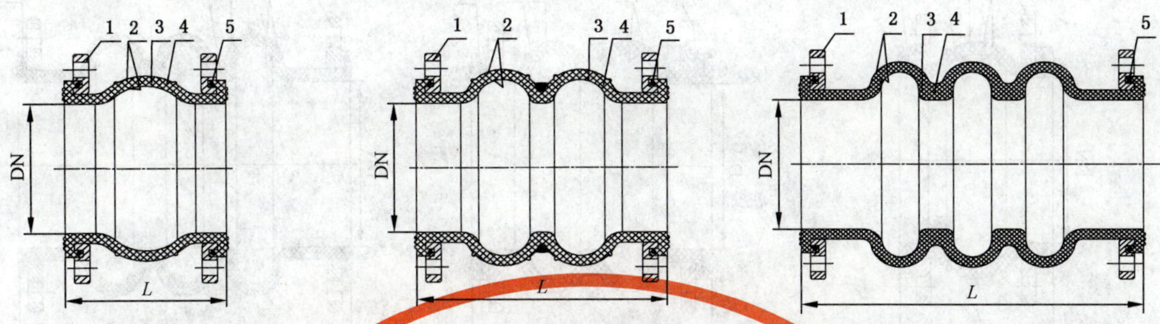

a) 单球体突面法兰密封 XT Q_1RF_1 [a]　b) 双球体突面法兰密封 XT Q_2RF_1 [a]　c) 三球体突面法兰密封 XT Q_3RF_1 [a]

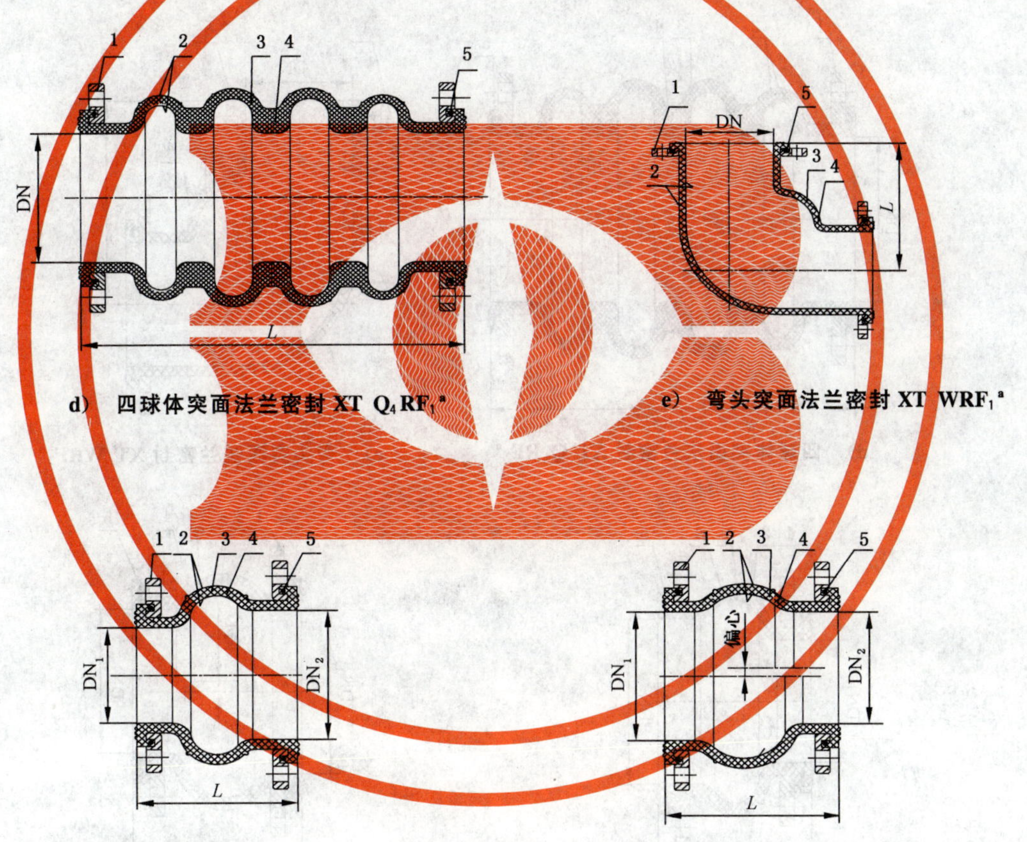

d) 四球体突面法兰密封 XT Q_4RF_1 [a]　e) 弯头突面法兰密封 XT WRF_1 [a]

f) 单球体突面法兰密封同心异径 XT $Q_1Y_tRF_1$ [a]　g) 单球体突面法兰密封偏心异径 XT $Q_1Y_pRF_1$ [a]

说明：

1——法兰；

2——内、外胶层；

3——中胶层；

4——增强层；

5——钢丝绳圈。

[a] 下标“1”仅表示端面加固形式的不同。

图 2　端面用钢丝绳圈加固的可曲挠橡胶接头结构示意图

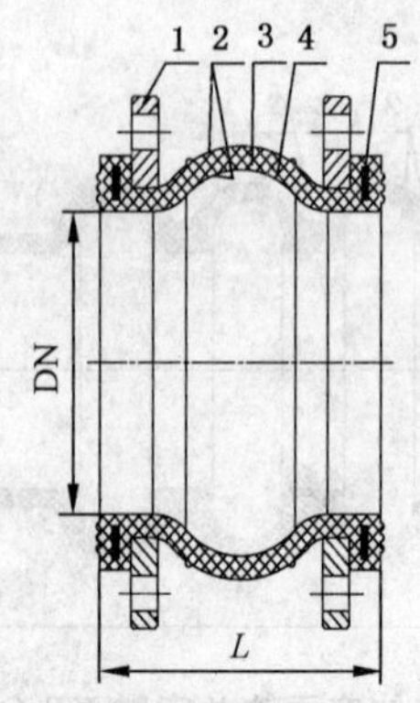

a） 单球体突面法兰密封 XT Q_1RF_2[a]

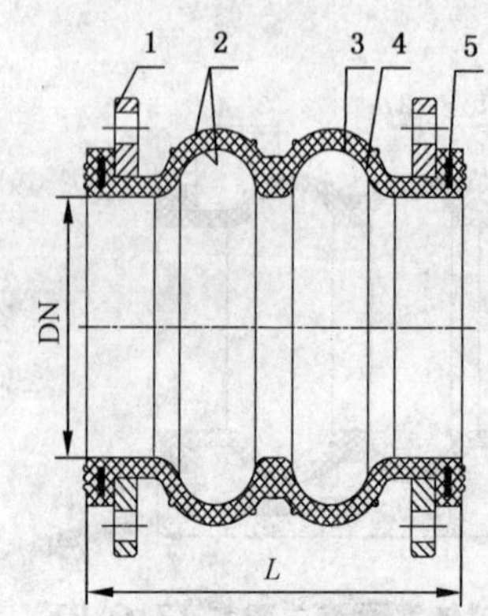

b） 双球体突面法兰密封 XT Q_2RF_2[a]

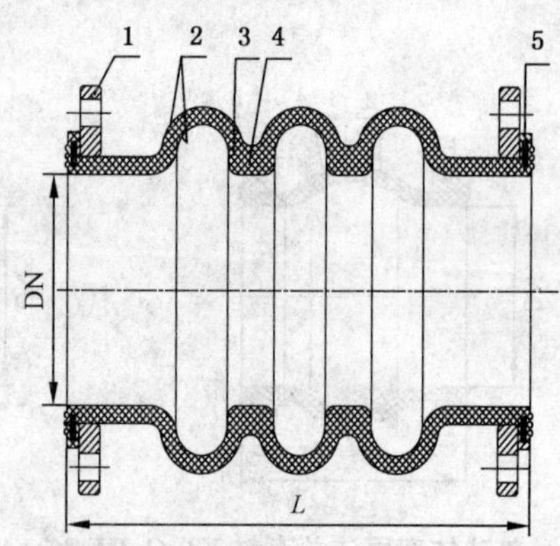

c） 三球体突面法兰密封 XT Q_3RF_2[a]

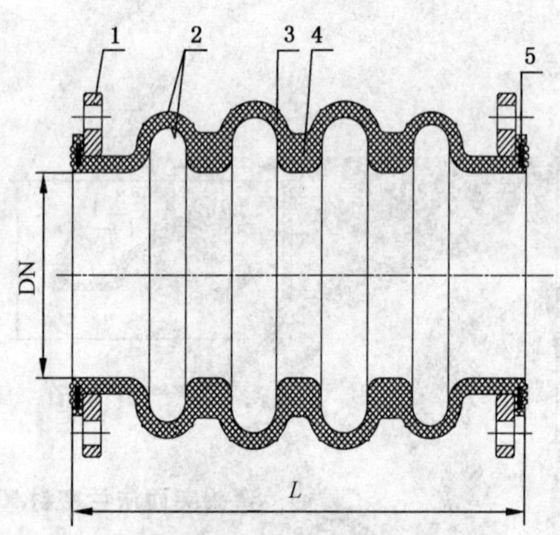

d） 四球体突面法兰密封 XT Q_4RF_2[a]

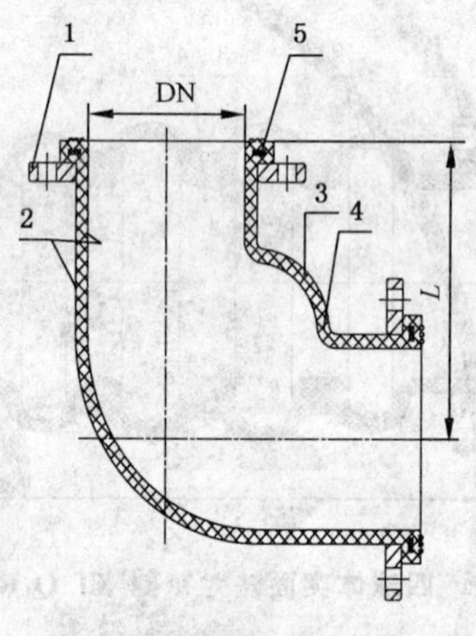

e） 弯头突面法兰密封 XT WRF_2[a]

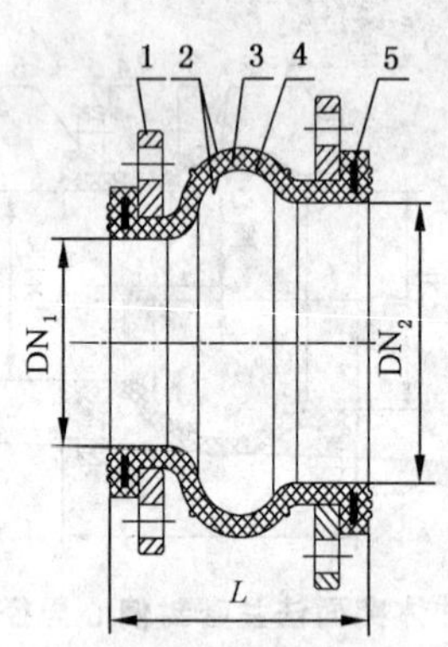

f） 单球体突面法兰密封同心异径 XT $Q_1Y_tRF_2$[a]

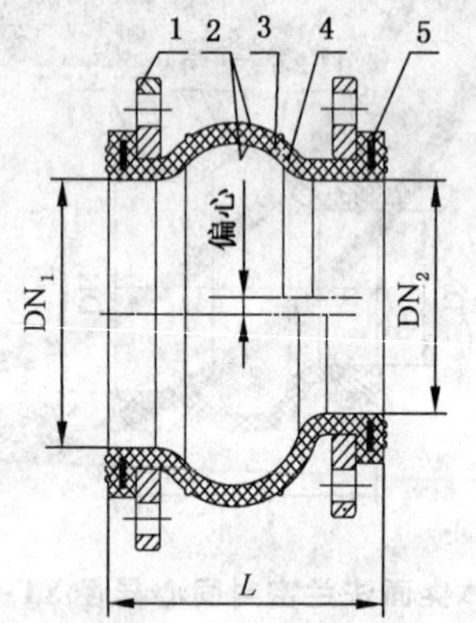

g） 单球体突面法兰密封偏心异径 XT $Q_1Y_pRF_2$[a]

说明：

1——法兰；
2——内、外胶层；
3——中胶层；
4——增强层；
5——金属环。

[a] 下标“2”仅表示端面加固形式的不同。

图 3　端面用金属矩形钢环加固的可曲挠橡胶接头结构示意图

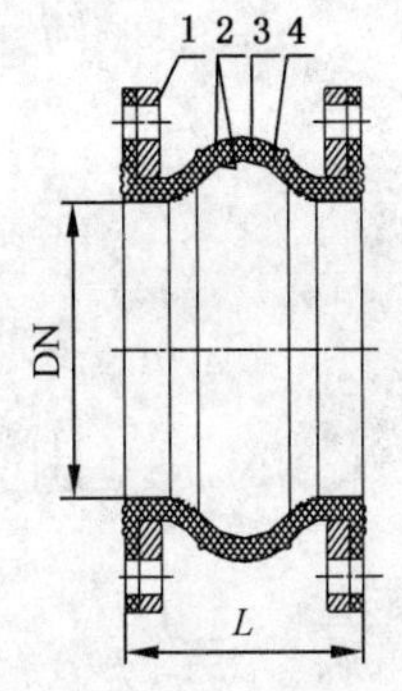

a） 单球体全平面法兰密封 XT Q_1FF

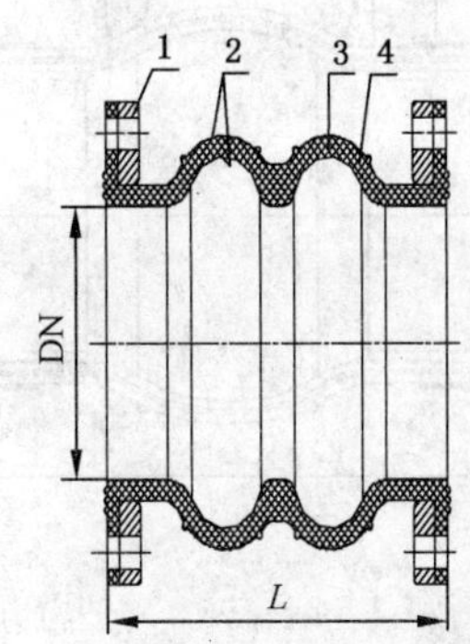

b） 双球体全平面法兰密封 XT Q_2FF

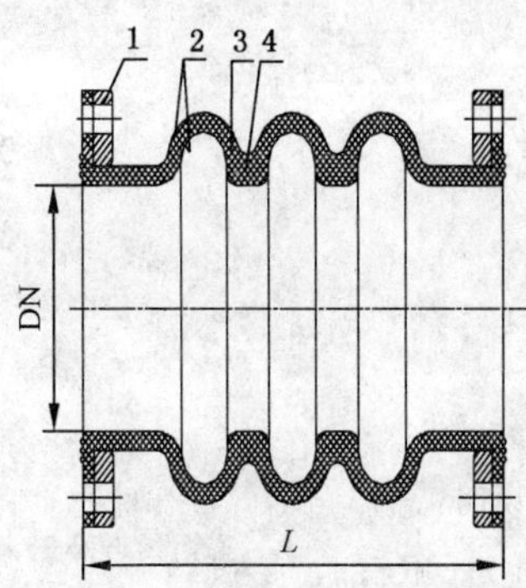

c） 三球体全平面法兰密封 XT Q_3FF

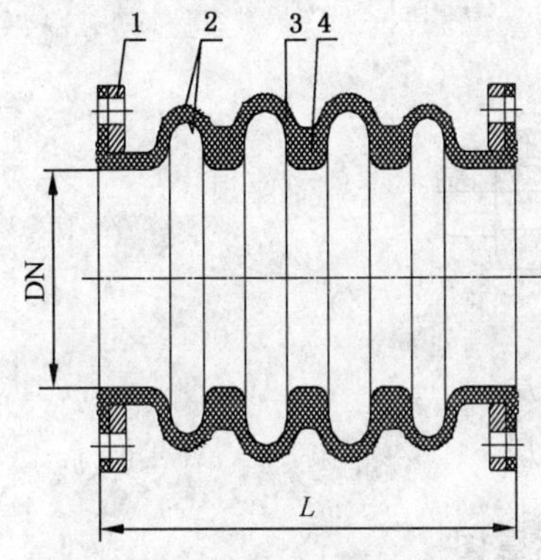

d） 四球体全平面法兰密封 XT Q_4FF

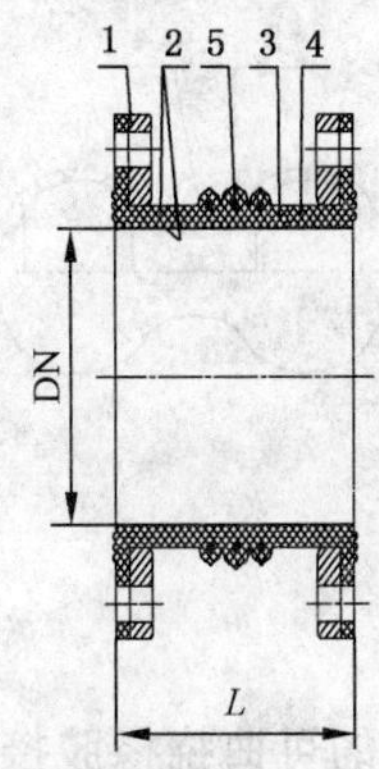

e） 水泵内吸式全平面法兰密封 XT NFF

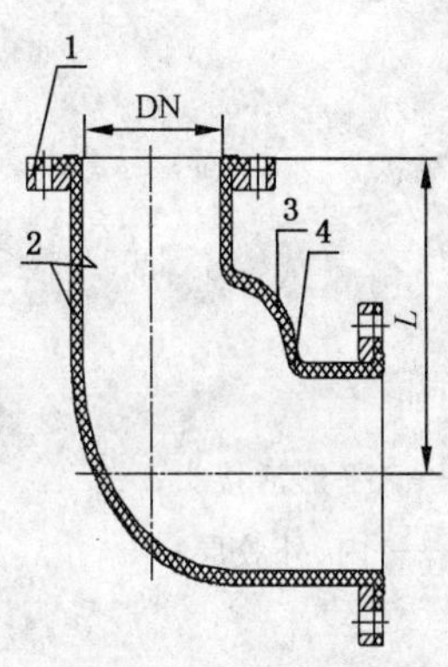

f） 弯头全平面法兰密封 XT WFF

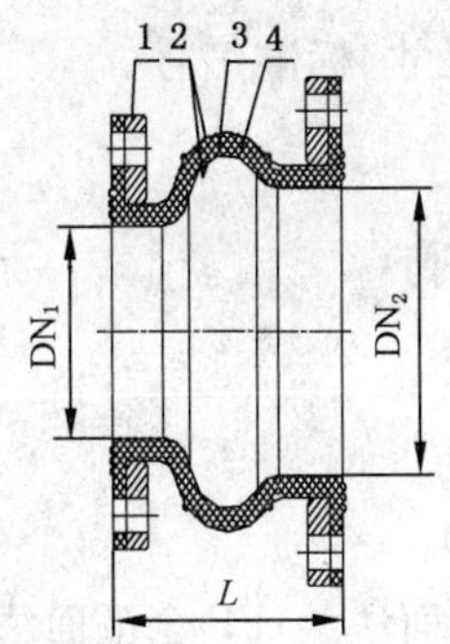

g） 单球体全平面法兰密封同心异径 XT Q_1Y_tFF

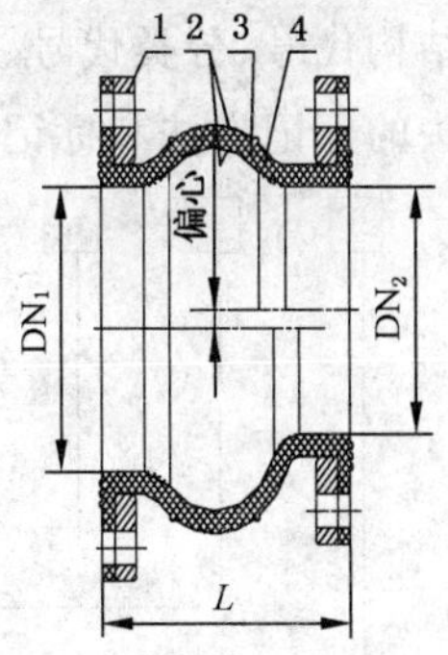

h） 单球体全平面法兰密封偏心异径 XT Q_1Y_pFF

说明：

1——法兰；

2——内、外胶层；

3——中胶层；

4——增强层；

5——金属环。

图 4 端面用织物加固的可曲挠橡胶接头结构示意图

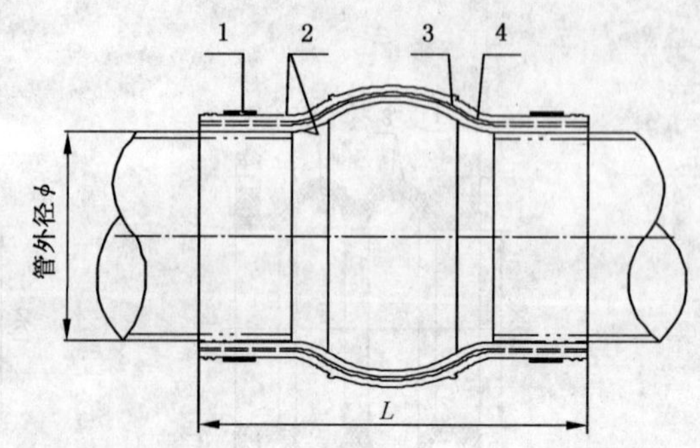

说明：

1——喉箍；

2——内、外胶层；

3——中胶层；

4——增强层。

图 5　喉箍连接的可曲挠橡胶接头结构示意图

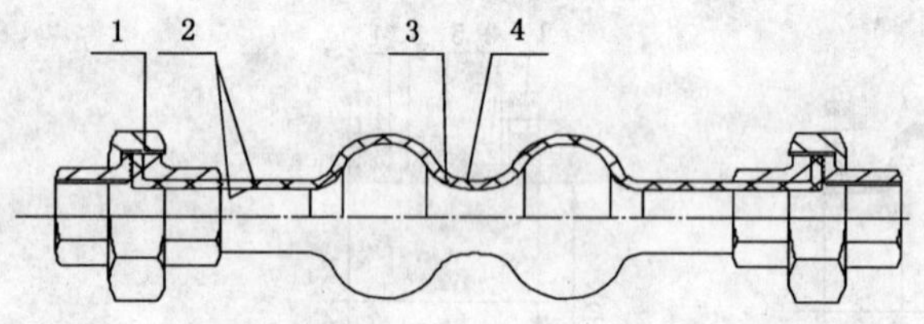

说明：

1——平形活接头；

2——内、外胶层；

3——中胶层；

4——增强层。

图 6　螺纹连接的可曲挠橡胶接头结构示意图

4.3　标记

4.3.1　橡胶接头按下列顺序标记：

产品代号、结构代号、分类代号、连接形式、工作压力、公称尺寸、标准编号。

4.3.2　橡胶接头的标记方法和标记代号如下：

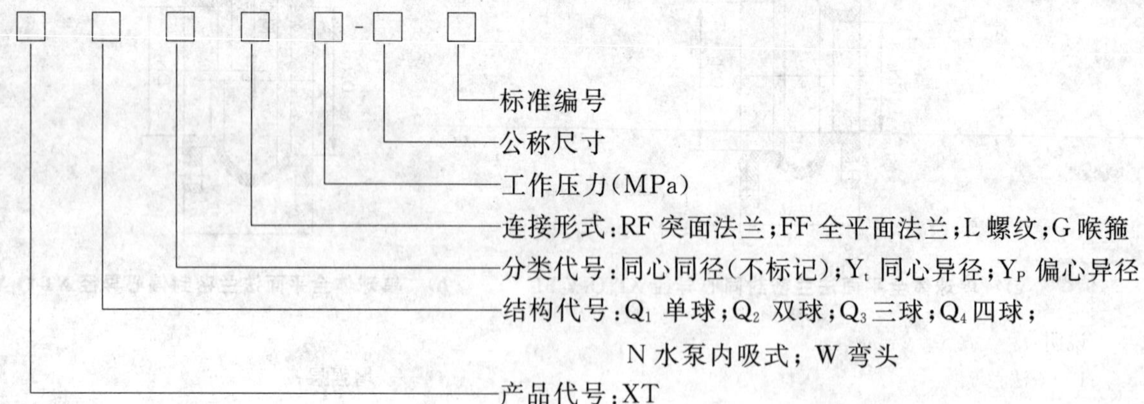

4.3.3　标记示例

公称尺寸为 DN350，工作压力 1.0 MPa 的突面法兰密封连接的双球体橡胶接头

XT Q_2RF 1.0-350　GB/T 26121

公称尺寸为 DN350，工作压力 1.0 MPa 的全平面法兰密封连接的双球体橡胶接头

XT Q_2FF 1.0-350　GB/T 26121

5 要求

5.1 材料

5.1.1 橡胶接头端面加固用钢丝绳和矩形钢环的材料应符合 GB/T 20118 或 GB/T 700 的规定。

5.1.2 橡胶接头端面加固用织物和增强层帘布的材料应符合 GB/T 9101 或 GB/T 19390 的规定。

5.1.3 橡胶接头的组成材料,天然橡胶应符合 GB/T 8081 的规定,合成橡胶应符合 GB/T 5577 的规定,其他胶料应符合相关标准的规定。

5.1.4 橡胶接头胶料试样的物理、机械性能应符合表 1 的规定。

表 1 胶料的物理、机械性能和试验方法

序号	项目		指标	试验方法
1	拉伸强度/MPa		≥11	GB/T 528
2	拉断伸长率/%		≥400	
3	硬度(邵尔 A)		60±5	GB/T 531.1
4	脆性温度/℃		≤−30	GB/T 1682
5	粘合强度(帘布层间)/(kN/m)		≥2.0	GB/T 532
6	热空气老化(100 ℃×48 h)	拉伸强度降低率/%	≤25	GB/T 3512
		拉断伸长降低率/%	≤30	
7	耐液体(10% H_2SO_4×168 h 室温)	质量变化率/%	≤3	GB/T 1690
8	耐液体(10% NaOH×168 h 室温)	质量变化率/%	≤3	
注:粘合强度试验的试样在公称尺寸 DN 100 以上的成品上裁取。				

5.2 外观

橡胶接头橡胶件的外观质量要求应符合表 2 的规定。

表 2 橡胶接头橡胶件的外观质量要求

序号	项目	外胶层	内胶层
1	起泡脱层	面积不大于 100 mm^2,两缺陷间距不小于 500 mm,须经一次修理完善	不允许有
2	杂质、疤痕	允许深度不超过 0.5 mm,且不多于 2 处,须经一次修理完善	不允许有
3	外界损伤	允许深度不超过 0.5 mm,面积不大于 100 mm^2 且不多于 2 处,须经一次修理完善	不允许有
4	胶料破裂、针孔、海绵状、增强层脱层	不允许有	不允许有

5.3 尺寸

5.3.1 橡胶接头的规格和尺寸

橡胶接头同心同径的规格和长度见表 3,同心异径、偏心异径的规格和长度见表 4,90°弯头的规格和中心高度见表 5。

表 3　橡胶接头同心同径的规格和长度

单位为毫米

<table>
<tr><th rowspan="2">公称尺寸
DN</th><th>XT Q_1 RF/FF</th><th>XT Q_2 RF/FF</th><th>XT Q_3 RF/FF</th><th>XT Q_4 RF/FF</th><th>XT NFF</th><th>XT Q_1 G</th><th>XT Q_2 L</th></tr>
<tr><th>推荐长度
L</th><th>推荐长度
L</th><th>推荐长度
L</th><th>推荐长度
L</th><th>推荐长度
L</th><th>推荐长度
L</th><th>推荐长度
L</th></tr>
<tr><td>15</td><td rowspan="3">—</td><td rowspan="3">—</td><td rowspan="3">—</td><td rowspan="3">—</td><td rowspan="3">—</td><td rowspan="3">—</td><td>165</td></tr>
<tr><td>20</td><td>165</td></tr>
<tr><td>25</td><td>180</td></tr>
<tr><td>32</td><td>90,95,100</td><td>165,175</td><td rowspan="8">—</td><td rowspan="8">—</td><td>90</td><td>90</td><td>200</td></tr>
<tr><td>40</td><td>95,100,130,150</td><td>165,175,200,250</td><td>95</td><td>95</td><td>210</td></tr>
<tr><td>50</td><td>105,110,130,150</td><td>165,175,200,250</td><td>105</td><td>105</td><td>220</td></tr>
<tr><td>65</td><td>115,120,130,150</td><td>175,200,250</td><td>115</td><td>115</td><td>245</td></tr>
<tr><td>80</td><td>130,135,150</td><td>175,210,300</td><td>135</td><td>135</td><td rowspan="27">—</td></tr>
<tr><td>100</td><td>130,150</td><td>210,225,300</td><td>150</td><td>150</td></tr>
<tr><td>125</td><td>150,165</td><td>225,270,300</td><td>165</td><td>165</td></tr>
<tr><td>150</td><td>150,180,185,200</td><td>225,270,300</td><td>180</td><td>180</td></tr>
<tr><td>200</td><td>180,190,200,210,250</td><td>290,300,325,400</td><td rowspan="3">500
550</td><td rowspan="3">700</td><td>210</td><td>210</td></tr>
<tr><td>250</td><td>200,230,240,250</td><td>300,310,325,400</td><td>230</td><td>230</td></tr>
<tr><td>300</td><td>200,230,240,250</td><td>300,320,400</td><td>245</td><td>245</td></tr>
<tr><td>350</td><td>200,230,250,260</td><td>325,350,450</td><td rowspan="4">550
650</td><td rowspan="4">750</td><td rowspan="4">255</td><td rowspan="4">255</td></tr>
<tr><td>400</td><td>200,230,250,260,280</td><td>360,400,450</td></tr>
<tr><td>450</td><td>200,240,250,260,280</td><td>370,400,450</td></tr>
<tr><td>500</td><td>250,260,300</td><td>380,400,450</td></tr>
<tr><td>550</td><td>250,260,300</td><td>400,450</td><td rowspan="5">650
600</td><td rowspan="5">750
850</td><td rowspan="10">260
300</td><td rowspan="16">—</td></tr>
<tr><td>600</td><td>250,260,300</td><td>400,450</td></tr>
<tr><td>650</td><td>250,260,300</td><td>400,450</td></tr>
<tr><td>700</td><td>250,260,300</td><td>400,450</td></tr>
<tr><td>750</td><td>250,260,300</td><td>400,450</td></tr>
<tr><td>800</td><td>250,260,300,350</td><td>400,450,500</td><td rowspan="6">700
650</td><td rowspan="7">800
950</td></tr>
<tr><td>850</td><td>250,260,300,350</td><td>400,450,500</td></tr>
<tr><td>900</td><td>250,260,300,350</td><td>400,450,500</td></tr>
<tr><td>950</td><td>250,260,300,350</td><td>400,450,500</td></tr>
<tr><td>1 000</td><td>260,300,350</td><td>450,480,500</td></tr>
<tr><td>1 100</td><td>300,350</td><td>500,550</td><td rowspan="6">—</td></tr>
<tr><td>1 200</td><td>260,300,350</td><td>500,550</td><td rowspan="5">750
800</td></tr>
<tr><td>1 300</td><td>300,350,400</td><td>500,550,600</td><td rowspan="4">1 050</td></tr>
<tr><td>1 400</td><td>300,350,400</td><td>500,550,600</td></tr>
<tr><td>1 500</td><td>300,350,400</td><td>500,550,600</td></tr>
<tr><td>1 600</td><td>300,350,400</td><td>500,550,600</td></tr>
</table>

表 3（续） 单位为毫米

<table>
<tr><th rowspan="3">公称尺寸
DN</th><th>XT Q_1RF/FF</th><th>XT Q_2RF/FF</th><th>XT Q_3RF/FF</th><th>XT Q_4RF/FF</th><th>XT NFF</th><th>XT Q_1G</th><th>XT Q_2L</th></tr>
<tr><th>推荐长度</th><th>推荐长度</th><th>推荐长度</th><th>推荐长度</th><th>推荐长度</th><th>推荐长度</th><th>推荐长度</th></tr>
<tr><th>L</th><th>L</th><th>L</th><th>L</th><th>L</th><th>L</th><th>L</th></tr>
<tr><td>1 800</td><td>300,400,450</td><td>500,650,700</td><td rowspan="4">900</td><td>1 050</td><td rowspan="12">—</td><td rowspan="12">—</td><td rowspan="12">—</td></tr>
<tr><td>2 000</td><td>300,400,450</td><td>550,650,700</td><td rowspan="3">1 150</td></tr>
<tr><td>2 200</td><td>300,400,450,500</td><td>550,650,700</td></tr>
<tr><td>2 400</td><td>300,400,450,500</td><td>550,650,700</td></tr>
<tr><td>2 600</td><td>450,500,550</td><td rowspan="4">700,750,950</td><td rowspan="8">1 100</td><td rowspan="8">1 250</td></tr>
<tr><td>2 800</td><td>450,500,550</td></tr>
<tr><td>3 000</td><td>450,500,550</td></tr>
<tr><td>3 200</td><td>450,500,550</td></tr>
<tr><td>3 400</td><td>500,550</td><td rowspan="4">750,1 000</td></tr>
<tr><td>3 600</td><td>500,550</td></tr>
<tr><td>3 800</td><td>500,550</td></tr>
<tr><td>4 000</td><td>500,550</td></tr>
</table>

表 4 橡胶接头同心异径和偏心异径的规格和长度 单位为毫米

<table>
<tr><th rowspan="2">公称尺寸
$DN_1 \times DN_2$</th><th>XT Y_tRF/FF</th><th>XT Y_pRF/FF</th></tr>
<tr><th>推荐长度 L</th><th>推荐长度 L</th></tr>
<tr><td>65×50</td><td rowspan="10">150</td><td rowspan="10">150</td></tr>
<tr><td>80×50</td></tr>
<tr><td>80×65</td></tr>
<tr><td>100×65</td></tr>
<tr><td>100×80</td></tr>
<tr><td>125×80</td></tr>
<tr><td>125×100</td></tr>
<tr><td>150×100</td></tr>
<tr><td>150×125</td></tr>
<tr><td>200×125</td></tr>
<tr><td>200×150</td><td rowspan="5">200</td><td rowspan="5">200</td></tr>
<tr><td>250×150</td></tr>
<tr><td>250×200</td></tr>
<tr><td>300×200</td></tr>
<tr><td>300×250</td></tr>
</table>

表5　橡胶接头90°弯头的规格和中心高度

单位为毫米

公称尺寸 DN	XT WRF/FF 推荐中心高度 L
50	140
65	140
80	150
100	160
125	180
150	200
200	230
250	280
300	305

长度 $L\leqslant 200$ mm 的橡胶接头，公差为 ±3 mm；200 mm $<L<$ 500 mm 的橡胶接头，公差为 ±5 mm；长度 $L\geqslant 500$ mm 的橡胶接头，公差为接头长度的 ±1%。

5.3.2　位移性能

橡胶接头的最大允许位移应符合表6和图1的规定。

表6　橡胶接头的最大允许位移

类型代号	公称尺寸	轴向伸长 L_1/mm	轴向压缩 L_2/mm	径向位移 L_3/mm	角向位移 α/(°)
XT Q_1 RF/FF	32～50	6	10	10	25
	65～80	8	15	12	25
	100～200	12	20	16	15
	250～650	14	30	25	8
	700～1 200	16	35	25	3
	1 300～4 000	25	35	25	2以下
XT Q_2 RF/FF	32～80	30	45	45	45
	100～150	35	50	40	30
	200～400	35	60	35	15
	450～750	65	70	50	10
	800～1 000	70	75	55	8
	1 100～1 800	75	80	60	6
	2 000～4 000	80	85	65	4
XT Q_3 RF/FF	200～250	60	70	60	12
	300～400	75	90	70	12
	450～1 200	90	110	75	10
	1 300～1 800	105	125	80	8
	2 000～4 000	120	135	85	6

表 6（续）

类型代号	公称尺寸	轴向伸长 L_1/mm	轴向压缩 L_2/mm	径向位移 L_3/mm	角向位移 α/(°)
XT Q_4RF/FF	200～400	100	130	80	15
	450～1 200	120	150	85	12
	1 300～1 800	140	170	90	10
	2 000～4 000	160	190	95	8
XT NFF	32～80	6	8	10	15
	100～150	6	10	14	12
	200～300	8	12	18	10
	350～500	10	14	20	8
	550～1 000	12	16	22	6
XT Q_1G	32～80	6	10	10	12
	100～150	10	18	14	12
	200～500	14	22	20	10
XT Y_tRF/FF	65×50～100×65	7	12	10	10
	100×80～125×80	8	14	12	
	125×100～150×100	10	20	12	
	150×125～200×125	12	20	14	
	200×150～250×150	12	20	14	
	250×200～300×250	14	22	20	
XT Y_pRF/FF	65×50～80×50	7	10	10	10
	80×65～100×65	7	13	10	
	100×80～125×80	8	15	12	
	125×100～150×100	10	19	14	
	150×125～200×125	12	19	14	
	200×150～250×150	12	20	16	
	250×200～300×250	16	25	22	
XT Q_2L	15～65	6	22	22	40

5.4 工作压力与耐真空度

5.4.1 橡胶接头的试验压力为工作压力的 1.5 倍。爆破压力为工作压力的 3 倍。

5.4.2 橡胶接头的公称尺寸及适用的工作压力应符合表 7 的规定。

5.4.3 橡胶接头的工作压力和真空度应符合表 8 的规定。

表 7　橡胶接头的公称尺寸及适用的工作压力

类型代号	公称尺寸 DN	工作压力/MPa					
XT Q_1RF/FF XT Q_1G	32～350	0.25	0.6	1.0	1.6	2.5	4.0
	400～600	0.25	0.6	1.0	1.6	2.5	—
	650～1 800	0.25	0.6	1.0	1.6	—	—
	2 000～3 000	0.25	0.6	1.0	—	—	—
	3 200～4 000	0.25	0.6	—	—	—	—
XT Q_2RF/FF	32～65	0.25	0.6	1.0	1.6	2.5	—
	80～300	0.25	0.6	1.0	1.6	—	—
	350～1 200	0.25	0.6	1.0	—	—	—
	1 300～2 000	0.25	0.6	—	—	—	—
	2 200～4 000	0.25	—	—	—	—	—
XT Q_3RF/FF XT Q_4RF/FF	200～1 000	0.25	0.6	1.0	—	—	—
	1 100～1 800	0.25	0.6	—	—	—	—
	2 000～4 000	0.25	—	—	—	—	—
XT NFF	32～300	0.25	0.6	1.0	1.6	2.5	—
	350～550	0.25	0.6	1.0	1.6	—	—
	600～1 000	0.25	0.6	1.0	—	—	—
XT WRF/FF	50～300	0.25	0.6	1.0	1.6	—	—
XT Y_tRF/FF XT Y_pRF/FF	65×50～300×250	0.25	0.6	1.0	1.6	—	—
XT Q_2L	15～65	0.25	0.6	1.0	—	—	—

注：一般情况下，公称压力的数值等于 10 倍的工作压力数值。

表 8　橡胶接头的工作压力和真空度

类型代号	公称尺寸 DN	项　目	指　标					
XT Q_1RF/FF XT Q_1G	32～550	工作压力/MPa	0.25	0.6	1.0	1.6	2.5	4.0
		真空度/kPa	40	40	53	86	100	100
	600～4 000	工作压力/MPa	0.25	0.6	1.0	1.6	—	—
		真空度/kPa	32	40	53	86	—	—
XT Q_2RF/FF	32～200	工作压力/MPa	0.25	0.6	1.0	1.6	2.5	—
		真空度/kPa	40	40	53	86	100	—
	250～4 000	工作压力/MPa	0.25	0.6	1.0	1.6	—	—
		真空度/kPa	32	40	53	86	—	—

表 8（续）

类型代号	公称尺寸 DN	项　目	指　标					
XT Q_3RF/FF XT Q_4RF/FF	200～4 000	工作压力/MPa	0.25	0.6	1.0	—	—	—
		真空度/kPa	32	40	53	—	—	—
XT NFF	32～1 000	工作压力/MPa	0.25	0.6	1.0	1.6	2.5	—
		真空度/kPa	86	86	100	100	100	—
XT WRF/FF	50～300	工作压力/MPa	0.25	0.6	1.0	—	—	—
		真空度/kPa	32	40	53	—	—	—
XT Y_tRF/ FF XT Y_pRF/FF	65×50～300×250	工作压力/MPa	0.25	0.6	1.0	—	—	—
		真空度/kPa	32	40	53	—	—	—
XT Q_2L	15～65	工作压力/MPa	0.25	0.6	1.0	—	—	—
		真空度/kPa	32	40	53	—	—	—
注：一般情况下，公称压力的数值等于 10 倍的工作压力数值。								

5.5　橡胶接头用于生活饮用水系统的安全性评价

橡胶接头用于生活饮用水系统时应符合 GB/T 17219 的相关规定。

5.6　橡胶接头端面采用钢丝绳圈或矩形钢环加固时的要求

当橡胶接头端面采用钢丝绳圈或矩形钢环加固时，钢丝绳圈或矩形钢环应保持圆形并与端面平行。

5.7　金属法兰、平形活接头和喉箍的要求

金属法兰连接尺寸应符合 GB/T 9119 等相关标准的规定；平形活接头应符合 GB/T 3287 的规定；喉箍应符合 JB/T 8870 的规定或按合同约定。

6　试验方法

6.1　外观质量采用目测检验，结构尺寸用游标卡尺或卷尺测量。

6.2　胶料物理性能试验按表 1。

6.3　压力试验按照 GB/T 5563 的规定执行。

6.4　位移性能试验应符合附录 A 的要求。

6.5　爆破压力试验按照附录 B 的规定执行。

6.6　真空度试验应按照附录 C 的规定执行。

6.7　橡胶接头端面内加固钢丝绳圈的形态与位置用 X 射线透视检验。

7 检验规则

7.1 产品需经制造厂质检部门检验合格，并出具产品合格证后方可出厂。

7.2 产品的检验分出厂检验和型式检验两种，其项目应符合表9的规定。

表9 产品检验项目

序号	检验项目	技术要求	试验方法	出厂检验		型式检验
				全检	抽检	
1	几何尺寸	5.3.1	6.1	△		△
2	外观质量	5.2	6.1	△		△
3	法兰、平形活接头、喉箍	5.7	6.1	△		△
4	胶料物理性能	5.1.4	6.2		△	△
5	压力试验	5.4	6.3		△	△
6	位移性能	5.3.2	6.4		△	△
7	爆破压力	5.4	6.5			△
8	真空度	5.4	6.6			△
9	端面加固钢丝绳圈的形态和位置	5.6	6.7		△	△
10	卫生要求	5.5				△
注："△"表示要做。						

7.3 当有下列情况之一时，应进行型式检验：

a) 产品结构、材料、工艺有较大改变，可能影响产品性能时；

b) 新产品的试制定型；

c) 停产两年以上重新生产；

d) 正常生产过程中每四年进行一次型式检验；

e) 出厂检验结果与上次型式检验有较大差异；

f) 国家质量监督机构提出型式检验的要求。

7.4 产品抽检规则

7.4.1 端面加固钢丝绳圈的形态和位置

每月抽检一次。每次任意抽检同种规格、同种形式的产品两件，进行X射线透视检验。测试结果有一件不合格，应从该种产品中加倍抽样进行复试。如仍有一件不合格，则该种该批产品应判为不合格。

7.4.2 压力试验

公称尺寸DN 300以下的产品每季度抽检一次；公称尺寸DN 350～DN 1000的产品每半年抽检一次；公称尺寸DN 1200以上的产品每年抽检一次。每次抽检任选同种规格、同种型式的产品两件。测试结果有一件不合格，则再从该种产品中抽取两件进行复试。如仍有一件不合格，则该种该批产品应判为不合格。

7.4.3 位移性能

每季度抽检一次。每次抽检任选同种规格、同种型式的产品两件。测试结果有一件不合格，则再从该种产品中抽取两件进行复试。如仍有一件不合格，则该种该批产品应判为不合格。

7.4.4 胶料物理机械性能

硬度、拉伸性能和热空气老化性能每月检验一次，其他性能每季度检验一次，从现有胶料中抽取试样，其中若有一项不合格，应另取双倍试样对该项目进行复验，如仍有一件不合格，则该批胶料应判为不合格。

8 标志、包装和贮运

8.1 标志

产品应具有下列永久性标志：制造商名称和商标、产品名称或代号、规格、工作压力、生产日期等。

8.2 包装

按供需双方协议进行包装，内应附有产品合格证。合格证内容应包括产品名称、产品标记、出厂日期、制造单位名称及地址、商标等。

8.3 贮运

产品在运输、贮存过程中应避免阳光直射、雨雪浸淋、锐器划伤、避免与酸、碱、油及各种有机溶剂接触。产品贮存的地点应距热源 1 m 以外，环境温度 −15 ℃～40 ℃。橡胶接头自生产日期起，在一年的贮存期内，其质量和性能应符合本标准要求。

附 录 A
（规范性附录）
可曲挠橡胶接头位移性能试验方法

A.1 试样

在硫化后停放时间不少于 24 h 的橡胶接头成品中任取一件作为试样。

A.2 设备及工具

A.2.1 电动试压泵或手动水压泵。

A.2.2 压力表(与试验压力相适应的压力表,压力表不低于 1.6 级)。

A.2.3 试验台、满足精度要求的量具。

A.3 试验用介质

水、皂化液或合适的液体。

A.4 升压速度

当试验压力不超过 7.0 MPa 时,升压速度一般为 0.075 MPa/s～0.175 MPa/s,如果达不到上述升压速度时,可商定一个合适的速度值。

A.5 试验的准备

将平置的橡胶接头试样一端装上带排气阀的平面法兰盖,成为自由端;另一端装上带导气管的平面法兰盖和液压泵出口管相连接并固定在试验台上,以低压水或皂化液充入试样内部排净空气,关闭排气阀停泵。调整试样轴线并固定自由端。平行轴线测量并记录试样初试长度。

A.6 轴向位移试验

按 A.5 准备完毕后,在轴线方向施加机械力将试样拉伸或压缩至表 6 规定的最大允许伸长量或最大允许压缩量,并固定住。按 A.4 升压速度升高表压至表 7 规定的该试样的工作压力,保压 10 min 检查试样有无渗漏、开裂或异常变形等损坏现象。

A.7 径向位移试验

该试验可单独进行,也可在轴向位移试验结束并恢复原状后进行。用垂直于轴线的机械力将试样径向拉至表 6 规定的径向位移量,并固定住。按 A.4 规定的升压速度升高至表 7 规定的该试样的工作压力。保压 10 min,检查试样有无渗漏、开裂或异常变形等损坏现象。

A.8 角向试验

该试验可单独进行，也可在轴向位移和径向位移试验结束并使试样复位至 A.5 规定的状态后连续进行。转动试验台直角挡板，使试样端面转角达到表 6 所规定的最大角位移量。按 A.4 规定的升压速度升高表压至表 7 所规定的该试样的工作压力，保压 10 min，检查试样有无渗漏、开裂或异常变形等损坏现象。

A.9 试验结果

在保持时间内观察并记录试样有无渗漏、开裂及异常变形现象。

A.10 附检测记录表

按表 A.1 填写试验记录表。

表 A.1 试验记录表

编号：

<table>
<tr><td>产品名称</td><td colspan="5"></td><td colspan="2">产品编号</td><td></td></tr>
<tr><td>型号规格</td><td colspan="5"></td><td colspan="2">材 质</td><td></td></tr>
<tr><td>压力表量程</td><td></td><td colspan="2">压力表精度</td><td colspan="2"></td><td colspan="2">压力表号</td><td></td></tr>
<tr><td>制造单位</td><td colspan="5"></td><td colspan="2">生产日期</td><td></td></tr>
<tr><td rowspan="2">外观</td><td colspan="8"></td></tr>
<tr><td colspan="8"></td></tr>
<tr><td rowspan="2">液压试验</td><td colspan="2">试验压力/MPa</td><td colspan="2">试验介质</td><td colspan="2">保压时间/min</td><td colspan="2">检测结果</td></tr>
<tr><td colspan="2"></td><td colspan="2"></td><td colspan="2"></td><td colspan="2"></td></tr>
<tr><td rowspan="5">位移性能</td><td colspan="2">项目内容</td><td colspan="2">实测值</td><td colspan="4">试验过程</td></tr>
<tr><td colspan="2">轴向伸长/mm</td><td colspan="2"></td><td colspan="4"></td></tr>
<tr><td colspan="2">轴向压缩/mm
(+)</td><td colspan="2"></td><td colspan="4"></td></tr>
<tr><td colspan="2">径向位移/mm
(−)</td><td colspan="2"></td><td colspan="4"></td></tr>
<tr><td colspan="2">角向位移/(°)</td><td colspan="2"></td><td colspan="4"></td></tr>
<tr><td rowspan="4">标准</td><td colspan="3">标准编号：GB/T 26121—2010</td><td colspan="5" rowspan="4">检测结果：</td></tr>
<tr><td colspan="3">升压速度：不大于 0.075 MPa/s</td></tr>
<tr><td colspan="3">保压时间：不少于 10 min</td></tr>
<tr><td colspan="3">要求：无渗漏、开裂、异常变形</td></tr>
</table>

试验员： 记录员： 试验日期： 年 月 日

附 录 B
（规范性附录）
可曲挠橡胶接头爆破压力试验方法

B.1 试样

在硫化后停放时间不少于 24 h 的橡胶接头成品中任取一件作为试样。

B.2 设备及工具

B.2.1 电动试压泵或手动水压泵。
B.2.2 压力表量程与试验压力相适应，精度不低于 1.6 级。
B.2.3 试验台、满足试验的工装和必要的安全保障措施。

B.3 试验用介质

水或与橡胶接头所用材料相兼容的无毒、无腐蚀性液体。

B.4 升压速度

当试验压力不超过 7.0 MPa 时，升压速度一般不大于 0.175 MPa/s，或由供需双方商定一个合适的速度值。

B.5 试验的准备

将平置的橡胶接头试样一端装上带排气阀的平面法兰盖，成为自由端。另一端和液压泵出口管相连接并固定在试验台上，将试验介质充入试样内部排净空气，关闭排气阀并停止液压泵。调整试样轴线，使其保持自然平直状态，并在橡胶接头四周放好防护挡板以免伤人。

B.6 试验

按 B.5 准备完毕后，按 B.4 规定升压速度升压至 5.4.1 规定的试验压力，保压 5 min，检查试样有无渗漏、开裂或异常变形。

B.7 试验结果

观察并记录试样有无渗漏、开裂及异常变形现象，记录试验压力和条件，橡胶接头爆破时的压力值。